Inhaltsverzeichnis

AIR FRANCE
Magdeburg
Halle
München
Erfurt
Berlin
Dessau

Hapag-Lloyd

Unsere Erde – dein neues Erdkundebuch

Jedes Kapitel startet mit einem großen Bild, auf dem es viel zu entdecken gibt.

In der rechten Spalte erfährst du, was du zum Ende des Kapitels wissen und können solltest.

- Ein **roter Spiegelstrich** fordert dich dazu auf, dich in Deutschland und Europa zu orientieren.
- Der **gelbe Spiegelstrich** zeigt dir, welches erdkundliche Wissen du beherrschen sollst.
- Der **grüne Spiegelstrich** gibt an, welche Methoden du in diesem Kapitel anwenden wirst.
- Der **blaue Spiegelstrich** zeigt dir, welche erdkundlichen Sachverhalte und Probleme du bewerten und beurteilen sollst.

Das klappt – eine **ausklappbare Kartenseite** zu Kapitelbeginn. Du klappst sie aus und kannst dich bei den einzelnen Themen des Erdkundebuches jederzeit orientieren, wo Städte, Landschaften, Flüsse und Länder liegen, wo Kohle gefördert oder wo Schiffe gebaut werden.

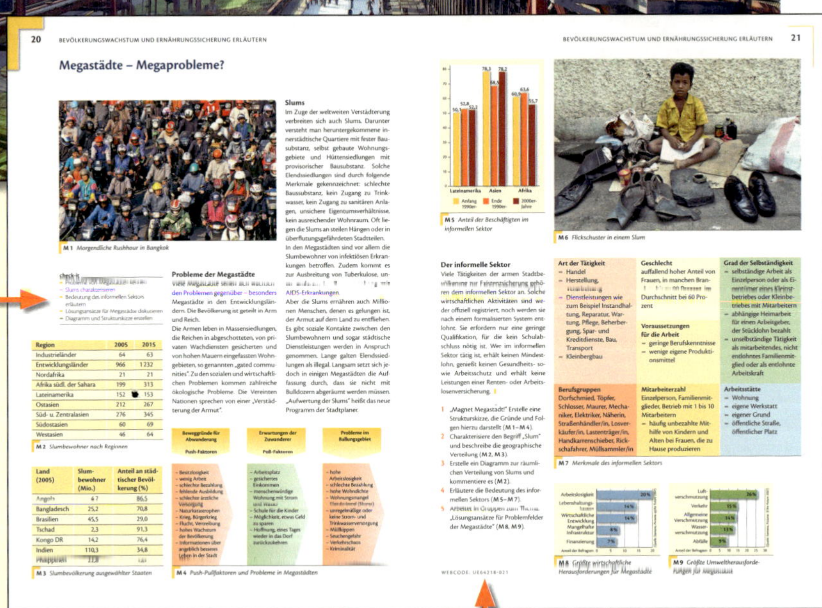

Alles klar? Der „**check-it**"-Kasten zu Beginn jeder Themenseite zeigt dir, was du nach deren Bearbeitung können solltest. Ob dir das gelungen ist, kannst du mithilfe der Arbeitsaufträge selbst testen.

Über den **Webcode** kannst du uns im Internet unter www.cornelsen.de/Unsere-Erde besuchen. Auf dieser Website findest du ein Feld, in das du die Zahlenkombination eingibst, die du unter dem Webcode findest, zum Beispiel UE640218-021. Klicke dann auf „Los" und schon sind wir zum jeweiligen Thema miteinander verbunden.

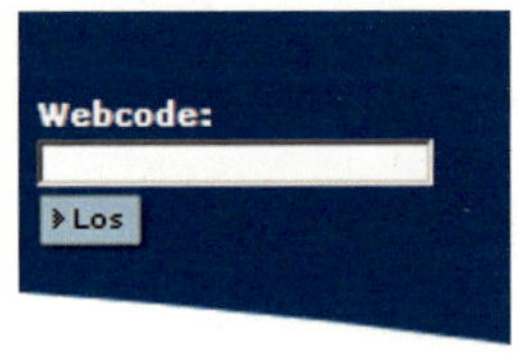

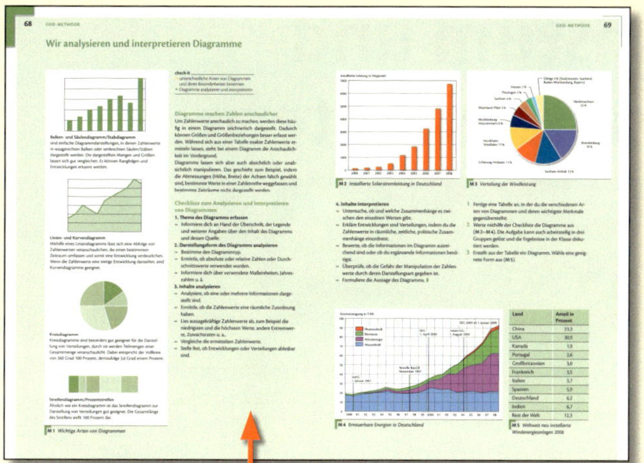

Geo-Methode

Hier kannst du Schritt für Schritt wichtige Methoden für das Fach Erdkunde lernen, zum Beispiel das Analysieren und Interpretieren von Diagrammen.

Geo-Aktiv

Hier findest du Anregungen, selbst aktiv zu werden, zum Beispiel beim Erkunden eines Unternehmens in deiner Region.

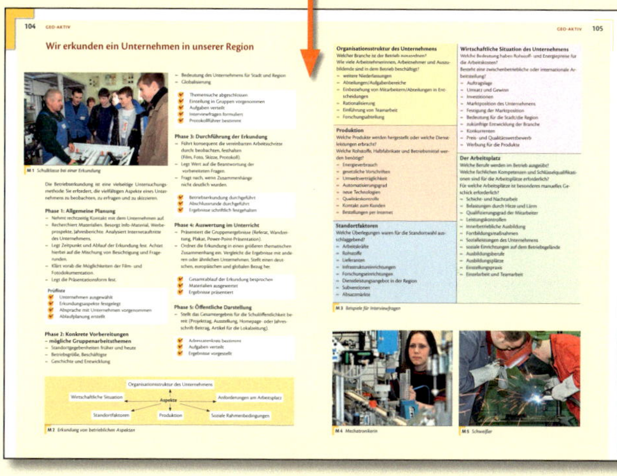

Geo-Check

Am Ende jedes Kapitels kannst du dein Wissen und Können testen. Die entsprechenden Lösungen und weitere Übungen und Materialien findest du im Webcode.

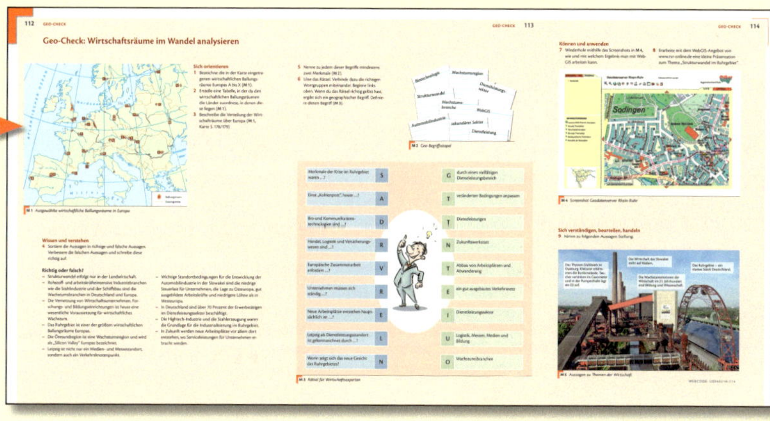

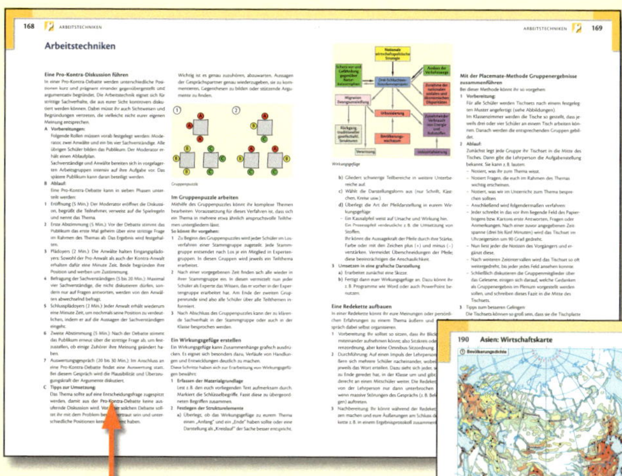

Im **Atlasteil** findest du zu allen wichtigen Themen im Buch die passende Atlaskarte. Welche Karte die richtige ist, erfährst du im Atlasregister.

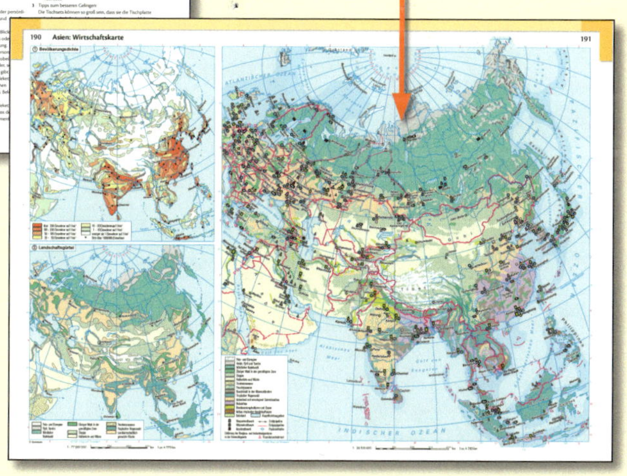

Der **Anhang** bietet dir unterschiedliche Hilfen: das **Lexikon**, um Begriffe zu erklären, das **Sachregister**, um Inhalte des Buches zu suchen, und die **Arbeitstechniken**, die dir vielleicht unbekannt und auf den Themenseiten mit einem -Symbol gekennzeichnet sind.

1 Bevölkerungswachstum und Ernährungssicherung erläutern

Bevölkerungszunahme – eine Herausforderung
Jedes Jahr wächst die Weltbevölkerung um etwa 80 Millionen Menschen, so viele wie Deutschland Einwohner hat. 99 Prozent dieser Kinder werden in den Entwicklungsländern geboren. Frauen tragen auf unserer Erde die Hauptlast.

In diesem Kapitel lernst du,
- Länder und Regionen unterschiedlichen Entwicklungsstandes zu lokalisieren,
- die Merkmale von Entwicklungs- und Schwellenländern zu erläutern,
- die Entwicklung der Weltbevölkerung zu beschreiben,
- Ursachen und Folgen des Bevölkerungswachstums zu erläutern,
- Folgen von Wanderungsbewegungen zu erklären,
- regionale Unterschiede in der Verstädterung zu vergleichen,
- die Rolle der Frauen in Entwicklungsländern zu erläutern,
- Ursachen von Hunger zu erklären,
- Maßnahmen zur Ernährungssicherung zu erläutern.

Dabei nutzt du
- Karten,
- Grafiken,
- Bilder,
- Tabellen,
- Diagramme und
- Bevölkerungspyramiden
- die Szenariotechnik.

Du beurteilst und bewertest
- Maßnahmen zur Geburtenbeschränkung,
- Auswirkungen und Probleme des Städtewachstums,
- die Rolle von Frauen in Entwicklungsländern,
- die Bedeutung nachhaltigen Wirtschaftens.

Muslimische Frauen in Nordindien

Unsere Erde – „Eine Welt“?

M 1 *Reisen in Deutschland*

M 2 *Reisen in Tansania*

check-it
- Merkmale von Industrie-, Schwellen- und Entwicklungsländern erläutern
- Verteilung der Länder der Erde nach dem Entwicklungsstand beschreiben
- Begriff „geteilte Welt“ erklären
- Ländereinteilung nach Weltbank/HDI vergleichen
- zu der Aussage „Unsere Erde – Eine Welt?“ Stellung nehmen

Staatsgrenzen spielen kaum noch eine Rolle, Unternehmen finden überall Absatzmärkte für ihre Produkte, Menschen suchen ihren Arbeitsplatz weltweit. Unsere Welt ist politisch, wirtschaftlich und ökologisch eng vernetzt. Die Erkenntnis vom zukünftig gemeinsamen, nachhaltigen Handeln aller Menschen („global denken, lokal handeln“) gilt dabei als Leitbild.

Was die „Eine Welt“ trennt

Aber: Noch ist diese „Eine Welt“ nicht in allen Teilen unserer Erde Wirklichkeit. Noch leben wir in einer Welt voller Ungleichheiten, Gegensätze und Konflikte. Die Menschen haben unterschiedliche Vorstellungen davon, welche Probleme vorrangig zu lösen sind und wie eine glückliche Zukunft aussehen soll. Für die Einordnung eines Landes nach seinem Entwicklungsstand gibt es verschiedene Kriterien: Die Weltbank legt mit dem jährlichen Pro-Kopf-Einkommen ausschließlich ein wirtschaftliches Kriterium zugrunde. Das Entwicklungsprogramm der Vereinten Nationen (UNDP) berücksichtigt im „Human Development Index“, dem **HDI,** neben dem jährlichen Pro-Kopf-Einkommen auch die durchschnittliche Lebenswartung, den Bildungsstand der Bevölkerung und deren Lebensstandard (Ernährung, gesundheitliche Versorgung, Zugang zu sauberem Trinkwasser).

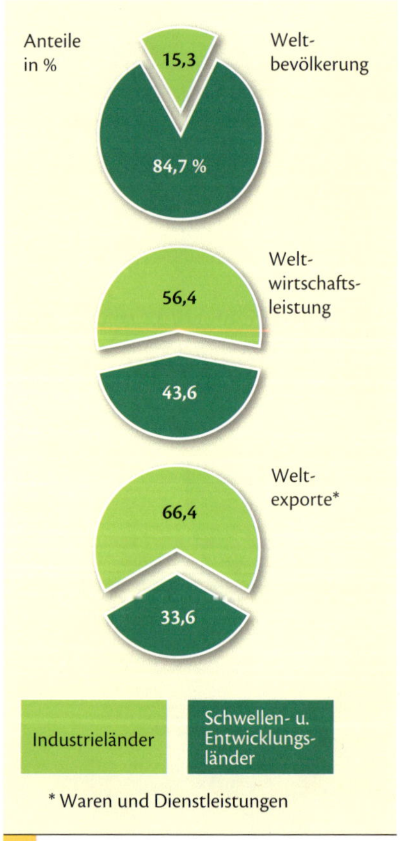

M 3 *Geteilte Welt (Anteile in Prozent)*

Vielfalt der Einen Welt

Man unterteilt die Welt vorwiegend in drei Ländergruppen:

Als **Industrieländer** oder Industriestaaten bezeichnet man Länder mit einem hohen Anteil des Dienstleistungssektors (60 bis 75 Prozent) sowie einer technologisch hoch entwickelten Industrieproduktion. Das jährliche Pro-Kopf-Einkommen liegt über 11 906 US-Dollar (Weltbank, 2010). Weitere Kriterien sind eine geringe Auslandsverschuldung, niedrige Arbeitslosigkeit, gut ausgebaute Infrastruktur sowie ein hoher Bildungsgrad und politische Stabilität.

Die Anzahl der **Schwellenländer** in der Welt, auch als New Industrialized Countries oder „Take-off-countries" bezeichnet, ist umstritten. Weltbank und Internationaler Währungsfonds nennen zehn, andere Institutionen bis zu dreißig Länder. Allgemein akzeptierte Kriterien fehlen. Durch Umbau und Modernisierung der Wirtschaftsstrukturen stehen diese Länder an der Schwelle zum Industrieland. Hohe wirtschaftliche Wachstumsraten, die Herstellung von Investitionsgütern, der Export von Fertigwaren und ein Pro-Kopf-Einkommen von über 975 US-Dollar im Jahr kennzeichnen die Schwellenländer. Andererseits verstärkt diese Entwicklung aber auch den Gegensatz von Arm und Reich.

In **Entwicklungsländern** mangelt es häufig an der Versorgung mit lebensnotwendigen Gütern und Dienstleistungen. Aufgrund hoher Geburtenraten, fehlender Bildungsangebote und einer starken Ausrichtung auf die Landwirtschaft verfügt die Bevölkerung nur über ein geringes Pro-Kopf-Einkommen (unter 975 US-Dollar im Jahr). Unterernährung, Hunger und Krankheiten sind die Folgen. Viele Menschen wandern in der Hoffnung, Arbeit zu finden, in die **Megastädte** ab. Dies führt zu Entwicklungsunterschieden zwischen ländlichen und städtischen Räumen.

	Deutschland	Burundi	Thailand	Welt
Bevölkerungsdichte (Einwohner je Quadratkilometer)	230	305	124	-
Städtische Bevölkerung (in Prozent)	74	10	36	50
Bevölkerungswachstum (in Prozent)	–0,2	2,1	0,6	1,2
Geburten-/Sterberate (in 1000 je Einwohner)	8/10	36/15	15/9	20/8
Säuglingssterblichkeit (pro 1000 Lebendgeborenen)	3,9	120	7	46
Bruttoinlandsprodukt je Einwohner (in US-Dollar)	38 990	110	3400	7995
Anteil der Bevölkerung, die von weniger als 2 US-Dollar pro Tag lebt (in Prozent)	–	93	12	48
Alphabetisierungsrate (in Prozent)	–	m 67 w 52	m 96 w 93	m 88 w 79
Anteil der HIV-infizierten Erwachsenen (in Prozent)	0,1	2,0	1,4	0,8

M 4 *Aufteilung der Welt (2007)*

1 Beschreibe die Verteilung der Länder auf der Erde nach ihrem Entwicklungsstand (**M 5**).
2 Vergleiche den Entwicklungsstand der verschiedenen Länder (**M 4**).
3 Erläutere die unterschiedlichen Merkmale von Industrie-, Entwicklungs- und Schwellenländern.
4 Erkläre den Begriff „geteilte Welt" (**M 3**).
5 Bewerte die Einteilung der Länder der Erde hinsichtlich ihres Entwicklungsstandes nach Weltbank und UNDP (Atlasteil S. 201).
6 „Unsere Erde – Eine Welt?" Nimm Stellung zu dieser Aussage.

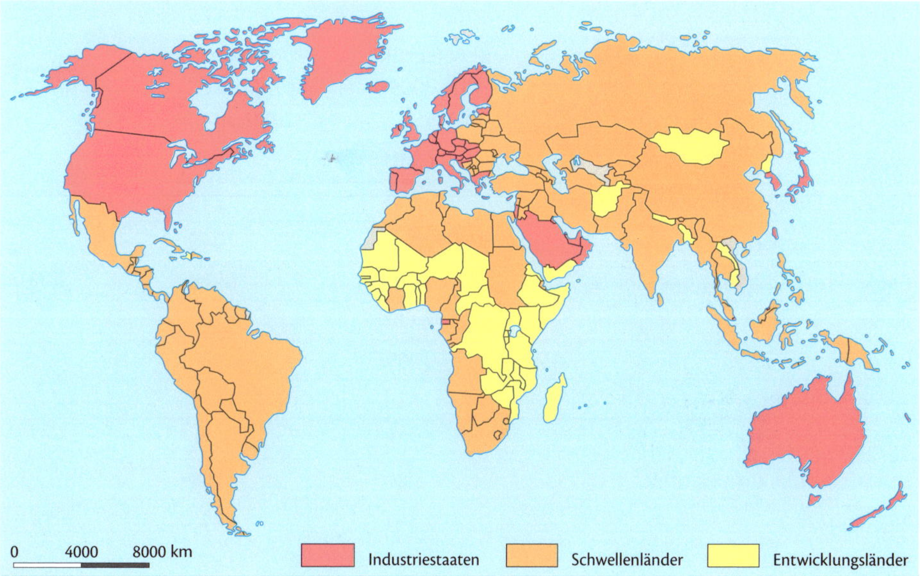

M 5 *Geteilte Welt*

Die Weltbevölkerung wächst – aber weltweit ungleich

check-it
- Wachstum der Weltbevölkerung charakterisieren und Unterschiede der Wachstumsraten weltweit begründen
- Unterschiede der Wachstumsraten vergleichen und erläutern
- Phasen im Modell des demographischen Übergangs benennen und mit der Wirklichkeit vergleichen
- thematische Karten, Tabellen und Diagramme auswerten

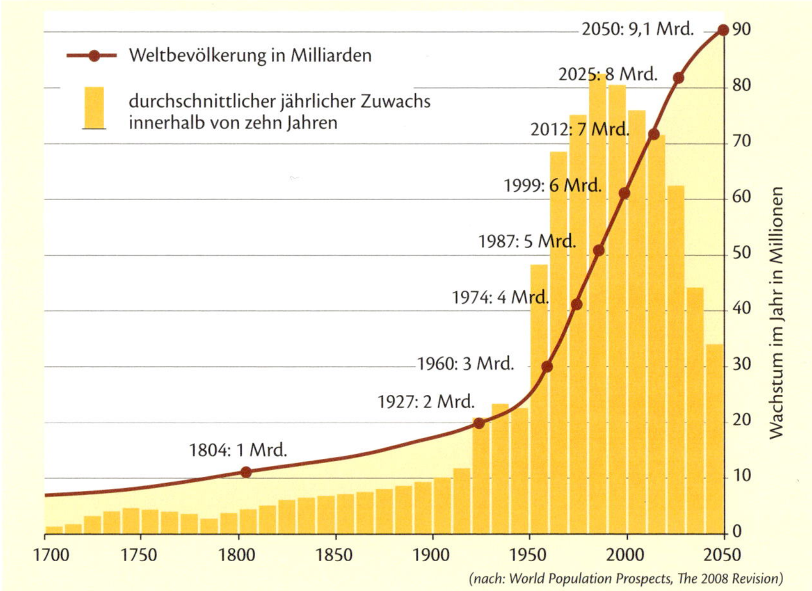

M 1 *Wachstum der Weltbevölkerung*

Bald sieben Milliarden Menschen

Mitte des Jahres 2009 lebten fast 6,8 Milliarden Menschen auf der Erde. Pro Sekunde kommen 2,6 Menschen hinzu. Pro Tag erblicken 225 000 Neugeborene das Licht der Welt. Das ergibt im Jahr fast 82 Millionen Menschen, was ungefähr der Bevölkerungszahl Deutschlands entspricht.

Ungleiche Entwicklung

Die Bevölkerung entwickelt sich in den Ländern der Welt unterschiedlich. Während in vielen Industriestaaten die Bevölkerungszahl stagniert oder sogar leicht rückläufig ist, wächst die Bevölkerungszahl fast ausschließlich in den Entwicklungsländern Asiens, Afrikas und Lateinamerikas. Die hierfür zugrunde gelegte **Wachstumsrate** ergibt sich aus der Differenz zwischen **Geburtenrate** und **Sterberate**. Hinsichtlich des Wachstums ist die Ausgangsgröße einer Bevölkerung (Grundgesamtheit) zu berücksichtigen, denn wo bereits viele Menschen leben, ist der absolute Bevölkerungszuwachs höher.

Ursachen des Wachstums

Die Ursachen des Bevölkerungswachstums in den Entwicklungsländern sind vielfältig. Hierzu gehört der Einfluss der Religionen, die Kinder als „Geschenk Gottes" sehen, sodass keine Familienplanung befürwortet wird. Familienplanung wird aber auch aufgrund fehlender Aufklärung und mangelhafter Bildung nicht betrieben. Kinder gelten zudem als zusätzliche Arbeitskräfte zur Einkommensverbesserung und zur wirtschaftlichen Absicherung der Eltern im Alter. Durch verbesserte hygienische sowie medizinische Verhältnisse ist die Säuglingssterblichkeit zurückgegangen. Der medizinische Fortschritt, bessere Ernährung und veränderte Lebensgewohnheiten hat die Lebenserwartung der Menschen erhöht. Da

	Bevölkerung Ende 2009 (in Mio.)	Bevölkerungsprognose 2050 (in Mio.)
Welt	**6810**	**9191**
Industrieländer	1232	1245
Entwicklungsländer	5578	7946
Entwicklungsländer ohne China	4246	6528
Asien	4117	5266
Afrika	999	1998
Afrika südlich der Sahara	836	1761
Europa (einschließlich Russland)	738	664
Lateinamerika und Karibik	580	769
Nordamerika	341	445
Australien/Ozeanien	36	49

M 2 *Bevölkerungszahlen Ende 2009 und Projektion 2050*

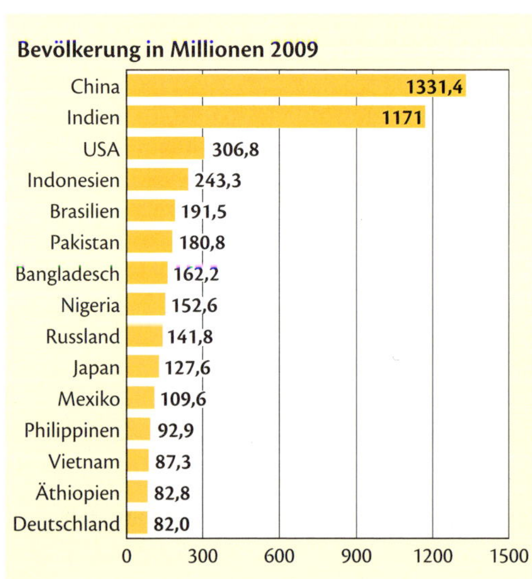

M 3 *Die bevölkerungsreichsten Länder der Welt*

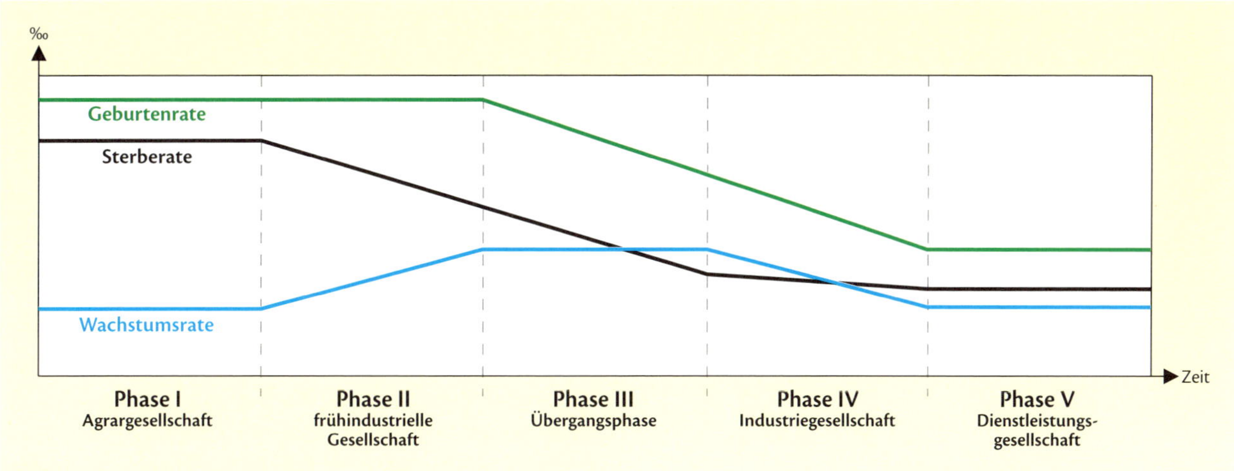

M 4 *Modell des demographischen Übergangs*

zunächst die Geburtenrate noch sehr hoch ist, steigt die Bevölkerungszahl weiter stark an. Man spricht auch von einer **Bevölkerungsexplosion.**

Der demographische Übergang

Die Demographie ist die Wissenschaft, die sich mit der Bevölkerung befasst. Mitte des 20. Jahrhunderts erarbeiteten Demographen auf Basis der Daten von Industrieländern ein Modell. Es beschreibt in Phasen die Entwicklung von Geburten- und Sterberaten. Das Sinken der Sterberate in der zweiten und dritten Phase erklärt sich nicht nur infolge medizinischer Fortschritte, sondern auch durch die Verbesserung der landwirtschaftlichen Produktivität sowie die damit verbundene Nahrungsmittelversorgung. Die Geburtenraten sinken erst mit zeitlicher Verzögerung – vor allem ab der dritten Phase. Grund dafür ist der wachsende Wohlstand, wodurch sich die Einstellung zu Kindern ändert. Ab Phase vier sinkt die Sterblichkeitsrate nicht mehr, da der medizinische Fortschritt abgeschlossen ist. Das Tempo des Geburtenrückgangs verringert sich allmählich und die Geburtenrate bewegt sich wie die Sterberate auf konstantem Niveau ab der fünften Phase. Wenn die Wachstumsrate sinkt, geht damit nicht unbedingt die Bevölkerungszahl zurück. Ein Sinken der Wachstumsrate bedeutet nur, dass die Bevölkerungszahl weniger stark ansteigt.

1 Charakterisiere das weltweite Bevölkerungswachstum von 1700 bis zur Prognose 2050. Erkläre, warum dieses für das 20. Jahrhundert als „Bevölkerungsexplosion" bezeichnet wird (**M 1**).
2 Beschreibe die natürlichen Wachstumsraten in den Ländern der Welt im Überblick und begründe die Unterschiede (Atlasteil S. 200).
3 Erläutere die Verteilung der Bevölkerung in der Welt heute und in Zukunft. Berechne hierzu auch die jeweiligen prozentualen Anteile. (**M 2**; Atlasteil S. 200).
4 Erläutere den Zusammenhang von Wachstumsrate und Größe einer Bevölkerung am Beispiel der bevölkerungsreichsten Länder (**M 2**, **M 3**).
5 Beschreibe die Phasen im Modell des demographischen Übergangs (**M 4**).
6 Vergleiche das Modell des demographischen Übergangs mit den Geburten- und Sterberaten ausgewählter Länder, Ländergruppen sowie Regionen (**M 4**, **M 5**).

WEBCODE: UE640218-013

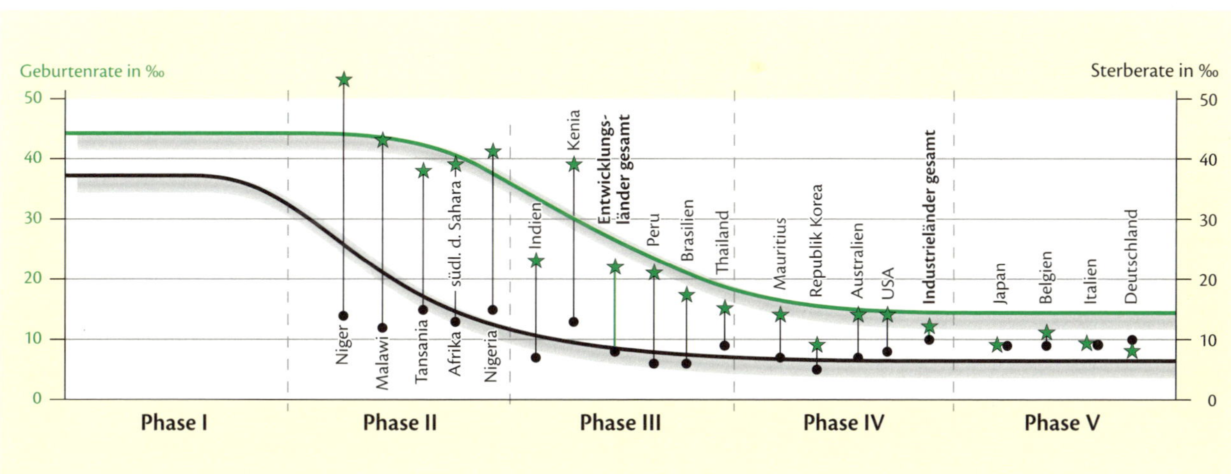

M 5 *Geburten- und Sterberaten (2008) von Ländern, Ländergruppen und Regionen*

Wir werten Bevölkerungspyramiden aus

check-it
- Aufbau einer Bevölkerungspyramide beschreiben
- Merkmale der Grundformen von Bevölkerungspyramiden benennen
- Bevölkerungspyramiden auswerten und vergleichen

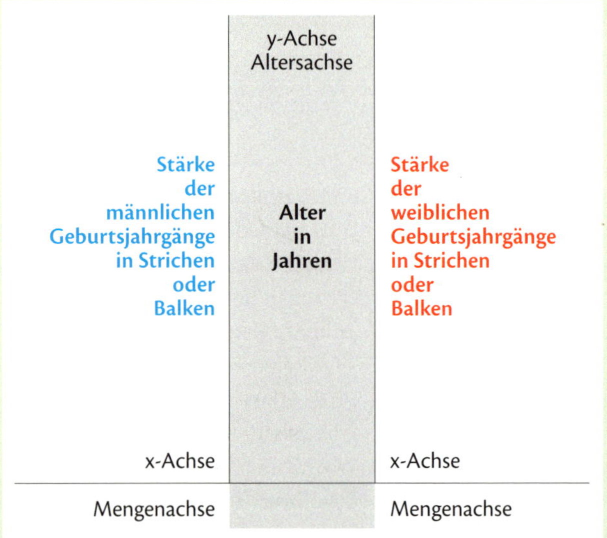

M 1 *Aufbau einer Bevölkerungspyramide*

Altersstruktur der Bevölkerung

Geburt und Tod sowie Zu- und Abwanderungen beeinflussen die Alters- und Geschlechterverteilung. Die Gliederung einer Bevölkerung nach dem Lebensalter wird als „Altersstruktur" oder „Altersaufbau" bezeichnet.
Die anschaulichste Darstellung hierfür ist die so genannte **Bevölkerungspyramide.** Dabei werden auf der y-Achse das Alter in der Regel in Fünfjahresklassen, auf der x-Achse die Bevölkerungsbestände von Männern (linke Seite) und Frauen (rechte Seite) dargestellt. Die Bestände werden entweder in absoluten Zahlen oder zum Zweck der besseren Vergleichbarkeit in relativen Zahlen (Prozentanteilen an der Gesamtbevölkerung angegeben.

Aussagekraft von Bevölkerungspyramiden

Der Altersaufbau, die Verteilung der Geschlechter und damit die Form der Bevölkerungspyramide spiegelt die Bevölkerungsgeschichte mehrerer Jahrzehnte wider. Geburtenrückgänge und -wachstum, aber auch Auswirkungen von Kriegen, Hungersnöten oder Wanderungsgewinne oder -verluste können aus Bevölkerungspyramiden abgelesen werden. Darüber hinaus ermöglicht diese Darstellungsform Voraussagen, ob und warum eine Bevölkerung zukünftig wachsen, stagnieren oder schrumpfen wird.

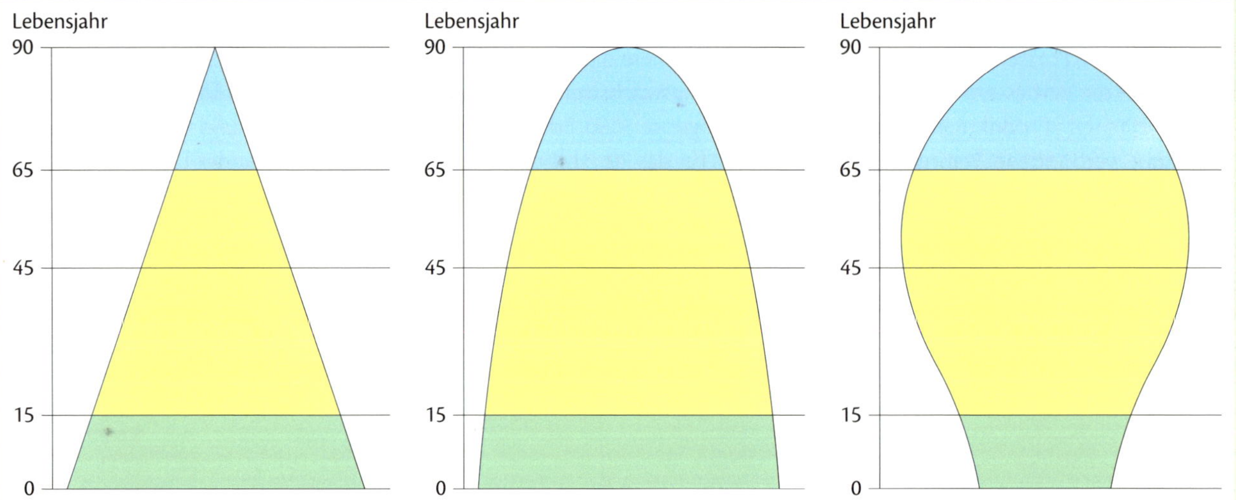

Die Pyramidenform kennzeichnet eine wachsende Bevölkerung. Von Jahr zu Jahr steigt der Bestand der Neugeborenen. Aber die Sterblichkeit setzt so früh ein, dass die Bevölkerung nur gering wächst. Die Lebenserwartung ist relativ gering. Diese Form ist typisch für viele Entwicklungsländer.

Bei der Glockenform (auch „Bienenkorb-Form") wird Jahr für Jahr etwa die gleiche Zahl von Kindern geboren. Die Sterblichkeit nimmt erst in den höheren Altersklassen deutlich zu, das heißt, die Lebenserwartung steigt an. Die Bevölkerungszahl insgesamt stagniert oder wächst nur langsam.

Die Zwiebelform („Urnenform") ergibt sich, wenn jeder neugeborene Jahrgang kleiner als der vorhergehende ist. Folge: Die Bevölkerung schrumpft. Die Lebenserwartung ist hoch. Diese Form ist typisch für Industrieländer. Da der Anteil der über 65-Jährigen zunimmt, spricht man von „Überalterung".

M 2 *Grundformen der Bevölkerungspyramiden*

Checkliste zum Auswerten von Bevölkerungspyramiden

1. Beschreibe die Darstellungsform. Beachte dabei:
- Raum und Zeitangabe,
- Angabe der Bevölkerungszahlen (absolute Zahlen in Tausend oder Millionen, relative Zahlen in Prozent),
- Einteilung der Altersstufen.
2. Entnimm und vergleiche Informationen zur Alterstruktur der Bevölkerung. Erfasse zum Beispiel:
- die Geburtenzahl von Jungen und Mädchen,
- den Anteil der unter 20-Jährigen,
- den Anteil der Männer und Frauen im erwerbsfähigen Alter zwischen 20 und 65 Jahren,
- den Anteil der über 65-Jährigen,
- Unterschiede zwischen den Geschlechtern,
- Unterschiede zwischen den Altersgruppen.
3. Bestimme die Grundform und ermittle Besonderheiten der Bevölkerungspyramide. Zum Beispiel:
- größere Ungleichheiten in der Anzahl zwischen Männern und Frauen in bestimmten Altersgruppen,
- Einschnitte (Geburtenrückgänge bzw. -ausfälle)
- Ausbuchtungen (starke Geburtenzunahme)
4. Erkläre die Altersstruktur der Bevölkerung.

Beschaffe dir dazu zusätzliche Informationen aus Geschichte, Politik und Geographie.

5. Erläutere Folgen und Probleme, die sich aus der Altersstruktur der Bevölkerung ergeben.

Erläuterung des Beispiels Deutschland 2050

1. Die Bevölkerungspyramide stellt die Prognose für 2050 dar. Die Bevölkerungszahlen sind auf der Mengenachse in 1000 Personen angegeben, die Einteilungen in Altersstufen im Abstand von fünf Jahren.
2. Die Geburtenzahl von Jungen beträgt 257 000, die von Mädchen 244 000. Die Altersgruppe der unter 20-Jährigen beläuft sich auf 10,7 Millionen Personen, die Gruppe der 20- bis unter 65-Jährigen umfasst 35,7 Millionen und die Gruppe der über 65-Jährigen 23 Millionen.
3. Die Pyramidenform ähnelt der Zwiebelform. In der Altersgruppe bis 55 Jahre herrscht Männerüberschuss vor, bei den 65- bis 100-Jährigen Frauenüberschuss.
4. Einem schmalen Sockel mit schwachen jungen Jahrgängen steht ein hoher Anteil der über 65-Jährigen gegenüber. Angenommen wird eine Geburtenhäufigkeit von 1,4 Kindern pro Frau. Die Lebenserwartung ist hoch. Aber es fehlen die Menschen, die Kinder haben könnten.
5. Die Erwerbstätigen sind großen Belastungen ausgesetzt. Sie müssen für die jüngere und die ältere Bevölkerung sorgen. Auf drei Beschäftigte kommen zwei Rentner. Die Überalterung der Gesellschaft erfordert eine Abkehr von der herkömmlichen Lebensgestaltung.

WEBCODE: UE640218-015

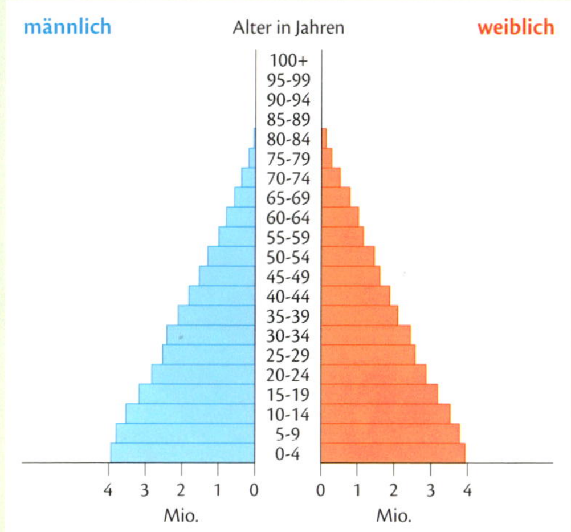

M 3 *Altersaufbau der Bevölkerung in Deutschland 1910*

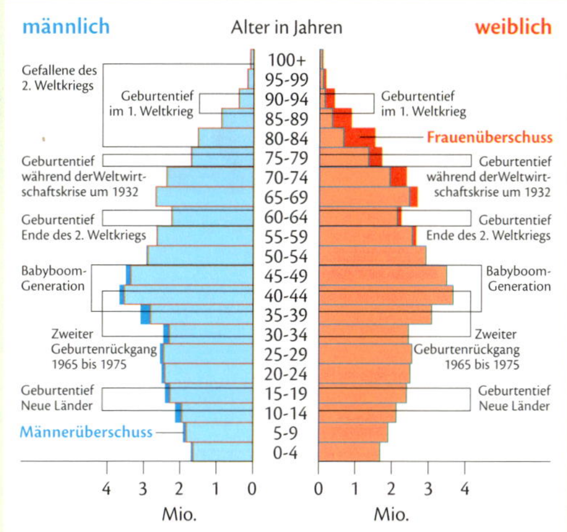

M 4 *Altersaufbau der Bevölkerung in Deutschland 2008*

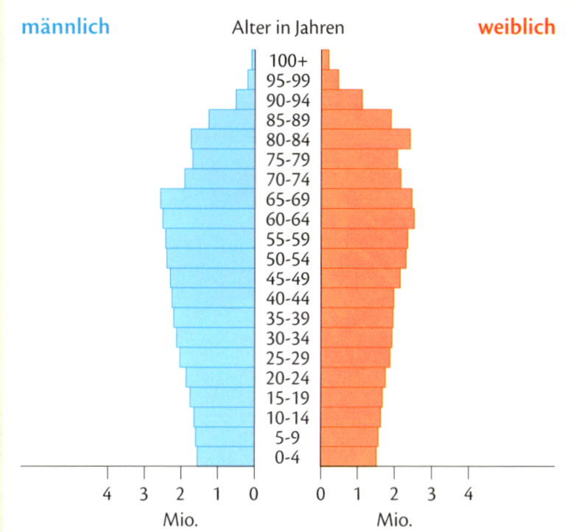

M 5 *Altersaufbau der Bevölkerung in Deutschland 2050*

1 Beschreibe den Aufbau einer Bevölkerungspyramide (**M 1**, **M 2**).

2 Vergleiche den Aufbau der Bevölkerungspyramiden von Deutschland 2008 und 2050. Erläutere Veränderungen und dadurch bedingte Probleme (**M 4**, **M 5**).

Migration weltweit

M 1 *Auf der Flucht – in Liberia (Westafrika)*

check-it
- Herkunfts- und Zielländer der internationalen Migration verorten
- Begriffe „Migration“ und „Flüchtlingsgruppen“ kennen
- Ursachen und Folgen der Migration erklären
- Vor- und Nachteile für die Herkunfts- und Zielgebiete erläutern
- Problematik von Migration erörtern

Die Welt in Bewegung

Migration heißt Wanderung. Migranten sind Menschen, die ihren Wohnsitz vorübergehend oder dauerhaft wechseln. Hierbei wird unterschieden nach internationalen Migranten, die in ein anderes Land abwandern, und solchen, die innerhalb eines Landes ihren Wohnsitz verlagern.

Seit Jahrtausenden wandern Menschen und sind auf der Suche nach einem besseren Leben. Dafür bringen sie enorme Opfer und nehmen in Kauf, dass ihnen von den Einheimischen in den Zielländern Ablehnung, mitunter gar Hass entgegenschlägt.

Aus der Geschichte kennen wir beispielsweise die Vertreibung der Juden und Mauren aus Spanien im Jahr 1492 oder die Auswanderung von Europäern in die USA im 19. Jahrhundert. Erst im 20. Jahrhundert stiegen die Flüchtlingszahlen in Millionenhöhe. Dazu trugen maßgeblich die beiden Weltkriege mit ihren Kriegsflüchtlingen bei.

Mittlerweile migrieren so viele Menschen wie nie zuvor. Das hängt damit zusammen, dass die Bevölkerungszahlen in den armen Ländern äußerst schnell wachsen und der wirtschaftliche Unterschied zwischen dem Norden sowie dem Süden der Welt erheblich zugenommen hat. 200 Millionen Menschen leben derzeit dauerhaft in einem fremden Land – vor allem in den Industrieländern. Der größte Anteil lebt in den USA, die rund ein Fünftel der Migranten beherbergen.

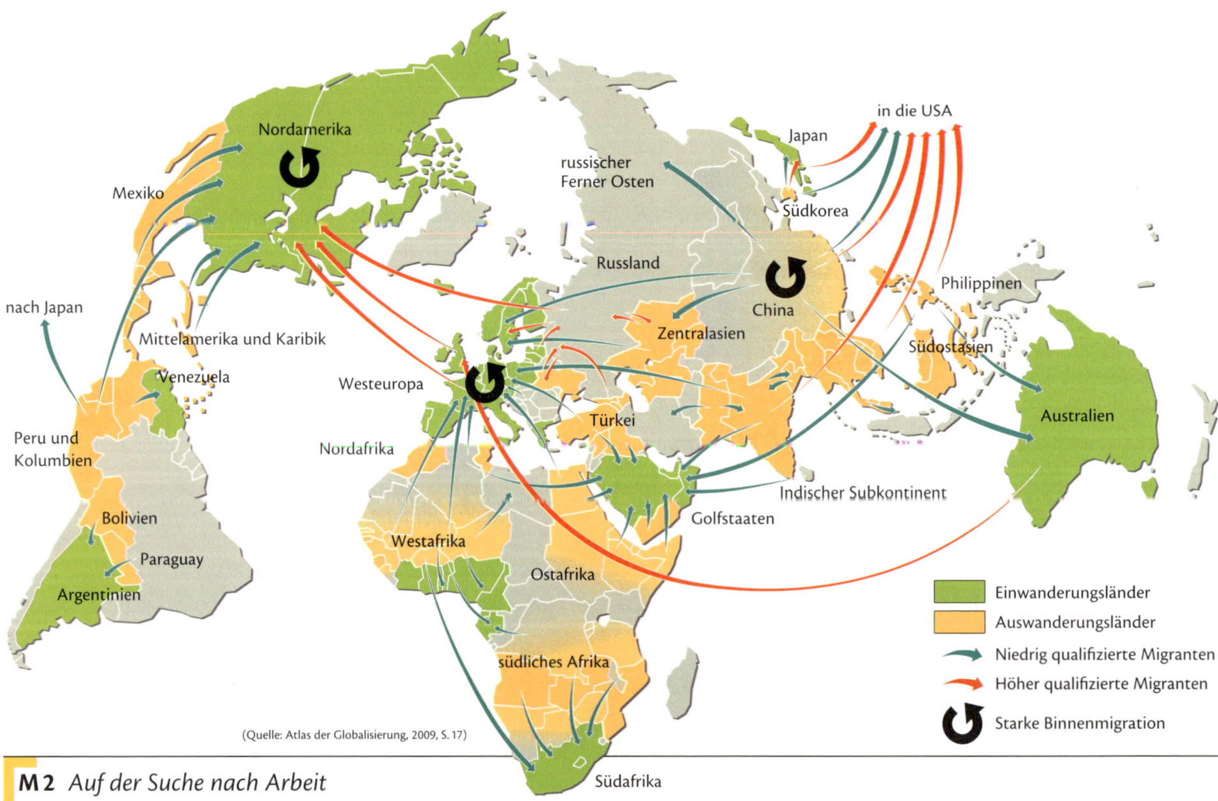

M 2 *Auf der Suche nach Arbeit*

Drei Wochen lang trieben die 78 afrikanischen Flüchtlinge in einem Schlauchboot vor den Küsten Maltas und Italiens – ohne Treibstoff, ohne Nahrung oder Wasser. Nur von zwei Fischerbooten bekamen sie einige Wasserflaschen und ein paar Lebensmittel gereicht. Viele Schiffe fuhren an ihnen vorbei, niemand war bereit, ihnen zu helfen. Denn in Italien droht Rettern eine Anklage als Schleuser. Als die italienische Küstenwache sich endlich erbarmte, fand sie noch fünf Überlebende.
(nach: Der Spiegel 36/2009, S. 81)

M 3 *Flucht von Afrika nach Europa*

M 4 *Afrikanisches Flüchtlingsboot vor den Kanarischen Inseln*

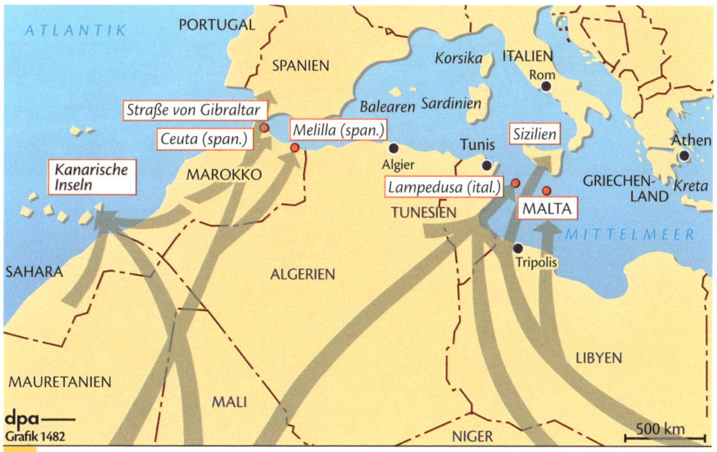

M 5 *Fluchtwege nach Europa*

Anlass der Wanderungen

Menschen verlassen aus Furcht vor Verfolgung wegen ihrer ethnischen (ein bestimmtes Volkstum betreffend) Herkunft, Religion, Nationalität, Zugehörigkeit zu einer sozialen Gruppe oder wegen ihrer politischen Überzeugung ihr Heimatland. Sie werden entsprechend der Genfer Flüchtlingskonvention von 1951 als „Flüchtlinge" bezeichnet. Im Fall von politischer Verfolgung suchen sie Asyl in einem anderen Staat. Es gibt aber auch Flüchtlinge innerhalb von Ländern, so genannte „Binnenflüchtlinge". Mittlerweile nimmt auch die Zahl der so genannten „Wirtschafts-" oder „Armutsflüchtlinge" zu. Als **Push-Faktoren** bezeichnet man die Gründe in der Herkunftsregion, die zur Abwanderung führen, **Pull-Faktoren** beziehen sich demgegenüber auf die Anziehungskräfte der Zielregion.

1 Benenne wichtige Herkunfts- und Zielregionen der internationalen Migration (**M 2**).
2 Erkläre Ursachen und Folgen der Migration (**M 6**).
3 Erläutere Vor- und Nachteile der Migration für die Herkunfts- und Zielländer (**M 6**).
4 Erörtere die Problematik von Migration am Beispiel Europas (**M 3–M 5**).
5 Recherchiert im Internet über die Grundlagen, Aufgaben sowie Aktionen des UN Flüchtlingshilfswerks UNHCR und berichtet darüber.

WEBCODE: UE640218-017

Wirkungen in den Herkunftsländern

ethnische und religiöse „Säuberung"	Festigung totalitärer Herrschaft	Zerfall der Familienstrukturen und Nachbarschaften, Verringerung des Bevölkerungswachstums

Ursachen von Wanderungen

ethnische Konflikte in Mehrvölkerstaaten, religiöse Konflikte bei starker Bindung von Religion und politischer Herrschaft	totale Herrschaft: Verbot oder Einschränkung der Meinungsfreiheit, Verfolgung politischer Gegner, Krieg, Bürgerkrieg	ländliche Räume: schlechte Infrastruktur, kaum Industrie, wenige Arbeitsplätze, geringe Aus- und Weiterbildungsmöglichkeiten	ökologische Krisen: Bodenerosion, nachlassende Bodenfruchtbarkeit, Wassermangel, Überschwemmungen, Erdbeben, Vulkanausbrüche
↓	↓	↓	↓
Glaubensflüchtlinge	**politische Flüchtlinge**	**Wirtschaftsflüchtlinge**	**Umweltflüchtlinge**

Folgen für die Migranten

Verlust von Heimat, Entwurzelung aus der Heimatregion, persönliches Leid, Verarmung, Verlust von Haus und Hof, unwürdiges Massenelend in Flüchtlingslagern

Wirkungen in den Zielländern

Zunahme der Geburtenzahl ← Zunahme der Bevölkerungszahl → Zunahme der Arbeitslosigkeit

Zunahme der Beanspruchung öffentlicher Einrichtungen

Zunahme sozialer und politischer Spannungen

Zunahme der Belastung der Steuerzahler

M 6 *Formen von Wanderungen, ihre Ursachen und Wirkungen*

Verstädterung, Megastädte und Global Cities

M 1 *Megastadt Singapur*

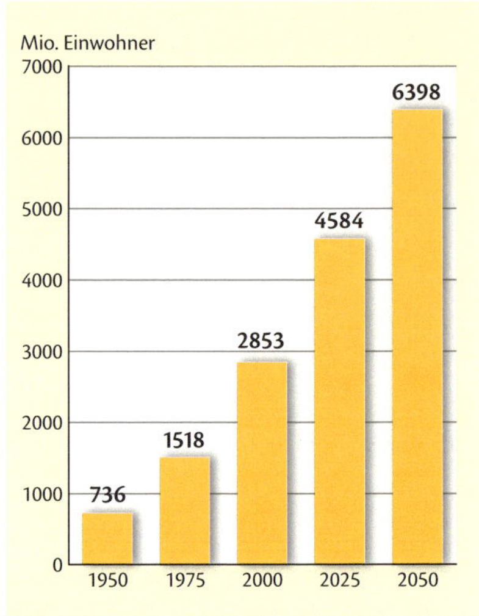

M 2 *Städtische Bevölkerung weltweit*

check-it
- Verteilung der Millionen- und Megastädte kennen
- Prozess der Verstädterung und des Verstädterungsgrades beschreiben und erklären
- Begriffe „Megastadt" und „Global City" kennen
- Zur Entwicklung und räumlichen Verteilung von Megastädten Stellung nehmen

Verstädterung der Industrieländer

Das 21. Jahrhundert ist das Jahrhundert der Städte, denn mittlerweile lebt die Hälfte der Weltbevölkerung in Städten. Der Prozess der Verstädterung begann durch die zunächst in Großbritannien einsetzende Industrialisierung. Er griff auf alle jungen Industrieländer in Europa über und setzte sich etwas später in Nordamerika und in der ersten Hälfte des 20. Jahrhunderts auch in einigen Entwicklungsländern fort. Durch die Bevölkerungszunahme dehnen sich die Städte weit in ihr Umland aus.

Verstädterung der Entwicklungsländer

Anders als in den Industrieländern, wo Verstädterung sowie Industrialisierung parallel verliefen und alle Städte betrafen, konzentriert sich das Wachstum in den Entwicklungsländern auf Groß- und Millionenstädte. Nach Schätzungen der UN werden 2015 in den Entwicklungsländern 426 Städte mit mehr als eine Million Einwohnern bestehen, gegenüber 128 in Industrieländern. Diese wachsen deutlich schneller als die Städte der Industrieländer in der Zeit ihres schnellsten Wachstums. Zum einen erfolgen zahlreiche Zuwanderungen in die Städte, die in den meisten Fällen 40 bis 50 Prozent des Zuwachses betragen. Zum anderen wirkt sich ein großes natürliches Bevölkerungswachstum aus.

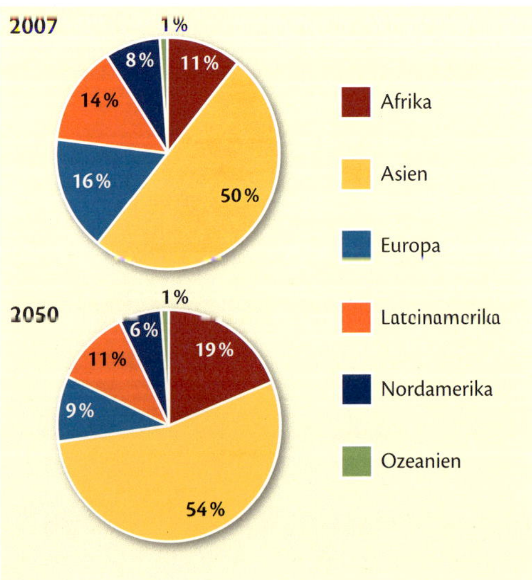

M 3 *Städtische Weltbevölkerung*

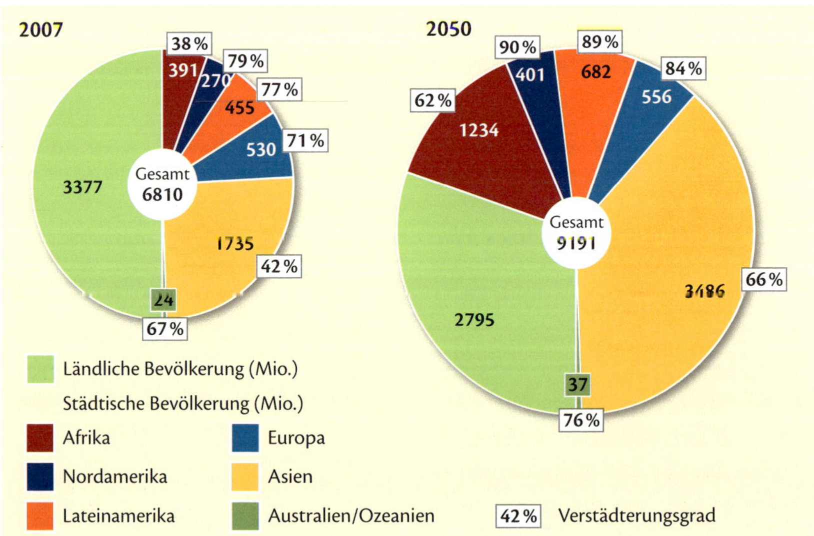

M 4 *Prognose für die städtische Bevölkerung und den Verstädterungsgrad*

London war um 1800 die erste Millionenstadt, 100 Jahre später lebten dort schon 6,5 Millionen Menschen. Bis zum Beginn des Ersten Weltkrieges blieb sie die größte Stadt der Welt, gefolgt von New York, Tokio und Paris. Diese vier Städte hielten ihre Spitzenposition bis 1950.
Die UN definiert gegenwärtig Städte mit mehr als zehn Millionen Einwohnern als Megastädte.

	1975	Mio.	2000	Mio.	2025	Mio.
1	Tokio	26,6	Tokio	34,5	Tokio	36,4
2	New York	15,9	Mexiko-Stadt	18,1	Mumbai	26,4
3	Mexiko-Stadt	10,7	New York	17,9	Delhi	22,5
4	Osaka-Kobe	9,8	São Paulo	17,1	Dacca	22,0
5	São Paulo	9,6	Mumbai	16,1	São Paulo	21,4
6	Los Angeles	8,9	Schanghai	13,2	Mexiko-Stadt	21,0
7	Buenos Aires	8,8	Kolkata	13,1	New York	20,6
8	Paris	8,6	Delhi	12,4	Kolkata	20,6
9	Kalkutta	7,9	Buenos Aires	11,9	Schanghai	19,4
10	Moskau	7,6	Los Angeles	11,8	Karachi	19,1

M 5 *Die größten Städte der Welt (Mio. Einwohner)*

Global Cities

Global Cities sind Städte von überragender weltweiter Bedeutung mit Kontroll- und Steuerfunktionen auf politischem, wirtschaftlichem und kulturellem Gebiet. Sie können auch zugleich **Megastädte** sein.

Allgemeine Merkmale:
In Global Cities befinden sich zahlreiche Hauptsitze internationaler Unternehmen, zahlreiche hochrangige Dienstleistungsbetriebe mit weltweiten Finanzgeschäften (zum Beispiel Banken, Börsen), unternehmensorientierte Dienstleistungen (zum Beispiel Unternehmensberatungen, Werbeagenturen). Es finden hier internationale Kommunikationsaktivitäten statt (zum Beispiel Messen und Kongresse).

Politische und gesellschaftliche Zentren:
Global Cities sind Sitz weltweit tätiger politischer Institutionen (zum Beispiel UN-Einrichtungen und Nichtregierungs-Organisationen). Sie sind Veranstaltungsorte für politische und wirtschaftliche Konferenzen.

Zentrale internationale Funktionen:
Global Cities sind internationale Verkehrsknotenpunkte. Sie verfügen für ihre weltweiten Aktivitäten über ein hochwertiges Transportsystem mit internationalem Flughafen und oft auch Containerhafen. Zu den Ausstattungsmerkmalen zählen namhafte Hochschulen, Forschungseinrichtungen und internationale Gerichte. Global Cities besitzen Kultureinrichtungen mit internationalem Ruf (Bibliotheken, Museen, Konzert- und Opernhäuser).

1 Beschreibe den Verstädterungsprozess (**M 2**, **M 3**).
2 Erläutere die Entwicklung der Stadtbevölkerung in den Industrie- und Entwicklungsländern (**M 4**).
3 Vergleiche die Anzahl der zehn größten Städte der Welt jeweils bezogen auf Industrie- und Entwicklungsländer 1975, 2000 und 2025 (**M 5**).
4 Charakterisiere Global Cities und vergleiche deren Zuordnung zu den Kategorien (**M 1**, **M 6**, **M 7**).

WEBCODE: UE640218-019

M 6 *Selbstdarstellung einer Global City*

Kategorie	2000	2004	2008
1. Rang	London, New York	London, New York	London, New York
2. Rang	Hongkong, Paris, Tokio, Singapur	Hongkong, Paris, Tokio, Singapur	Hongkong, Paris, Singapur, Sydney, Tokio, Schanghai, Peking
3. Rang	Chicago, Mailand, Los Angeles, Toronto, Madrid, Amsterdam, Sydney, Frankfurt, Brüssel, São Paulo, San Francisco	Toronto, Chicago, Madrid, Frankfurt, Mailand, Amsterdam, Brüssel, São Paulo, Los Angeles, Zürich, Sydney	Mailand, Madrid, Seoul, Moskau, Brüssel, Toronto, Mumbai, Buenos Aires, Kuala Lumpur

M 7 *Entwicklung der Rangliste von Global Cities*

Megastädte – Megaprobleme?

M 1 *Morgendliche Rushhour in Bangkok*

check-it
- Probleme von Megastädten kennen
- Slums charakterisieren
- Bedeutung des informellen Sektors erläutern
- Lösungsansätze für Megastädte diskutieren
- Diagramm und Strukturskizze erstellen

Region	2005	2015
Industrieländer	64	63
Entwicklungsländer	966	1232
Nordafrika	21	21
Afrika südl. der Sahara	199	313
Lateinamerika	152	153
Ostasien	212	267
Süd- u. Zentralasien	276	345
Südostasien	60	69
Westasien	46	64

M 2 *Slumbewohner nach Regionen (Mio.)*

Land (2005)	Slumbewohner (Mio.)	Anteil an städtischer Bevölkerung (%)
Angola	4,7	86,5
Bangladesch	25,2	70,8
Brasilien	45,5	29,0
Tschad	2,3	91,3
Kongo DR	14,2	76,4
Indien	110,3	34,8
Philippinen	22,8	43,7

M 3 *Slumbevölkerung ausgewählter Staaten*

Probleme der Megastädte

Viele Megastädte sehen sich wachsenden Problemen gegenüber – besonders Megastädte in den Entwicklungsländern. Die Bevölkerung ist geteilt in Arm und Reich.

Die Armen leben in Massensiedlungen, die Reichen in abgeschotteten, von privaten Wachdiensten gesicherten und von hohen Mauern eingefassten Wohngebieten, so genannten „gated communities". Zu den sozialen und wirtschaftlichen Problemen kommen zahlreiche ökologische Probleme. Die Vereinten Nationen sprechen von einer „Verstädterung der Armut".

Slums

Im Zuge der weltweiten Verstädterung verbreiten sich auch Slums. Darunter versteht man heruntergekommene innerstädtische Quartiere mit fester Bausubstanz, selbst gebaute Wohnungsgebiete und Hüttensiedlungen mit provisorischer Bausubstanz. Solche Elendssiedlungen sind durch folgende Merkmale gekennzeichnet: schlechte Bausubstanz, kein Zugang zu Trinkwasser, kein Zugang zu sanitären Anlagen, unsichere Eigentumsverhältnisse, kein ausreichender Wohnraum. Oft liegen die Slums an steilen Hängen oder in überflutungsgefährdeten Stadtteilen.

In den Megastädten sind vor allem die Slumbewohner von infektiösen Erkrankungen betroffen. Zudem kommt es zur Ausbreitung von Tuberkulose, unter anderem im Zusammenhang mit AIDS-Erkrankungen.

Aber die Slums ernähren auch Millionen Menschen, denen es gelungen ist, der Armut auf dem Land zu entfliehen. Es gibt soziale Kontakte zwischen den Slumbewohnern und sogar städtische Dienstleistungen werden in Anspruch genommen. Lange galten Elendssiedlungen als illegal. Langsam setzt sich jedoch in einigen Megastädten die Auffassung durch, dass sie nicht mit Bulldozern abgeräumt werden müssen. „Aufwertung der Slums" heißt das neue Programm der Stadtplaner.

Beweggründe für Abwanderung
Push-Faktoren
- Besitzlosigkeit
- wenig Arbeit
- schlechte Bezahlung
- fehlende Ausbildung
- schlechte ärztliche Versorgung
- Naturkatastrophen
- Krieg, Bürgerkrieg
- Flucht, Vertreibung
- hohes Wachstum der Bevölkerung
- Informationen über angeblich besseres Leben in der Stadt

Erwartungen der Zuwanderer
Pull-Faktoren
- Arbeitsplatz
- gesichertes Einkommen
- menschenwürdige Wohnung mit Strom und Wasser
- Schule für die Kinder
- Möglichkeit, etwas Geld zu sparen
- Hoffnung, eines Tages wieder in das Dorf zurückzukehren

Probleme im Ballungsgebiet
- hohe Arbeitslosigkeit
- schlechte Bezahlung
- hohe Wohndichte
- Wohnungsmangel
- Elendsviertel (Slums)
- unregelmäßige oder keine Strom- und Trinkwasserversorgung
- Müllkippen
- Seuchengefahr
- Verkehrschaos
- Kriminalität

M 4 *Push- und Pullfaktoren sowie Probleme in Megastädten*

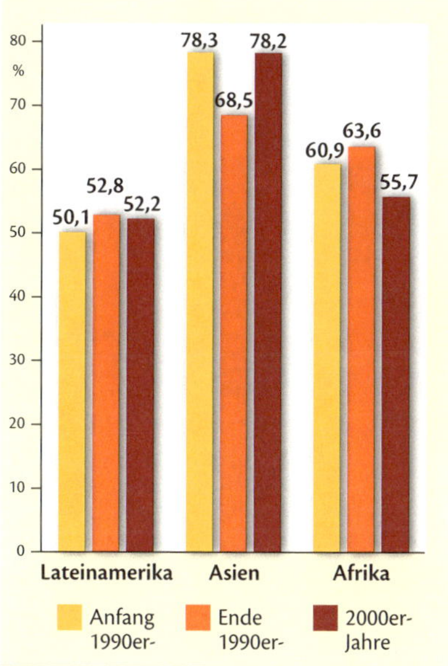

M 5 *Anteil der Beschäftigten im informellen Sektor*

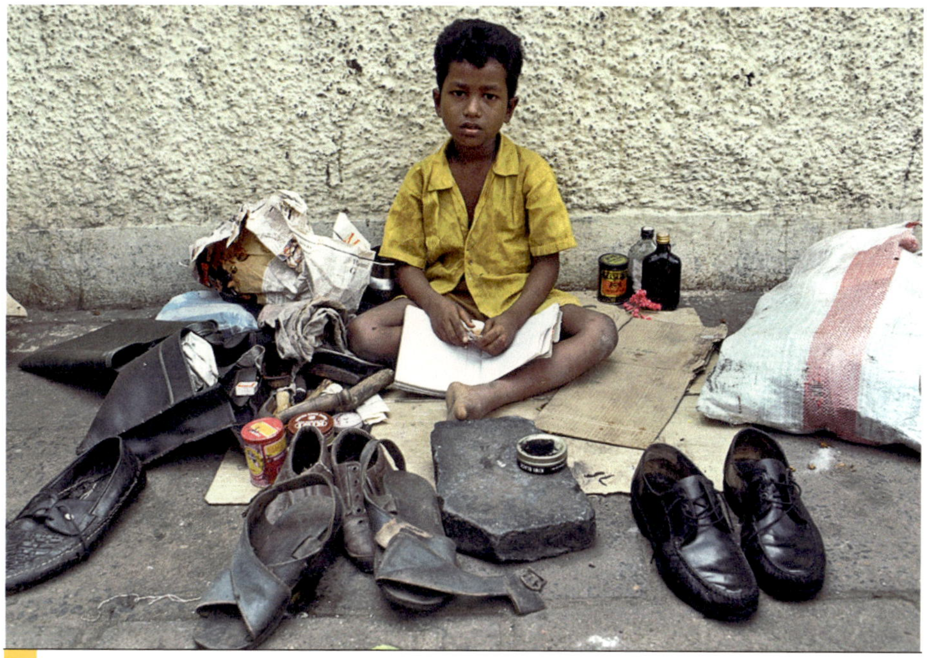

M 6 *Flickschuster in einem Slum*

Der informelle Sektor

Viele Tätigkeiten der armen Stadtbevölkerung zur Existenzsicherung gehören dem **informellen Sektor** an. Solche wirtschaftlichen Aktivitäten sind weder offiziell registriert, noch werden sie nach einem formalisierten System entlohnt. Sie erfordern nur eine geringe Qualifikation, für die kein Schulabschluss nötig ist. Wer im informellen Sektor tätig ist, erhält keinen Mindestlohn, genießt keinen Gesundheits- sowie Arbeitsschutz und erhält keine Leistungen einer Renten- oder Arbeitslosenversicherung.

1 „Magnet Megastadt!" Erstelle eine Strukturskizze, die Gründe und Folgen hierzu darstellt (**M 1–M 4**).
2 Charakterisiere den Begriff „Slum" und beschreibe die geographische Verteilung (**M 2, M 3**).
3 Erstelle ein Diagramm zur räumlichen Verteilung von Slums und kommentiere es (**M 2**).
4 Erläutere die Bedeutung des informellen Sektors (**M 5–M 7**).
5 Arbeitet in Gruppen zum Thema: „Lösungsansätze für Problemfelder der Megastädte" (**M 8, M 9**).

Art der Tätigkeit
- Handel
- Herstellung, Verarbeitung
- Dienstleistungen wie Instandhaltung, Reparatur, Wartung, Pflege, Beherbergung, Spar- und Kreditdienste, Bau, Transport
- Kleinbergbau

Geschlecht
auffallend hoher Anteil von Frauen, in manchen Branchen bis zu 90 Prozent, im Durchschnitt bei 60 Prozent

Voraussetzungen für die Arbeit
- geringe Berufskenntnisse
- wenige eigene Produktionsmittel

Grad der Selbstständigkeit
- selbstständige Arbeit als Einzelperson oder als Eigentümer eines Kleinstbetriebes oder Kleinbetriebes mit Mitarbeitern
- abhängige Heimarbeit für einen Arbeitgeber, der Stücklohn bezahlt
- unselbstständige Tätigkeit als mitarbeitendes, nicht entlohntes Familienmitglied oder als entlohnte Arbeitskraft

Berufsgruppen
Dorfschmied, Töpfer, Schlosser, Maurer, Mechaniker, Elektriker, Näherin, Straßenhändler/in, Losverkäufer/in, Lastenträger/in, Handkarrenschieber, Rickschafahrer, Müllsammler/in

Mitarbeiterzahl
Einzelperson, Familienmitglieder, Betrieb mit 1 bis 10 Mitarbeitern
- häufig unbezahlte Mithilfe von Kindern und Alten bei Frauen, die zu Hause produzieren

Arbeitsstätte
- Wohnung
- eigene Werkstatt
- eigener Grund
- öffentliche Straße, öffentlicher Platz

M 7 *Merkmale des informellen Sektors*

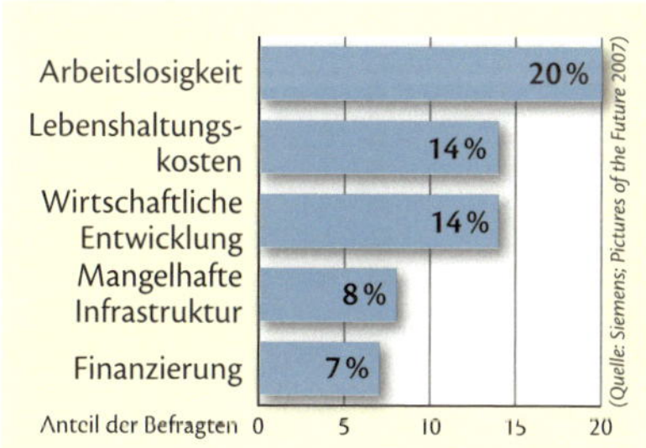

M 8 *Größte wirtschaftliche Herausforderungen für Megastädte*

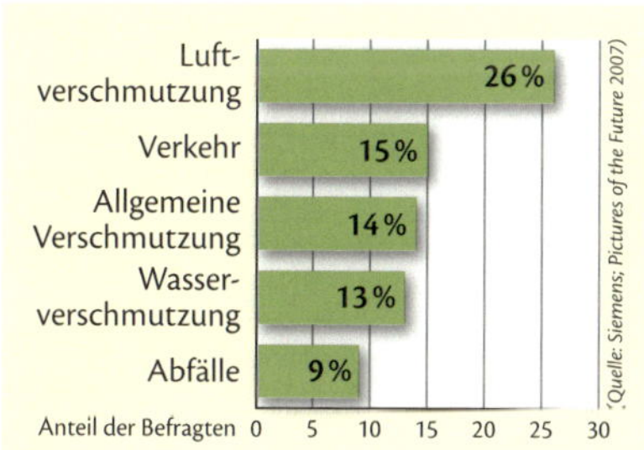

M 9 *Größte Umweltherausforderungen für Megastädte*

Lagos – Bevölkerungsmagnet in Nigeria

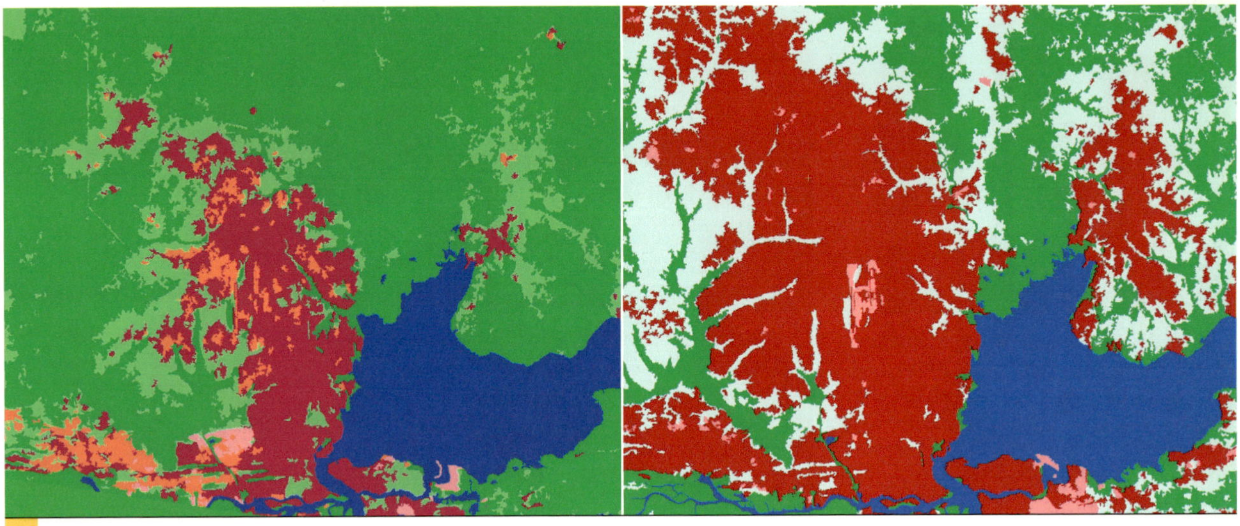

M 1 *Bebaute Fläche von Lagos 1984 und 2000*

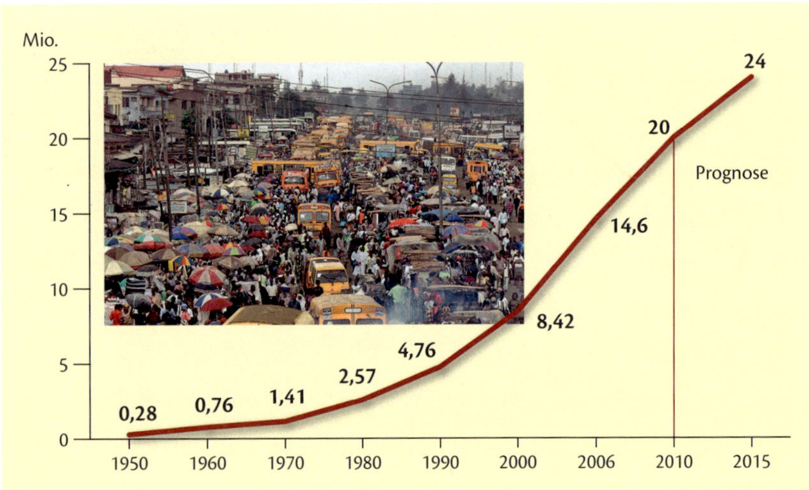

M 2 *Einwohner (Mio.) von Lagos*

M 3 *Wirtschaft und Völker in Nigeria*

check-it
- geographische Lage von Lagos beschreiben
- Gründe für Bevölkerungszunahme und Auswirkungen erläutern
- Aussagen von Einwohnern erörtern

Größte Stadt Schwarzafrikas

Täglich kommen 6000 neue Zuwanderer nach Lagos, aus Nigeria selbst, aber auch aus den Nachbarstaaten. Sie hoffen auf Arbeit und eine bessere Zukunft für sich und ihre Familien. Zusätzlich trägt die hohe Geburtenrate zum rasanten Bevölkerungswachstum bei. Schon einmal hatte es einen starken Zuwanderungsstrom gegeben. Das war in den 1980er-Jahren, als Nigeria vom weltweiten Erdölboom profitierte. Der wirtschaftliche Aufschwung kam Lagos zugute, neue Arbeitsplätze entstanden in der Industrie und im Dienstleistungsbereich. Viele Zuwanderer kamen ursprünglich nicht mit der Absicht, auf Dauer in der Stadt zu bleiben. Doch selbst in wirtschaftlich schlechten Zeiten hielt die Zuwanderung an. Auch die Verlagerung der Hauptstadtfunktion 1991 in das Landesinnere nach Abuja hat keine Entlastung für Lagos erbracht.

Lagos ist heute eine der am schnellsten wachsenden Städte der Welt. Von seiner Attraktivität hat es nichts verloren: Es bleibt Nigerias Zentrum für Wirtschaft, Handel und Kultur.

Stadtplaner

2015 wird Lagos die drittgrößte Stadt der Welt sein, mit der schwächsten Infrastruktur. Das ist eine Herausforderung. Deshalb bitten wir den Westen: Helft mit. Tragt dazu bei, dass unsere Stadt den Platz bekommt, der ihr gebührt. Wenn Lagos in der Krise ist, wenn Lagos ein Problem wird mit seinen 17 Millionen, dann kann das ganz Westafrika zerstören. Unser Nachbarland Benin hat gerade mal viereinhalb Millionen Einwohner, Togo nur ein paar Millionen, Ghana, Sierra Leone auch nur ein paar Millionen. 17 kleinere Staaten zusammengenommen, das ist Lagos. Wenn irgendetwas Schlimmes passiert mit Lagos und der Westen schaut zu, dann spürt das die ganze Welt.

Entlassener Hafenbeamter

Wir überleben durch Beten. Jeden Morgen beten wir zu Gott, für unser tägliches Brot. Alles andere ist unwichtig. Wenn wir ein-, zweimal am Tag essen können, ist es gut. Wir kommen schon zurecht. Aber wenn jemand sagt, alle Nigerianer sind reich, dann irrt er. Nicht dass kein Geld da wäre in diesem Land, Geld ist da. Aber die Politiker, die denken nicht an uns, nur an sich selbst. Wir könnten auf der Straße sterben. Am liebsten würden sie uns arme Leute wohl auf Lastwagen verladen und irgendwo ins Meer kippen. Lass die Amen sterben und uns leben. Uns wenige, die, die alles Geld im Land kontrollieren.

Zuwanderin

Wir sind vor zehn Jahren aus dem Kamerun nach Lagos gekommen. Wir hatten es erst auf dem Land versucht, aber da war kein Platz. Draußen in der Lagune war Platz auf einem Boot. Mein Mann fährt jeden Tag hinaus zum Fischen. Manchmal fängt er so viel, dass wir satt werden. Wenn ich Fisch verkaufe, haben wir sogar ein bisschen Geld. Irgendwann brauchen wir ein neues Haus. Es ist immer feucht auf dem Boot. Das Holz fault.

Geschäftsfrau

Wir sind sehr gute Geschäftsleute und Händler. Lagos bietet jedem eine Chance. Jeder glaubt, hier kann er Geld verdienen. Aber Geld ist nicht alles. Man muss vertrauenswürdig sein und positiv denken, dann ist alles okay. Es gibt Leute, die schon sehr lange in Lagos leben und die meinen, es gäbe keinen besseren Ort auf der Welt. Viele, die Lagos verlassen haben, kommen wieder zurück.

M 4 *Meinungen von Einwohnern*

Folgen des Bevölkerungswachstums

Die Stadtplaner hatten schon 1987 einen „Masterplan" für die Neuordnung der Millionenstadt entworfen. Aber einflussreiche Interessengruppen verhinderten bislang die Umsetzung. So sind die Probleme in Lagos mit der steigenden Bevölkerung weiter gewachsen. Etwa acht Millionen Einwohner leben in den rund hundert Slums – oft ohne elektrischen Strom und Wasseranschluss. Allein der größte Slum beherbergt drei Millionen Menschen. Er befindet sich auf einer riesigen Müllhalde. Die städtische Müllabfuhr kommt gegen den Müll in der Stadt nicht mehr an, Müllverbrennungsanlagen funktionieren nicht. Die Abwasserkanäle sind durch Jahrzehnte alten Dreck blockiert. Regelmäßig bricht der Verkehr zusammen, denn seit dreißig Jahren wurde das Straßennetz dem Verkehr nicht angepasst.

Wenn selbst auf den fünfspurigen Stadtautobahnen nichts mehr geht, ist die Stunde der Händler und Straßenverkäufer gekommen. Sie stehen wie die Kleinhandwerker, Schuhputzer und andere Dienstleister auf der untersten Stufe der sozialen Leiter. Sie arbeiten im informellen Sektor. In Lagos sind es sechs von zehn Arbeitnehmern. Die meisten von ihnen sind Jugendliche, die keine Ausbildung haben, und Menschen, die ihre Arbeitsstelle verloren. Auch viele Zuwanderer suchen im informellen Sektor ihr Auskommen. Der informelle Sektor ist zu einem wichtigen Wirtschaftssektor geworden – nicht zuletzt, weil die hier Beschäftigten sich schnell und flexibel an die Nachfrage anpassen.

1 Beschreibe die geographische Lage von Lagos (Atlasteil S. 196/197).
2 Vergleiche die Veränderung des Stadtgebietes von Lagos (**M 1**).
3 Erstelle eine Tabelle zu Gründen und Auswirkungen der Bevölkerungszunahmen in Lagos und erläutere sie (**M 1**, **M 2**).
4 Erläutere die Bedeutung des informellen Sektors für Lagos.
5 Erörtere die Meinungen der Einwohner zu ihrer Stadt (**M 4**).

WEBCODE: UE640218-023

Überleben auf der Straße

M 1 *Straßenkinder ... in Angola*

M 2 *... in Indien*

M 3 *... in Nepal*

check-it
- Gründe für die Existenz von Straßenkindern nennen
- Schwierigkeiten für das Leben auf der Straße erläutern
- Hilfsmaßnahmen für Straßenkinder erörtern

Straßenkinder

Auf der Welt gibt es schätzungsweise 80 Millionen Straßenkinder. Die meisten von ihnen leben in den Großstädten der Entwicklungsländer, aber auch in ländlichen Gebieten nimmt ihre Zahl zu. Die Jüngsten sind erst fünf Jahre alt. Genaue Anagaben liegen nicht vor, weil viele Kinder nicht einmal eine Geburtsurkunde haben. Alle diese Kinder müssen schwer arbeiten, um zu überleben – teilweise bis zu 14 Stunden am Tag. Viele versuchen, durch Drogenkonsum ihr hartes Schicksal wenigstens für kurze Zeit zu vergessen.

Die beengten Wohnverhältnisse und der tägliche Kampf ums Überleben in den Elendsvierteln der Städte führen zu Streit, Gewalt und dem Auseinanderbrechen der Familien. Für viele Kinder erscheint deshalb zunächst das Leben unter Gleichgesinnten auf der Straße verlockend. Andere Kinder und Jugendliche sind gezwungen, das Geld für ihren Lebensunterhalt oder den ihrer Familien auf den Straßen zu verdienen. Aber auch Kinder, die von ihren Müttern verlassen wurden oder deren Eltern gestorben sind, führen ein Leben auf der Straße.

Man unterscheidet drei Gruppen von Straßenkindern:
- Kinder, die auf der Straße arbeiten, aber noch bei ihren Familien leben;
- Kinder, die aufgrund großer Entfernungen nur am Wochenende zu ihren Familien zurückkehren;
- Kinder, die auf der Straße leben und arbeiten, da sie keine Familien haben. Sie schlafen beispielsweise auf Treppen, in Hauseingängen oder unter geparkten Autos.

Wieso lebt ihr auf der Straße?
Jimmy: Ich muss hier auf der Straße leben, wegen der Armut. Mein Vater ist schon lange tot und meine Mutter ist gestorben, als ich zehn Jahre alt war. [...]
Joseph: Ich bin hier auf der Straße aufgewachsen. Meine Mutter ist schon früh gestorben und mein Vater und meine Verwandten leben irgendwo außerhalb von Manila.
Was gefällt euch am Leben auf der Straße und was sind die größten Probleme?
Jimmy: Was mir wirklich gefällt, ist, dass meine Freunde und ich durch dick und dünn gehen, wir halten zusammen und würden uns nie verraten. [...] Das einzige Problem ist, wie brutal wir hier [...] behandelt werden. Polizisten und Sicherheitsleute kommen ganz plötzlich, sie nehmen einfach alle Straßenkinder mit [...] und misshandeln sie dann.
Joseph: Wir werden grün und blau geschlagen. Sie behandeln uns wie Tiere. [...] Alle Polizisten machen mit, niemand nimmt uns in Schutz. Ein Polizist hat mich sogar mit seinem Gewehr in den Rücken gehauen.
(Quelle: terre des hommes – Hilfe für Kinder in Not, www.tdh.de [Ralf Willinger])

M 4 *Interview mit Jimmy (16) und Joseph (21), die seit vielen Jahren auf der Straße leben*

Folgen des Lebens auf der Straße

Die meisten Straßenkinder gehen nicht zur Schule, sondern arbeiten im informellen Sektor. Mit Kinderarbeit hat das nichts zu tun. Straßenkinder arbeiten, um selbst zu überleben oder um zum Lebensunterhalt der Familie beizutragen. Häufig werden sie ausgebeutet und müssen gefährliche, gesundheitsgefährdende Tätigkeiten ausführen. Viele betteln zusätzlich. Oft sind sie krank, weil das durch Arbeit oder Betteln verdiente Geld nicht ausreicht. Trauen sie sich in ein Krankenhaus, erhalten sie selten eine angemessene Behandlung und werden weggeschickt.
Die Zahl der Mädchen auf der Straße wird oft unterschätzt. Sie arbeiten im Haushalt, in Hotels und Bars oder leben von der Prostitution. Aus Angst vor Vergewaltigung – auch durch ältere Straßenkinder – schlafen sie selten im Freien. Meistens schließen sich kleinere Straßenkinder zu Gruppen zusammen. In diesen Gruppen fühlen sie sich zumindest halbwegs sicher und geborgen. Größere Straßenkinder organisieren sich in Banden, sind gewaltbereit und erpressen sogar jüngere unerfahrene Straßenkinder. Häufig wiederholen sich in den Gruppen die schlimmen Erfahrungen, die Straßenkinder zu Hause erlebt hatten.
Trotzdem herrscht zwischen den Straßenkindern eine Art Solidarität. Sie halten zusammen, entwickeln bestimmte Fertigkeiten wie Einfallsreichtum und Eigenverantwortlichkeit. Ihr Mut und ihr Überlebenswillen ermöglichen ihnen, sich dem Straßenleben mit seinen negativen Begleiterscheinungen anzupassen. Je länger sie auf der Straße leben, desto schwieriger ist ihre Rückkehr in ein „normales" Leben. Die Gesellschaft grenzt sie aus. Straßenkinder gelten als Plage, vor der man sich schützen muss – sei es durch Vertreibung von öffentlichen Plätzen oder Unterbringungen in Heimen.
Internationale Organisationen versuchen, den Straßenkindern zu helfen. Doch das Misstrauen gegenüber Erwachsenen bleibt. Dabei wäre Bildung und somit Kontakt zu Erwachsenen besonders wichtig. Viele Kinder sind prinzipiell bereit, abends noch zu lernen.

1 Nenne Gründe, warum viele Kinder in Entwicklungsländern auf der Straße leben (**M 4**).

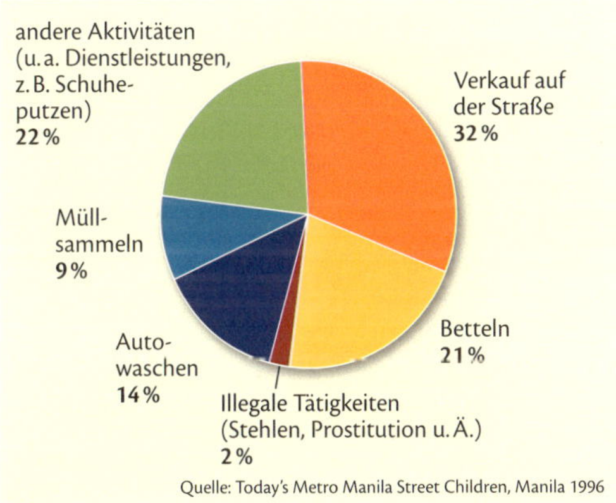

M 5 *Hauptbeschäftigung der Straßenkinder in Manila*

2 Erläutere, wie die Straßenkinder versuchen zu überleben (**M 1–M 3, M 5**).
3 Charakterisiere die Arbeits- und Lebensbedingungen im informellen Sektor (**M 1–M 3**).
4 Nenne Tätigkeiten, die Straßenkinder ausführen (**M 5**).
5 Erörtere Maßnahmen, wie den Straßenkindern geholfen werden kann.
6 Finde im Internet Organisationen, die Straßenkindern helfen. Berichte über deren Projekte.

WEBCODE: UE640218-025

Indien – Bevölkerungswachstum ohne Ende?

M 1 *Weltbevölkerungstag in Neu-Delhi 2002: Wunsch der Regierung – und Wirklichkeit*

check-it
- Indiens Bevölkerungswachstum charakterisieren und Auswirkungen erläutern
- Wirkungsgefüge anfertigen
- Diagramme auswerten
- Lösungsansätze zur Verringerung des Bevölkerungswachstums erörtern und beurteilen

Auf dem Weg zum bevölkerungsreichsten Land

Indien ist nach China das bevölkerungsreichste Land der Erde. Die indische Bevölkerung zählt über 1,15 Milliarden Menschen und wächst jährlich um mehr als 16 Millionen Menschen. Damit hat Indien eine absolute Bevölkerungszunahme pro Jahr, mit der es an der ersten Stelle der Welt liegt – noch deutlich vor China mit etwa neun Millionen Menschen jährlich. Täglich kommen etwa 68 000 Kinder zur Welt. Prognosen der UN zufolge wird Indien nach 2025 China als bevölkerungsreichstes Land ablösen.
Laut Volkszählung von 2001 lebten noch 743 Millionen Menschen in ländlichen Regionen. Das Bevölkerungswachstum betrifft aber besonders stark die Millionenstädte.

Probleme des Wachstums

Das Bevölkerungswachstum verursacht viele sozioökonomische Probleme. Hierzu gehören Hunger und Armut der Bevölkerung sowie fehlende Wohnungen, Schulen, Lehrer und Arbeitsplätze. Durch den Zuwachs der Bevölkerung müssten beispielsweise jährlich drei bis vier Millionen Wohnungen gebaut, sieben bis acht Millionen neue Arbeitsplätze eingerichtet und zusätzlich mindestens eine halbe Million Lehrer/-innen ausgebildet werden. Das indische Gesundheitssystem ist unterfinanziert. Es fehlt an Ärzten und Medikamenten.

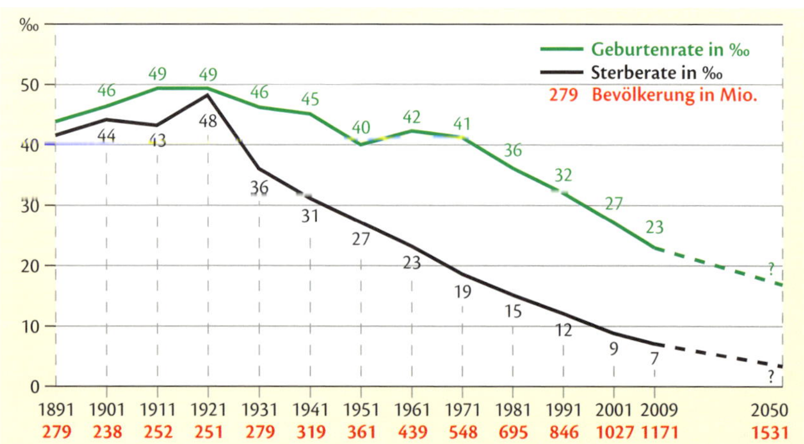

M 2 *Entwicklung der Geburten- und Sterberaten in Indien*

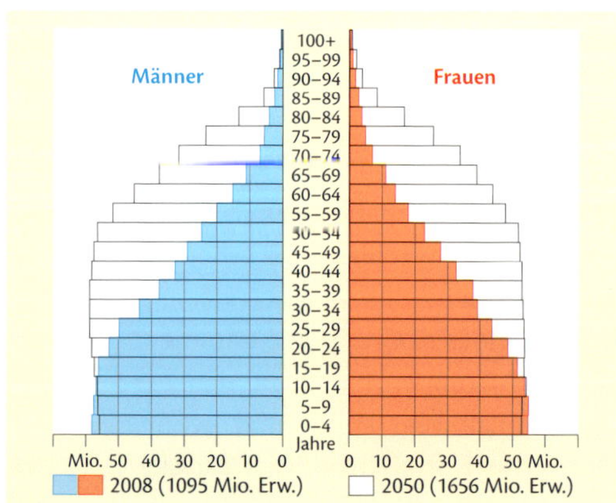

M 3 *Bevölkerungspyramide Indiens 2008 und 2050 (Prognose)*

Ursachen des Wachstums

Das Bevölkerungswachstum resultiert vor allem aus der in den letzten Jahrzehnten verringerten Sterberate. Gründe hierfür waren beispielsweise bessere hygienische Verhältnisse, der gezielte Ausbau des Gesundheitswesens sowie die bessere Verteilung von Nahrungsmitteln im Falle von Hungersnöten. So ist in Indien mittlerweile die Lebenserwartung auf 64 Jahre gestiegen, die Mitte des 20. Jahrhunderts nur bei 40 Jahren lag. Die Geburtenrate sinkt im Vergleich zur Sterberate nur allmählich. Dies hängt unter anderem damit zusammen, dass Kinder auf dem Feld oder durch Arbeit in Handwerksbetrieben zum Familieneinkommen beitragen. Für die unteren Einkommensschichten sind Kinder eine Altersvorsorge, denn es gibt keine Rentenversicherung.

Ziel: Zwei-Kind-Familie

1947 brachte eine indische Frau im Durchschnitt sechs Kinder zur Welt. Indien war das erste Land, das sich schon 1952 für eine Politik aussprach, die das Bevölkerungswachstum senken sollte, unter anderem durch die Einführung von Verhütungsmitteln. Allerdings erreicht das staatliche Familienprogramm kaum die ländlichen Regionen. Seit dem Jahr 2000 gibt es eine Familienpolitik, die die Zweikindfamilie durchsetzen soll. Dabei sind regionale Unterschiede zu berücksichtigen. In einigen Bundesstaaten im Süden des Landes wie Kerala oder Tamil Nadu werden im Durchschnitt weniger als zwei Kinder pro Frau geboren. In nördlichen Bundesstaaten wie Bihar oder Uttar Pradesh sind hingegen nach wie vor mehr als vier Kinder pro Frau zu verzeichnen.

Einen wichtigen Faktor bei der Familienplanung stellt die Bildung der Frauen und damit die Verbesserung ihres wirtschaftlichen sowie gesellschaftlichen Status dar. Durch Aufklärung können ungewollte Schwangerschaften verhindert werden. Zudem können Frauen durch eine gute Bildung qualifizierte Berufe ausüben, sodass sie eine größere Unabhängigkeit erlangen.

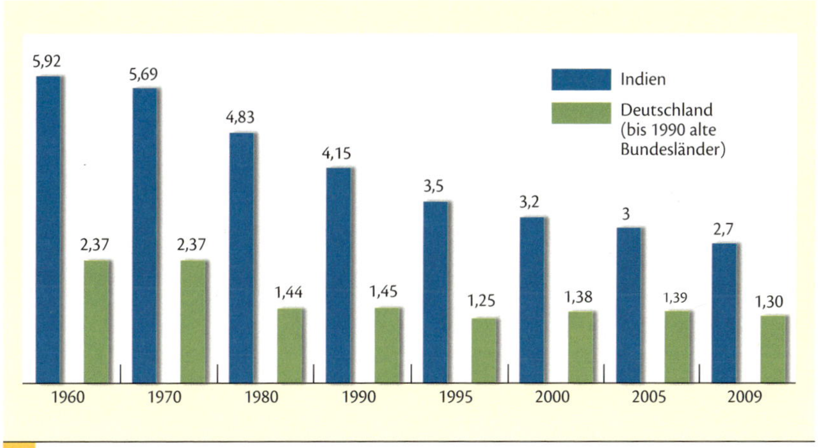

M 4 *Durchschnittliche Kinderzahl pro Frau*

Mädchen unerwünscht

Da die Töchter bei der Verheiratung grundsätzlich zur Familie des Mannes ziehen, sind Söhne für die Vorsorge notwendig. Sie werden aber auch für rituelle Handlungen bei der Bestattung der Eltern benötigt. Zudem ist die Verheiratung einer Tochter kostspielig, denn die Mitgift in Form von Geschenken für die Eltern des Bräutigams erreicht oft die Größenordnung eines Jahreseinkommens einer Familie. Die weibliche Diskriminierung führt so weit, dass trotz gesetzlichen Verbots weibliche Föten abgetrieben werden – in den letzten 20 Jahren etwa zehn Millionen.

1. Beschreibe das Bevölkerungswachstum in Indien seit 1901. Ermittle hierzu auch die Wachstumsraten und charakterisiere deren Verlauf (**M 2**).
2. Fertige ein Wirkungsgefüge über die Ursachen und Auswirkungen der Bevölkerungsexplosion in Indien an.
3. Vergleiche die Entwicklung der Geburten- und Sterberaten Indiens mit dem Modell des demographischen Übergangs (**M 2, M 4**; S. 13, **M 4, M 5**).
4. Erläutere die zukünftige Bevölkerungsentwicklung Indiens (**M 2, M 3**).
5. Erörtere die Bedeutung der Bildung von Frauen für das Bevölkerungswachstum (**M 5**).
6. Beurteile die Erfolgsaussichten des Familienprogramms in Indien (**M 1, M 4, M 5**).

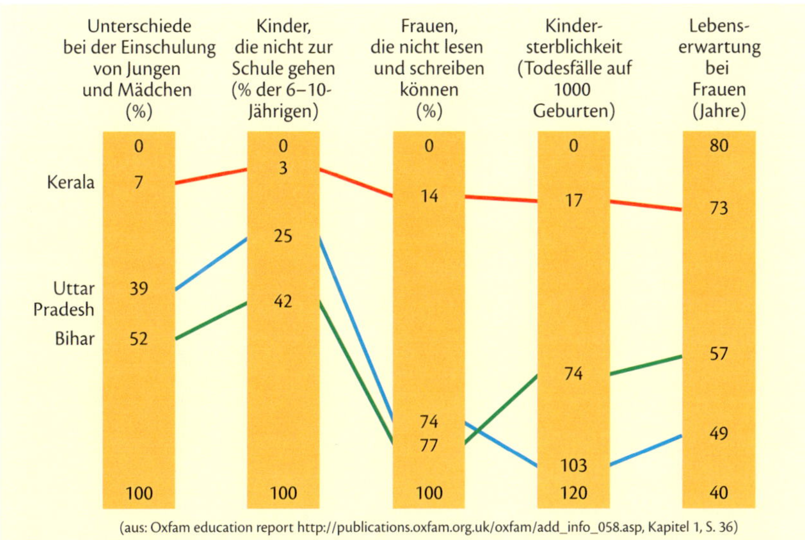

M 5 *Bildung der Frauen und soziale Entwicklungsindikatoren (2000)*

WEBCODE: UE640218-027

Die Ein-Kind-Politik in China und ihre Folgen

M 1 *Chinesische Kindergruppe*

ab 1962: erste staatliche Geburtenplanung mit folgenden Empfehlungen: späte Eheschließung, Zwei-Kind-Familie, größere Abstände zwischen Geburten;
ab 1979 bis vor wenigen Jahren: konsequente Ein-Kind-Politik, die insbesondere bis 1983 mit massiven Übergriffen und Gewaltakten wie Zwangsabtreibungen und Zwangssterilisationen verbunden war; „Überzeugungsargumente" stellten Strafzahlungen in Form von Lohneinbehalten oder Geldstrafen dar, beispielsweise drei Jahresgehälter für die Geburt eines zweiten Kindes; innerhalb der Dorfkollektive wurden während der 1980er- und 1990er-Jahre Geburtenpläne erstellt, die den einzelnen Frauen und Ehepaaren bestimmte Zeiträume für die Geburt zuwiesen.
Ausnahmeregelungen (betrifft heute etwa zwei Drittel der Bevölkerung): für nationale Minderheiten; seit 1984 auf dem Land: zweites Kind ist erlaubt, wenn das erste Kind ein Mädchen ist; seit 2004 in einigen Städten: Eltern, die beide aus Ein-Kind-Familien stammen und somit keine Geschwister haben, dürfen zwei Kinder bekommen, ohne dafür bestraft zu werden.

M 2 *Bevölkerungspolitik in China*

check-it
- Maßnahmen, Ursachen und Folgen der Ein-Kind-Politik in China erläutern
- Ursachen und Folgen des Frauenmangels erörtern
- Fließdiagramm erstellen
- Bevölkerungspolitische Maßnahmen beurteilen

Ursache der Bevölkerungspolitik

Ein unkontrolliertes Bevölkerungswachstum kann die wirtschaftliche Leistungskraft eines Landes übersteigen und dadurch zu Hungersnöten führen. Dies war in der chinesischen Vergangenheit immer wieder geschehen. Als die Kommunistische Partei 1949 in der Volksrepublik China die Herrschaft übernahm, ging sie zunächst davon aus, dass sie derartige Probleme bewältigen könnte. Zunächst stieg die Geburtenrate noch an. Die erste Phase der Geburtenkontrolle blieb wenig wirkungsvoll und erreichte nicht die ländlichen Regionen. In den 1970er-Jahren bekam eine chinesische Frau im Schnitt sechs Kinder.
Daher wurde 1979 das Ein-Kind-Gesetz als eine als Maßnahmen zur konsequenten Bevölkerungspolitik erlassen. Durch die Ein-Kind-Politik wächst die chinesische Bevölkerung erheblich langsamer. Die Zahl der Kinder pro Frau liegt heute bei 1,6 Kindern.

Mehr Jungen, weniger Mädchen

Die Ein-Kind-Politik hat jedoch ernste gesellschaftliche Probleme zur Folge. Das Geschlechterverhältnis zum Zeitpunkt der Geburt ist beim Menschen nicht ausgewogen. Im Weltdurchschnitt werden im Verhältnis 105 Jungen zu 100 Mädchen geboren. Mit dem Alter verändert sich das Verhältnis von einem Männerüberschuss zu einem Frauenüberschuss.
Das Geschlechterverhältnis kann manipuliert werden. Früher war es in China eine Schande, keinen männlichen Erstgeborenen zu haben. Daher wurden neugeborene Mädchen umgebracht, bis es männlichen Nachwuchs gab. In der Volksrepublik China wurde scharf gegen diese Unsitte angegangen. Moderne medizinische Methoden der Geschlechtsbestimmung erleichtern die Abtreibung eines unerwünschten Geschlechts. Am einfachsten ist eine Ultraschalluntersuchung, die eine Geschlechtsbestimmung ab der 13. Schwangerschaftswoche ermöglicht.
In China verbieten verschiedene Gesetze aus den 1990er-Jahren, Mädchen abzutreiben, schlecht zu behandeln oder zu diskriminieren. Abtreibungen werden durch Bestechlichkeit dennoch vorgenommen. Zudem ist die Mädchen- und Frauensterblichkeit übermäßig hoch.
In 15 Jahren werden bis zu 40 Millionen heiratsfähige Männer möglicherweise keine Ehefrau finden.

Zahl der männlichen Neugeborenen pro 100 weibliche Neugeborene	
19. Jahrhundert	130–150
1910	121,6
1932–1939	112,2
1953	107,5
1964	105,5
1982	106,3
1992	114
2005	120

M 3 *Geschlechterverhältnis der Neugeborenen*

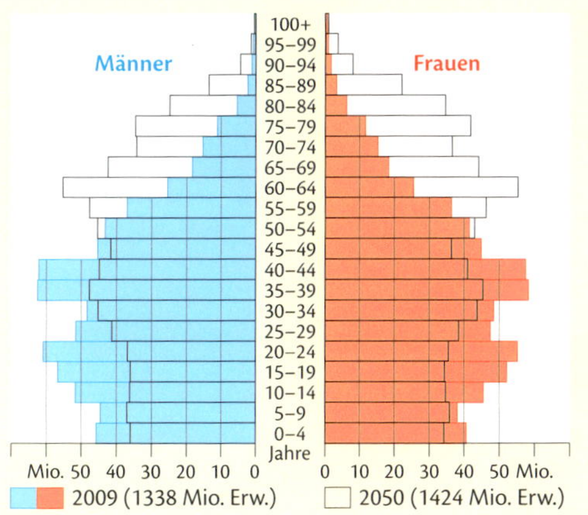

M 4 *Bevölkerungspyramiden Chinas*

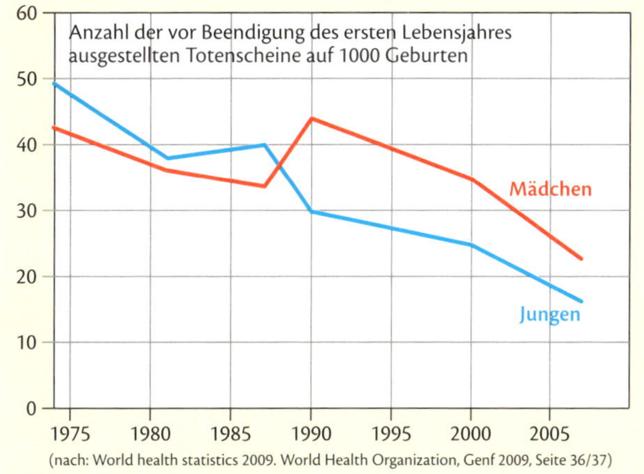

M 5 *Säuglingssterblichkeitsrate nach Geschlecht*

Überalterung

Eines der größten zukünftigen Probleme Chinas ist die Gefahr einer Überalterung. Schon 1999 überschritt China die Schwelle zur alternden Gesellschaft. Diese ist laut UNO-Definition erreicht, wenn der Anteil der über 60-Jährigen zehn Prozent übersteigt. Staatlichen Prognosen zufolge wird er 2050 auf 31 Prozent angestiegen sein. Die Versorgung der Alten wird dann zum größten gesellschaftlichen Problem werden. Der Anteil der Bevölkerung im erwerbsfähigen Alter geht zurück. Besonders betroffen sind die ländlichen Gebiete.

Die chinesische Regierung rückt deshalb von ihrer alten Bevölkerungspolitik ab. Schon 2007 verkundete der Minister für Bevölkerungsentwicklung und Geburtenplanung, dass China keine Ein-Kind-Politik mehr hat. Ab 2010 wird Frauen über 35 Jahren ein zweites Kind erlaubt.

1 Beschreibe die Ein-Kind-Politik Chinas (**M 1, M 2**).
2 Erläutere die Folgen, die sich aus dem Missverhältnis der Geschlechter in China ergeben (**M 3, M 5**).
3 Erläutere die Folgen des Frauenmangels in China (**M 7**).
4 Vergleiche den Aufbau der Bevölkerung Chinas heute und 2050 (**M 4**).
5 Stelle die Auswirkungen und Ursachen der chinesischen Bevölkerungspolitik in einem Fließdiagramm dar.
6 Beurteile die Maßnahmen der Bevölkerungspolitik in China (**M 6**).

In der Dorfschule von Jingxian wird gerade Mathe unterrichtet. Egal, wohin man schaut, es sind nur Jungen zu sehen. Nirgends in China werden so wenige Mädchen geboren wie hier in der Provinz Jiangxi. [...] Doch hier wächst bereits eine ganze Generation kleiner Prinzen heran. Damit sie später auch noch Ehefrauen finden, pumpt Chinas Regierung Millionen in eine Kampagne gegen den Jungen-Überschuss. Mit Kleinbussen fahren sie in die letzten Winkel der Provinz, wo die staatlichen Familienplaner ihre neue Losung verbreiten müssen: „Mädchen sind auch gut". „Unsere Beratung hat schon viele Bauern bekehrt", sagt der Arzt Xing Xuelin. [...] „Es ist nicht mehr nötig, unbedingt Jungen zu bekommen, weil der Staat Familien mit Mädchen großzügig belohnt. Zum Beispiel bekommen die Eltern eine jährliche Zusatzrente. Das nimmt ihnen die Angst vor Armut im Alter." [...] Vorbildlichen Müttern, also solchen mit Mädchen, winken noch ganz andere Privilegien: Ihre Töchter werden krankenversichert, sie zahlen keine Schulgebühren. [...]. Mädchen bringen Reichtum, diese Botschaft versteht jeder: „Klar wollte ich einen Sohn, aber dann war selbst das Zweite wieder ein Mädchen! Na ja, das ist jetzt schon in Ordnung. Vor allem, weil ich von der Regierung einen Traktor, Setzlinge und das Haus bekommen habe. Sogar Biogas zum Kochen ist umsonst."

(Steffen, N. (2007): Familienplanung in Chinas Provinz. http://www.norasteffen.de/?p=200)

M 6 *Mädchen sind auch gut*

In China wird sich das Ungleichgewicht auf dem Heiratsmarkt ab 2010 verschärfen, um 2030 wird der Männerüberschuss wohl 20 Prozent erreichen. Dann könnten jedes Jahr 1,6 Millionen Männer unfreiwillig ledig bleiben. [...] Die heiratswilligen Männer werden sich zunächst immer jüngeren Frauen zuwenden und anschließend auf zwei Gruppen konzentrieren [...]: zum einen die Witwen [...], zum anderen auf die weit größere Gruppe der Geschiedenen. [...] Um den insbesondere in China wachsenden Frauenbedarf zu decken, organisieren sich transnationale Netze. Zum Beispiel wandern immer mehr vietnamesische Frauen zur Heirat nach China aus. Gerade in den südchinesischen Provinzen herrscht akuter Frauenmangel. Außerdem sind die Heiratskosten [...] drastisch gestiegen. Für ärmere chinesische Familien ist es daher oft billiger, für den Sohn eine Frau aus dem Ausland zu kaufen, um die Mitgift zu sparen [bei den Chinesen ist es der Bräutigam, von dem die Braut eine Mitgift erhält].

(Quelle: nach Attané, I.; Welt ohne Frauen; Le Monde diplomatique vom 7.7.2006, gekürzt)

M 7 *In China boomt der Frauenhandel*

Frauenpower in Entwicklungsländern

M 1 *Frauen bei der Feldarbeit*

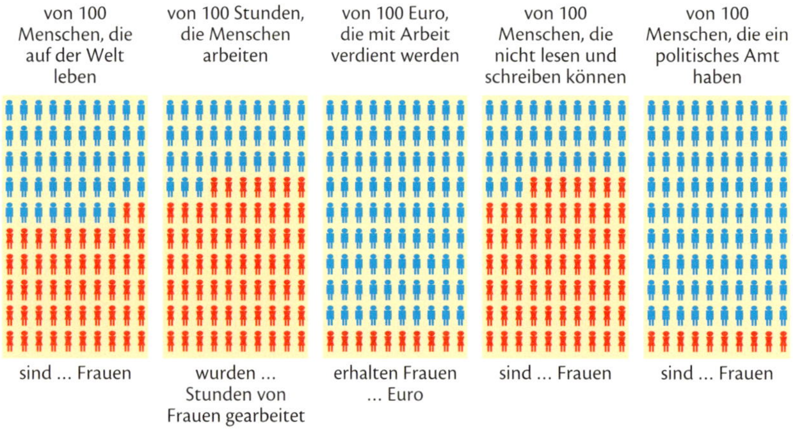

M 2 *Bedeutung der Frauen in der menschlichen Gesellschaft*

M 3 *Frauen beim Hirsestampfen*

check-it

- Länder mit hohem Anteil von Frauen in der Landwirtschaft lokalisieren
- landwirtschaftliche Tätigkeiten der Frauen beschreiben
- Rolle der Frauen bei der Versorgung mit Nahrungsmitteln erläutern

Frauen ernähren ihre Familien

In den Entwicklungsländern arbeiten die meisten Frauen in der Landwirtschaft. Obwohl die Männer die Felder pflügen, tragen die Frauen die Hauptlast bei der Ernährung der Familie. Etwa die Hälfte aller landwirtschaftlichen Erzeugnisse wird von ihnen produziert, in Afrika sogar bis zu 80 Prozent. Sie verarbeiten die Grundnahrungsmittel und verkaufen Überschüsse auf dem Wochenmarkt. Einen Teil des Erlöses müssen sie dabei häufig an den Mann abgeben.

Frauen in Entwicklungsländern arbeiten meist mehr als 16 Stunden am Tag, wobei der größte Teil der Arbeit der Sicherung der Ernährung der Familie dient. In Afrika und Asien arbeiten Frauen bis zu 13 Stunden in der Woche länger als Männer. Allein vier Stunden pro Tag sind sie in vielen Gegenden damit beschäftigt, Wasser und Feuerholz zu beschaffen.

Feminisierung der Landwirtschaft

In vielen Ländern Afrikas und Asiens werden die meisten landwirtschaftlichen Kleinbetriebe heute von Frauen geführt, da die Männer in die Städte abgewandert sind, um eine bezahlte Arbeit zu bekommen. Das bezeichnet man als **Feminisierung der Landwirtschaft.** Doch obwohl die Frauen die Betriebe führen, liegt der Landbesitz in Händen der Männer. In vielen Entwicklungsländern ist es Frauen verboten, Land zu besitzen. Aber ohne Land erhalten sie keine Kredite – zum Beispiel für Saatgut, Werkzeuge oder Düngemittel. Hierdurch wird eine erfolgreiche wirtschaftliche Entwicklung in diesen Ländern behindert.

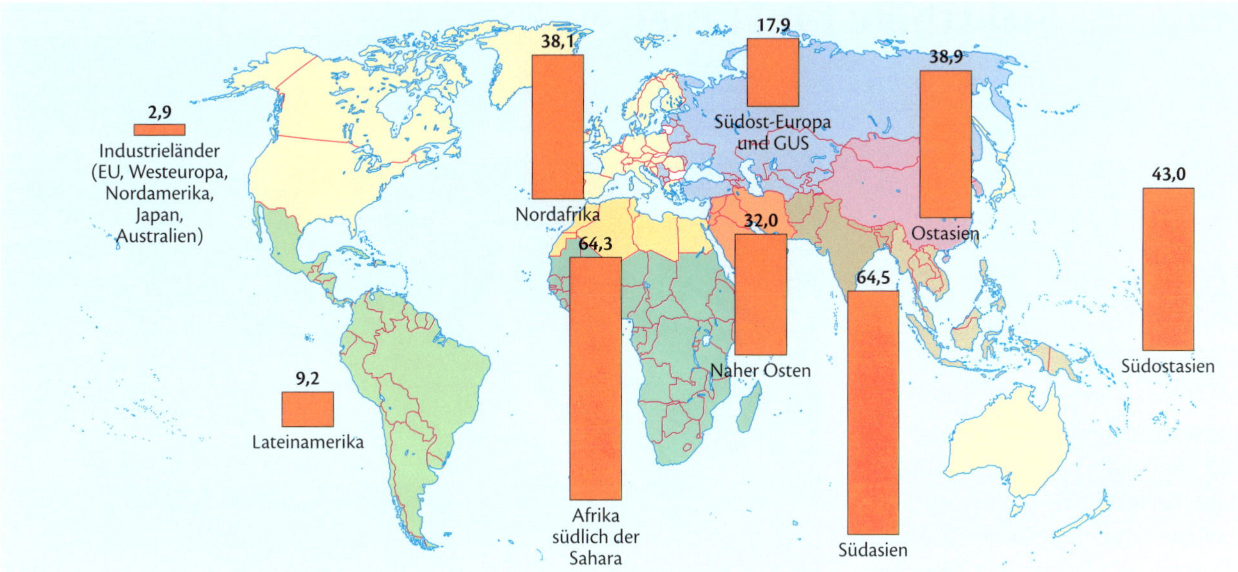

M 4 *Anteil erwerbstätiger Frauen in der Landwirtschaft 2008 (in Prozent)*

Frauen arbeiten für den Weltmarkt

Vor allem in Asien bauen Frauen nicht nur Grundnahrungsmittel für die eigene Familie an, sondern sie produzieren auf Plantagen auch die Exportprodukte für den Weltmarkt. In manchen Ländern sind fast die Hälfte der Arbeitskräfte auf Plantagen Frauen. Im Reisanbau in Asien stellen sie 50 bis 90 Prozent der Arbeitskräfte. Aber auch in Afrika werden Frauen als Arbeitskräfte auf den Plantagen eingesetzt, die Nahrungsmittel für den Export anbauen. Sie arbeiten dort in der Regel als Saisonarbeiterinnen und jäten Unkraut oder helfen bei der Ernte. Ihr Arbeitslohn liegt in der Regel unter dem der Männer.

Was dabei vergessen wird: Oft sind gerade die Frauen Expertinnen für Saatgut und Tierhaltung. Sie besitzen das Wissen über Wert und Nutzen der einheimischen Pflanzen und Tiere, für Ernährung, Gesundheit und Einkommen.

1 Beschreibe, wie Frauen in ländlichen Gebieten der Entwicklungsländer zur Ernährungssicherheit beitragen (**M 1**, **M 3**, **M 5**).
2 Erläutere die Rolle und Bedeutung der Frauen (**M 2**, **M 4**).
3 Vergleiche den Arbeitstag einer Frau im ländlichen Afrika mit einem Arbeitstag deiner Mutter (**M 6**).
4 Verfasse einen Bericht zur Situation der Frauen (**M 1–M 6**).

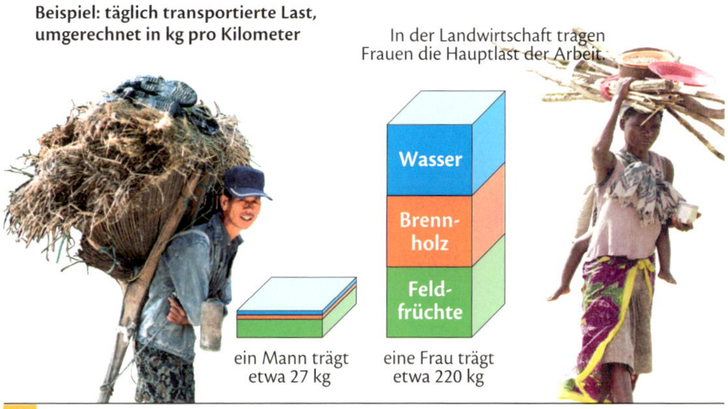

M 5 *Frauen tragen die Hauptlast*

M 6 *Beispiel für den Tagesablauf einer Frau im ländlichen Afrika*

Hilfe zur Selbsthilfe für Frauen

check-it
- Schulausbildung für Mädchen als Voraussetzung für Gleichstellung erläutern
- Notwendigkeit von Hilfe für Frauen in Entwicklungsländern begründen
- Maßnahmen zur Förderung von Frauen bewerten

M 1 *Schulbesuch – eine Chance für eine bessere Zukunft*

Entwicklung durch Bildung

Mädchen sind in den Entwicklungsländern häufiger vom Schulbesuch ausgeschlossen als Jungen. Doch nur Frauen, die lesen und schreiben können, sind in der Lage, sich über moderne Methoden der Landnutzung, über Hygiene und Gesundheit sowie über die Möglichkeit der Vermarktung ihrer Produkte zu informieren. Deshalb unterstützen Entwicklungshilfeorganisationen den Aufbau von Schulen für Mädchen und Weiterbildungsmaßnahmen für Frauen.

Junge Frauen, die einen Beruf erlernt haben, heiraten in der Regel später als solche ohne Schul- und Berufsausbildung. Sie bekommen später ihr erstes Kind. Frauen mit höherer Bildung wenden häufiger Methoden der Familienplanung an, haben kleinere Familien und gesündere Kinder.

Frauen als Unternehmerinnen

Da viele Frauen in Entwicklungsländern kein Land besitzen dürfen, das sie beleihen könnten, gelten sie für herkömmliche Banken als nicht kreditwürdig. Dessen ungeachtet erhalten Frauen im Rahmen von Förderprojekten Mikrokredite. So werden gezielt Frauen in den ärmsten Ländern unterstützt, die sich mit dem Geld eine eigene Existenz aufbauen können. Sie gründen kleine Handwerks- oder Dienstleistungsbetriebe oder kaufen sich ein eigenes Stück Land, das sie bewirtschaften. Die Erfahrung hat gezeigt, dass die Frauen die Kredite zuverlässig zurückzahlen. Sie setzen die Gewinne ein, um den Lebensstandard der Familie zu verbessern und den Kindern eine gute Ausbildung zu ermöglichen.

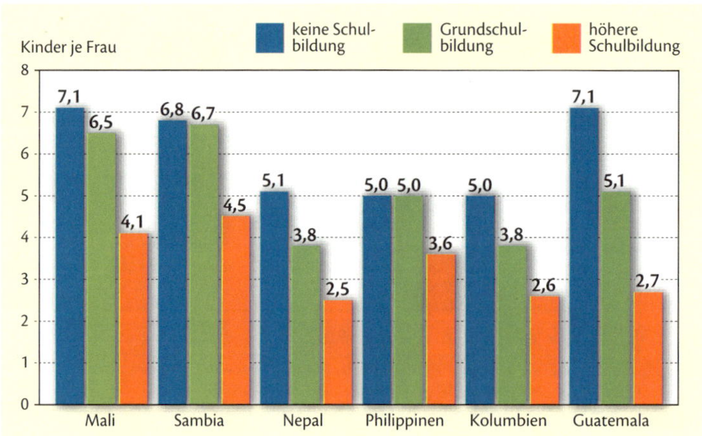

M 2 *Kinderzahl und Schulbildung*

1949
Erklärung der Menschenrechte: Gleichberechtigung von Mann und Frau
1975 Mexiko-Stadt
Aktionsplan zur Verbesserung der Situation der Frauen
1976–1985
Dekade der Frau, Motto: Gleichberechtigung, Entwicklung, Frieden
1980 Kopenhagen
Programm zu Gesundheit, Erziehung, Ausbildung und Beschäftigung
1985 Nairobi
Verpflichtung zur Wahrung der Rechte von Frauen
1995 Peking
Vierte Weltfrauenkonferenz: Verpflichtung der Staaten, geschlechtsspezifische Unterschiede in der Gesundheitsvorsorge und bei der Bildung abzubauen
2000 New York
Zwischenbilanz der erreichten Errungenschaften; Bestätigung des Rechtes auf Familienplanung, Zwangsehen und „Ehrenmorde" als Menschenrechtsverletzungen anerkannt
2011 Venezuela
Neuer Aufbruch für die weltweite Befreiung der Frau

M 3 *Stationen auf dem Weg zur Gleichstellung*

Kleine Kredite, große Wirkungen

Im Rahmen der Entwicklungshilfe werden häufig Projekte gefördert, die insbesondere Frauen unterstützen. Verschiedene Organisationen unterrichten sie beispielsweise in neuen Methoden des Ackerbaus und der Viehhaltung. Damit sich die Frauen das Saatgut, ein paar Hühner oder eine Ziege leisten können, vergeben diese Organisationen Kleinkredite.

In Bangladesch baute ein Wirtschaftsprofessor für Kleinstunternehmerinnen eine Kreditgenossenschaft auf. Sie verleiht Geld an die Ärmsten, weil so der Teufelskreis der Armut durchbrochen werden kann. Der Zinssatz beträgt einschließlich Krankenversicherung 20 Prozent. Das ist wenig im Vergleich zu den 50 Prozent, welche andere Geldverleiher verlangen. Allein in Bangladesch konnten auf diese Weise 15 Prozent der Frauen ihre Armut bekämpfen.

Frauen schließen sich auch zu Selbsthilfegruppen zusammen. In den Spar- und Kreditgruppen zahlen die Frauen wöchentlich einen kleinen Betrag auf ein gemeinsames Konto ein. Reihum wird das angesparte Geld dann als Kredit an die einzelnen Mitglieder vergeben. Von den Erträgen zahlen die Frauen den geliehenen Betrag in Raten zurück. Haben sie ihn abbezahlt, können sie ein neues Darlehen aufnehmen. Ist z. B. eine Hühnerzucht erfolgreich, ist häufig der nächste Schritt der Kauf einer Kuh oder mehrerer Kühe. Solche Tiere sind zwar teurer, führen aber auch zu höheren Gewinnen.

1 Erläutere, warum eine gute Schulbildung für Mädchen in den Entwicklungsländern nicht nur ihnen selbst, sondern auch den Familien und ganzen Regionen nützen kann (**M 1–M 3**).
2 Begründe die Notwendigkeit, Frauen in Entwicklungsländern Hilfe zu gewähren.
3 Bewerte die Vergabe von Kleinkrediten an Frauen (**M 4–M 6**).

M 4 *Kreditgenossenschaft für Kleinstunternehmerinnen in Bangladesch*

M 5 *Kleinstunternehmen, das einen Kredit erhalten hat*

„Früher hätten die Banken uns niemals Geld geliehen, heute laufen sie uns hinterher." Die Frauen im südindischen Bundesstaat Tamil Nadu lächeln über die Flut von Kleinkrediten, die seit einem Jahrzehnt durch die Dörfer schwappt. […]
Die Regierung gibt den Nichtregierungsorganisationen ein Budget und exakte Vorgaben: Zum Beispiel müssen sie hundert Selbsthilfegruppen in 50 Dörfern in sechs Wochen gründen. Kann eine Frau, gleich welcher Kaste, Religion oder welchen Alters, monatlich 50 Rupien, das ist etwa 1 Euro, sparen, hat sie Anspruch auf einen Kleinkredit. Zusätzlich muss sie ein Training absolvieren, damit sie lernt, mit unternehmerischem Spürsinn Einkünfte zu erwirtschaften.
Die Frauen verzagen nicht angesichts der Aufgabenfülle, die ihnen zugemutet wird, zusätzlich zu der Feldarbeit, dem Haushalt, der Kinderbetreuung und der Tagelöhnerei auf den Feldern reicher Bauern. Für sie zählt die Anerkennung, die der Kredit bringt. Früher durften sie sich nicht in einen Kreis mit den Männern setzen. Früher hätten sie nicht allein mit dem Bus in die Bezirkshauptstadt fahren können. Heute sagen sie nicht nur den Männern ihre Meinung, sondern gehen ohne sie zu den Behörden. Den Kredit nehmen sie in Anspruch, weil er eine Teilhabe an der Moderne verspricht. Schließlich fließt so viel Geld wie noch nie zuvor ins Dorf, und zwar in Frauenhände, zumindest zunächst einmal. Viele Familien begleichen mit dem Geld ihre Schulden beim Geldverleiher, der 50 Prozent Zinsen verlangt. Oft wird der Kredit für Medikamente genutzt, für Familienfeiern oder Anschaffungen.
Quelle: taz vom 6.3.2008

M 6 *Mikrokredite für indische Frauen*

Welternährung zwischen Hunger und Überfluss

check-it
- Hungergürtel der Erde verorten
- Entwicklung von Nahrungsmittelproduktion und Bevölkerung weltweit vergleichen
- Ursachen und Folgen von Hunger erläutern
- Fließdiagramm erstellen
- Verantwortung der Industrie- und Entwicklungsländer für bessere Welternährungslage bewerten

M 1 *Karikatur von Waldemar Mandzel*

Wie viele Menschen kann die Erde ernähren?

Grundsätzlich reicht die Nahrungsmittelproduktion auf der Erde für alle Menschen aus. Pro Kopf stehen rein rechnerisch täglich 2700 Kilokalorien Nahrungsenergie zur Verfügung, 500 Kilokalorien mehr als von der Welternährungsorganisation FAO empfohlen. Demnach könnten noch mehr als die 6,9 Milliarden Menschen, die 2010 auf der Erde leben, ausreichend ernährt werden. Doch das sind theoretische Zahlenspiele. In der Realität sind viele Menschen unterernährt oder leiden akuten Hunger. War deren Anzahl in der ersten Hälfte der 1990er-Jahre noch zurückgegangen, so ist sie seither wieder auf über eine Milliarde Hungernde angestiegen. Die große Mehrzahl von ihnen lebt in den ländlichen Gebieten der Entwicklungsländer. Sie leiden Hunger, weil sie nicht genug Mittel haben, selbst hinreichend Nahrung zu produzieren oder zu erwerben. Dabei spielen neben natürlichen Faktoren wie Klima und Boden, die die Nahrungsmittelproduktion vor Ort beeinflussen, viele weitere Faktoren eine Rolle bei der weltweiten Ungleichverteilung der Nahrungsmittel.

Was heißt eigentlich ...
- **Unterernährung?**
  Zustand unzureichender Ernährung; der Kalorienbedarf wird nicht ausreichend gedeckt
- **Fehlernährung?**
  Unzureichende und qualitativ minderwertige Zufuhr von Nahrung
- **Akuter Hunger?**
  Zustand weitgehenden oder völligen Mangels an Nahrungsaufnahme
- **Mangelernährung?**
  Zustand unzureichender Ernährung in Folge einseitiger Zusammensetzung der Nahrung
- **Überernährung?**
  Nahrungsaufnahme, die mengenmäßig über den täglichen Kalorienbedarf hinausgeht.

M 2 *Fachbegriffe*

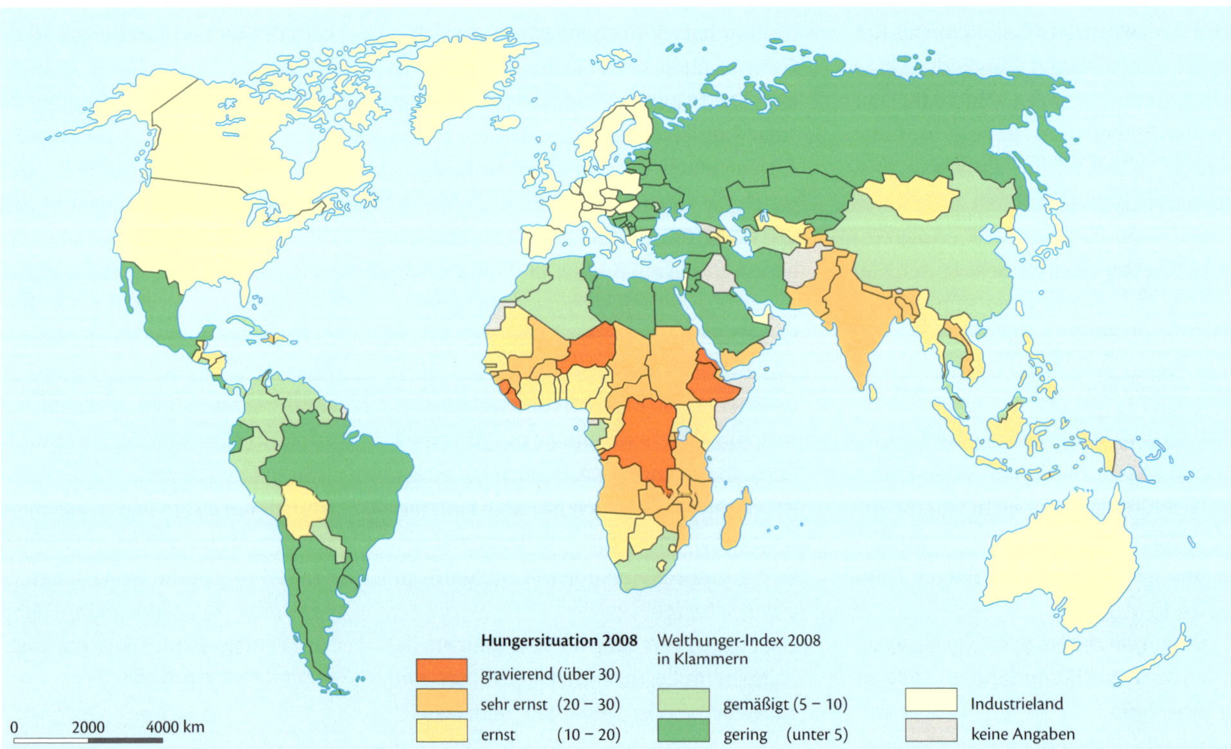

M 3 *Weltweite Hunger- und Ernährungssituation*

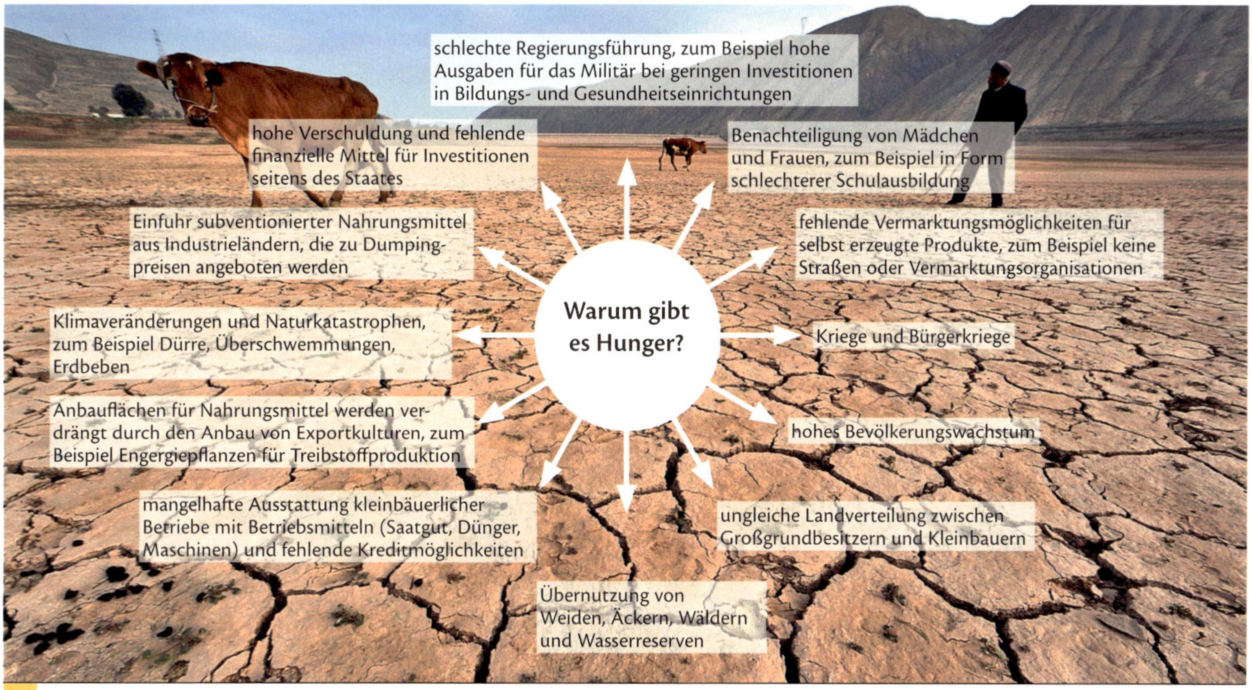

M 4 *Innere und äußere Ursachen von Hunger und Unterernährung*

Internationale Zusammenarbeit

Der Hunger auf der Welt kann nur im Rahmen der Zusammenarbeit zwischen Entwicklungs- und Industrieländern wirkungsvoll bekämpft werden. Diese Erkenntnis besteht seit langen. Doch auf internationalen Zusammenkünften wie zum Beispiel dem Welternährungsgipfel in Rom im Jahr 2009 verbleibt es meistens bei Absichtserklärungen: Das Recht jedes Menschen auf Nahrung wird zwar anerkannt, aber Hilfsmaßnahmen, die auf verbindlichen Zeitplänen beruhen, werden nicht vereinbart.

1 Führt ein Brainstorming durch: Was bedeutet Hunger für mich? Diskutiert eure Ergebnisse und vergleicht diese mit **M 2**.
2 Bestimme die Lage der Länder auf der Welt, in denen die Hunger- und Ernährungslage ernst bis gravierend ist (**M 3, M 5**).
3 Vergleiche die bisherige und prognostizierte Entwicklung des Wettlaufs um Nahrung (**M 6**).
4 Ordne die Ursachen für Hunger und Unterernährung tabellarisch den Kriterien „innere Ursache" und „äußere Ursache" zu (**M 4**).
5 Bewerte die Verantwortung der Industrie- und Entwicklungsländer zur Verbesserung der Ernährungslage beizutragen (**M 1, M 4**).

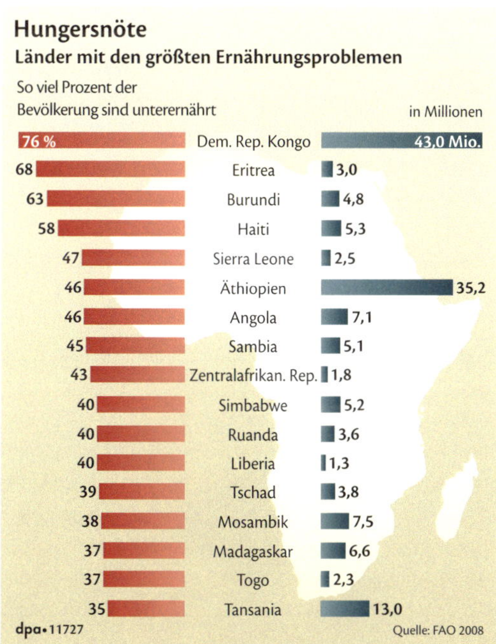

M 5 *Länder mit Ernährungsproblemen*

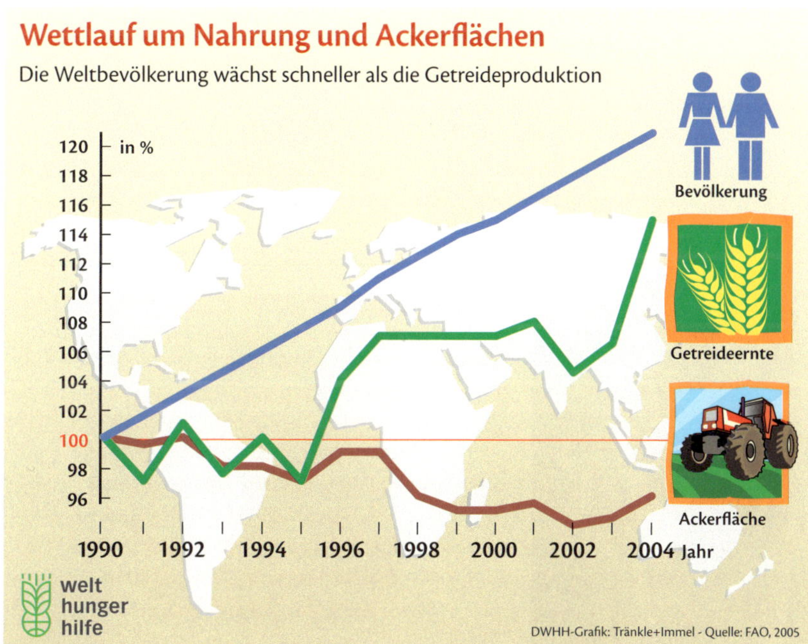

M 6 *Bevölkerungsentwicklung und Nahrungsmittelproduktion*

Hunger macht krank

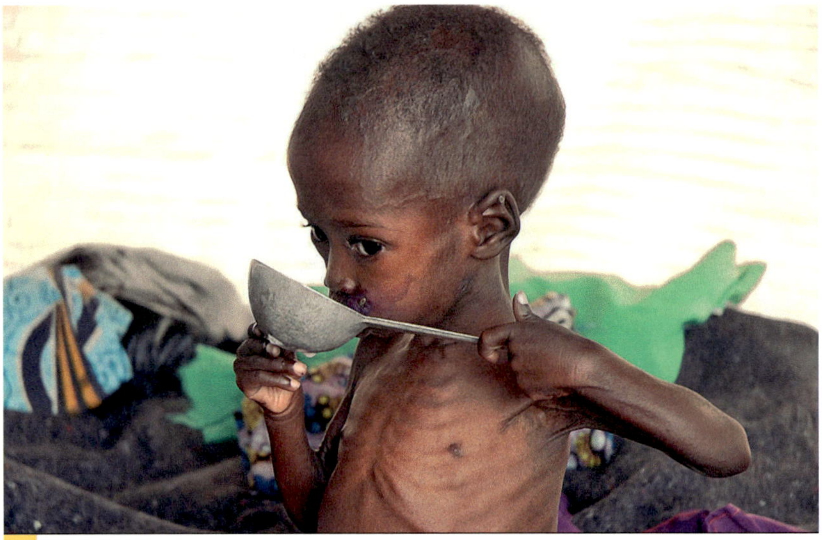

M 1 *Kind in Niger*

check-it
- Länder mit Wachstumsstörungen bei Kindern lokalisieren
- Folgen von Hunger und Unterernährung erläutern
- Gründe für Kindersterblichkeit nennen
- Lösungen zur Bekämpfung des Hungers diskutieren

Eine von den weltweit Hungernden ist die siebenunddreißigjährige Siah aus Liberia. Wie ihr Mann und ihre sechs Kinder hat sie auch an diesem Tag nur einen Schluck Wasser zum Frühstück getrunken und einen Rest Getreidebrei gegessen. Am Nachmittag gibt es Maniok und eine dünne Soße. Eine nährstoffarme Kost, die sie bei Weitem nicht mit den täglich 2300 Kilokalorien versorgt, die von der Ernährungs- und Landwirtschaftsorganisation der Vereinten Nationen empfohlen werden. Siah und ihre Familie sind chronisch unterernährt. [...]
Siah ist oft schon am Morgen völlig erschöpft und schafft es kaum, Wasser zu holen oder auf dem Feld zu arbeiten.
Sie ist eine zierliche Frau und wie viele Menschen in ihrem Dorf von kleinerer Statur als die Menschen aus der reicheren Hauptstadt oder der benachbarten Elfenbeinküste. [...] Auch Siahs Kinder sind kleiner, als sie für ihr Alter sein müssten. Dies ist nicht nur Veranlagung. Dies ist die Folge des dauerhaften Nahrungsmangels, der die Menschen kontinuierlich auszehrt: Ihre Knochen werden brüchig, weil Mineralstoffe fehlen [...] Eiweißstoffe im Blut verringern sich, sodass der Organismus seinen Schutz vor Infektionskrankheiten verliert und oft schon leichte Erkrankungen tödlich sein können.

Quelle: Post, U.: Hunger. Ausmaß, Verbreitung, Ursachen, Auswege. Deutsche Welthungerhilfe, Bonn 2005, S. 2

M 2 *Was Hungern bedeutet*

Folgen von Hunger und Unterernährung

Alle sechs Sekunden stirbt ein Kind an den Folgeerscheinungen von Hunger. In den Entwicklungsländern ist Unterernährung Mitverursacher, dass jährlich fast elf Millionen Kleinkinder das sechste Lebensjahr nicht erreichen. Mehr als 13 Millionen Kinder werden jährlich mit Untergewicht geboren. Ihre Mütter sind oft überarbeitet und selbst unternährt, sodass sie das Stillen frühzeitig einstellen. Neugeborene mit großem Untergewicht haben nur geringe Chancen, während ihrer Kindheit den Mangel auszugleichen.
Kinder sind von Unterernährung stärker bedroht als Erwachsene. Sie haben im Zeitraum ihres Wachstums einen verhältnismäßig höheren Nährstoffbedarf. Im Falle von Unterernährung ist ihr Körpergewicht bis zu einem Viertel geringer als das Durchschnittsgewicht eines ausreichend ernährten Kindes vergleichbarer Größe. Früher oder später kommt es zu einer Schwächung der inneren Organe und der Abwehrkräfte. Wenn unterernährte Kinder von Infektionskrankheiten befallen werden, ver-

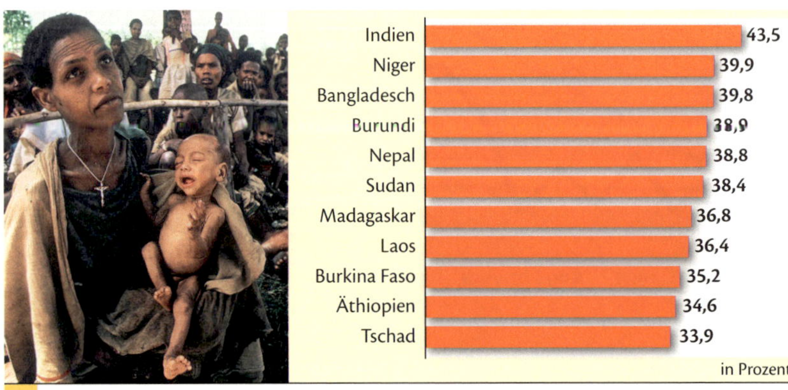

M 3 *Anteil der unterernährten Kinder in der Altersgruppe bis fünf Jahre (2009)*

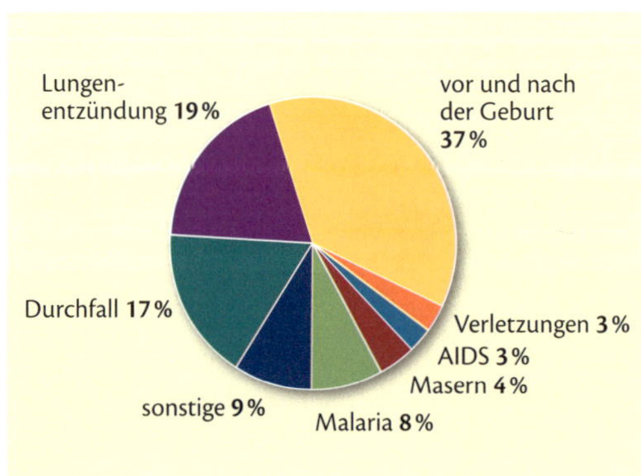

M 4 *Gründe für Kindersterblichkeit*

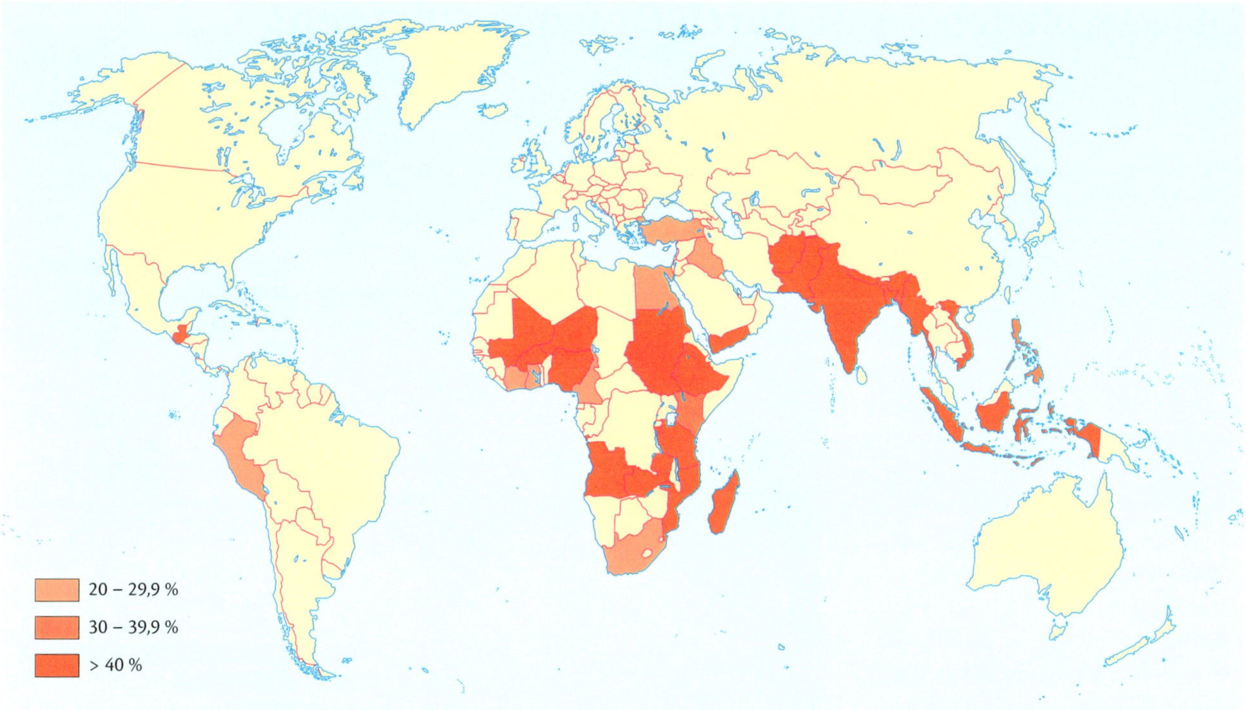

M 5 *Verbreitung von Wachstumsstörungen bei Kindern (dargestellt sind die 36 am stärksten betroffenen Länder)*

fügt deren geschwächter Körper nicht über genügend Widerstandskraft (Immunabwehr). In der Schule sind unterernährte Kinder antriebsarm und ihre Leistungen sind gering. Deshalb erhalten sie später oft nur schlecht bezahlte Arbeit. Daraus folgt, dass sie nicht über genügend Geld für eine ausreichende Ernährung verfügen. Sie verringern somit ihre eigenen Lebenschancen und möglicherweise zugleich die Lebenschancen ihrer Kinder.

Als „versteckten Hunger" bezeichnen Ärzte einen Mangel an Vitaminen und Mineralien. Besonders Kindern in Entwicklungsländern drohen lebenslange Beeinträchtigungen wie Blindheit oder geistige Behinderungen. Ihre Lernfähigkeit ist ohnehin infolge der Unterernährung vermindert. Schul- und Berufsausbildung können deshalb nur mit Erschwernis verwirklicht werden. Das Ergebnis: Im Erwachsenenalter liegt ihr Einkommen fünf bis zehn Prozent unter dem Durchschnitt.

Die Auswirkungen von Hunger und Unterernährung schwächen die Wirtschaft der Entwicklungsländer. Ihnen gehen umgerechnet etwa 500 Milliarden Euro jährlich verloren.

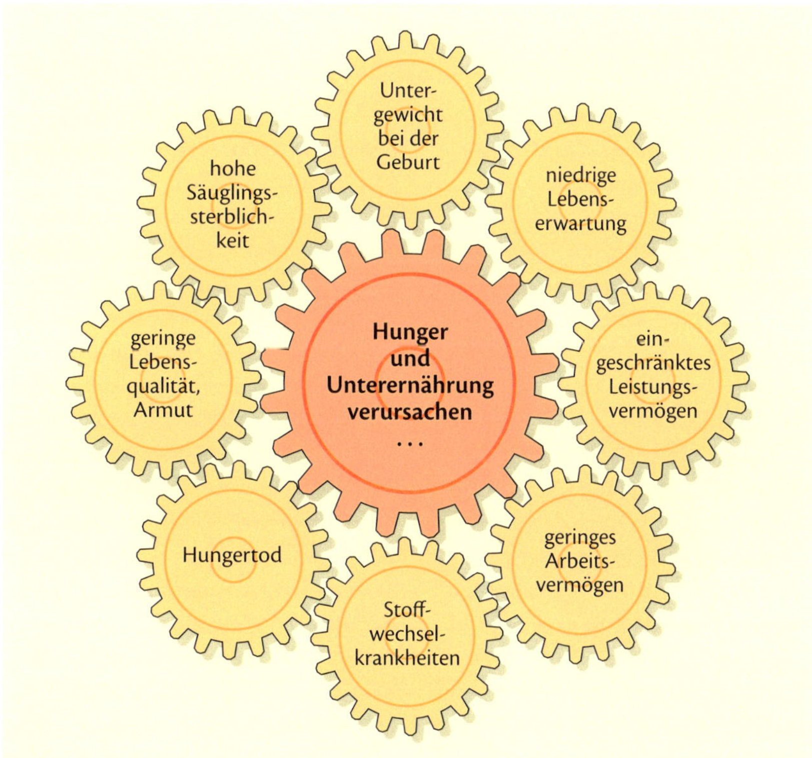

M 6 *Im Teufelskreis von Hunger und Unterernährung*

1 Beschreibe die Lebenssituation von Siah (**M 2**).

2 Stelle fest, in welchen Ländern Kinder besonders betroffen sind (**M 3, M 5**).

3 Nenne Gründe für Kindersterblichkeit (**M 4**).

4 Erläutere die Folgen von Hunger und Unterernährung (**M 1 – M 6**).

5 Diskutiert in der Klasse, ob für Entwicklungsländer Nahrungsmittelhilfen eine Lösung bringen können.

GENiale Zeiten – satt durch Designer-Pflanzen?

check-it

- Verbreitung und Entwicklung des Anbaus gentechnisch veränderter Pflanzen beschreiben
- Merkmale des Begriffs „Grüne Gentechnik" benennen
- Chancen und Risiken der Grünen Gentechnik erläutern
- Pro-Kontra-Diskussion führen
- Stellung nehmen zur Grünen Gentechnik als Instrument der Ernährungssicherung

Was ist Grüne Gentechnik?
Die Gentechnik ist ein Teilgebiet der Biotechnologie. Sie umfasst Methoden und Verfahren, die gezielt in das Erbgut von Lebewesen eingreifen. Gentechnik findet Anwendung z. B. in der Humanmedizin, der Nahrungsmittelverarbeitung, der industriellen Produktion oder in der Landwirtschaft. Im letzteren Fall wird sie auch „Grüne Gentechnik" oder „Agrar-Gentechnik" genannt. Das bisherige Hauptziel der Grünen Gentechnik ist die Veränderung von Pflanzen: Durch direkte Eingriffe in das Erbgut sollen Pflanzensorten entstehen, die mithilfe gewöhnlicher Züchtungsverfahren nicht oder nicht so schnell erreicht werden können.

Was sind GVO?
Gentechnisch veränderte Organismen – Lebewesen, in deren Erbgut mittels gentechnischer Verfahren eingegriffen wurde. Zum Beispiel wird in das Erbgut einer Pflanze ein fremdes Gen aus einer anderen Pflanzenart übertragen. Auf diese Weise sollen bestimmte Eigenschaften wie die Widerstandsfähigkeit gegen Schädlinge oder gegen Pflanzenschutzmittel erzielt werden.

M 1 *Begriffe*

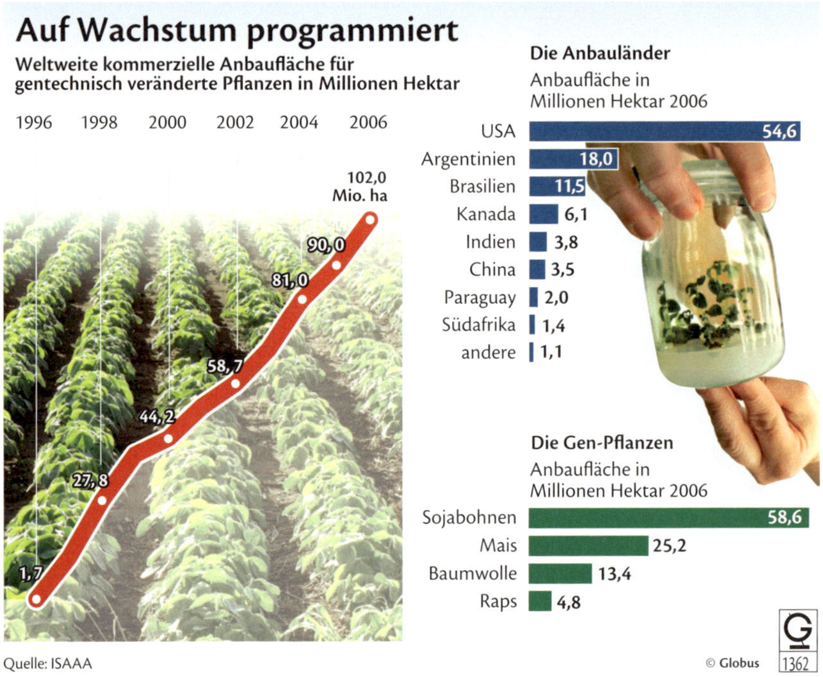

M 2 *Anbauflächen und Anbauländer gentechnisch veränderter Pflanzen*

Gentechnisch verändertes Essen auf unserem Teller

Immer mehr Menschen konsumieren immer mehr genveränderte Nahrungsmittel – bewusst oder unbewusst. So nehmen wir beispielsweise Fleisch, Milch und Eier zu uns von Tieren, die mit gentechnisch veränderten Sojabohnen gefüttert wurden. Diese Nahrungsmittel müssen für den Verbraucher nicht entsprechend gekennzeichnet werden. Oder wir essen Süßwaren, die Zutaten aus genverändertem Mais enthalten. Hier muss auf der Verpackung ein Hinweis auf die verwendeten GVO gegeben werden. Allerdings nur, wenn der Anteil der GVO-Spuren an der einzelnen Zutat oder am Produkt insgesamt mehr als 0,9 Prozent ausmacht. Dies regelt die EU-Verordnung zur Lebensmittelkennzeichnung.

Designer-Pflanzen zur Sicherung der Welternährung

Zu der Frage nach der Notwendigkeit gentechnisch veränderter Pflanzen liegen zwischen Experten und Interessengruppen wie Landwirten und Agrarunternehmen sehr unterschiedliche Auffassungen vor. Fest steht allerdings, dass mithilfe gentechnischer Verfahren gezüchtete Designer-Pflanzen bisher keinen wirksamen Beitrag zur Verbesserung der Welternährungslage geleistet haben. Neue Forschungsergebnisse könnten die Situation jedoch jederzeit ändern.

M 3 *Karikatur*

Chancen & Risiken der Grünen Gentechnik

Höhere Erträge
Genetisch veränderte Pflanzen sollen helfen, die Ernährung der Menschen weltweit zu sichern. Ziele der gentechnischen Forschungsarbeit sind unter anderem Pflanzen an schlechtere Böden oder Klimabedingungen anzupassen und trotz einfacher Anbaumethoden höhere Erträge zu erreichen.

Schutzrechte auf Pflanzen und Tiere
Unternehmen, die zum Beispiel gentechnisch veränderte Pflanzen entwickelt haben, beanspruchen Schutzrechte nicht nur auf das Saatgut, sondern auch auf die Ernte oder sogar die weiterverarbeiteten Produkte. Dieser Trend kann Landwirte in immer größere Abhängigkeit von Agrarunternehmen führen, da sie Eigentums- und Verkaufsrechte an die Unternehmen abgeben müssen. Parallel ist der Erwerb des entsprechenden Saatguts teuer und unterstützt die Abhängigkeit von Kreditgebern.

Keine Garantie für die Sicherheit der GVO
Gentechnisch veränderte Nutzpflanzen können ihre neuen Gene an verwandte Wildpflanzen weitergeben. Diese könnten dann zum Beispiel widerstandsfähig gegen Unkrautbekämpfungsmittel (**Herbizide**) werden und außer Kontrolle geraten. Zudem ist es möglich, dass GVO die Widerstandsfähigkeit von Insekten gegen Pflanzenschutzmittel fördern. Dann müsste der Einsatz von **Insektiziden** sogar erhöht werden.

Nutzen für Umwelt und Landwirtschaft
Grüne Gentechnik soll dazu beitragen, Nahrungsmittel umweltfreundlicher und wirtschaftlicher herzustellen. Der Anbau von Pflanzen, die gegen bestimmte Herbizide resistent sind, ermöglicht zum Beispiel eine großflächige Anwendung von so genannten „Breitbandherbiziden" gegen Ackerkräuter. Dadurch sollen der Einsatz spezieller Pflanzenschutzmittel reduziert sowie Arbeitszeit und Betiebskosten eingespart werden.

Zweifel an Nutzen von GVO
Der seitens der Industrie angepriesene Nutzen von GVO wie höherer Erträge und Schonung der Umwelt wird von vielen Umweltorganisationen angezweifelt. Studien zeigten, dass Landwirte nicht weniger Pflanzenschutzmittel auf Anbauflächen gentechnisch veränderter Pflanzen versprühen würden als auf konventionellen Ackerflächen. Teilweise seien auch Ertragseinbußen zu verzeichnen.

Bessere Ernährung
Mithilfe von GVO sollen gesundheitliche und qualitativ verbesserte Nahrungmittel hergestellt werden, um Mangel- oder Fehlernährung zu verhindern. Dazu zählen:
- Getreide und Ölsaaten mit höherem Eiweißgehalt
- Nutzpflanzen mit verbessertem Vitamin- oder Mineralstoffgehalt (z.B. der Goldene Reis mit erhöhtem Vitamin A-Gehalt)
- Fettarme Lebensmittel oder Produkte mit verbesserter Fettzusammensetzung.

M4 *Grüne Gentechnik – Chancen und Risiken*

1 Nenne Merkmale des Begriffs „Grüne Gentechnik" (**M1**).
2 Beschreibe die Verbreitung und Entwicklung im Anbau gentechnisch veränderter Pflanzen (**M2**).
3 Erläutere die Chancen und Risiken der Grünen Gentechnik (**M4**).
4 Führt in der Klasse eine Pro-Kontra-Diskussion durch zum Thema „Designer-Pflanzen gegen den Hunger!?" (**M3**, **M4**, ***Pro-und-Kontra-Diskussion führen***).
5 Führt eine Erhebung im Supermarkt durch und sucht nach gentechnisch veränderten Nahrungsmitteln, die eine entsprechende Kennzeichnung aufweisen (z.B. Backwaren, Süßwaren, Fertig-, Tiefkühlgerichte, die Verarbeitungsprodukte aus Soja oder Mais enthalten).

Ernährungssicherung durch nachhaltiges Wirtschaften

check-it
- Zusammenhang zwischen Ernährungslage und anderen Entwicklungsproblemen darlegen
- Ansatz des nachhaltigen Wirtschaftens erläutern
- Internetrecherche durchführen
- Maßnahmen zur nachhaltigen Ernährungssicherung beschreiben und bewerten
- Stärken und Schwächen des nachhaltigen Wirtschaftens erörtern

Nachhaltigkeit – keine Zauberformel, sondern eine Richtschnur

Das Konzept des nachhaltigen Wirtschaftens beruht auf der Erkenntnis, dass Armut, Hunger und Umweltzerstörung eng miteinander verflochten sind. Eine sichere Ernährungslage wird demnach nur dann erreicht, wenn die natürlichen Grundlagen wie Boden und Wasser geschont werden und so dauerhaft für die Nahrungsmittelproduktion zur Verfügung stehen. Grundsätzlich geht es bei einer **nachhaltigen Entwicklung** also darum, die politischen, gesellschaftlichen und wirtschaftlichen Lebensbedingungen der Menschen zu verbessern, indem die natürlichen Lebensgrundlagen erhalten beziehungsweise wiederhergestellt werden. Der umfassende Anspruch nachhaltigen Wirtschaftens führt dazu, dass dieses Konzept von Einigen als nicht realisierbar angesehen wird. In der Tat stehen viele Interessenkonflikte einer nachhaltigen Entwicklung im Wege. Dennoch gibt das Konzept Orientierung für zukunftsweisende Problemlösungen.

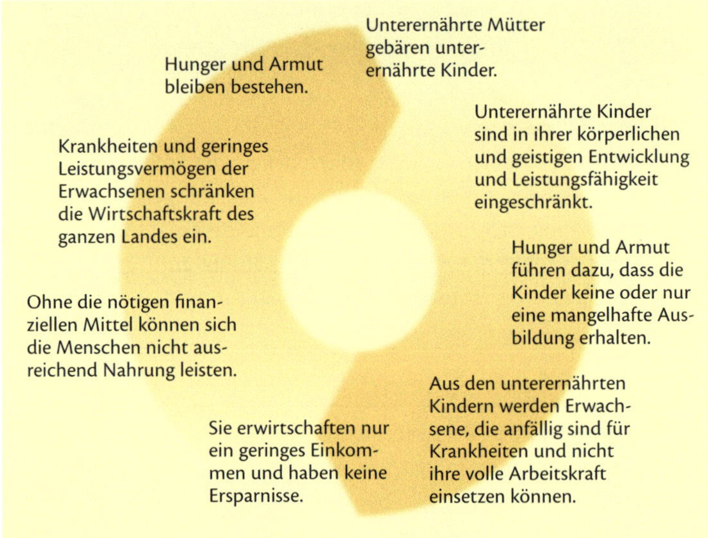

M 1 *Hunger ist ein Teufelskreis*

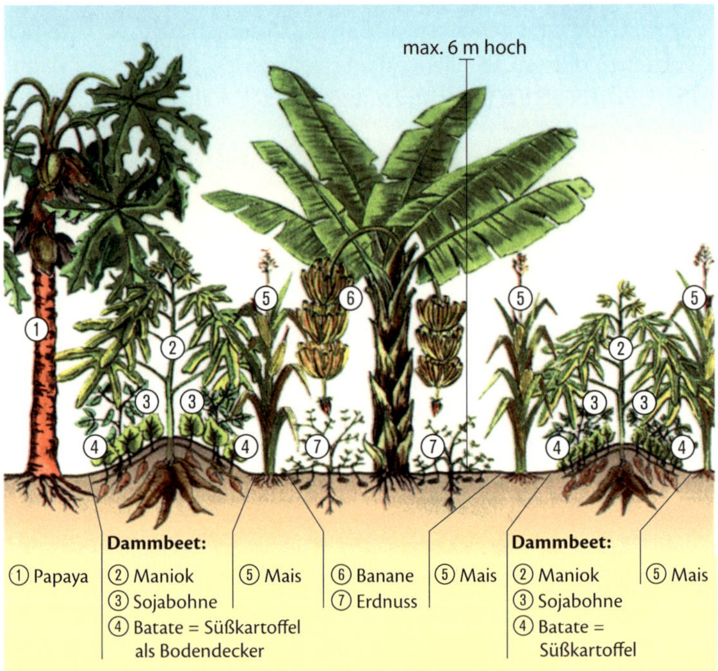

M 2 *Standortgerechter Anbau in den Tropen erhöht die Erträge und vermindert die Erosion*

	Alphabetisierungsrate		Einschulungsrate			
			Grundschulen		weiterführende Schulen	
	Jungen	Mädchen	Jungen	Mädchen	Jungen	Mädchen
Indien	73	48	92	86	59	49
Laos	77	61	86	81	41	35
Niger	43	15	46	33	9	6
Äthiopien	50	23	71	66	38	26
Deutschland	99	99	99	99	98	99

M 3 *Bildungschancen im Vergleich 2008*

Nachhaltiges Wirtschaften – Maßnahmen zur Ernährungssicherung

Wirtschaftliche Dimension
- angepasste, traditionelle Bewirtschaftungsformen in Forschung und Beratung einbeziehen
- Verdienstmöglichkeiten vor Ort außerhalb der Landwirtschaft schaffen
- lokale Märkte auf dem Land aufbauen, um die eigenständige Vermarktung heimischer Produkte zu fördern
- Kleinbauern günstige Kredite und somit Zugang zu Betriebsmitteln wie Saatgut, Dünger ermöglichen
- Ausbau von Verkehrswegen auf dem Land

Gesellschaftliche Dimension
- Investitionen in Bildungseinrichtungen und vor allem Mädchen und Frauen eine Schul- und Berufsausbildung ermöglichen
- Menschen durch die Einführung von sozialen Sicherungssystemen vor Armut und Hunger schützen
- Menschenwürdige Arbeitsbedingungen und gerechte Entlohnung einführen
- Bevölkerung in Familienplanung beraten
- Bevölkerung über ausreichende, gesunde Ernährung informieren
- Medizinische Versorgung vor Ort verbessern

Ökologische Dimension
- durch landwirtschaftliche Anbaumethoden wie Fruchtwechsel und Stockwerkbau die Bodenfruchtbarkeit erhalten und verbessern
- im geschlossenen Nährstoffkreislauf wirtschaften, z. B. Stallmist und Kompost als Dünger einsetzen
- Vielfalt von Lebensräumen und Arten erhalten, z. B. durch Schutzmaßnahmen gegen Winderosion
- Verloren gegangene Lebensräume wiederherstellen, z. B. durch Wiederaufforstung
- Nutzung alternativer Energien wie Solarenergie, um die Abholzung zu mindern

Politische Dimension
- internationale Zusammenarbeit und den Austausch von Wissen fördern
- über Agrarreformen Kleinbauern rechtlich gesicherten Zugang zu Land und Wasser ermöglichen
- faire Handelsbeziehungen zwischen Entwicklungs- und Industrieländern aufbauen, z.B. Einfuhrzölle und Subventionen für landwirtschaftliche Produkte aufheben
- Rechte von Nichtregierungsorganisationen stärken, damit sie die Interessen der Benachteiligten besser vertreten können

M 4 *Maßnahmen zur Ernährungssicherung im Sinne des nachhaltigen Wirtschaftens*

Hunger bekämpfen – nachhaltig

In ländlichen Gebieten der Entwicklungsländer erzielen die Bewohner aus der Landwirtschaft häufig keine ausreichenden Erträge, da sie über nicht genug fruchtbares Land und Wasser verfügen. Zudem sind ihre Arbeitskraft und ihr Leistungsvermögen durch Unterernährung erheblich eingeschränkt. Nachhaltiges Wirtschaften versucht mit einem Bündel an Maßnahmen die jeweilige Situation vor Ort zu verbessern. Ziel ist, das Nahrungsmittel nicht verteilt werden müssen, sondern da wo der Bedarf besteht, erzeugt werden.

M 5 *Angebot von Nahrungsmitteln und Gütern des alltäglichen Bedarfs auf einem lokalen Markt in Nordwest-Indien*

1. Lege Zusammenhänge dar zwischen Unterernährung und anderen Entwicklungsproblemen (**M 1**, **M 3**).
2. Beschreibe am Beispiel von Bildung Wechselbeziehungen zwischen der wirtschaftlichen, gesellschaftlichen, politischen und ökologischen Dimension (**M 2**–**M 5**).
3. Erläutere anhand weiterer Beispiele die Vernetzung der verschiedenen Dimensionen im Konzept des nachhaltigen Wirtschaftens (**M 4**).
4. Bildet Gruppen. Recherchiert im Internet Informationen über ein konkretes Projekt zur Ernährungssicherung (webcode).
5. Präsentiert das Projekt in Form eines Kurzvortrages. Geht dabei insbesondere auf die Vernetzung der einzelnen Maßnahmen untereinander ein (**M 4**).
6. Erörtert Stärken und Schwächen des nachhaltigen Wirtschaftens. Berücksichtigt dabei die vorgestellten Projekte.

WEBCODE: UE640218-041

Wir lernen die Szenariotechnik kennen

check-it
- Merkmale eines Szenarios benennen
- Ziele der Szenariotechnik darlegen
- Schritte der Szenariotechnik kennen und anwenden

Was ist ein Szenario?

Ein Szenario ist ein Zukunftsbild, in dem der wahrscheinliche künftige Zustand eines Sachverhaltes dargestellt wird. Bekannte Beispiele für Szenarien sind Klimamodelle, die den möglichen Zustand des Klimas in der Zukunft beschreiben. Ziel der Szenariotechnik ist es, durch das Vorausdenken der Zukunft unerwünschte beziehungsweise gewünschte Entwicklungsverläufe zu offenbaren. Deren Kenntnis erleichtert es, Maßnahmen in der Gegenwart zu ergreifen, um bestimmte Entwicklungen zu unterstützen oder abzuschwächen.

Ausgangspunkt jedes Szenarios ist ein Problem. Im Rahmen der Szenariotechnik können dazu Positiv- und Negativszenarien entworfen werden: Im sehr positiven oder „Hoffnungsszenario" hat sich ein ausgewählter Zustand bis zum Jahr X so günstig entwickelt, dass die Ausgangsprobleme der Gegenwart nicht mehr oder kaum existieren. Beim sehr negativen oder „Horrorszenario" hingegen hat sich die Situation extrem verschlechtert. Durch diese beiden Szenarien werden alle denkbaren und theoretisch möglichen Zukunftsbilder eingekreist, wie anhand des Trichtermodells am besten verdeutlicht werden kann (**M 1**). In der Mitte des Trichters verläuft das Trendszenario, das durch die einfache Fortschreibung der Gegenwart in die Zukunft gekennzeichnet ist.

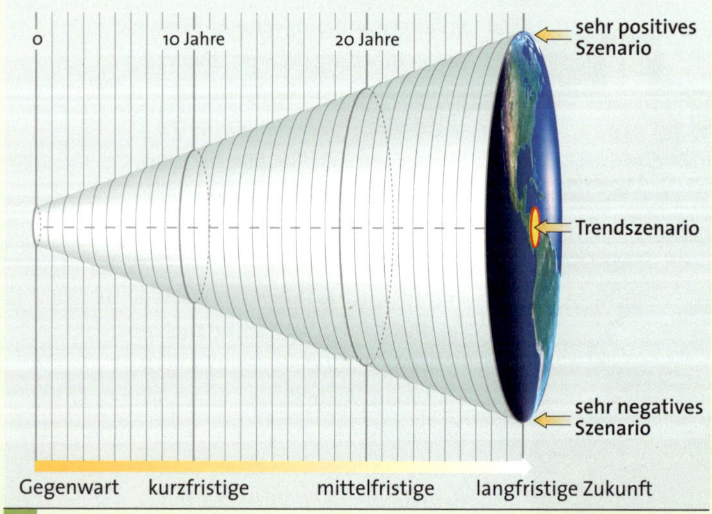

M 1 *Szenario-Trichter*

M 2 *Schülerinnen präsentieren ihr Szenario*

Checkliste zur Szenariotechnik

1. **Beschreibe das Problem.**
   Dabei helfen dir folgende Leitfragen: Welche Erscheinungen sind zu beobachten? Wer ist betroffen? Welche Fakten und Zusammenhänge sind bekannt? Warum sollte das Problem gelöst werden?
2. **Lege den Zeithorizont fest.**
   Für welches Jahr X soll ein Szenario entwickelt werden?
3. **Ermittle die Einflussfaktoren, die das Problem hervorrufen oder zukünftig beeinflussen.**
   Lege dar, auf welche Weise jeder ausgewählter Faktor auf die Problemlage heute Einfluss nimmt.
4. **Beschreibe für jeden Einflussfaktor einen sehr positiven sowie einen sehr negativen Zukunftszustand für das Jahr X.**
   Positive Zukunftszustände tragen zur Problemlösung bei, negative verschlimmern die Problemlage.
5. **Entwickle das Szenario.**
   Fasse dazu die positiven oder negativen Zukunftszustände der verschiedenen Einflussfaktoren zu stimmigen „Szenario-Grundgerüsten" zusammen. Sie bilden den Rahmen eines entweder sehr positiven oder eines sehr negativen Szenarios.
6. **Gestalte ein kreatives Zukunftsbild für das Jahr X.**
   Leitfrage ist: Wie hat sich das Ausgangsproblem unter den veränderten Rahmenbedingungen entwickelt? Die Zukunftsbilder müssen auf eine vorher festgelegte Weise „sichtbar" gemacht werden, zum Beispiel in Form von Texten, Grafiken, Collagen, Wandzeitungen.

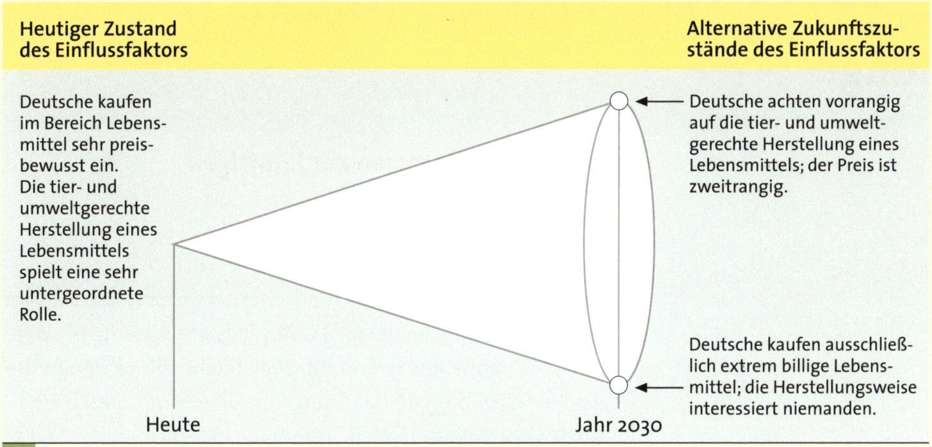

M 3 *Beispiel einer Einflussanalyse im Bereich „Verbraucherverhalten", Einflussfaktor „Preisbewusstsein des Verbrauchers beim Lebensmitteleinkauf"*

7. **Präsentiere und diskutiere dein Szenario.**
   Diskussionsfragen: Sind die Szenarien stimmig und realisierbar? Welche Entwicklungen zeichnen sich bereits ab? Stellen die positiven Extremszenarien eine Lösung des Ausgangsproblems dar?
8. **Entwickle Strategien zur Problemlösung.**
   Suche dafür Antworten auf folgende Fragen: Welche Strategien können zur Realisierung der positiven Szenarien ergriffen werden? Von wem können diese Strategien umgesetzt werden? Was können wir in unserem Alltag tun? Wie kann ein Horrorszenario abgewendet werden?

Beispiel zur Anwendung der Szenariotechnik

Thema: Landwirtschaft in Deutschland

1. Hoher internationaler Wettbewerbsdruck und niedrige Lebensmittelpreise führen zum Beispiel dazu, dass viele Landwirte ihre Betriebe aufgeben müssen. Der Verbraucher wird zunehmend von wenigen großen Erzeugern, Weiterverarbeitern und Händlern abhängig.
2. Entwurf von Extremszenarien für das Jahr 2030
3. siehe Abbildung **M 4**
4. siehe Abbildung **M 3**
5. siehe Abbildung **M 5**
6. **und 7.** Die Ausgestaltung eines Szenarios in Form von Plakaten, die im Rahmen einer Ausstellung präsentiert und diskutiert werden, zeigt beispielhaft **M 2**.
8. Zum Beispiel Unterstützung der heimischen Landwirtschaft durch den Kauf regional erzeugter Nahrungsmittel.

M 4 *Einflussbereiche und ausgewählte Einflussfaktoren der Landwirtschaft in Deutschland*

M 5 *Zukunftszustände einzelner Einflussfaktoren bilden die Rahmenbedingungen eines Szenarios (unvollständiges Beispiel)*

1 Nenne wesentliche Merkmale eines Szenarios. Unterscheide dabei zwischen Negativ-, Positiv- und Trendszenario.

2 Lege dar, wozu die Szenariotechnik eingesetzt wird.

3 Nenne die Schritte der Szenariotechnik.

Szenario: Welternährung 2050 – Hunger, Überfluss, gerechte Verteilung?

Beispiele für Präsentationsformen:
- Plakat gestalten
- PowerPoint-Präsentation entwerfen
- Ausstellung aufbauen
- Kurzvortrag halten
- Zeitungsartikel schreiben

Arbeitstechniken zur Beschaffung von Informationen sind zum Beispiel:
- Auswerten der Texte, Karten und Abbildungen im Schulbuch
- Recherchieren im Internet
- Befragen von Experten per Telefon, E-Mail oder Treffen vor Ort
- Sammeln und Auswerten von Zeitungsartikeln
- Recherchieren in Bibliotheken und Archiven (zum Teil auch online möglich)

Arbeitstechniken zur Verarbeitung von Informationen sind zum Beispiel das Anfertigen von:
- Texten
- Diagrammen
- Tabellen
- Kartenskizzen
- Fließdiagrammen oder Wirkungsgefügen
- Mindmaps
- Cluster

Entwickelt Szenarien zur künftigen Ernährungslage

Ausgangsfragen und Aufgabe

Werden im Jahr 2050 noch mehr Menschen als heute Hunger leiden müssen oder leben künftig alle im Überfluss? Wird sich überhaupt etwas ändern oder bleibt die bisherige ungleiche Verteilung der Nahrungsmittel weltweit bestehen? Beantwortet diese Fragen, indem ihr in Gruppen ein Szenario zur Lage der Welternährung im Jahr 2050 entwickelt.

Tipps zum Ablauf

1 Bildet Gruppen mit 5 bis 6 Personen.

2 Legt gemeinsam in der Klasse oder in jeder einzelnen Gruppe fest, in welcher Form das Szenario präsentiert werden soll.

3 Bestimmt Termin und zeitlichen Umfang der Präsentation und Diskussion und ladet Gäste dazu ein, zum Beispiel Mitschüler, Eltern, Vertreter von Nichtregierungsorganisationen wie Greenpeace oder Welthungerhilfe, ...

4 Geht bei der Szenarioentwicklung nach den einzelnen Schritten der Szenariotechnik vor (siehe Checkliste, S. 42).

5 Arbeitet nach der Gruppenpuzzle-Methode (siehe Arbeitstechnik): Löst die Stammgruppen in der Phase der Einflussanalyse vorübergehend auf und bildet so genannte „Expertengruppen". Jede Stammgruppe schickt jeweils ein Mitglied in jede Expertengruppe. Dort wird ein Einflussbereich genau analysiert. Wendet in den Expertengruppen verschiedene Arbeitstechniken zur Informationsbeschaffung an.

6 Anschließend gehen die Experten in ihre Stammgruppen zurück.

7 Nutzt zur Beschreibung eures Szenarios ebenfalls verschiedene Arbeitstechniken zur Verarbeitung der Informationen.

8 Nehmt euch nach der Präsentation und Diskussion der Szenarien Zeit, über die verschiedenen Meinungen und die eigenen neuen Erkenntnisse nachzudenken.

9 Überlegt, ob ihr künftig in eurem Alltag etwas tun möchtet, um zur Ernährungssicherung beizutragen.

Welternährung 2050 – Anregungen für Einflussbereiche, Akteure und mögliche Szenarien

Zeitungsmeldungen

Wir brauchen die Grüne Gentechnik

Nur der Einsatz gentechnisch veränderter Nutzpflanzen wird es ermöglichen, dass in Zukunft alle Menschen satt und gesund ernährt sind.

Es ist genug für alle da

Nicht die Menge an Nahrungsmitteln muss steigen, sondern deren Verteilung muss besser und gerechter organisiert werden.

Back to the roots

Kleinbauern in den ärmeren Ländern müssen darin unterstützt werden, ihre traditionellen und an die Natur angepassten Bewirtschaftungsformen wieder aufzunehmen. Dies ist die effektivste Methode zur Sicherung der Ernährung weltweit.

Das Haus ist voll!

Das Bevölkerungswachstum muss mit allen Mitteln gebremst werden, wenn Hunger und Armut wirksam bekämpft werden sollen.

Gegenwärtig leiden über eine Milliarde Menschen Hunger, während wir im Überfluss leben.

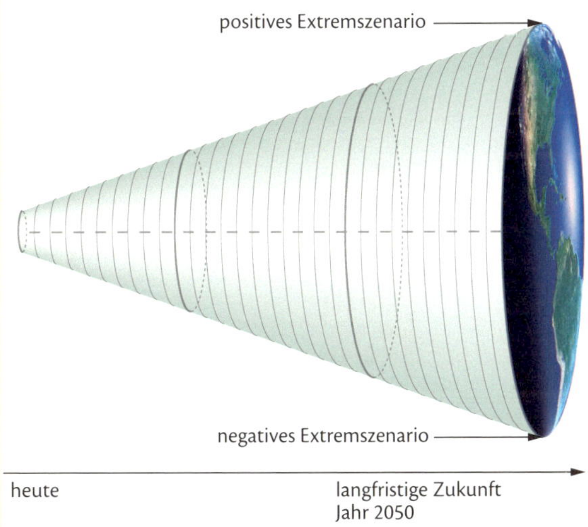

Einflussbereiche:
Grüne Gentechnik, Bildungswesen, Kreditwesen, Straßen- und Wegebau, nationale und internationale Agrarpolitik, medizinische Versorgung und Familienplanung, nachhaltige Landwirtschaft, internationale Zusammenarbeit, Bevölkerungswachstum und -verteilung …

?

Akteure:
betroffene Menschen selbst und andere Einzelpersonen, Vereine, Unternehmen, Nichtregierungsorganisationen, Regierungen der Entwicklungs- und Industrieländer, …

Wir orientieren uns in Afrika

check-it
- topographische Objekte benennen
- stumme Karten auswerten
- Foto zuordnen

Oberflächengestalt

Der größte Teil Afrikas wird von Hochebenen und Gebirgen eingenommen. Die Küstenebenen sind schmal. Der Norden wird durch das Atlasgebirge markiert. Nach Süden breiten sich großflächige Ebenen aus. Aus ihnen heben sich die Hochgebirge des Ahaggar und Tibesti markant hervor. Am südlichen Rand Nordafrikas steigen die Bergländer von Guinea und Kamerun an. In Ostafrika sind hohe Berge wie der Kilimandscharo und der Mount Kenia vulkanischen Ursprungs.

Größere Erhebungen der Erdoberfläche nennt man „Schwellen". Sie umrahmen die tiefer gelegenen großflächigen Beckenlandschaften. Das Kongobecken beispielsweise ist neun Mal größerer als Deutschland.

Gewässer

Die in den Hochgebirgen entspringenden Flüsse vereinigen sich in den Becken zu Strömen. Aber nur wenige große Ströme erreichen das Meer. Das Tschadbecken mit dem Tschadsee ist abflusslos. Für Ostafrika sind die großen Seen charakteristisch. Der Victoriasee füllt eine flache Mulde aus und bedeckt eine Fläche, die fast anderthalb Mal so groß ist wie die Fläche von Niedersachsen.

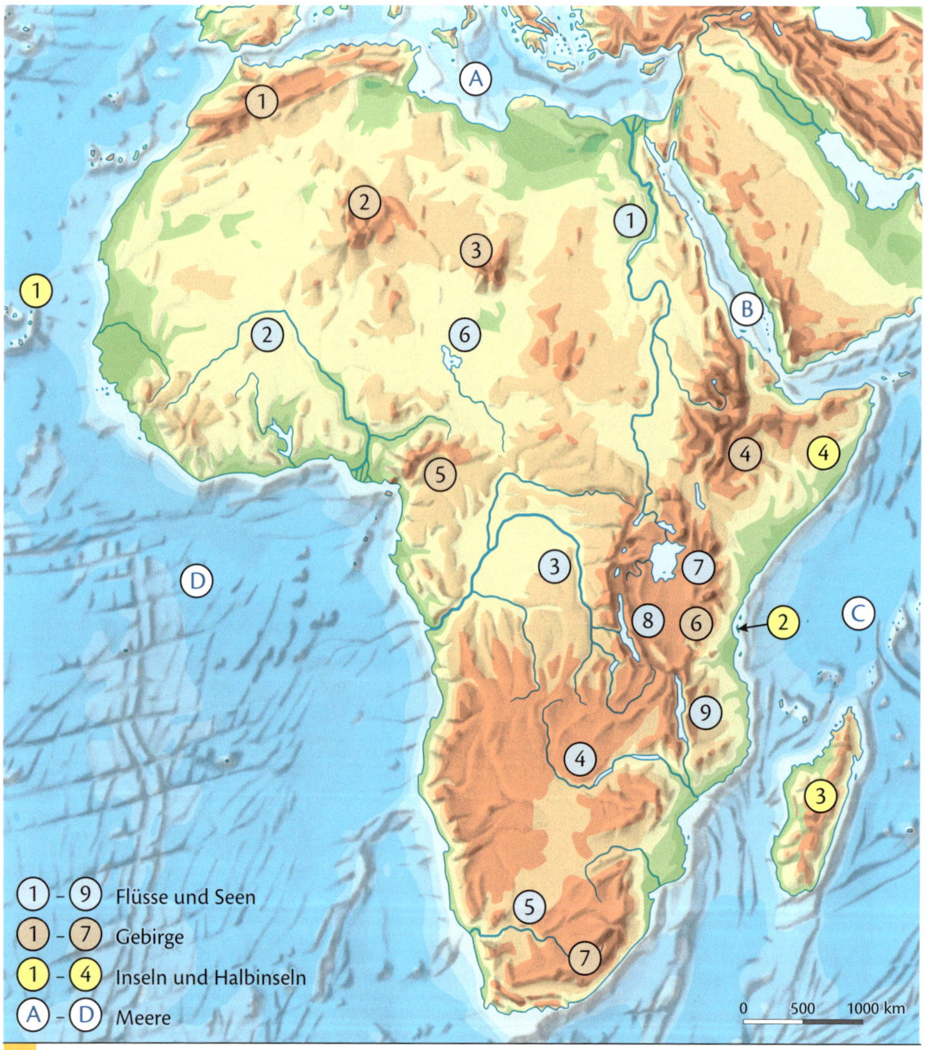

M 1 *Stumme Karte Afrikas*

Nigeria	152,6
Äthiopien	82,8
Ägypten	78,6
Kongo (Demokrat. Rep.)	68,7
Südafrika	50,7
Tansania	43,7
Sudan	42,3
Kenia	39,1
Algerien	35,4
Marokko	31,5

M 2 *Die zehn bevölkerungsreichsten Länder Afrikas 2009 (Mio. Einwohner)*

	größte Wüste	längster Fluss	größter Berg	größtes Stromgebiet	größter See
Afrika	Sahara 9 Mio. km²	Nil 6671 km	Kilimandscharo 5895 m	Kongo 3 690 000 km²	Victoriasee 69 400 km²
Niedersachsen zum Vergleich	Keine (Fläche 47 625 km²)	Weser 353 km	Wurmberg/Harz 971 m	Weser 41 094 km²	Steinhuder Meer 29,1 km²

M 3 *Rekorde in Afrika*

1	Nil
2	Kongo
3	Madagaskar
4	Kilimandscharo
5	Sahel
6	Westafrika
7	Sahara
8	Johannesburg
9	Mali
10	Atlasländer
a	Indischer Ozean
b	Großraum
c	Wüste
d	Südafrika
e	Ostafrika
f	Niger
g	Kongobecken
h	Algerien
i	Kairo
j	Senegal

M 4 *Was gehört zusammen?*

M 5 *Größter Berg Afrikas*

1 Benenne die Flüsse und Seen, Gebirge, Inseln sowie die Halbinsel und die Meere (**M 1**, Atlas).
2 Lokalisiere das Foto (**M 5**, **M 1**).
3 Gliedere Afrika in Großräume (**M 6**).
4 Bestimme die geographische Lage der Objekte in der Rekordliste (**M 3**, **M 6**).
5 Ordne den Ziffern die richtigen Buchstaben zu (**M 4**).
6 Trage in eine Tabelle die zehn bevölkerungsreichsten Länder ein. Ordne diese den Großräumen zu (**M 2**, **M 6**).
7 Benenne die zehn bevölkerungsreichsten Städte. Trage sie in eine Tabelle ein und füge in einer zweiten Spalte das Land hinzu (**M 6**).

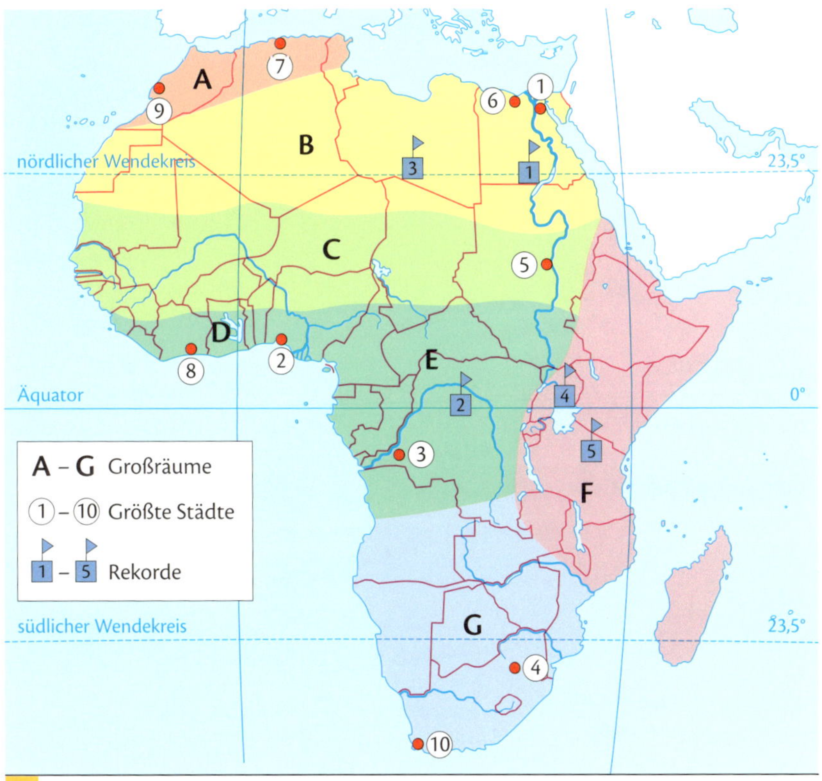

M 6 *Großräume Afrikas – die zehn bevölkerungsreichsten Städte und Rekorde*

Geo-Check: Bevölkerungswachstum und Ernährungssicherung erläutern

M 1 *Die größten Städte der Welt*

Sich orientieren

1 Benenne die Megastädte und ordne sie den Kontinenten zu (**M 1**).

Wissen und verstehen

2 Ordne jedem dieser Begriffe (**M 2**) mindestens zwei Merkmale zu.

M 2 *Geo-Begriffestapel*

Richtig oder falsch?

3 Sortiere die Aussagen in richtige und falsche. Verbessere die falschen Aussagen und schreibe sie richtig auf.

- Das Wachstum der Weltbevölkerung ist beendet.
- Das Bevölkerungswachstum findet zu 99 Prozent in den Entwicklungsländern statt.
- Indien erzielt mit seinen Familienplanungsprogrammen große Erfolge.
- In Deutschland verändert sich die Einwohnerzahl nicht, weil viele Menschen auswandern.
- Pull-Faktoren sind Erwartungen an das Zielgebiet, die eine Wanderung auslösen.
- Hunger und Unterernährung treten nur in Entwicklungsländern auf.
- Frauen tragen in den Entwicklungsländern die Hauptlast bei der Ernährungssicherung.
- Pro Kopf gerechnet reicht die Nahrungsmittelproduktion auf der Erde für alle Menschen.
- Durch die „Grüne Gentechnik“ lassen sich Nahrungsmittel wirtschaftlicher und umweltfreundlicher herstellen.
- Es gibt keinen „Hungergürtel der Erde“.
- Um die Ernährung zu sichern, ist nachhaltiges Wirtschaften erforderlich.

Erde: Energie und Trinkwasser

Erdölexport und Energieverbrauch

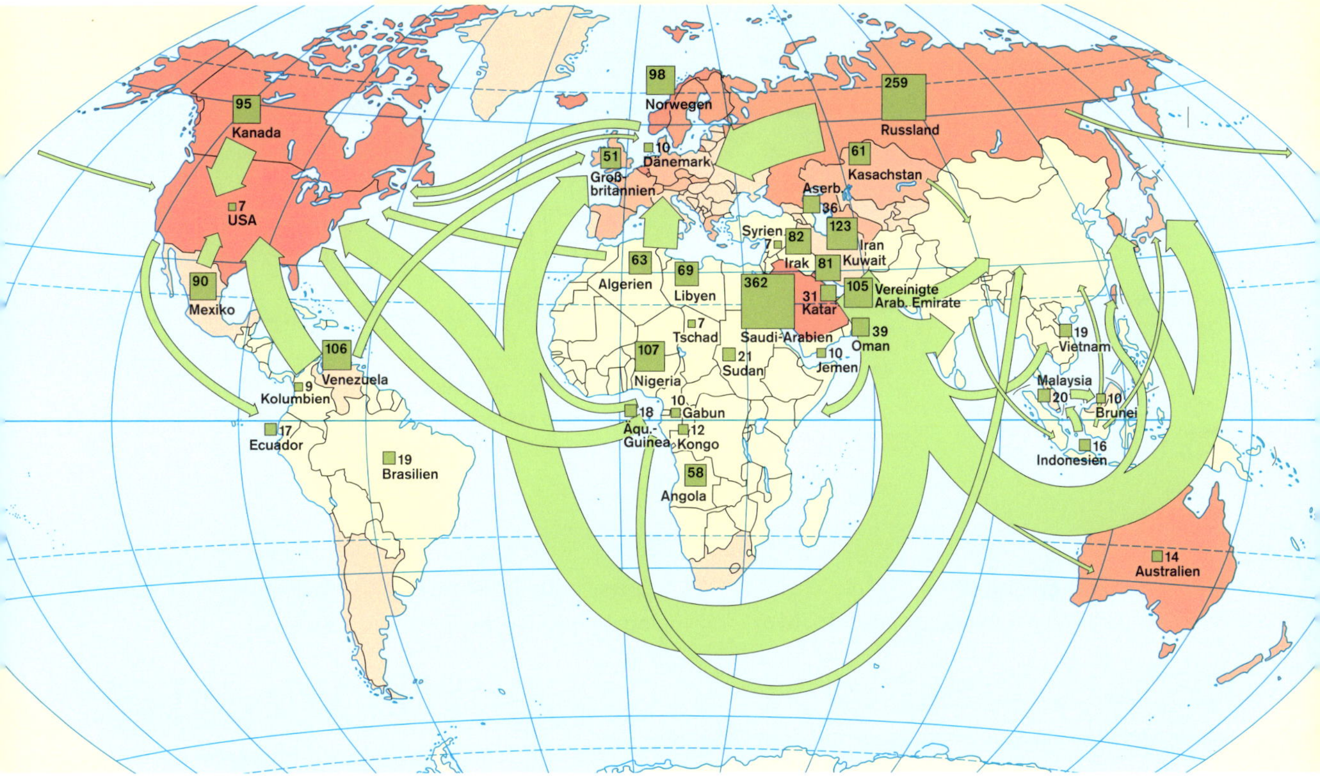

Export in Mio. Tonnen 2007
82

Transport in Mio. Tonnen 2008
über 200
150 – 200
100 – 150
50 – 100
25 – 50
unter 25

Kopfverbrauch in Tonnen Öläquivalent 2008
0 – 1,5
1,5 – 3,0
3,0 – 4,5
4,5 – 6,0
über 6,0

0 3000 km

Zugang zu Trinkwasser

Anteil der Bevölkerung mit Zugang zu sauberem Trinkwasser
(Stand 2009)

unter 50%
50 – 60%
60 – 70%
70 – 80%
80 – 90%
über 90%

0 3000 km

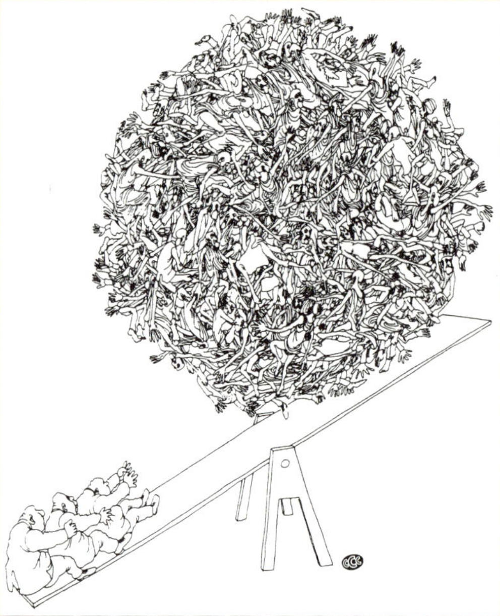

M 6 *Überbevölkerung*

M 7 *„Wir können machen, was wir wollen, Maria. Wir sind so oder so verloren."*

Können und anwenden

10 Werte die beiden Karikaturen aus (**M 5, M 6**).

11 Erörtere mithilfe der beiden Karikaturen das globale Problem der Bevölkerungsentwicklung.

M 8 *Ernährungssicherung*

Beurteilen und handeln

12 Schreibe einen Bericht zum Thema „Ernährungssicherung – ein unlösbares Problem?" Stelle das Bild **M 8** in den Mittelpunkt und orientiere dich an folgenden Stichworten: landwirtschaftliche Produktion, Hunger, ländliche Räume, Zuständigkeit der Frauen für Ernährung und Wasserversorgung, Erhalt natürlicher Ressourcen, Agrarforschung.

Frauen und Mädchen sind in Entwicklungsländern immer noch stark benachteiligt.

13 Stelle in einer Tabelle die Art der Benachteiligung, die Maßnahmen, mit denen Frauen geholfen werden kann, und die Auswirkungen zusammen.

Art der Benachteiligung	Auswirkungen	Maßnahmen	Auswirkungen

M 9 *Hilfe für Frauen*

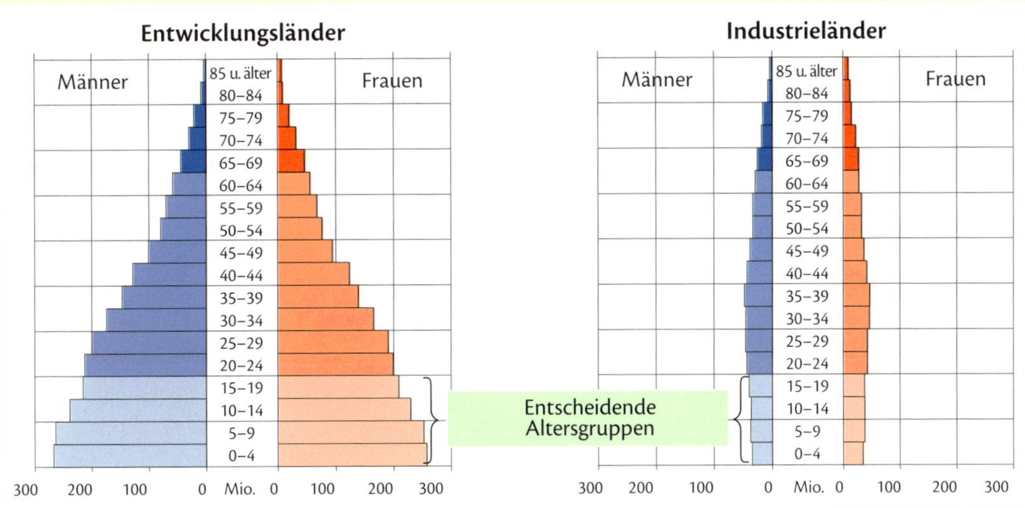

M 3 *Bevölkerungspyramiden*

4 Ordne jedem Diagramm eine Ländergruppe zu. Begründe die unterschiedliche Bevölkerungsentwicklung (**M 3**).

5 Vergleiche jeweils den Anteil der männlichen Bevölkerung zwischen 15 und 19 Jahren an der Gesamtbevölkerung.

6 Vergleiche den jeweiligen Anteil der Rentner über 65 Jahren an der Gesamtbevölkerung.

7 Erläutere, warum deine Altersgruppe als die „entscheidende" bezeichnet wird (**M 3**).

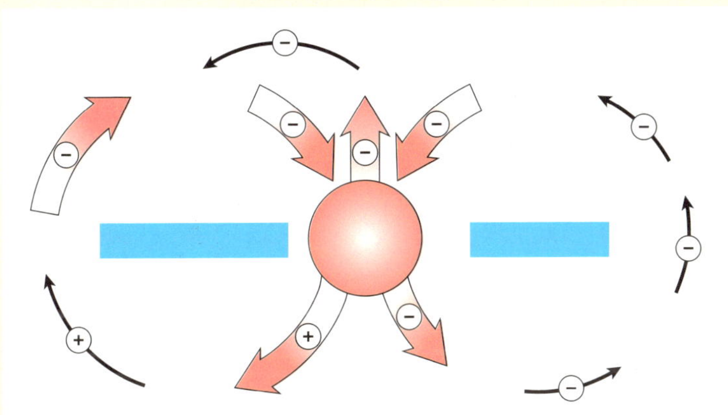

M 4 *Ein Teufelskreis*

8 Setze das Diagramm **M 7** mit den Schlüsselwörtern in ganze Sätze um. Verwende + für verstärken, – für verringern.

- Arbeitsleistung
- Armut
- Ausbau der Produktionsanlagen
- Ausbildung
- Einkommen
- Ersparnis
- Hunger
- Krankheiten
- Produktion
- Wachstum

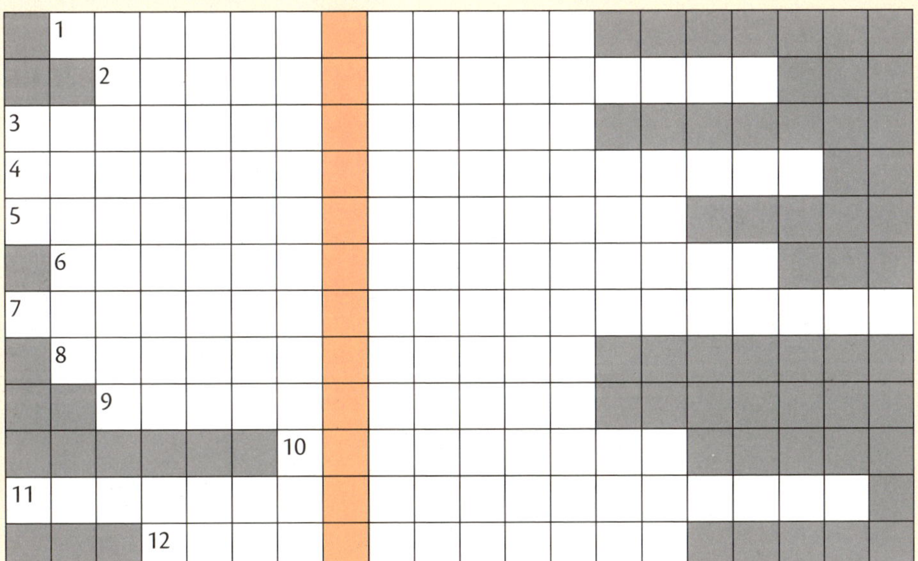

M 5 *Rätsel (Umlaute und ß = 1 Buchstabe)*

9 Übertrage das Rätselschema in dein Arbeitsheft und löse es. Das Lösungswort steht in den farbigen Kästchen.

1 zu wenige Frauen in der Gesellschaft
2 Beschränkung der Kinderzahl
3 auf sich gestellte Kinder
4 Stadt mit hoher Anziehungskraft
5 Familien oder Einzelne ohne Kinder
6 Land geringer entwickelt als ein Industrieland
7 Zunahme der Bevölkerung
8 Zahl der Lebendgeborenen je 1000 Einwohner
9 Zustrom von Menschen
10 Wanderung von Bevölkerungsgruppen
11 Todesrate der Ein- bis Fünfjährigen
12 Erwerbstätigkeit von Frauen

2 Ressourcen kennen und ihre nachhaltige Nutzung beurteilen

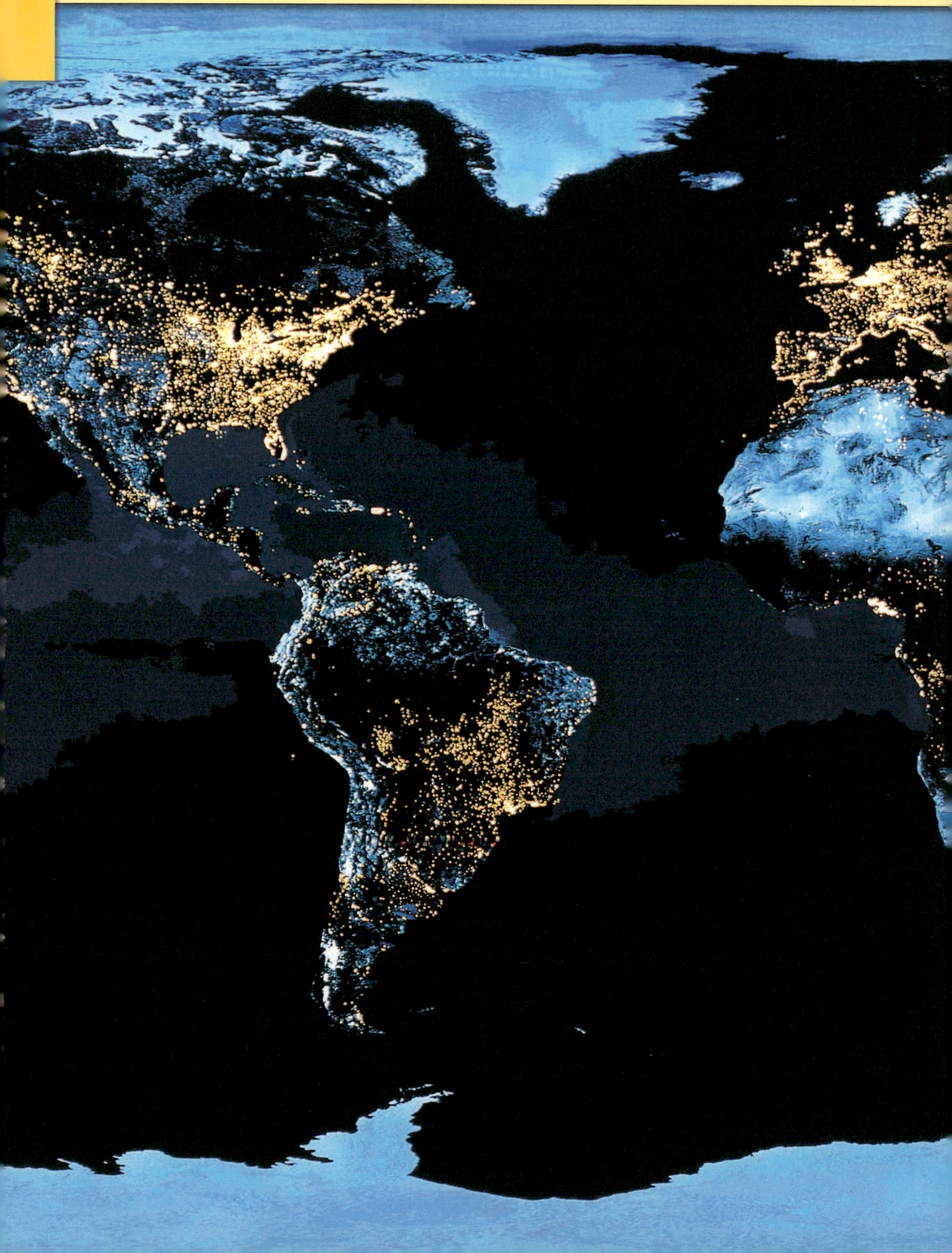

In diesem Kapitel lernst du,
- Merkmale natürlicher Ressourcen zu benennen,
- Trinkwasser als knappe Ressource zu charakterisieren,
- Auswirkungen von Eingriffen in den Wasserhaushalt zu erörtern,
- Nutzung und Verbrauch von Rohstoffen zu erläutern,
- zwischen fossilen und alternativen Energieträgern zu unterscheiden,
- Abhängigkeiten von Rohstoffen zu erläutern,
- Transportwege für Energieträger zu beschreiben.

Dabei nutzt du
- Karten,
- Grafiken,
- Bilder,
- Tabellen,
- Experimente,
- Diagramme und
- Kartogramme.

Du beurteilst und bewertest
- Probleme einer zu intensiven Ressourcennutzung,
- Chancen einer nachhaltigen Ressourcennutzung,
- Maßnahmen und Wege zur zukünftigen Rohstoffversorgung.

Hell erleuchtet oder im Dunkeln verborgen

Von einigen Regionen der Erde wird besonders viel Licht in den Weltraum abgestrahlt. Sie sind anhand der vielen Lichtpunkte selbst aus 20 Kilometer Höhe noch gut zu erkennen. Andere Regionen erzeugen nur wenig Licht oder bleiben ganz im Dunkeln verborgen. Wo wird mehr Energie verbraucht?

Beleuchtung der Erde bei Nacht (aus vielen einzelnen Satellitenbildern zusammengesetztes Bild der NASA)

Trinkwasser – eine knappe Ressource

check-it
- Konflikte räumlich einordnen
- Trinkwasser als knappe Ressource charakterisieren
- Ursachen und Folgen der Trinkwasserknappheit erläutern
- Lösungsstrategien diskutieren

M 1 *Karikatur*

Wasserressourcen der Erde

Auf der Erde sind rund 1,4 Milliarden Kubikmeter Wasser gespeichert. Nur 2,5 Prozent dieser enormen Menge ist Süßwasser. Polareis, Gletscher und Schnee binden knapp 70 Prozent dieses Süßwassers. Daher kann die Menschheit zu ihrer Versorgung lediglich 0,76 Prozent der auf dem „Blauen Planeten" verfügbaren Wassermenge nutzen.

Wird Wasser der Konfliktstoff des 21. Jahrhunderts?

Mehr als 1,1 Milliarden Menschen leben heute ohne direkten Zugang zu Trinkwasser und weltweit werden nur rund fünf Prozent der Abwässer gereinigt. Besonders in den Entwicklungsländern leiden die Menschen unter dem Mangel an sauberem Süßwasser. Jährlich sterben über fünf Millionen Menschen an Krankheiten, die mit verunreinigten, schadstoffbelasteten Trinkwasser in Verbindung stehen. Frauen und Kinder laufen täglich mehrere Kilometer, um das Wasser zum Trinken und Kochen in Krügen herbeizutragen. Darüber hinaus fehlt oftmals ausreichend Brauchwasser für den Anbau von Nahrungsmitteln. Aufgrund dieser Wasserknappheit entstehen sowohl zwischen einzelnen Personengruppen als auch zwischen Staaten Konflikte um die Ressource Wasser – zum Beispiel im Orient. Diese Konflikte werden teilweise bereits kriegerisch ausgetragen.

Auch Tiere und Pflanzen leiden unter der gebietsweisen Wasserknappheit und -verunreinigung, da ihre Lebensräume zerstört oder bedroht sind. Eine Folge ist das Artensterben.

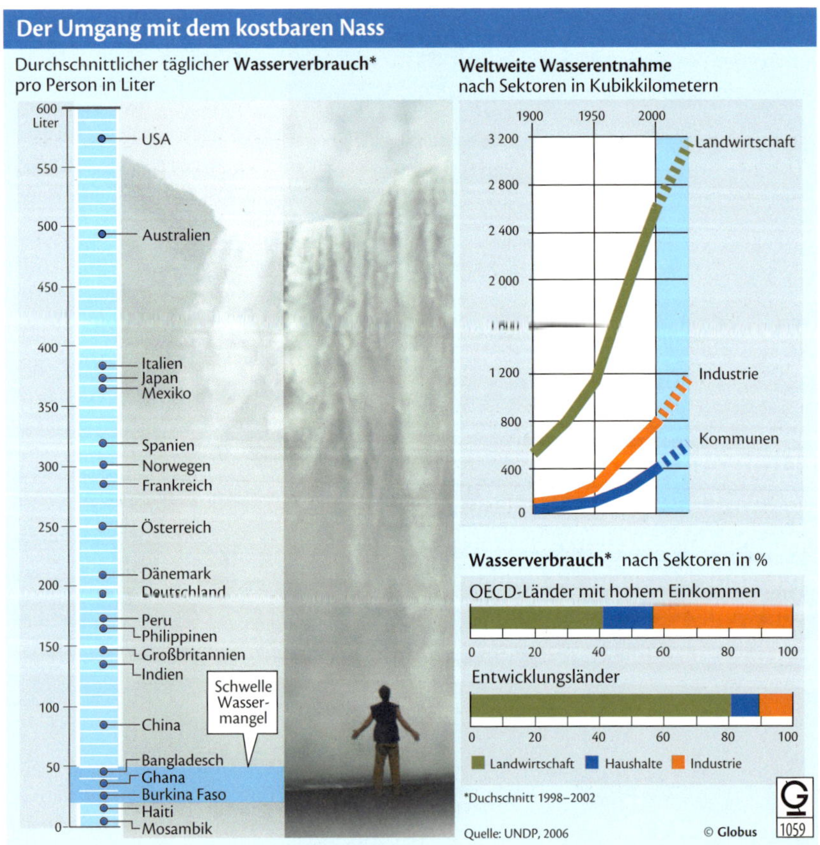

M 2 *Wasserverbrauch weltweit*

Ursachen der Trinkwasserknappheit

Mangel an Trinkwasser ist zum einen in den Trockenräumen der Erde klimatisch bedingt, durch lang anhaltende Trockenheit und Dürreperioden kann er verstärkt werden. Zum anderen wird er von Menschen verursacht. Der Wasserverbrauch steigt weltweit durch das Bevölkerungswachstum, fortschreitende Verstädterung, steigenden Konsum und hygienische Ansprüche sowie zunehmenden Bewässerungsfeldbau.

Fluss	Beteiligte Länder	Konflikte: Ursachen/Prävention
Nil	Ägypten, Äthiopien, Sudan	Ägypten beansprucht Großteil des Wassers, Äthiopien plant Staudämme am Oberlauf, Sudan will Nutzungsvertrag von 1959 kündigen
Sambesi	Mosambik, Sambia, Simbabwe	acht Anrainerstaaten; 2004 wurde eine Flussgebietskommission gegründet zur Konfliktprävention
Amu-Darya, Syr-Darya	Kirgistan, Tadschikistan, Usbekistan	Hauptzuflüsse des Aralsees, Wasserumleitung in Zeiten der UdSSR, zu wenig Wasser für Baumwollbewässerung
Ganges/ Brahmaputra	Bangladesch, Indien, Nepal	Wasser mit Arsen vergiftet; Überschwemmungen (z. B. 1988); Flood-Action-Plan unter Leitung der Weltbank
Mekong	China, Laos, Thailand, Vietnam	Staudamm am Oberlauf in China und Laos; zur Konfliktprävention: Mekong River Commission 1995
Punjab	Indien, Pakistan	Gebiet mit fünf Flüssen, Landwirtschaft nur mit Bewässerung möglich; Versalzung, Versumpfung; Induswasservertrag zwischen Indien und Pakistan von 1960
Euphrat, Tigris	Irak, Syrien, Türkei	Staudammprojekte in der Türkei
Jordan	Israel, Jordanien, Palästina, Syrien	90 Prozent des Wassers wird dem Fluss entzogen für Trinkwasser und Bewässerung, sinkende Wasserspiegel am See Genezareth und am Toten Meer, Nutzungsvertrag Israel-Jordanien von 1994
Rio Grande	Mexiko, USA	zu viel Wasserentnahme am Unterlauf für Bewässerung; Mexiko leitet weniger Wasser in die Nebenflüsse als vertraglich vereinbart; Eskalation während der Dürre 2002
Paraná	Argentinien, Brasilien, Paraguay	Staudammbau; Landesbesetzungen und illegale Besiedlungen

M 3 *Konflikte um die Ressource Wasser*

1 Beschreibe deinen täglichen Umgang mit Wasser und wofür du Wasser verbrauchst. Tragt die Ergebnisse in Form einer Redekette zusammen (***Eine Redekette aufbauen***).
2 Erkläre die problematische Situation, die die Karikatur darstellt (**M 1**).
3 Vergleiche den täglichen Wasserverbrauch in Deutschland mit demjenigen in anderen Ländern (**M 2**).
4 Werte die Karte zur Verfügbarkeit von Trinkwasser aus. Ordne die Wasserkonflikte räumlich zu (**M 3**, Karte S. 51, Atlasteil S. 198/199).
5 Erstelle ein Fließdiagramm zu Ursachen und Folgen der Trinkwasserknappheit und erläutere die Aussagen (**M 2**, **M 3**).
6 Diskutiere die Lösungsansätze hinsichtlich ihrer Umsetzbarkeit. Ergänze das Fließdiagramm um realisierbare Lösungen (**M 4**).
7 Führe eine Internetrecherche zu einem ausgewählten Wasserkonflikt durch und berichte über die aktuelle Situation (**M 3**).

Quantitative Ansätze

Erschließung zusätzlicher Wasserressourcen

- Ausweitung von Brunnenanlagen
- Anlage von Stauseen
- Erschließung fossiler Grundwasserkörper
- Erschließung von Grundwasserströmen im Mündungsbereich von Flüssen
- Wasser(fern)transporte mittels Pipelinesystemen, Flussumleitungen oder Transportschiffen
- Ausweitung der Meerwasserentsalzungskapazitäten und deren Umstellung auf erneuerbare Energieversorgung
- Transport von Eisbergen als Wasserreservoir in trockene Gebiete
- Impfung potenzieller Regenwolken mit Aerosol, um so Niederschläge auszulösen
- Wiederbelebung traditioneller Wassergewinnungsmethoden (z. B. Water Harvesting)

Wassereinsparungen

- Anbau ökologisch adäquater Nutzpflanzen
- Einsatz wassersparender Technologie (Tröpfchenbewässerung u. a.)
- Verwendung grob gereinigten Abwassers anstelle von sauberem Trinkwasser zur Bewässerung
- Instandsetzung bestehender schadhafter Kanal- und Leitungssysteme
- Reduktion von Sicker- und Verdunstungsverlusten
- Einsatz wassersparender Produktionsverfahren (z. B. geschlossene Wasserkreisläufe)
- Kommunale Regelungen und Restriktionen der Wassernutzung
- Wiederaufbereitung von Abwässern
- Einführung bzw. Erhöhung von Wasserpreisen
- Privatisierung der Wasserversorgung
- Aufklärung, Sensibilisierung für einen bewussten und sparsamen individuellen Wasserverbrauch

Qualitative Ansätze

- Vermeidung bzw. Reduktion von Wasserverschmutzung durch Schadstoffeinträge
- Umsetzung und Einhaltung von Wasserschutzgesetzen
- Ausbau und Verbesserung sanitärer Einrichtungen
- Ausdehnung der Wasseraufbereitungs- und Kläranlagenkapazitäten
- Weiterentwicklung von Wasserfilter- und Aufbereitungstechnologien

Konfliktpräventive Ansätze

- Grenzüberschreitendes Wassermanagement (Watershed-Ansatz)
- Umsetzung einer Weltwasser-Charta
- Internationale kooperative Wasserpolitik

M 4 *Lösungsansätze zur Bewältigung der Trinkwasserknappheit*

Wasser ist kostbar

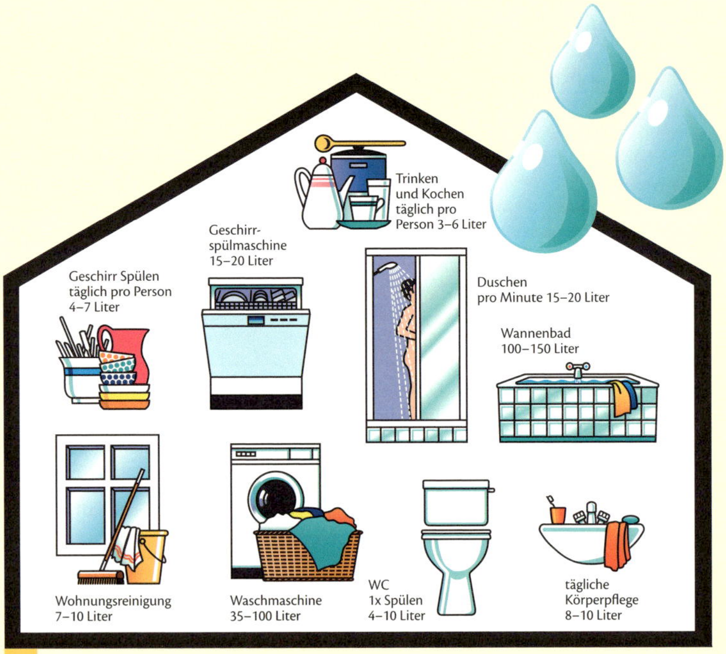

M 1 *Wasserverwendung im Haushalt in Deutschland*

Wasserverbrauch

Eine Wasseruhr ist in erster Linie dazu da, dass die Wasserwerke korrekt mit dem Verbraucher abrechnen können. Aber auch du als Verbraucher kannst die Wasseruhr nutzen. So kannst du zum Beispiel laufenden Wasserkästen, tropfenden Wasserhähnen oder sogar versteckten Rohrleckagen auf die Spur kommen. Dazu musst du nicht das ganze Haus abgehen. Du beobachtest die Wasseruhr für ein paar Minuten, wenn eigentlich kein Wasserverbrauch stattfindet. Zeigt die Wasseruhr nach etwa fünf Minuten einen Verbrauch von drei Litern an, weißt du, dass irgendwo etwas tropft oder leckt. Dann lohnt es sich, das Haus genau zu kontrollieren. Denn auch wenn es nur drei Liter in fünf Minuten sind, weil vielleicht ein Spülkasten durchläuft oder ein paar Wasserhähne tropfen, summiert sich dieser Verlust schnell auf 36 Liter pro Stunde. Das sind über 315 Kubikmeter im Jahr.

Schon gewusst?

In vielen Ländern, besonders in den Trockenräumen der Erde, ist Wasser ein kostbares Gut. Wasser ist aber nicht nur ein Lebensmittel, sondern auch ein Rohstoff für die Landwirtschaft und die Industrie.
Bis 2050 wird allein die Landwirtschaft weltweit doppelt so viel Wasser verbrauchen wie heute, wenn nicht bessere Methoden zur Wassereinsparung angewendet werden.
Für die Herstellung von einem Blatt Papier benötigt man zehn Liter Wasser, für eine Getränkedose 40 Liter. Für die Erzeugung von einem Kilogramm Kaffee sind 20 000 Liter Wasser erforderlich, für eine Tonne Stahl zwischen 20 000 und 130 000 Liter.

M 2 *Wasseruhr*

Wie viel Wasser wurde im letzten Verbrauchszeitraum verbraucht?	1 .... m³	Wie viel Wasser wurde im letzten Verbrauchszeitraum verbraucht?
Wie viele Tage umfasst der Verbrauchszeitraum?	2 .... Tage	Verbrauchszeitraum in Tagen
	3 .... m³	Wasserverbrauch pro Tag im Gebäude (siehe auch Wasseruhr)
	4 .... Personen	Anzahl der Gebäudenutzer
	5 .... Liter	Wasserverbrauch pro Tag und Person im Gebäude

M 3 *Fragebogen zum Wasserverbrauch in der Schule*

M 4 *Wasserverbrauch beim Duschen*

M5 *Poster für „Wasserzeichen“*

Wasser sparen
- Im Haus
- Bei der Körperpflege
- Bei der Toilettenspülung
- Beim Wäschewaschen
- Beim Geschirrspülen
- Beim Blumengießen
- Beim Gartenbewässern
- Beim Nahrungsmitteleinkauf

M6 *Wie spart man am besten Wasser?*

Ihr könnt
- den Wasserverbrauch zu Hause und in der Schule beobachten und messen,
- den Versuch mit der Dusche durchführen,
- den eigenen Verbrauch mit dem eines Haushalts in Deutschland vergleichen,
- bei den Stadtwerken den Wasserpreis erfragen,
- euch über die Wasserzeichen informieren,
- einen Besuch bei einem Wasserwerk in eurer Nähe organisieren,
- Vorschläge unterbreiten, wie zu Hause am besten Wasser gespart werden kann.

Eingriffe in den Wasserhaushalt – der Aralsee

check-it
- Aralsee und Zuflüsse lokalisieren
- Ursachen und Folgen von Bewässerungsprojekten für den Aralsee erläutern
- Auswirkungen von Eingriffen in den Wasserhaushalt erörtern

Das „Blaue Meer" wird zur Wüste – Ursachen

1960 war der Aralsee der viertgrößte See der Erde. Im Mündungsgebiet des Amu-Darja stand meterhohes Schilfrohr über dem Wasser. Die Fischindustrie bot 80 000 Menschen Arbeit und auch in der Landwirtschaft fanden dank der Bewässerungsanlagen viele ihr Auskommen. Der Wasserstand des abflusslosen Sees zeigte trotz hoher Verdunstung keine auffälligen Veränderungen.

Die damalige Sowjetunion veranlasste die Ausweitung des Baumwoll- und Reisanbaus. Das für die Bewässerung erforderliche Wasser entnahm man den Zuflüssen des Sees. Allerdings wurden die hunderte Kilometer langen Kanäle nicht betoniert.

Folgen

Die Ausdehnung der Bewässerungsflächen schien ein Erfolg zu sein, bis sich herausstellte, dass der Boden versalzte. Die Entwässerungsgräben, die das überschüssige Wasser abführen sollten, funktionierten nicht richtig. Außerdem versickerte oder verdunstete ein Teil des Wassers schon beim Transport. Dünger und Schädlingsbekämpfungsmittel wurden von Bewässerungswasser ausgewaschen, lagerten sich im Boden ab und gelangten in den Aralsee.

Als innerhalb weniger Jahre der Syr-Darja und der Amu-Darja nicht mehr ihr Mündungsgebiet erreichten, sank der Wasserspiegel. In dem Trockenklima konnte deshalb die jährliche Verdunstungsmenge nicht mehr ausgeglichen werden. Der Salzgehalt des Sees stieg an und brachte die Fischerei zum Erliegen. Ende 1989 hatte sich die Verlandung des Sees beschleunigt, die Küstenlinie ging immer weiter zurück. Aus

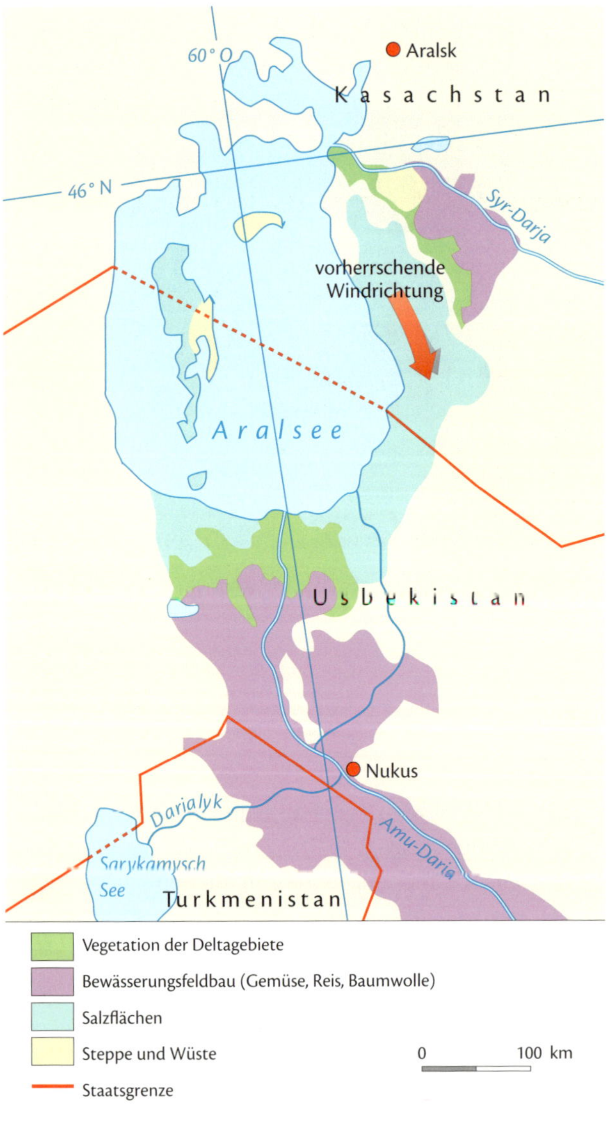

M1 *Das Gebiet des Aralsees 1988*

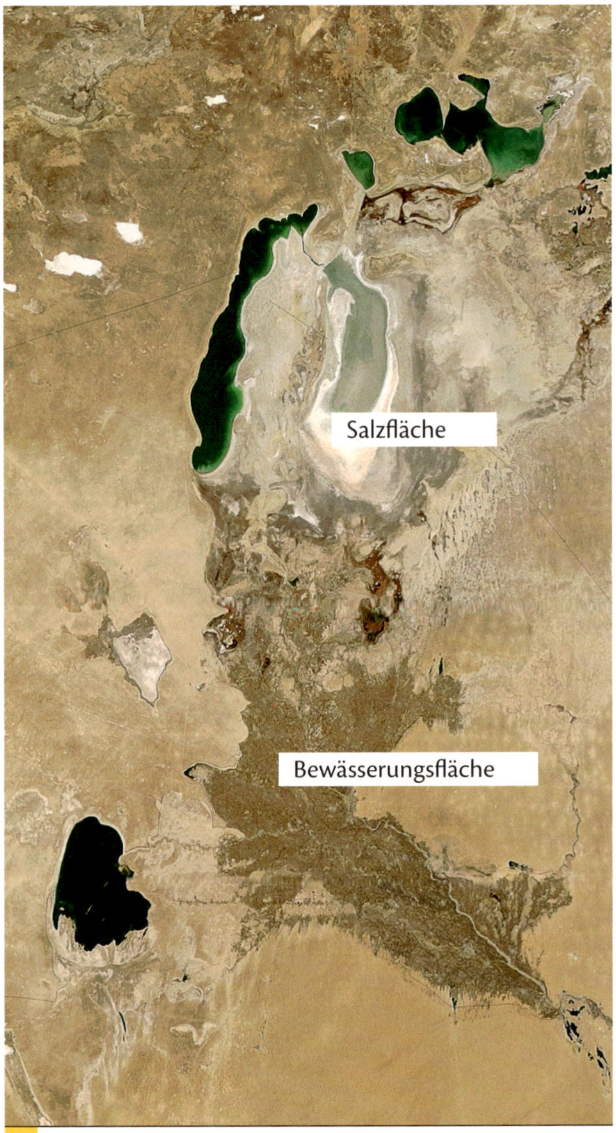

M2 *Der Aralsee im Satellitenbild 2008*

dem einstigen Aralsee waren zwei Seen geworden: der Kleine Aralsee im Norden und der nach Süden ausschwingende Große Aralsee. Kaum zehn Jahre später existierte der Große Aralsee als geschlossene Wasserfläche nicht mehr und der Kleine Aralsee war dreigeteilt.
Der Aralsee hat seit Anfang der 1960er-Jahre drei Viertel seiner ursprünglichen Fläche verloren. Der trockengelegte Seeboden ist so groß wie die Fläche von Niedersachsen. Jährlich werden etwa 75 Millionen Tonnen Sand, Staub und Salz in den Nachbarregionen abgelagert. Daher sind bei der Bevölkerung, insbesondere bei Kindern, Erkrankungen der Atmungsorgane weit verbreitet. Das regionale Klima hat sich durch das Austrocknen des Aralsees bereits verändert. Einst herrschte ein mildes Seeklima vor, inzwischen sind die Winter kälter und die Sommer heißer geworden. Staub- und Sandstürme häufen sich. Die Wüste Kysylkum breitet sich nach Westen aus und wächst mit der neuen Wüste Aralkum zusammen.

Jahr	Oberfläche (km^2)	Wasserspiegel über NN (m)	Salzgehalt (g/l)
1960	68 000	53	10
1989	37 000	39	30
1998	29 000	35	45
2003	2 550/17 700	42/34,8	70–90
2008	3 300/13 000	32,4/31	Westbecken 70, Ostbecken 100
(bis 1998 Aralsee, 2003–2008: Kleiner und Großer Aralsee)			

M 3 *Daten zum Aralsee*

Rettungsversuche für den Aralsee

Nur für die Teilseen des Kleinen Aralsees besteht noch Hoffnung, da der Wasserspiegel drei bis sieben Meter über dem des ehemaligen Großen Aralsees liegt. Kasachstan baute einen Damm, der das Wasser des Syr-Darja zurückhält. Als Erfolg wurde gewertet, dass der Wasserspiegel anstieg und der Salzgehalt zurückging. Giftstoffe gelangten über eine schmale Verbindung in den noch vorhandenen Großen Aralsee. Dessen Reste sind mittlerweile abgeschottet und werden vermutlich in 50 Jahren ganz ausgetrocknet sein.

1 Beschreibe die geographische Lage des Aralsees und seiner Zuflüsse (M 1, Atlasteil S. 188/189).
2 Vergleiche den Zustand des Aralsees von 1988 mit dem von 2008 (M 1–M 3) und berichte darüber.
3 Erläutere Ursachen und Folgen für die Veränderungen des Wasserhaushalts am Aralsee (M 1, M 2). Erstelle ein Wirkungsgefüge.
4 „Die Auswirkungen des menschlichen Eingriffs auf den Wasserhaushalt sind vielfältig." Erörtere diese Aussage (M 2, M 4).

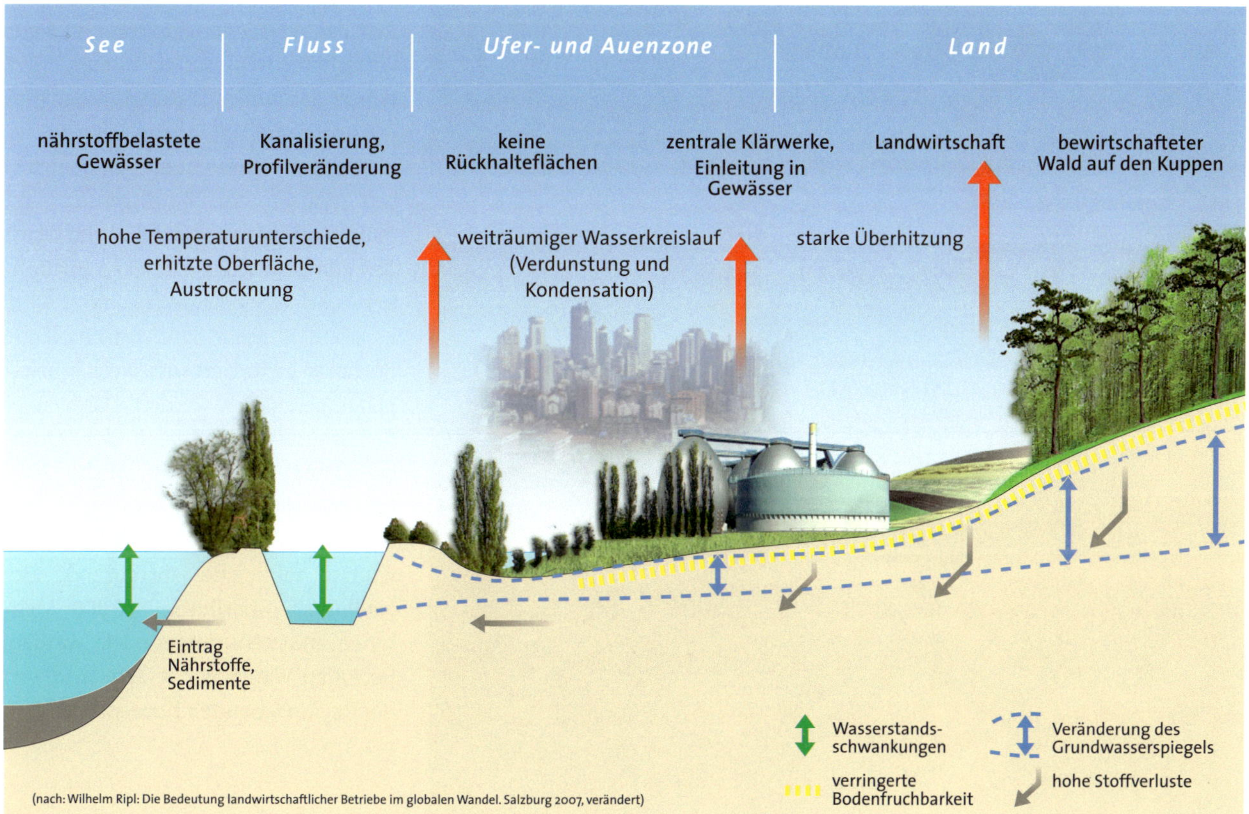

M 4 *Auswirkungen auf den Wasserhaushalt durch den Einfluss des Menschen*

Kampf ums Wasser: Das Südost-Anatolien-Projekt

M 1 *Atatürk-Staudamm*

M 2 *Atatürk-Stausee 2002*

M 3 *Euphrat 1983*

check-it

- Lage Anatoliens und den Verlauf von Euphrat und Tigris beschreiben
- Ziele und Maßnahmen des Südost-Anatolien-Projekts erläutern
- Auswirkungen des Projekts beurteilen
- Satellitenbilder und Karte auswerten

Wassernutzung an Euphrat und Tigris

Die meisten Staaten im Orient leiden unter Wassermangel. Nur wenige Flüsse führen ganzjährig Wasser. Dazu zählen Euphrat und Tigris. Vom Wasserstand dieser Flüsse hängt die Wasserversorgung Syriens, des Irak und des Südostens der Türkei ab. An den Ufern von Euphrat und Tigris haben sich schon im Altertum Siedlungen gebildet. Doch in Dürrejahren trockneten die Brunnen immer wieder aus und das Wasser reichte nicht zur Bewässerung der Felder.

Das Südost-Anatolien-Projekt

In den 1980er-Jahren startete die Türkei das Südost-Anatolien-Projekt mit dem Ziel, das Wasser von Euphrat und Tigris wirtschaftlich besser zu nutzen. 1992 wurde der größte Staudamm des Projekts, der Atatürk-Damm, eingeweiht. Ein riesiger Stausee ist entstanden, dessen Wasser zur Bewässerung von Baumwollfeldern, Pistazien- und Mandelbaumplantagen, Erdbeer-, Sojabohnen- und Weizenfeldern genutzt wird. Es können mehr landwirtschaftliche Produkte exportiert und viele Arbeitsplätze geschaffen werden. Das Wasser der Stauseen dient auch der Stromerzeugung. Das Projekt soll bis 2015 fertiggestellt sein.

Durch die Wassermassen der Stauseen wurden zahlreiche jahrtausende alte Siedlungen überflutet. 100 000 Menschen mussten umgesiedelt werden. Betroffen waren hauptsächlich die in der Region lebenden Kurden.

M 4 *Südost-Anatolien-Projekt*

Kampf ums Wasser

Das Wasser von Euphrat und Tigris wird auch von Syrien und dem Irak genutzt. Die beiden Staaten sind wegen geringer Niederschläge auf das Flusswasser angewiesen. Dadurch, dass die Türkei die Flüsse staut, fließt deutlich weniger Wasser nach Syrien und in den Irak. Als die Türkei 1990 den Atatürk-Stausee anstaute, verringerte sich die Wassermenge, die in Syrien ankam, zeitweise erheblich. Damit war die gesamte Wasser- und Energieversorgung des Landes gefährdet. Zusätzlich belastet der vermehrte Einsatz von Pflanzenschutzmitteln und Düngemitteln in der türkischen Landwirtschaft das Wasser. Syrien forderte, jeder Anrainer solle seinen Bedarf jährlich nachweisen. Der Irak berief sich auf alte Wasserrechte und bestand auf einer Drittelung der Wassermenge zwischen den drei Staaten. Mittlerweile sichern internationale Abkommen dem Irak und Syrien eine festgelegte Menge Wasser zu. Die Türkei nutzt auch die Möglichkeit, Wasser, das sie nicht selbst benötigt, in die Trockengebiete der Nachbarstaaten zu verkaufen. So könnte die Türkei zu einer Wassermacht im Orient werden.

Anrainer am Euphrat	Wasseraufkommen	Wasserbedarf	Anrainer am Tigris	Wasseraufkommen	Wasserbedarf
Türkei	89 %	35 %	Türkei	52 %	13 %
Syrien	11 %	22 %	Irak	48 %	83 %
Irak		43 %	Syrien		4 %

M 5 *Anteile der Anrainerstaaten an Euphrat und Tigris*

Fläche	rund 75 000 Quadratkilometer = etwa neun Prozent der Fläche der Türkei (entspricht etwa der eineinhalbfachen Fläche von Niedersachsen)
Baumaßnahmen	22 Staudämme, 19 Wasserkraftwerke, 630 Kilometer Bewässerungskanäle
Ziele	– Arbeitsplätze für etwa 3,8 Millionen Menschen – 1,7 Millionen Hektar Bewässerungsland – Energieversorgung

M 6 *Südost-Anatolien-Projekt in Zahlen*

1 Beschreibe die geographische Lage Anatoliens (Atlasteil S. 180/181).
2 Stelle den Verlauf von Euphrat und Tigris in einer Skizze dar (Atlasteil S. 180/181).
3 Erläutere Ziele und Maßnahmen des Südost-Anatolien-Projekts in der Türkei (M 4, M 6).
4 Vergleiche die Satellitenbilder und erläutere, was sich durch den Bau des Atatürk-Staudamms verändert hat (M 1–M 3).
5 Diskutiert in der Klasse, wem das Wasser von Euphrat und Tigris gehört. Beurteilt das Projekt anhand dieser Frage (M 5).
6 Informiere dich über Länder mit Wassermangel (S. 55) und stelle sie der Klasse vor.

Der Drei-Schluchten-Damm am Jangtsekiang

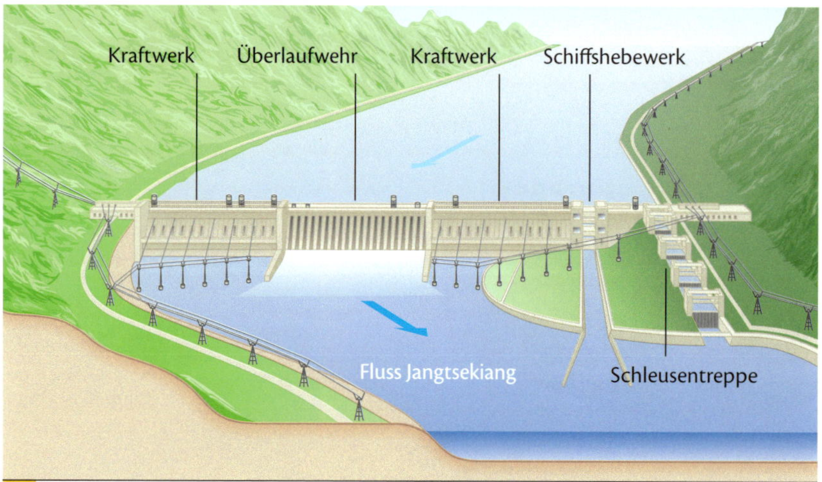

M 1 *Der Staudamm*

Staumauer
Länge: 2500 m, Höhe 185 m
Stauhöhe maximal 180 m
Schiffsschleusen
2 getrennte Wasserstraßen mit je 5 Schleusen
Stausee
Fläche 1084 km²
Kraftwerk
26 Turbinen mit einer Leistung wie 15 Atomkraftwerke

M 2 *Technische Daten*

check-it
- Schluchten des Jangtsekiang in das Gesamtsystem des Stromes einordnen
- Voraussetzungen und Ausmaße des Staudammprojektes beschreiben
- Vor- und Nachteile des Staudamms darlegen und bewerten

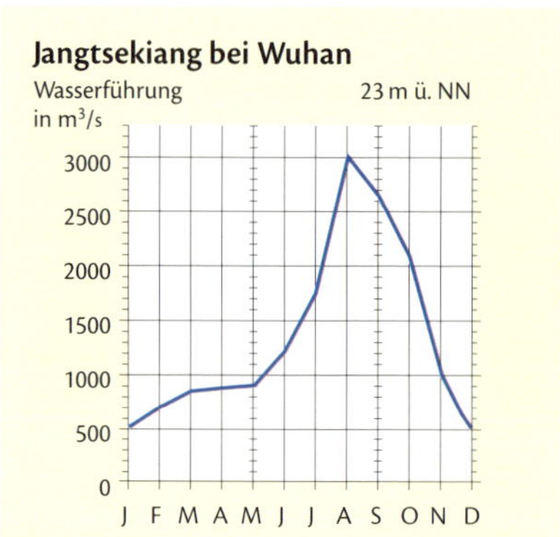

M 3 *Wasserführung vor Dammbau*

Der Jangtsekiang ist mit 6380 km der längste Strom Chinas. Seine Wasserführung schwankte innerhalb eines Jahres sehr stark. Der Unterschied zwischen Hochwasser- und Niedrigwasserstand betrug im Roten Becken bis 30 Meter, in den drei Schluchten bis zu 80 Meter. Die Schluchten waren bei den Schiffskapitänen gefürchtet. Seit Jahrhunderten bedrohten Überschwemmungen die Menschen im Tiefland und verursachten schwere Schäden. Die schwersten Fluten traten 1870, 1935, 1954, 1998 und 2002 auf. Die überflutete Fläche war fast so groß wie die Fläche von Niedersachsen.

Über eine Million Menschen fielen den Überschwemmungen zum Opfer. Allein beim letzten Hochwasser in Wuhan im Jahr 2002 wurden 50 000 Häuser zerstört.

Hochwasserschutz

1994 begannen die Bauarbeiten für den Drei-Schluchten-Damm, 2006 waren die Anlagen fertiggestellt. Der Damm soll im Mittel- und Unterlauf des Jangtsekiang 50 Millionen Menschen und 1,5 Millionen Hektar Landwirtschaftsfläche vor Hochwasser schützen. Bevor der jährliche Monsunregen einsetzt, wird der Wasserstand im Stausee abgesenkt, um die zusätzlichen Wassermengen aufzunehmen.

Verbesserung für die Schifffahrt

Bislang konnten nur kleinere Frachtschiffe mit zwei bis drei Meter Tiefgang flussaufwärts bis Tschungking fahren. Nach der Flutung der Stromschnellen in den drei Schluchten beträgt die Wassertiefe 70 Meter. So können auch Seeschiffe bis zu 10 000 Tonnen Tschungking anlaufen.

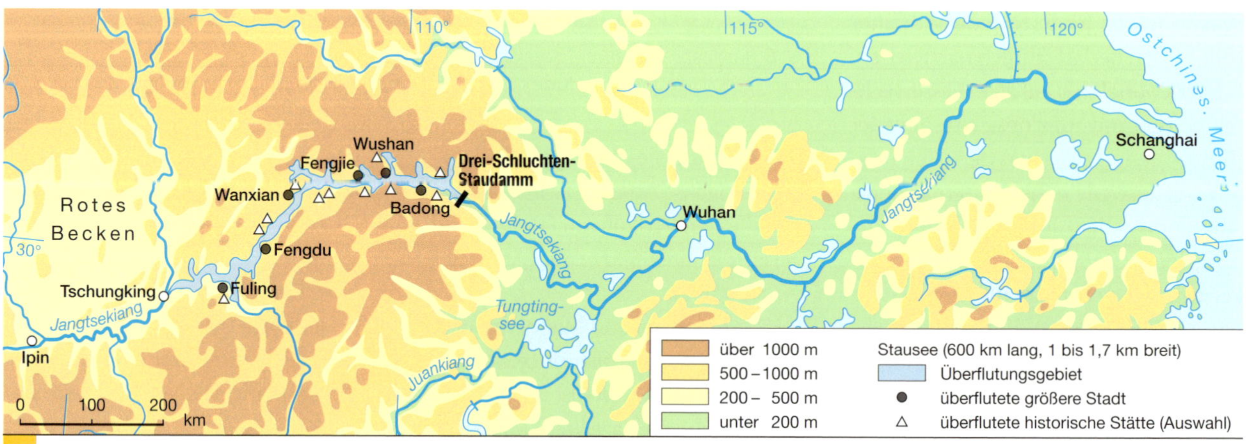

M 4 *Der Jangtsekiang und das Drei-Schluchten-Staudammprojekt*

Energiegewinnung

Die Kraftwerksturbinen liefern den in Wuhan und Schanghai dringend benötigten elektrischen Strom.
China spart dadurch rund 50 Millionen Tonnen Kohle ein, die sonst in den Kohlekraftwerken verfeuert und den Treibhauseffekt verstärken würden. Das Land will mit dem Wasserkraftwerk rund ein Zehntel seines Energiebedarfs decken. Doch die Turbinen im Kraftwerk liefern nur dann Höchstleistung, wenn der Stausee bis oben gefüllt ist. Bei einer herannahenden Flutwelle muss der Wasserspiegel aber auf 145 Meter gesenkt werden.

Ökologische Auswirkungen

Die vom Jangtsekiang mitgeführten Sandmassen setzen sich im Stausee ab und verringern das Stauvolumen. Vor dem Dammbau lagerten sich bei Hochwasser die Sedimente im Tiefland ab und wirkten als natürlicher Dünger.
Die Staumauer liegt in einem erdbebengefährdeten Gebiet. Erdbeben und Erdrutsche können auch durch das gestaute Wasser oder das große Gewicht der Staumauer ausgelöst werden. Da die Fließgeschwindigkeit im Stausee gering ist, sinkt die Selbstreinigungskraft des Stromes. Giftige Abfälle aus den Industriebetrieben und den verseuchten Zuflüssen können nicht mehr wie früher vom Jangtsekiang in das Ostchinesische Meer gespült werden.
Vielen Pflanzen- und Tierarten wird der Lebensraum genommen, während die Algenblüte zunimmt. Was besonders schwer wiegt: Die Wohnungen, Arbeitsplätze und landwirtschaftlichen Nutzflächen von zwei Millionen Menschen fallen dem Stausee zum Opfer. 140 Städte, 4500 kleine Orte und über 400 Kulturdenkmäler versinken in den Fluten.

M 5 *Die Schleusenkammern*

M 6 *Die Stadt Fengdu verschwindet in den Fluten*

M 7 *Neubauten in Wushan oberhalb des Jangtsekiangs*

1 Führe Gründe für den Bau des Staudamms auf (**M 1**, **M 3**, **M 4**).
2 Beschreibe die Ausmaße des Staudammprojektes (**M 2–M 5**).
3 Stelle die Vor- und Nachteile des Staudammprojektes gegenüber und nimm eine Bewertung vor (**M 4**, **M 6**, **M 7**).
4 Informiere dich über die Okertalsperre in Niedersachen und vergleiche diese mit dem Drei-Schluchten-Damm (**M 2**, **M 4**).

WEBCODE: UE640218-063

Ist unsere Rohstoffversorgung gesichert?

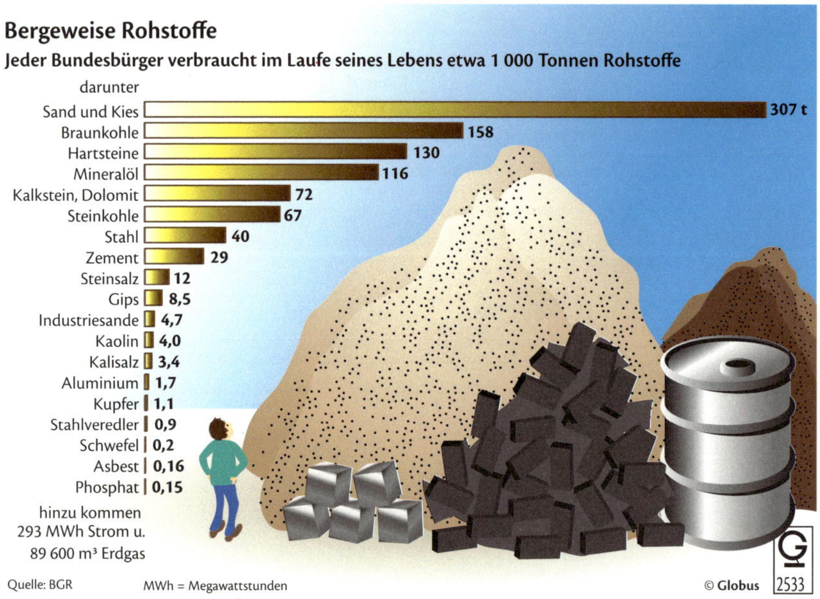

M 1 *Pro-Kopf-Verbrauch an mineralischen Rohstoffen in Deutschland*

check-it
- Begriffe „Rohstoff", „Ressource", „Reserve" vergleichen
- Deutschlands Rohstoffverbrauch charakterisieren
- Schemaskizze auswerten
- Stellung nehmen zur künftigen Rohstoffversorgung

Rohstoff, Ressource oder Reserve?

Diese drei Begriffe hängen eng miteinander zusammen. Unter **Ressourcen** werden alle Güter und Fähigkeiten zusammengefasst, die der Mensch zum Wirtschaften benötigt. Zu den Naturressourcen zählen alle vom Menschen nutzbaren natürlichen Stoffe, einschließlich der Luft, des Wassers, des Bodens sowie natürliche Energieträger wie Wind, Gezeiten oder Biomasse. Darüber hinaus stellt der Mensch selbst mit seinen Wissen und Fähigkeiten eine zunehmend wichtige Ressource dar.

Als **Reserven** werden natürliche Ressourcen bezeichnet, die nach technischen und wirtschaftlichen Gesichtspunkten abbaubar sind.

Sobald der Mensch Naturstoffe für wirtschaftliche Zwecke gewinnt, spricht man von **Rohstoffen.**

Rohstoffverbraucher Deutschland

Zwar benötigt jeder Mensch zum Leben Rohstoffe, aber der Rohstoffverbrauch ist abhängig vom Stand der wirtschaftlichen Entwicklung und dem Lebensstandard der Bevölkerung. Einer der größten Rohstoffverbraucher weltweit ist Deutschland. Neben den pflanzlichen und tierischen Agrarrohstoffen sind es vor allem mineralische und damit die nicht-erneuerbaren Industrierohstoffe, die jeder Bundesbürger in großen Mengen verbraucht. Nur ein geringer Anteil der Rohstoffe stammt aus inländischer Produktion. Die meisten Rohstoffe müssen nach Deutschland importiert werden.

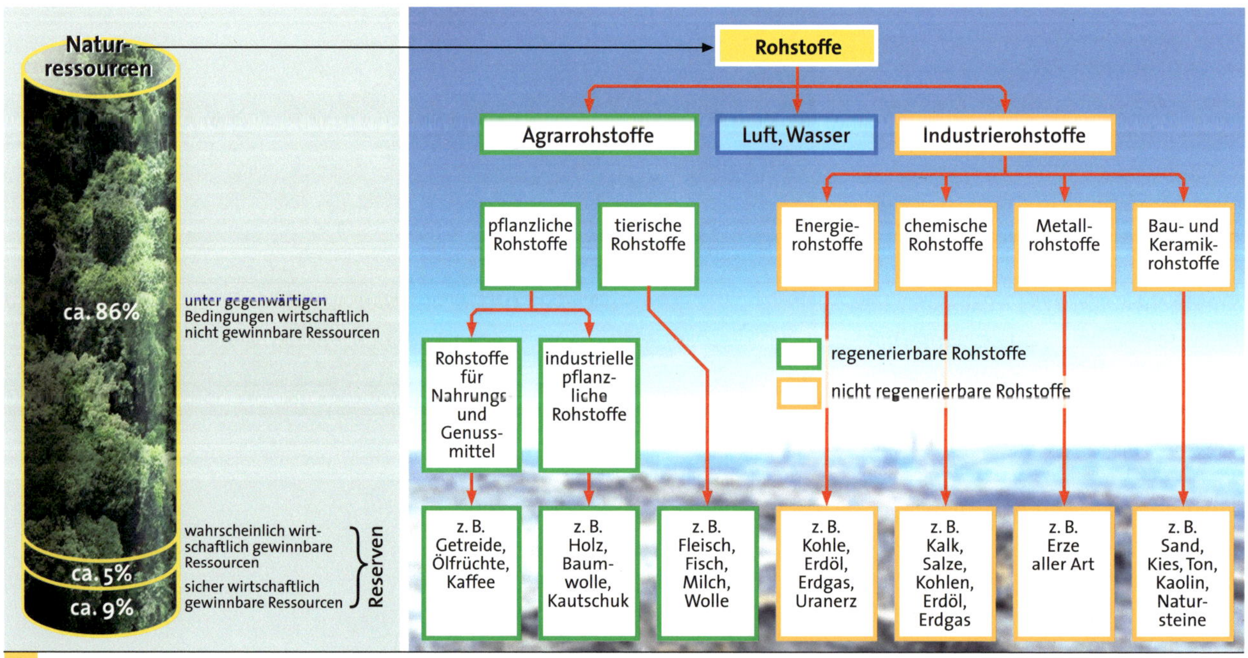

M 2 *Ressourcen, Reserven und Rohstoffe*

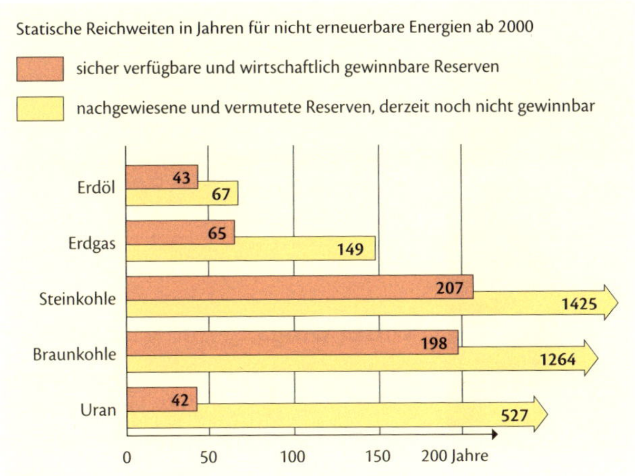

M 3 *Reichweiten von Energierohstoffen*

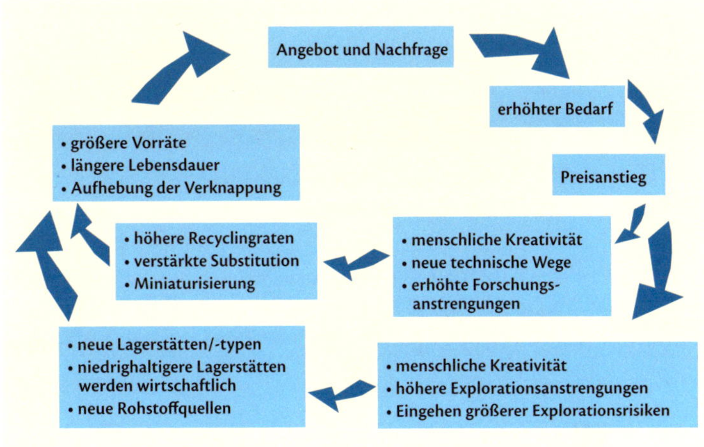

M 4 *Regelkreis zur Versorgung mit mineralischen Rohstoffen*

Knappe Rohstoffe in der Zukunft

Der Rohstoffverbrauch nimmt weltweit ständig zu. Dafür sprechen drei Gründe:

1. Das Anwachsen der Weltbevölkerung;
2. die Erhöhung des Pro-Kopf-Verbrauchs, weil besonders in den Entwicklungs- und Schwellenländern ein starker Nachholbedarf sowohl in der Produktion als auch im Konsum besteht;
3. der steigende Konsum von Fertigwaren in Industrieländern – zum Beispiel elektronische Geräte, die nach kurzem Gebrauch weggeworfen werden.

Die Endlichkeit nicht-erneuerbarer Rohstoffe steht diesem steigenden Bedarf gegenüber. Große, importabhängige Rohstoffverbraucher wie Deutschland suchen nach Lösungen für dieses Problem.

Rolle von Forschung und Entwicklung

Mittelfristig wird die Lösung des Problems der Rohstoffknappheit vor allem in der verstärkten Erkundung und Erschließung von Rohstofflagerstätten gesehen. Diese so genannten „Explorationsbemühungen“ sollen zusammen mit verbesserten Fördertechniken die Reichweiten, also die Lebensdauer, von Rohstoffen verlängern. Langfristige Lösungsansätze zielen einerseits auf die Substitution, das heißt auf den Ersatz mineralischer Rohstoffe durch pflanzliche oder tierische Rohstoffe. Andererseits erlangen Recycling und Miniaturisierung, das heißt die Verkleinerung von Bauteilen, und andere nachhaltige Strategien im Umgang mit Rohstoffen, eine immer größere Bedeutung. Alle genannten Lösungsansätze lassen sich nur realisieren, wenn wissenschaftliche Forschungs- und Entwicklungsarbeit intensiv gefördert wird.

1 Vergleiche die Begriffe „Ressource“, „Rohstoff“ und „Reserve“ anhand ihrer jeweils typischen Merkmale (**M 2**).

2 Erkläre, warum Ressourcen eine zunehmende Nutzung erfahren. Gehe insbesondere auf die Situation in Deutschland ein (**M 1**).

3 Kennzeichne die Rohstoffabhängigkeit Deutschlands, insbesondere im Hinblick auf Energierohstoffe (**M4**, **M 5**, Karte S. 51).

4 Erläutere Deutschlands Interesse an erhöhten Forschungs- und Explorationsanstrengungen in Bezug auf Rohstoffe (**M 3**, **M 4**, Karte S. 51).

5 Nimm Stellung zu der Ausgangsfrage: „Ist unsere Rohstoffversorgung gesichert?“ (**M 1**, **M 3–M 5**, Karte S. 51).

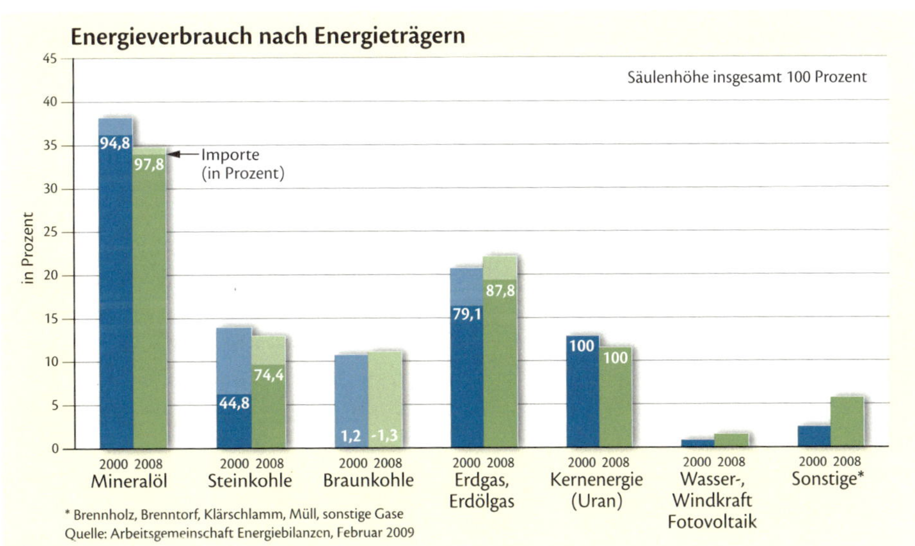

M 5 *Energieverbrauch in Deutschland*

Rohstoffe nutzen – gezielt und maßvoll

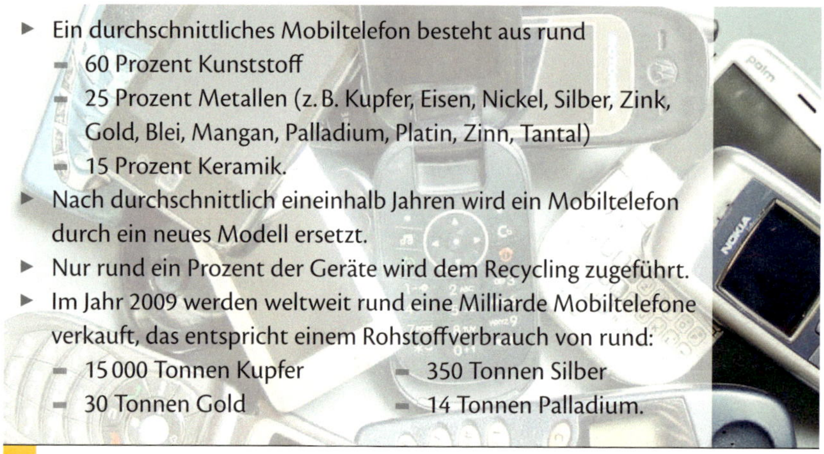

M1 *Materialverbrauch für Mobiltelefone*

check-it
- Auswirkungen der Rohstoffnutzung erläutern
- nachhaltigen Umgang mit Rohstoffen beschreiben
- Befragung durchführen
- Verantwortung für eine nachhaltige Rohstoffnutzung diskutieren

Der Bericht stellt deutlich heraus, dass der nachhaltige Umgang mit Ressourcen eine der größten Herausforderungen der Gegenwart ist. „Es ist von zentraler Bedeutung, dass die Menschen beginnen, sich mit der Ressourcennutzung und deren weltweiten ökologischen und sozialen Folgen auseinanderzusetzen. Unser Bericht soll hierfür als Grundlage dienen“, so Lisa Kernegger, Ressourcensprecherin von GLOBAL 2000. Der Report informiert anhand ausgewählter Beispiele über die Ausbeutung von Arbeitskräften und deren gesundheitlichen Schäden, die sie beim Abbau von Rohstoffen in afrikanischen, lateinamerikanischen oder asiatischen Bergwerken erleiden. Es wird ebenso auf die Zerstörung tropischer Regenwälder und anderer wertvoller Lebensräume hingewiesen wie auf den damit einhergehenden Verlust beziehungsweise die Bedrohung von Tier- und Pflanzenarten. Boden, Wasser und Luft werden bei der Gewinnung und Verarbeitung von Rohstoffen mit Schadstoffen belastet. Die intensive Nutzung fossiler Energierohstoffe ist darüber hinaus eine wesentliche Ursache des Klimawandels. Doch nicht nur die Nutzung mineralischer Rohstoffe ist problematisch. Der Bericht zeigt auf, dass infolge der intensiven Bodennutzung für Agrarrohstoffe, die in die reichen Industrieländer exportiert werden, in vielen Entwicklungsländern zu wenig fruchtbares Land für Kleinbauern zur Verfügung steht. Das fördert die Armut. Zudem werden viele Rohstoffe zunehmend knapper. „Ohne radikale Kursänderung verbauen wir uns die Möglichkeit, auf die Herausforderungen der Zukunft reagieren zu können“, warnt Kernegger. „Den Ressourcenverbrauch zu reduzieren, ist daher nicht nur aus ökologischer und sozialer, sondern auch wirtschaftlicher Sicht das Gebot der Stunde“, erklärt auch der Ökonom Dr. Friedrich Hinterberger.

M2 *Aus dem Ressourcenreport „Ohne Maß und Ziel? Über unseren Umgang mit den natürlichen Ressourcen der Erde“*

Unser Umgang mit Rohstoffen – ohne Maß und Ziel?

Nicht nur die drohende Knappheit nicht-erneuerbarer Rohstoffe stellt die Menschheit vor große Herausforderungen. Die räumliche und mengenmäßige stetig zunehmende Ressourcennutzung löst Folgen aus, die sich verheerend auf die Menschen und ihre natürliche Umwelt auswirken. Die verschiedenen sozialen und ökologischen Probleme können nur gelöst werden, indem ein **nachhaltiger** Umgang mit Rohstoffen die bisherige Art und Weise der Ressourcennutzung ablöst. Dazu werden unter anderem folgende Nachhaltigkeitsstrategien diskutiert:

Höhere Effizienz – dieser Ansatz bezieht sich auf die bessere Nutzung von Material und Energie, also auf eine höhere Ressourcenproduktivität. Er folgt dem Prinzip „Mehr aus weniger“. Das geschieht durch verbesserte Technik und Organisation im Produktionsprozess. So stellt die Verkleinerung von Bauteilen eine Möglichkeit der Einsparung von Rohstoffen dar. Die Wiederverwendung von Rohstoffen, also das so genannte **Recycling,** ist eine weitere Vorgehensweise, um die Effizienz der eingesetzten Ressourcen zu erhöhen.

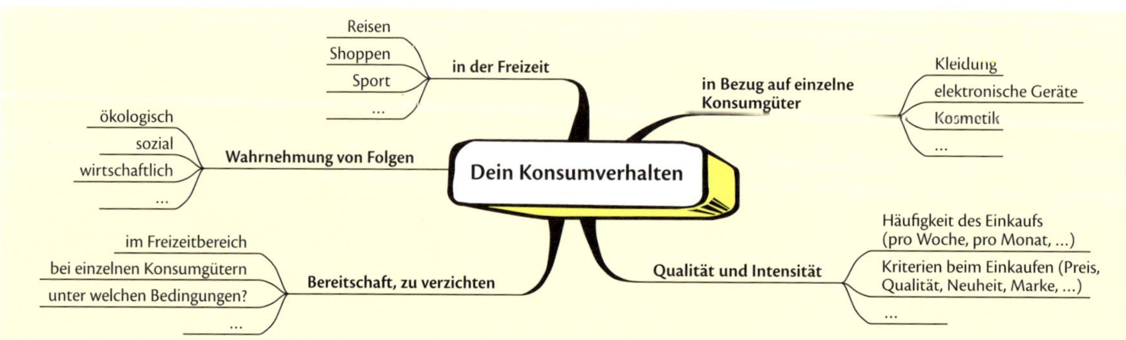

M3 *Mögliche Aspekte der Befragung zum Konsumverhalten von Mitschülern*

Vorteile nachwachsender Rohstoffe
- Verringerung der Abhängigkeit von fossilen Energieträgern
- Schonung nicht-erneuerbarer Ressourcen
- Biologische Abbaubarkeit
- Reinhaltung der natürlichen Lebensgrundlagen Boden, Wasser und Luft
- Reduzierung von Umweltbelastungen und Förderung der Artenvielfalt

Nachteile nachwachsender Rohstoffe
- Manche Produkte sind bisher nicht aus nachwachsenden Rohstoffen herstellbar
- Hohe Forschungskosten
- Ernteschwankungen
- Bewährte Produktionsprozesse und hohe qualitätsvolle Produkte werden aufgegeben

Beispiel: Ersatz von Erdöl durch nachwachsende Rohstoffe

Produkt	Industriepflanze	Rohstoff
Biodiesel	Raps	Rapsöl
Schmierstoffe	Raps, Sonnenblume	Pflanzenöl
Folien	Kartoffeln	Stärke
Wärme, Dampf, Strom	Holz, Miscanthus	Pellets, Hackschnitzel
Textilien, Dämmstoffe, Papier	Flachs, Hanf	Fasern
Waschmittel	Kartoffeln, Zuckerrübe	Stärke, Zucker

M 4 *Ersatz von mineralischen Rohstoffen durch nachwachsende Rohstoffe*

Naturverträglich Produzieren, Transportieren und Konsumieren – diese Strategie umfasst naturverträgliche Technologien, die die Ökosysteme nutzen, ohne sie zu zerstören. Zum Beispiel: Technologien zur Energiegewinnung aus Sonne, Wind und Wasser. Auch der Austausch nicht-erneuerbarer Rohstoffe durch so genannte **nachwachsende Rohstoffe** gehört zu diesem Ansatz. Nachwachsende Rohstoffe sind pflanzliche und tierische Produkte, die nicht als Nahrungs- oder Genussmittel genutzt werden, sondern als Werkstoff oder Energierohstoff Verwendung finden. Nach dem bisherigen Forschungsstand werden vor allem Industriepflanzen wie Raps, Sonnenblume oder Zuckerrohr genutzt, um fossile Rohstoffe als Energieträger und als chemische Rohstoffe zu ersetzen. Doch die Forschung geht weiter. So ist es kürzlich gelungen, aus Löwenzahn Kautschuk herzustellen.

Verringerte Nachfrage nach Gütern und Energie – dieser Ansatz beruht auf der Erkenntnis, dass der sehr hohe Verbrauch nicht-erneuerbarer Rohstoffe in den reichen Industrieländern in Zukunft nur über ein verändertes Konsumverhalten erreicht werden kann. Dies beinhaltet, zum einen weniger Güter wie Elektrogeräte oder Kleidung zu verbrauchen. Zum anderen umfasst diese Strategie das Nutzen qualitativ sehr hochwertiger und langlebiger Produkte. Insgesamt bedeutet es für jeden Einzelnen also nicht, weniger zu haben, sondern sein Konsumverhalten grundsätzlich zu ändern.

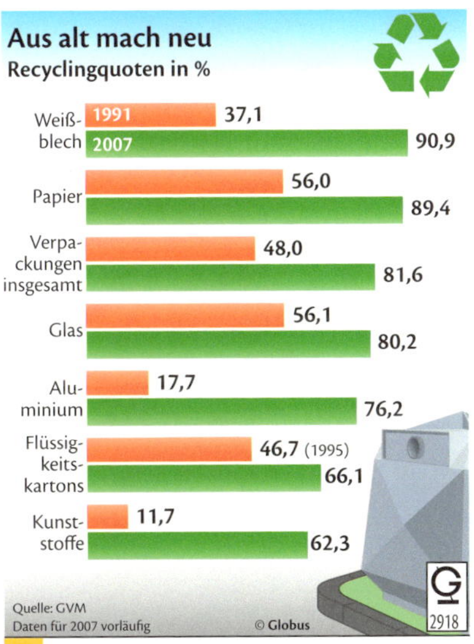

M 5 *Recyclingquoten in Deutschland*

1 Gliedere die Auswirkungen der Rohstoffnutzung nach inhaltlichen und räumlichen Kriterien (**M 2**). Erstelle dazu eine Matrix nach folgendem Muster und trage die einzelnen Auswirkungen in die entsprechenden Zellen ein:

	soziale Folge	ökologische Folge	wirtschaftliche Folge
spürbare Folge in Deutschland			
spürbare Folge in anderen Teilen der Welt			

2 Erläutere die Notwendigkeit eines veränderten Umgangs mit Rohstoffen (**M 2**).

3 Stelle die Auswirkungen der heutigen Ressourcennutzung anhand eines Fallbeispiels vor (webcode).

4 Beschreibe Möglichkeiten eines nachhaltigen Umgangs mit Rohstoffen (**M 1**, **M 3–M 5**).

5 Diskutiert die Verantwortung Deutschlands für einen nachhaltigen Umgang mit Rohstoffen (**M 2**; S. 64, **M 2**, **M 3**).

6 Führt eine Befragung zum Konsumverhalten unter euren Mitschülern durch und erörtert die Ergebnisse (**M 3**).

Wir analysieren und interpretieren Diagramme

check-it
- unterschiedliche Arten von Diagrammen und deren Besonderheiten benennen
- Diagramme analysieren und interpretieren

Diagramme machen Zahlen anschaulicher

Um Zahlenwerte anschaulich zu machen, werden diese häufig in einem Diagramm zeichnerisch dargestellt. Dadurch können Größen und Größenbeziehungen besser erfasst werden. Während sich aus einer Tabelle exakte Zahlenwerte ermitteln lassen, steht bei einem Diagramm die Anschaulichkeit im Vordergrund.

Diagramme lassen sich aber auch absichtlich oder unabsichtlich manipulieren. Das geschieht zum Beispiel, indem die Abmessungen (Höhe, Breite) der Achsen falsch gewählt sind, bestimmte Werte in einer Zahlenreihe weggelassen und bestimmte Zeiträume nicht dargestellt werden.

Checkliste zum Analysieren und Interpretieren von Diagrammen

1. Thema des Diagramms erfassen
- Informiere dich an Hand der Überschrift, der Legende und weiterer Angaben über den Inhalt des Diagramms und dessen Quelle.

2. Darstellungsform des Diagramms analysieren
- Bestimme den Diagrammtyp.
- Ermittle, ob absolute oder relative Zahlen oder Durchschnittswerte verwendet wurden.
- Informiere dich über verwendete Maßeinheiten, Jahreszahlen u. Ä.

3. Inhalte analysieren
- Analysiere, ob eine oder mehrere Informationen dargestellt sind.
- Ermittle, ob die Zahlenwerte eine räumliche Zuordnung haben.
- Lies aussagekräftige Zahlenwerte ab, zum Beispiel die niedrigsten und die höchsten Werte, andere Extremwerte, Zuwachsraten u. a..
- Vergleiche die ermittelten Zahlenwerte.
- Stelle fest, ob Entwicklungen oder Verteilungen ablesbar sind.

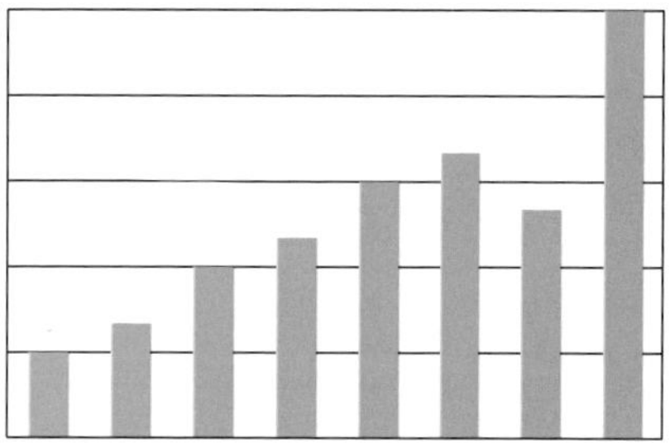

Balken- und Säulendiagramm/Stabdiagramm
sind einfache Diagrammdarstellungen, in denen Zahlenwerte in waagerechten Balken oder senkrechten Säulen/Stäben dargestellt werden. Die dargestellten Mengen und Größen lassen sich gut vergleichen. Es können Rangfolgen und Entwicklungen erkannt werden.

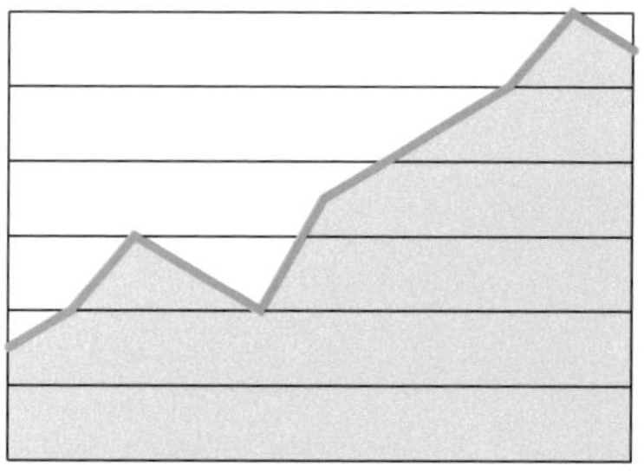

Linien- und Kurvendiagramm
Mit Hilfe eines Liniendiagramms lässt sich eine Abfolge von Zahlenwerten veranschaulichen, die einen bestimmten Zeitraum umfassen und somit eine Entwicklung verdeutlichen. Wenn die Zahlenwerte eine stetige Entwicklung darstellen, sind Kurvendiagramme geeignet.

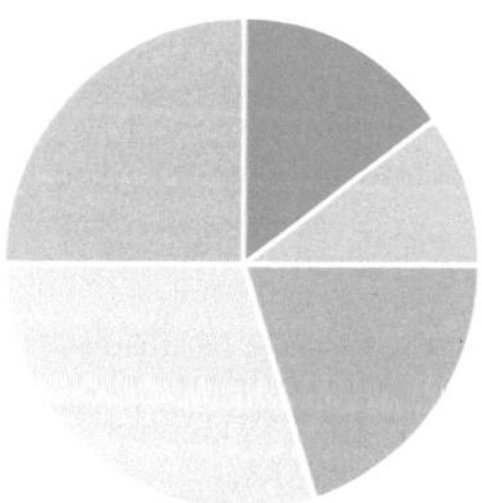

Kreisdiagramm
Kreisdiagramme sind besonders gut geeignet für die Darstellung von Verteilungen, durch sie werden Teilmengen einer Gesamtmenge veranschaulicht. Dabei entspricht der Vollkreis von 360 Grad 100 Prozent, demzufolge 3,6 Grad einem Prozent.

Streifendiagramm/Prozentstreifen
Ähnlich wie ein Kreisdiagramm ist das Streifendiagramm zur Darstellung von Verteilungen gut geeignet. Die Gesamtlänge des Streifens stellt 100 Prozent dar.

M 1 *Wichtige Arten von Diagrammen*

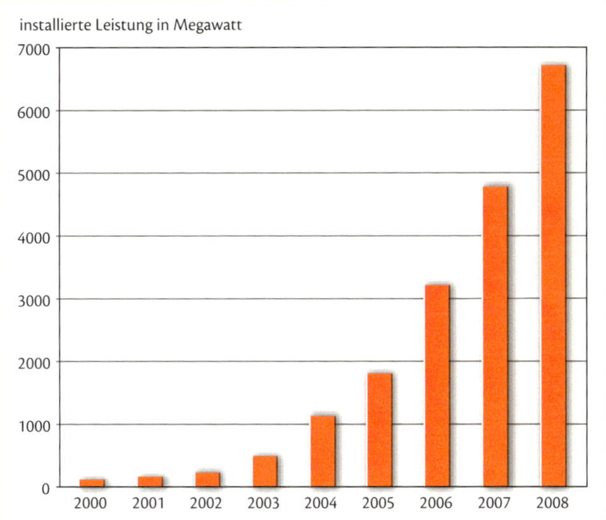

M 2 *Solarstrom in Deutschland*

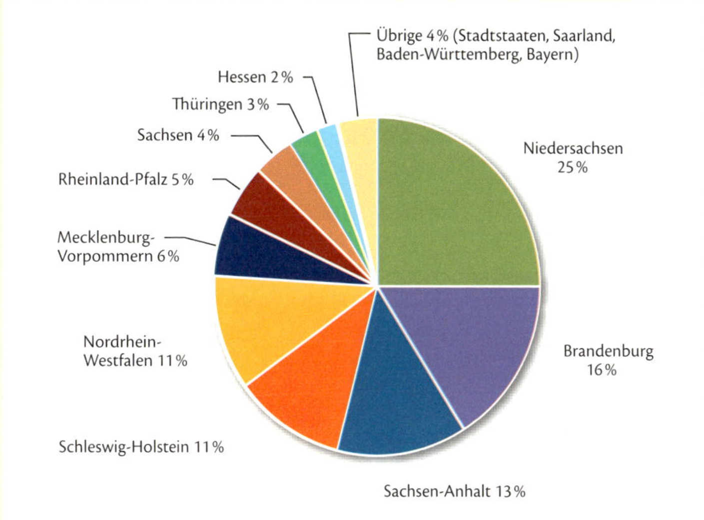

M 3 *Verteilung der Windleistung in Deutschland*

4. Inhalte interpretieren

- Untersuche, ob und welche Zusammenhänge es zwischen den einzelnen Werten gibt.
- Erkläre Entwicklungen und Verteilungen, indem du die Zahlenwerte in räumliche und zeitliche Zusammenhänge einordnest.
- Bewerte, ob die Informationen im Diagramm ausreichend sind oder ob du ergänzende Informationen benötigst.
- Überprüfe, ob die Gefahr der Manipulation der Zahlenwerte durch deren Darstellungsart gegeben ist.
- Formuliere die Aussage des Diagramms.

1 Fertige eine Tabelle an, in der du die verschiedenen Arten von Diagrammen und deren wichtigste Merkmale gegenüberstellst.

2 Werte mithilfe der Checkliste die Diagramme aus (M 2–M 4). Die Aufgabe kann auch arbeitsteilig in drei Gruppen gelöst und die Ergebnisse in der Klasse diskutiert werden.

3 Erstellt aus der Tabelle ein Diagramm. Wähle eine geeignete Form aus (M 5).

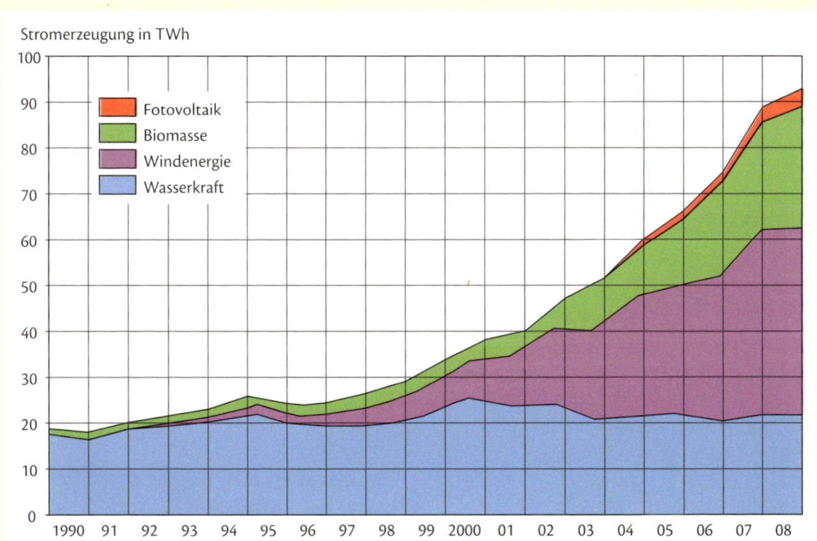

M 4 *Erneuerbare Energien in Deutschland*

Land	Anteil in Prozent
China	23,3
USA	30,9
Kanada	1,9
Portugal	2,6
Großbritannien	3,0
Frankreich	3,5
Italien	3,7
Spanien	5,9
Deutschland	6,2
Indien	6,7
Rest der Welt	12,3

M 5 *Weltweit neu installierte Windenergieanlagen 2008*

Fossile Energieträger

M 1 *Entstehung von Kohle*

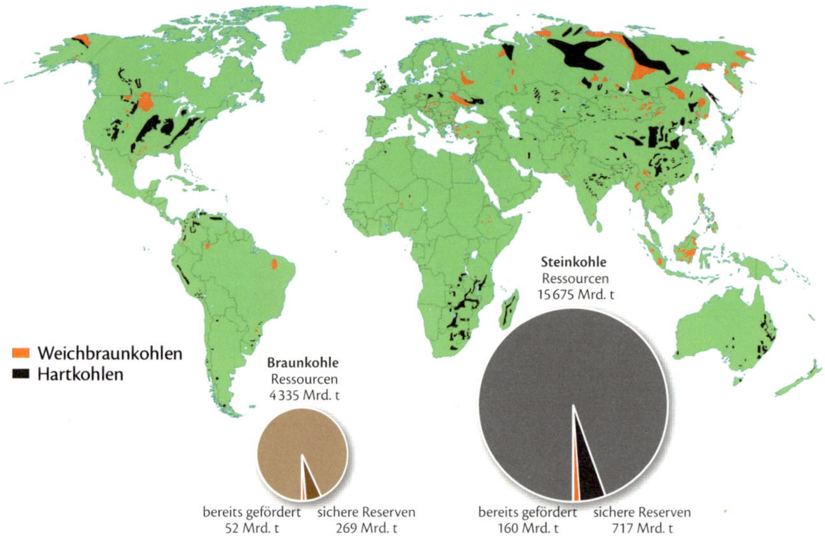

M 2 *Kohlearten und ihre Verwendung*

Fossile Energieträger sind Brennstoffe, die vor langer Zeit aus pflanzlichem und tierischem Material entstanden. Sie erneuern sich nicht. Ihre Reichweite ist begrenzt. Als Reserven werden die Mengen bezeichnet, die nach dem heutigen Stand der Technik gefördert werden können. Ressourcen sind vermutete Vorkommen, die noch nicht näher erkundet wurden.

Entstehung von Kohle

Die erste Steinkohle bildete sich vor etwa 350 Millionen Jahren in der Karbonzeit (*karbon* = lateinisch Kohle). Voraussetzungen waren ein tropisches Klima, Moore und Sumpfwälder. Landsenkungen sowie Überschwemmungen führten zum Absterben der Pflanzen und zur Bildung von Torfmooren. Bei weiteren Landsenkungen wurden die Torfmoore von Sedimenten überlagert und in große Tiefen gedrückt, wo sie hohen Temperaturen und hohem Druck ausgesetzt waren. Der Torf wurde in Braunkohle umgewandelt. Als sich der Druck und die Temperatur im Lauf von Jahrmillionen weiter erhöhten, entstand aus Braunkohle Steinkohle.

Verwendung von Kohle

Kohle ist seit Jahrhunderten ein wichtiger Energieträger. Ihren eigentlichen Siegeszug erlebte die Steinkohle mit der Industriellen Revolution bei der Eisenherstellung.

Heute findet Kohle vorwiegend bei der Wärme- und Stromerzeugung Verwendung, während der Anteil als Heizmaterial in privaten Haushalten rückläufig ist. Etwa die Hälfte der geförderten Kohle wird weltweit für die Stromerzeugung genutzt. In einigen Ländern ist der Anteil an der Stromerzeugung besonders hoch, zum Beispiel in Polen mit 94 Prozent und in Südafrika mit 92 Prozent.

Bei der Verbrennung von Kohle wird Kohlenstoffdioxid freigesetzt. Dieses **Treibhausgas** führt zu einem Ansteigen der Temperatur und beschleunigt den Klimawandel.

check-it

- Lagerstätten fossiler Energieträger lokalisieren
- Entstehung und Verwendung fossiler Energieträger beschreiben
- Fördermengen, Reserven und Ressourcen vergleichen
- Forderung nach nachhaltiger Nutzung erläutern
- thematische Karten auswerten

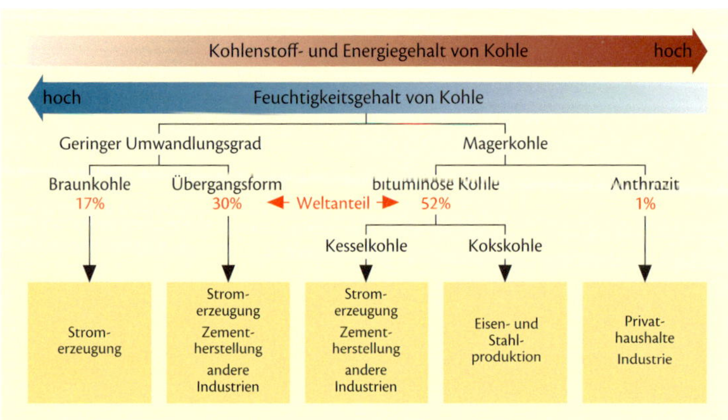

M 3 *Lagerstätten, Förderung seit 1950, sichere Reserven, Ressourcen*

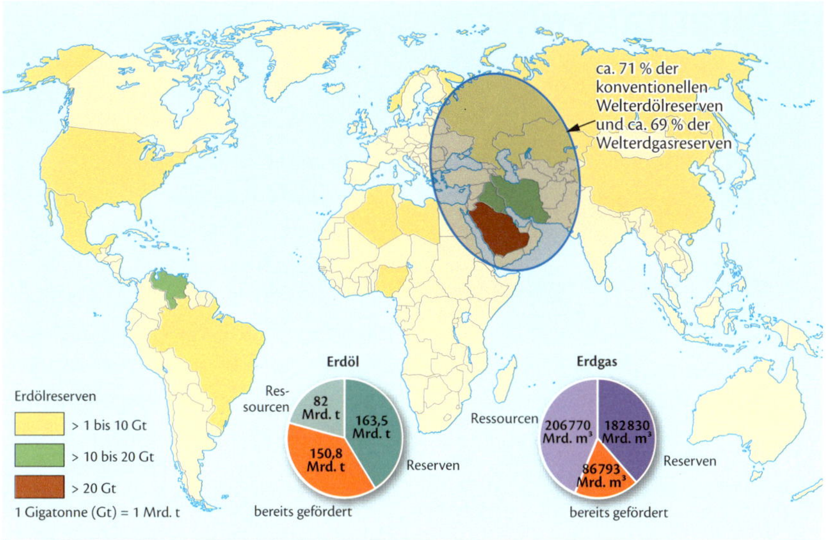

M 4 *Erdölreserven weltweit; Förderung seit 1950, Reserven, Ressourcen*

Entstehung von Erdöl und Erdgas

Vor mehreren Hundert Millionen Jahren lagerte sich auf dem Meeresboden abgestorbenes Plankton ab, das anschließend von Sedimenten überdeckt wurde. Unter Luftabschluss entstand Faulschlamm, den Bakterien in Bitumen umwandelten, den Grundstoff des Erdöls.

Sobald der Druck der Sedimentschichten zunimmt, verlässt das Erdöl das Muttergestein, in dem es sich gebildet hat, und steigt in Rissen und Poren auf. An der Erdoberfläche oxidiert es zu Bitumen oder Ölsanden. Aber versperren undurchlässige Schichten wie Salz oder Ton den Aufstieg, sammelt sich das Erdöl im darunter liegenden Speichergestein.

Zwei Drittel der Erdölfelder liegen auf dem Festland, ein Drittel unter dem Meeresspiegel. Erdöllagerstätten reichen in Tiefen bis 6000 Metern. Das macht die Suche nach ihnen schwierig und kostspielig.

Erdgas entstand unter den gleichen Bedingungen wie Erdöl und tritt häufig in den gleichen Lagerstätten auf. Wegen seines spezifischen Gewichtes sammelt es sich oben in der Lagerstätte und kann bei der Bohrung nach Erdöl entweichen. Erdgas kommt auch in der Erdkruste vor und bildet sich ebenfalls bei der Umwandlung pflanzlicher Organismen zu Torf, Braun- und Steinkohle.

Verwendung von Erdöl und Erdgas

In reiner Form findet Erdöl kaum Verwendung. Es wird in Raffinerien in seine Bestandteile zerlegt. Das Erdölgemisch besteht aus Kohlenstoff- und Wasserstoffatomen, an die oft Schwefel-, Stickstoff- und Sauerstoffatome angebunden sind. Beim Destillieren und Aufspalten der Kohlenwasserstoffe entstehen neue Verbindungen wie Benzin, Kerosin und Dieselkraftstoff. Die petrochemische Industrie verwendet Rohöl für die Erzeugung von Kunststoffen, Mineraldünger sowie Farben. Erdgas wird für die Raumheizung eingesetzt, zur Stromerzeugung und als Motorentreibstoff. Es ist ebenfalls ein Rohstoff in der Petrochemie.

Nachhaltiger Umgang

Fossile Rohstoffe sind nicht erneuerbar und beim Verbrennen entstehen große Umweltschäden. Die heute lebenden Menschen dürfen die Lebensbedingungen künftiger Generationen aber nicht beeinträchtigen. Deshalb muss nachhaltig gewirtschaftet werden. Dringend erforderlich ist der sparsame Einsatz unserer Energierohstoffe. Das bedeutet: Der Wirkungsgrad beim Einsatz fossiler Energieträger muss weiter verbessert werden, zum Beispiel durch verbrauchsarme Motoren, wirtschaftlich arbeitende Öl- und Gasheizungen, Wärmedämmung und Energie sparende Geräte.

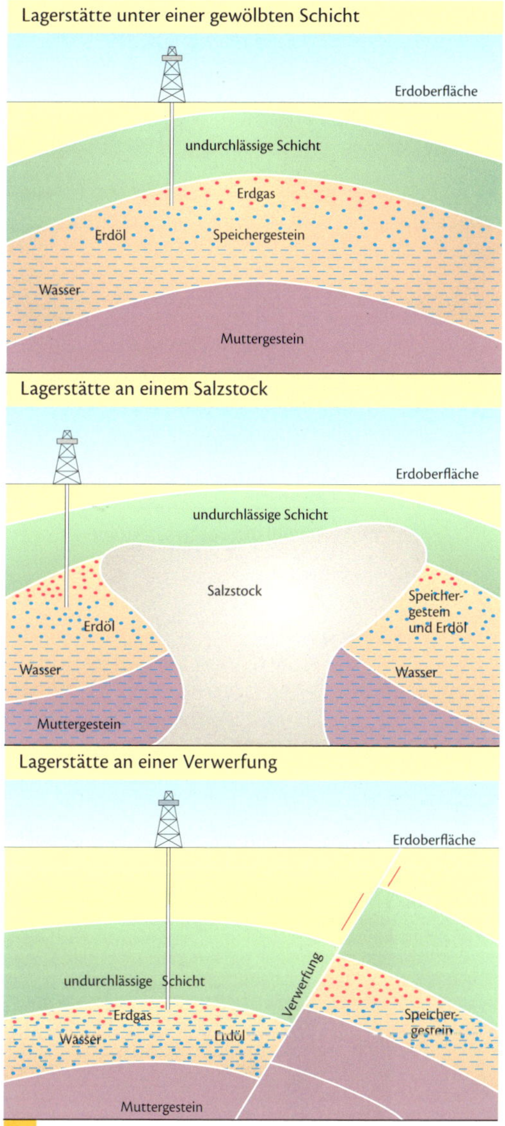

M 5 *Lagerstätten von Erdöl und Erdgas*

1. Benenne die geographische Lage der größten Kohle- und Erdöllagerstätten (**M 2, M 4**, Atlas).
2. Beschreibe die Entstehung und Verwendung von Kohle, Erdöl und Erdgas (**M 1, M 2, M 5**).
3. Vergleiche die bisher geförderten Mengen mit den Reserven und Ressourcen (**M 3, M 4**).
4. Erläutere die Notwendigkeit, mit fossilen Energieträgern sparsam umzugehen.

Kernkraftwerke – eine Alternative?

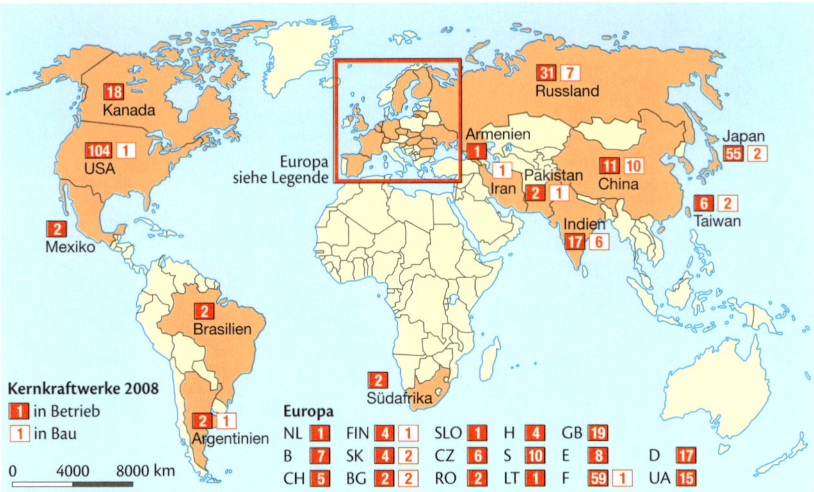

M 1 *Kernkraftwerke weltweit*

check-it
- Verbreitung von Kernkraftwerken beschreiben
- Bedeutung für Stromerzeugung erläutern
- Atomausstieg bewerten

Kernkraftwerke arbeiten im Prinzip wie Kohle- oder Ölkraftwerke. Wasser wird erhitzt und der dabei erzeugte Dampf treibt eine Turbine an. Die Dampfturbine setzt einen Generator in Gang, der Strom erzeugt.
Aber anders als bei einem Kohle- oder Ölkraftwerk, das die Wärmeenergie durch Verbrennung erzeugt, werden bei einem Kernkraftwerk die Kerne von Uran-Atomen gespalten. Man spricht deshalb auch von einem „Atomkraftwerk", abgekürzt „AKW". Die Kernspaltung findet in einem Reaktordruckbehälter statt. In einem Siedewasserreaktor wird Wasser zum Sieden gebracht und der Dampf auf die Turbine geleitet. Bei einem Druckwasserreaktor steht das Wasser unter so hohem Druck, dass es nicht siedet. Ein Wärmetauscher überträgt die Wärme auf einen zweiten Wasserkreislauf. Dort wird Dampf für die Turbine erzeugt. Der aus der Turbine austretende Dampf kühlt in einem Kondensator ab und verflüssigt sich wieder. Für die Kühlung verwendet man entweder Wasser aus einem Fluss oder Kühltürme.
Bei der Kernspaltung entsteht radioaktives Material. „Radioaktiv" bedeutet, dass unsichtbare Strahlen freigesetzt werden. Sie sind für alle Lebewesen gefährlich und müssen deshalb in einem Kernkraftwerk abgeschirmt werden. Zumindest westliche Reaktoren verfügen über eine Betonabschirmung sowie eine Stahlbetonhülle.

Argumente für die Kernenergie

Bis zum Jahr 2030 wird der Energieverbrauch weltweit um die Hälfte steigen.

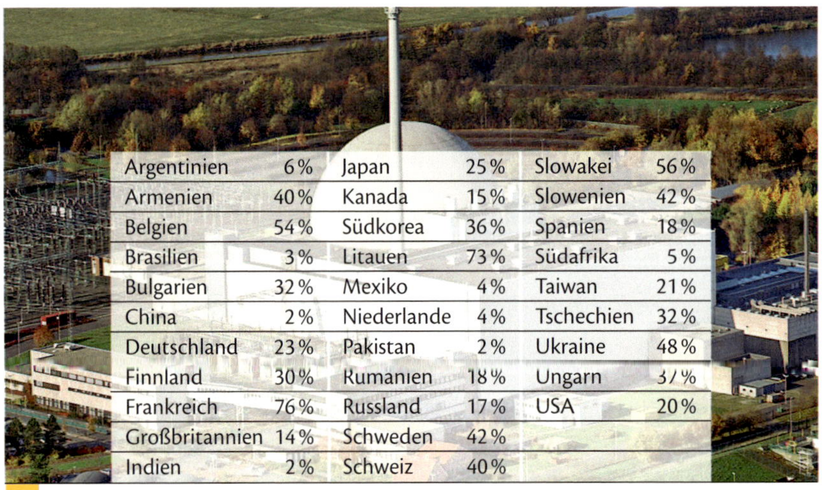

Argentinien	6 %	Japan	25 %	Slowakei	56 %
Armenien	40 %	Kanada	15 %	Slowenien	42 %
Belgien	54 %	Südkorea	36 %	Spanien	18 %
Brasilien	3 %	Litauen	73 %	Südafrika	5 %
Bulgarien	32 %	Mexiko	4 %	Taiwan	21 %
China	2 %	Niederlande	4 %	Tschechien	32 %
Deutschland	23 %	Pakistan	2 %	Ukraine	48 %
Finnland	30 %	Rumänien	18 %	Ungarn	37 %
Frankreich	76 %	Russland	17 %	USA	20 %
Großbritannien	14 %	Schweden	42 %		
Indien	2 %	Schweiz	40 %		

M 2 *Anteil der Kernkraftwerke an der Gesamtstromerzeugung 2008*

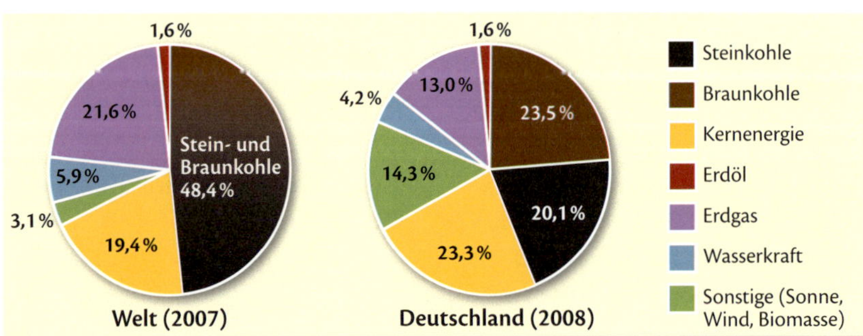

M 4 *Stromerzeugung nach Energieträgern*

Der Streit um die Verantwortbarkeit der Kernenergie hat in unserem Land über Jahrzehnte zu heftigen Diskussionen und Auseinandersetzungen in der Gesellschaft geführt. Unbeschadet der nach wie vor unterschiedlichen Haltungen zur Nutzung der Kernenergie respektieren die Energieversorgungsunternehmen die Entscheidung der Bundesregierung, die Stromerzeugung aus Kernenergie geordnet beenden zu wollen.

M 3 *Vereinbarung zwischen der Bundesregierung und den Energieversorgungsunternehmen vom 14. Juni 2000*

Würden alle Länder aus der Kernenergie aussteigen, müssten überwiegend Kohle- und Ölkraftwerke den Bedarf decken. Der Ausstoß von Kohlenstoffdioxid würde den Treibhauseffekt noch verstärken.
Dagegen stoßen Kernkraftwerke bei der Stromerzeugung kein Kohlenstoffdioxid aus. Uran als Kernbrennstoff ist auf der ganzen Welt vorhanden und die Vorräte reichen im Gegensatz zu den fossilen Energieträgern noch mindestens 200 Jahre. Die Sicherheitstechnik ist so ausgelegt, dass kein radioaktives Material austreten kann.

Argumente gegen die Kernenergie

Der größte anzunehmende Unfall (GAU) in Zusammenhang mit der Kernenergie ereignete sich 1986 im ukrainischen Tschernobyl. Durch einen Bedienungsfehler explodierte der Reaktor und schleuderte 180 Tonnen hochgradig radioaktiven Materials in die Luft. Die Wolken zogen sechs Mal um die Erde. Neun Millionen Menschen waren von dem Reaktorunglück direkt betroffen. Das Risiko neuer Katastrophen infolge menschlichen Versagens ist nach Meinung von Kernkraftgegnern weiterhin vorhanden.
Ungeklärt bleibt die Endlagerung von radioaktivem Müll. In Deutschland entstehen durch die Nutzung der Kernenergie bis 2040 rund 22 000 Kubikmeter hochradioaktive Abfälle.
Abgebrannte Brennelemente werden in den Kernkraftwerken zwischengelagert. Aber sie müssen auf Dauer sicher eingelagert werden.
Der Salzstock Gorleben wird seit 1979 als Endlager erkundet. 2009 wurde die Erkundung unterbrochen. Gorleben sollte ursprünglich als Endlager für schwach- und mittelaktive als auch hochaktive, Wärme entwickelnde Abfälle dienen.
Strittig ist auch, dass der Strompreis kostengünstig wäre. Kritiker wenden ein, dass weder die Kosten für Forschung und Entwicklung noch die Kosten für die Entsorgung und die Stilllegung von Kernkraftwerken berücksichtigt wurden. Mit demselben Kapital, das für Kernkraftwerke ausgegeben würde, könnten, so die Kernkraftgegner, umweltfreundliche alternative Energien erschlossen werden.

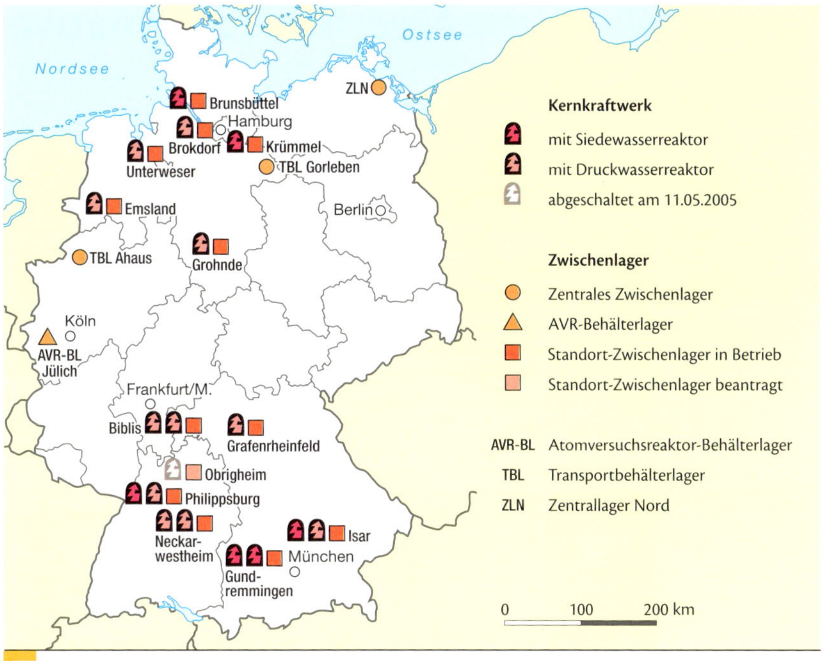

M5 *Standorte der Nuklearwirtschaft in Deutschland*

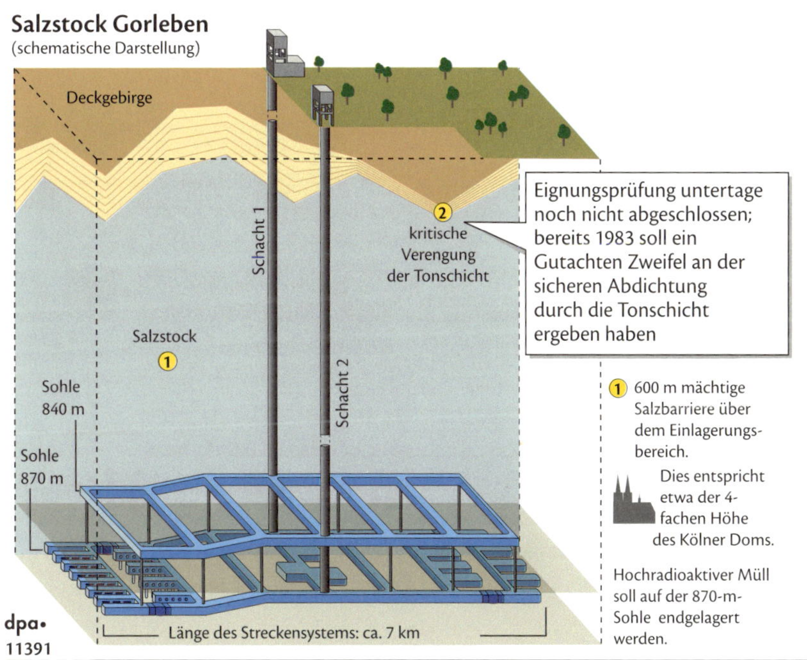

M6 *Atommülllagerung im Salzstock Gorleben*

1 Beschreibe die weltweite Verbreitung von Kernkraftwerken (**M 1**).

2 Informiere dich über die Funktionsweise eines Kernkraftwerkes (Physikunterricht, Internet).

3 Erläutere die Bedeutung der Kernenergie für die Stromerzeugung (**M 4**).

4 Bildet zwei Gruppen. Benennt und erörtert die Vor- und Nachteile der Kernenergie (**M 4, M 6, M 7**).

5 Bewerte die Absicht Deutschlands, aus der Atomenergie auszusteigen (**M 2–M 5**).

WEBCODE: UE640218-073

Sonne, Wind und Mee(h)r – alternative Energien

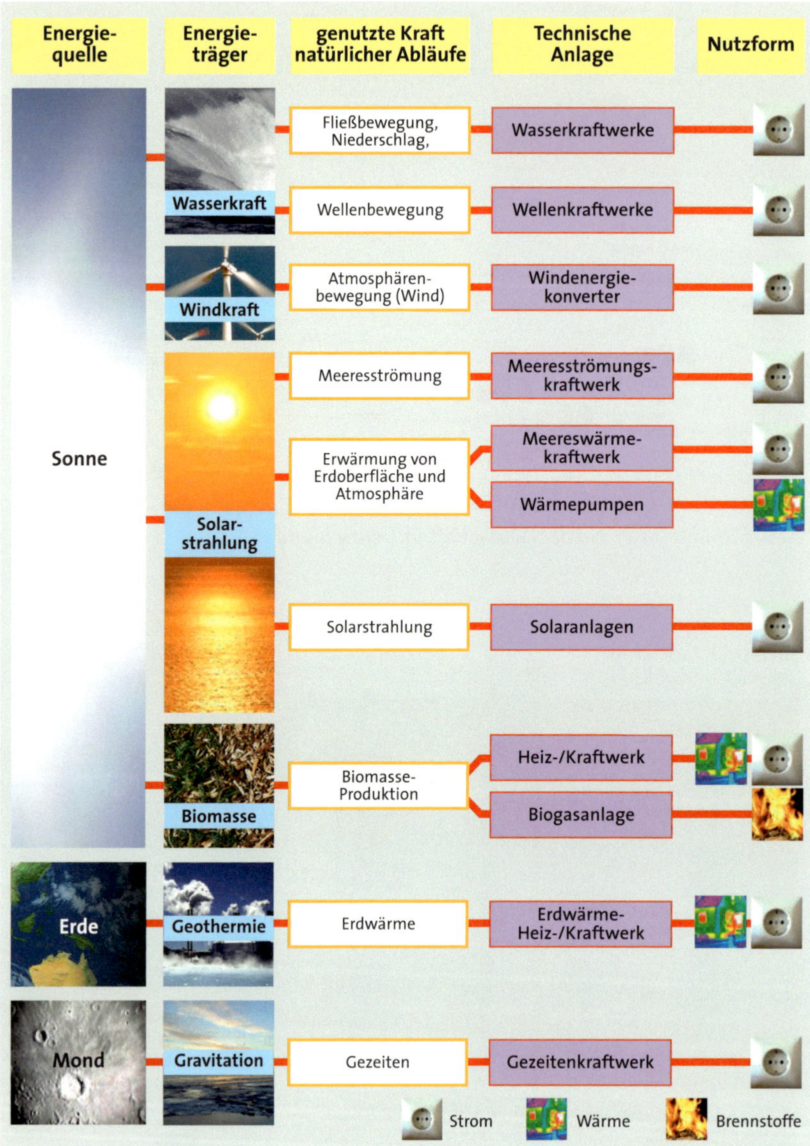

M 1 *Alternative Energien im Überblick*

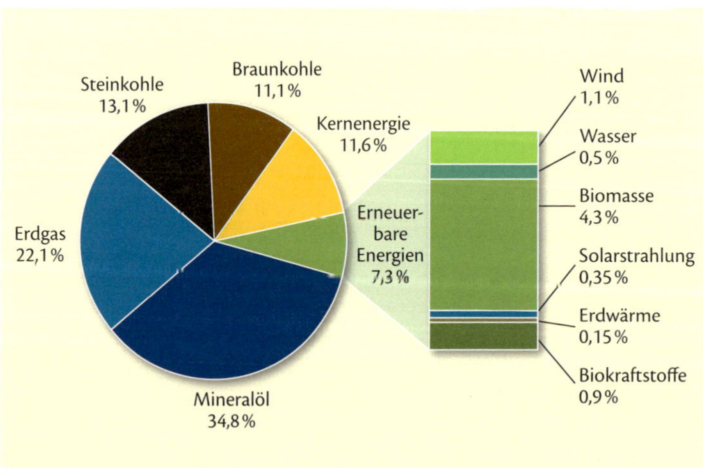

M 2 *Anteil der Energieträger am Primärenergieverbrauch in Deutschland 2008*

check-it
- geographische Lage Niedersachsens in Bezug auf Standorteignung für Windenergieanlagen beschreiben
- Träger alternativer Energien vergleichen
- Bedeutung alternativer Energien, insbesondere der Windenergie in Niedersachsen, erläutern
- Szenarien zum Energiemix vergleichen und bewerten

Alternativ und erneuerbar

Alternative Energien sind Energieträger, die nach menschlichem Ermessen aus unerschöpflichen Quellen stammen, wie Solarstrahlung, Windkraft oder Erdwärme. Sie entstehen bei natürlichen und ohnehin stetig stattfindenden Prozessen. Deshalb werden sie auch „erneuerbare Energien" genannt. Alle alternativen Energien sind kohlenstoffdioxidneutral. Das heißt: Entweder wird bei ihrer Nutzung kein Kohlenstoffdioxid ausgestoßen oder nicht mehr, als die Pflanzen selbst beim Wachstum aufgenommen haben. Damit stellen sie eine sinnvolle Alternative zu den traditionellen fossilen und nuklearen Energieträgern dar.

Alternative Energien – unverzichtbar oder nebensächlich?

Angesichts des Klimawandels ist es dringend notwendig, die Verbrennung fossiler Energieträger wie Erdöl und Kohle und damit den Ausstoß von Kohlenstoffdioxid zu reduzieren. Die stärkere Nutzung alternativer Energien ermöglicht dies, insbesondere wenn sie mit der Erhöhung der Energieeffizienz und einem sparsamen Energieverbrauch gekoppelt wird. Neben ökologischen Aspekten sprechen aber auch wirtschaftliche Gesichtspunkte für alternative Energien. So führt die zunehmende Knappheit fossiler und nuklearer Energieträger zu steigenden Rohstoffpreisen. Gerade importabhängige Länder wie Deutschland werden durch diese Preissteigerungen wirtschaftlich stark belastet. Die Hinwendung zu inländisch erzeugten alternativen Energien ist daher in mehrfacher Hinsicht unverzichtbar.

Beispiel Windenergie

Schon seit Jahrhunderten nutzt der Mensch die Kraft des Windes. Doch seit Ende der 1980er-Jahre erlebt die Windkraft einen enormen Aufschwung. In Deutschland spielt sie innerhalb der alternativen Energieträger neben der Biomasse bisher die bedeutendste Rolle, insbesondere in der Stromerzeugung. Mit knapp 23903 Megawatt installierter Leistung durch 20301 Windenergieanlagen (2008) ist Deutschland Weltspitzenreiter in diesem Bereich.

Windenergieland Niedersachsen

Den größten Anteil an der Windenergieproduktion in Deutschland hat mit 25,1 Prozent Niedersachsen. Aufgrund seiner nordwestlichen Lage mit langen Küstenabschnitten an der Nordsee bietet Niedersachsen besonders viele geeignete Standorte für Windenergieanlagen. Niedersächsische Unternehmen zählen zu den erfolgreichsten in der ohnehin boomenden Windenergie-Branche. Deutschland ist weltweit führend in der Windenergieindustrie. Etwa 80 Prozent der produzierten Windenergieanlagen werden ins Ausland exportiert. Die Errichtung neuer **Windparks** schafft aber auch im Inland eine steigende Nachfrage. Dabei sind die **Offshore**-Anlagen ein enormer Zukunftsmarkt. Diese Windenergieanlagen werden vor der Küste in der offenen See errichtet. Momentan stellt die Windenergiebranche in ganz Deutschland rund 90000 Arbeitsplätze einschließlich industrieller Vorleistungen, Service und Betrieb bereit – Tendenz steigend.

„Schattenseiten" der Windenergie

Die Errichtung von Windenergieanlagen ist auch mit Nachteilen verbunden. So kritisieren viele Menschen die Zerstörung des Landschaftsbildes durch Windparks. Anwohner fühlen sich durch Schattenwurf und Lärm belästigt. Aufgrund dieser Kritikpunkte werden im Binnenland kaum noch neue Windparks eingerichtet. Vielmehr werden ältere Anlagen durch neue, leistungsstärkere Maschinen ersetzt. **Repowering** heißt dieser Ansatz.

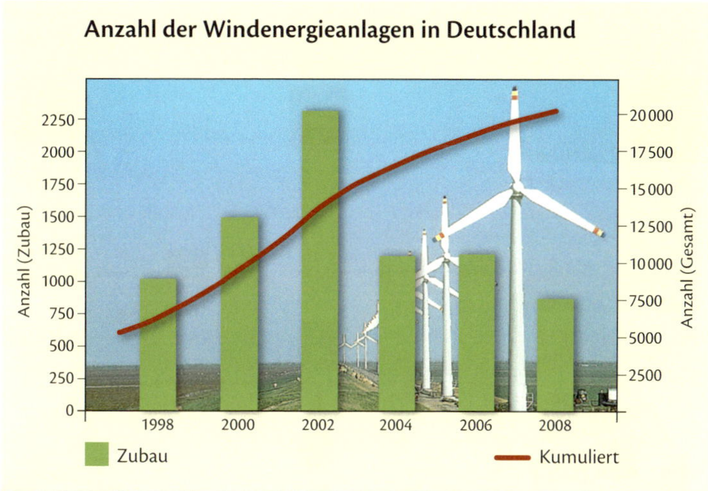

M 3 *Windenergie in Deutschland*

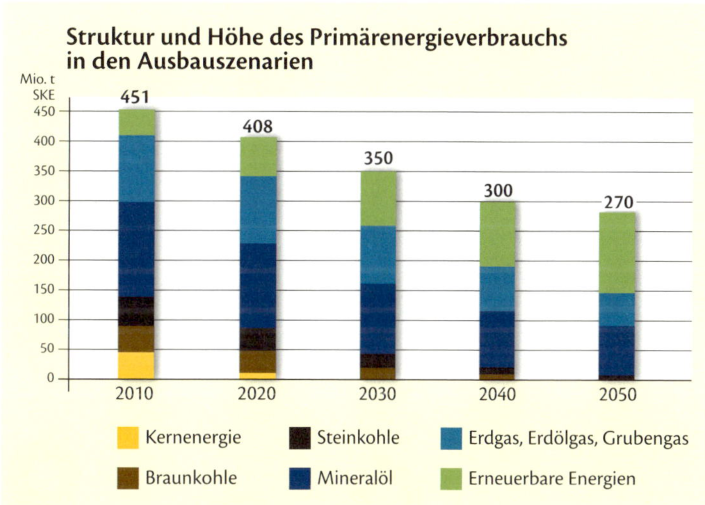

M 4 *Szenarien zum Energieverbrauch und Energiemix in Deutschland*

1 Vergleiche anhand der in der Abbildung genannten Kriterien drei Formen alternativer Energien und kennzeichne ihre typischen Merkmale (**M 1**).
2 Erläutere die Bedeutung alternativer Energien in Bezug auf den Energieverbrauch der Bundesbürger (**M 2**).
3 Beschreibe die Entwicklung der Windenergie in Deutschland (**M 3**).
4 Zeichne ein Säulendiagramm zum Energiemix, der deiner Meinung nach im Jahr 2050 in Deutschland vorhanden sein wird.
5 Vergleiche dein Zukunftsbild mit anderen Szenarien und bewerte die künftige Rolle alternativer Energien in Deutschland sowie weltweit (**M 4**).

WEBCODE: UE640218-075

Strom im Verbund

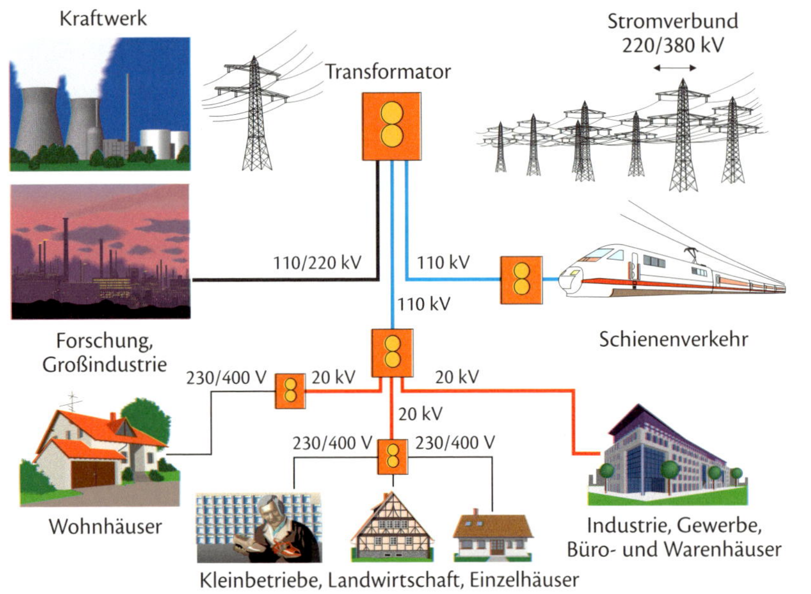

M 1 *Vom Kraftwerk zum Verbraucher*

check-it
- Arten der Stromerzeugung und Transportwege beschreiben
- Bedeutung von europäischen Stromerzeugern und Stromnetzen erklären
- Notwendigkeit der Stromverbünde beurteilen
- Kartogramme auswerten

Stromerzeuger

Braunkohle-, Kernkraft- und Wasserkraftwerke sowie Windenergieanlagen decken die Grundlast ab. Steinkohlekraftwerke gleichen Schwankungen in der Mittellast aus. Öl-, Gas- und Pumpspeicherwerke werden in der Spitzenlast zugeschaltet, wenn viel Strom verbraucht wird.

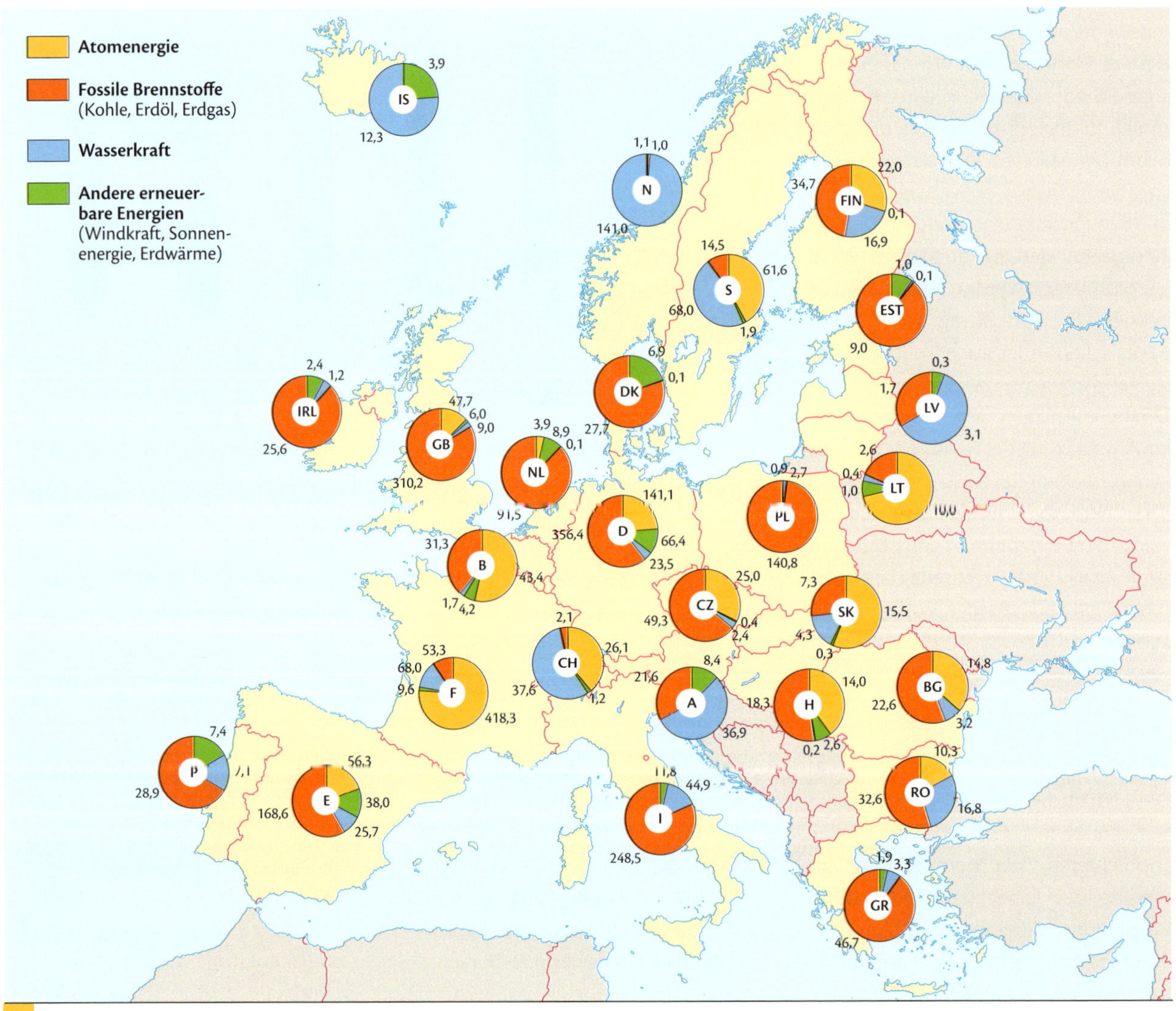

M 2 *Stromerzeugung ausgewählter Länder 2008 in Terawattstunden (TWh; 1 TWh = 1 Mrd. Kilowattstunden)*

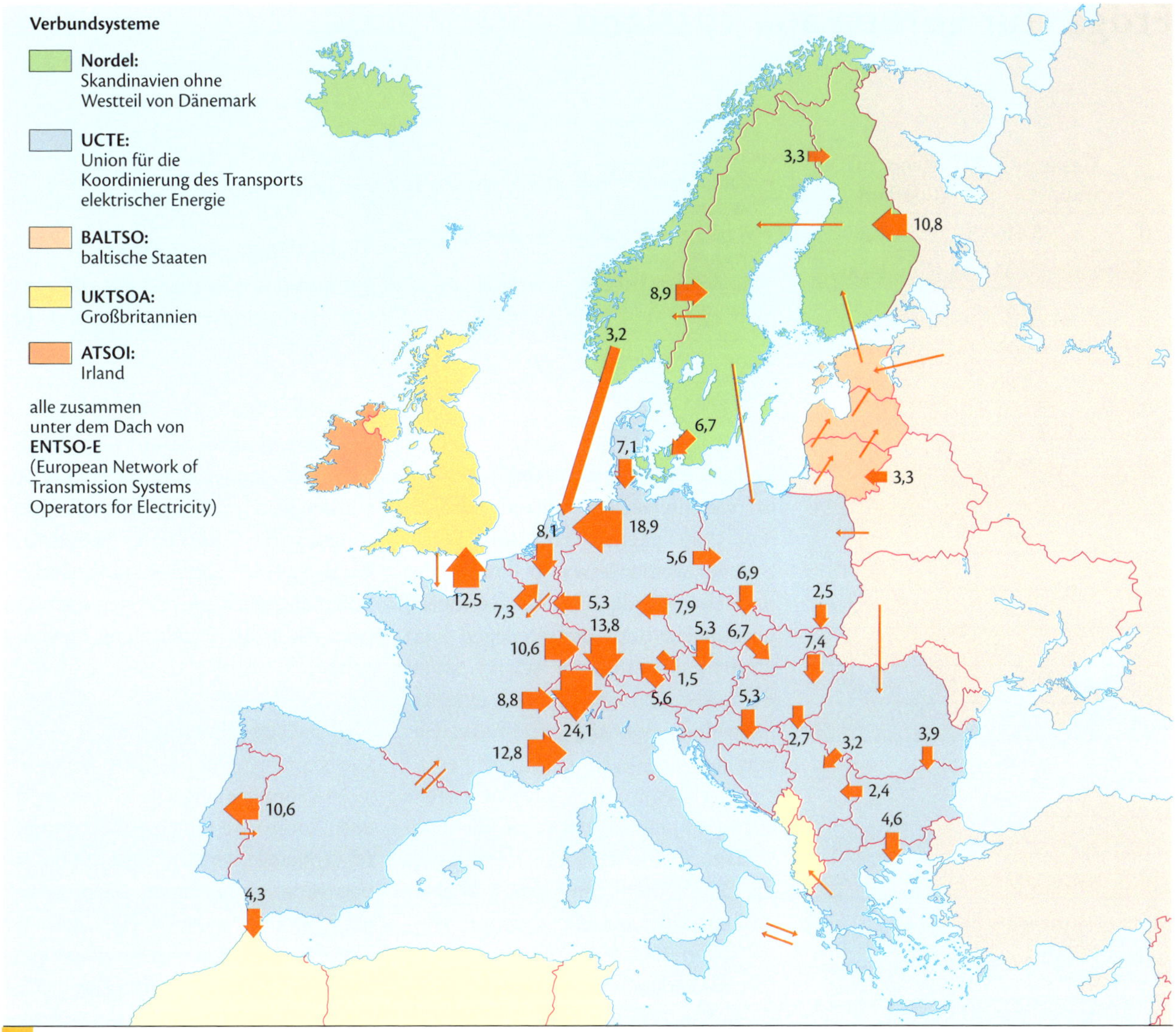

M 3 *Stromaustausch ausgewählter Länder 2008 in Gigawattstunden (GWh); 1 GWh = 1000 Megawattstunden*

Stromnetze

In der Vergangenheit wurde von den Kraftwerken der Strom in regionale und nationale Leitungsnetze eingespeist. Zum Ausgleich von Energieüberfluss und Energiemangel zwischen einzelnen Regionen entstand ein europaweites **Stromverbundnetz.** Der Austausch zwischen den Ländern erfolgt über Höchstspannungsleitungen, die wir als Freileitungen mit den 60 Meter hohen Strommasten kennen. Sie sind die „Autobahnen für den Stromtransport".

Deutschland exportiert zusammen mit Frankreich nachts günstigen Grundlaststrom aus Kohle- und Kernkraftwerken in die Schweiz, die damit Wasser in ihre Speicherseen pumpt. Zur Spitzenlastzeit wird das Wasser abgelassen und die Generatoren erzeugen Strom, der dann als teure Energie an das Ausland verkauft wird.

Beim grenzüberschreitenden Stromaustausch stellen sich die zu geringen Leistungskapazitäten als problematisch heraus. Neue Leitungen und Kuppelstellen zwischen den Netzen sollen verhindern, dass sich ein Stromausfall in einem Land auf die anderen Länder auswirkt. Fällt ein großes Kraftwerk in einem Verbundsystem aus, erhöhen andere Kraftwerke die Stromerzeugung.

Bisher konnten die Verbundnetze für Skandinavien, Großbritannien, Irland und die baltischen Staaten nicht direkt an das westeuropäische Verbundnetz angeschlossen werden. Da die Europäische Union einen einheitlichen europäischen Strommarkt schaffen will, haben sich die Netzbetreiber zu einem Dachverband zusammengeschlossen.

1. Stelle in einer Tabelle die zehn größten Strom erzeugenden Länder zusammen. Liste auf, woraus der Strom erzeugt wird (**M 2**).
2. Beschreibe den Weg vom Kraftwerk zum Verbraucher (**M 1**).
3. Setze den Stromimport und den Stromexport in Balkendiagramme um und werte dein Ergebnis aus (**M 2**).
4. Beschreibe den Stromaustausch in Europa (**M 3**).
5. Das europäische Stromnetz sieht wie ein einheitliches System aus. Erkläre, warum es in Wirklichkeit noch anders ist (**M 3**).
6. Beurteile die Notwendigkeit für ein europäisches Stromverbundnetz (**M 3**).
7. Finde heraus, woher der Stromanbieter, der euren Haushalt beliefert, den Strom bekommt.

Erdgas für Europa aus Russland

Land	Gesamtimport	davon aus Russland
Deutschland	87,10	36,20
Italien	75,31	24,50
Ungarn	11,50	8,90
Frankreich	36,66	8,80
Polen	9,80	7,20
Tschechien	8,61	6,60
Österreich	8,10	5,80
Slowakei	5,60	5,60
Finnland	4,50	4,50
Niederlande	18,00	4,33
Rumänien	4,50	3,50
Bulgarien	3,10	3,10
Litauen	3,09	3,09
Griechenland	3,20	2,80
Türkei	2,38	2,30
Serbien	2,15	2,15
Kroatien	1,29	1,06
Schweiz	3,19	0,35

M1 *Erdgasimporte europäischer Länder einschl. Türkei 2008 (Mrd. m^3)*

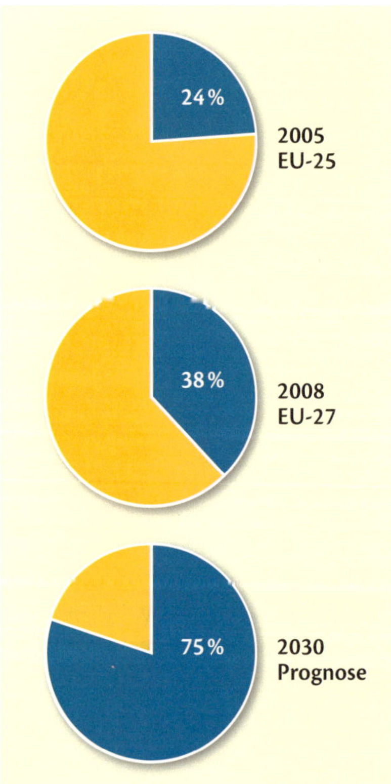

M2 *Anteil Russlands an den Gasimporten der EU*

check-it

- Transportwege von Russland nach Europa beschreiben
- Wirtschaftsräumliche Verflechtungen erläutern
- zur Abhängigkeit Europas und alternativen Transportwegen Stellung nehmen
- Diagramme zeichnen und auswerten
- Entfernungen messen

Erdgas aus Westsibirien

Im westsibirischen Tiefland nördlich der 1980 gegründeten Stadt Novi Urengoi werden etwa 70 Prozent der russischen Erdgasvorräte vermutet. Bohrungen und das Verlegen von Rohrleitungen sind nur möglich, wenn der Boden gefroren ist. Nach einer erfolgreichen Bohrung strömt das Gas von den Bohrlöchern in Pipelines zu einer Aufbereitungsanlage. Diese steht auf Betonpfählen, damit sie nicht im Schlamm versinkt, wenn im Sommer der Dauerfrostboden auftaut. In einer großen Halle werden Sand und Wasser abgetrennt.

Das Gas verlässt über Ferngasleitungen, deren Durchmesser bis zu 1,40 Metern beträgt, die Aufbereitungsanlage. Zunächst steht das Gas noch unter hohem Druck. Lässt der Druck nach, sorgen Transportverdichterstationen – das sind Gasturbinen – im Abstand von 200 bis 300 Kilometern für eine höhere Strömungsgeschwindigkeit. Bis nach Deutschland ist das Gas rund eine Woche unterwegs.

Transitwege von Erdgas

Für Europa ist Russland mit der größten Fördergesellschaft Gazprom der wichtigste Erdgaslieferant.

In der Vergangenheit wurden rund 80 Prozent der russischen Gasexporte durch die Ukraine transportiert. Da zwischen Russland und der Ukraine Unstimmigkeiten wegen der Durchleitungskosten auftraten, bevorzugt Russland einen von den Transitländern unabhängigen Transportweg nach Europa. Deshalb werden neue Pipelines gebaut.

Die Ostsee-Pipeline

Die geplante Unterwasserpipeline ist 1220 Kilometer lang. Die 1,20 Meter dicken Rohre sind mit einem Betonmantel verkleidet. Ab 2012 wird mit der Inbetriebnahme gerechnet. Gazprom will auf russischer Seite eine 900 Kilometer lange Trasse bauen und mit dem bestehenden Gasnetz verbinden. Von Deutschland aus sollen eine West- und eine Südverbindung das Gas auch nach Großbritannien, Belgien, den Niederlanden und Frankreich weiterleiten.

Gegen die Ostsee-Pipeline sprechen sich die Anliegerstaaten und Transitländer aus. Polen befürchtet eine Konkurrenz zu den bestehenden Landpipelines

M3 *Erstes Teilstück der Ostsee-Pipeline*

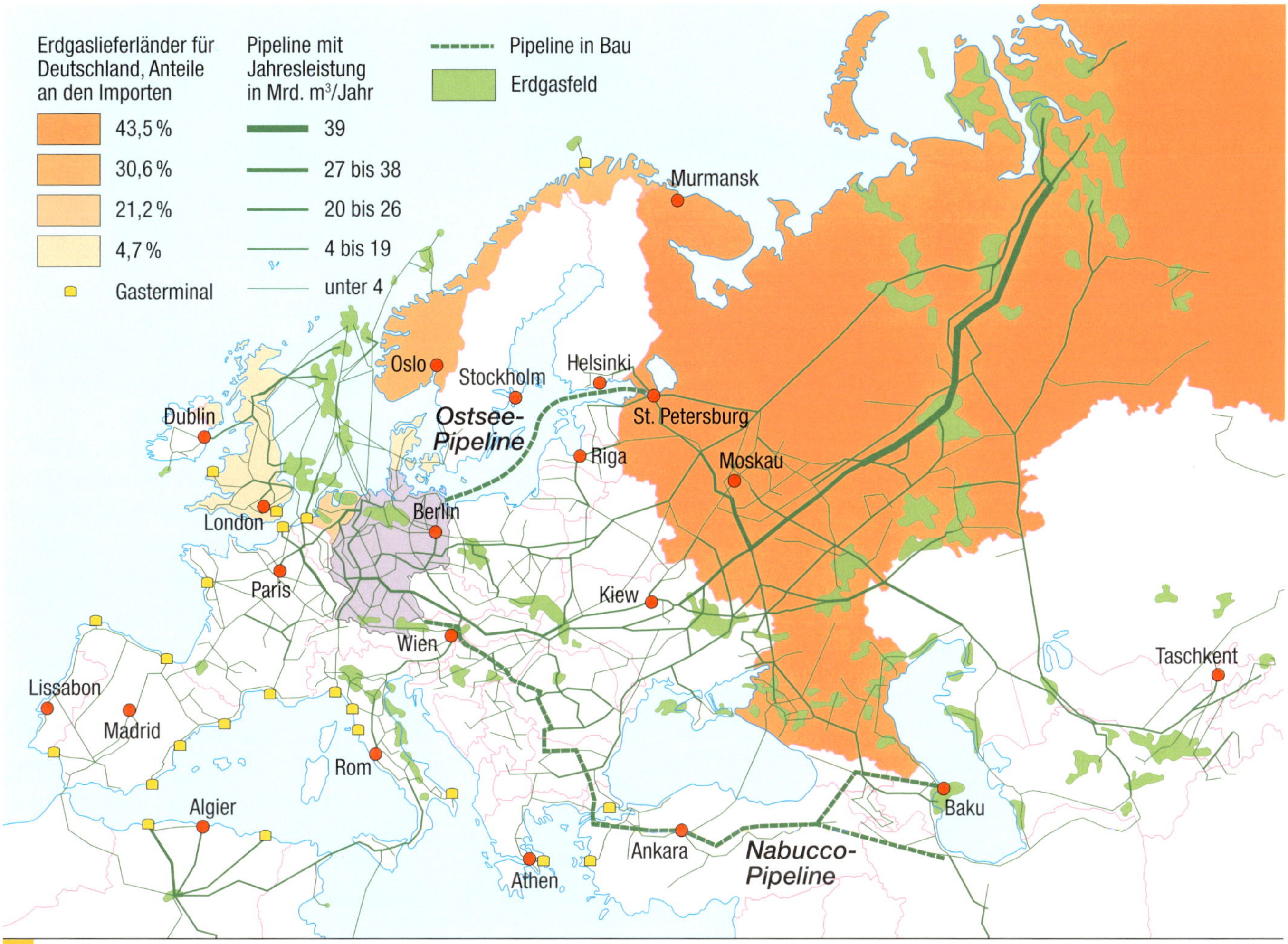

M 4 *Erdgasleitungen von Russland nach Europa*

und einen Verlust seiner Transitgebühren. Das Gleiche gilt für die Ukraine. Finnland, Schweden und die baltischen Staaten führen ökologische Gründe an. Die Trasse verläuft durch Gebiete in der Ostsee, in denen Seeminen und chemische Kampfstoffe aus dem Zweiten Weltkrieg versenkt wurden.
Eine Alternative zur Ostsee-Pipeline wäre von Russland aus eine Verschiffung mit Flüssiggastankern. Das würde den Preis von russischem Erdgas jedoch erheblich erhöhen.

Die Nabucco-Pipeline

Die EU strebt in Zukunft eine höhere Versorgungssicherheit an und will die Abhängigkeit von russischem Erdgas verringern. Deshalb unterstützt sie den Bau einer 3300 Kilometer langen und acht Milliarden Euro teuren Pipeline, die Russland umgeht. Am Bau sind die Türkei, Bulgarien, Rumänien, Österreich und Ungarn beteiligt. Ab 2014 soll das erste Erdgas transportiert werden. Die Türkei setzt sich dafür ein, dass Gas nicht nur in Ost-West-Richtung, sondern auch in umgekehrter Richtung strömen kann. Sie behält sich vor, zukünftig Erdgas auch aus Algerien und Libyen einführen zu können. Über die Nabucco-Pipeline könnte ebenfalls russisches Erdgas befördert werden.
Russland ist gegen die Nabucco-Pipeline und plant als Gegenstück die Erdgasleitung South Stream.

1 Beschreibe die Transportwege für Erdgas aus Russland nach Europa (**M 4**, Atlas).
2 Ermittle die Entfernung von den westsibirischen Erdgaslagerstätten bis an die deutsche Grenze (**M 4**).
3 Nimm Stellung zur Abhängigkeit europäischer Staaten vom russischen Erdgas. Stelle diese auch in Form von Diagrammen dar (**M 1**).
4 Erläutere die Bedeutung der Ostsee-Pipeline für Russland und Europa (**M 3**, **M 4**).
5 Diskutiert in der Klasse die Bedeutung des Baus der Nabucco-Pipeline (**M 4**).

WEBCODE: UE640218-079

Asiens Hunger nach Rohstoffen

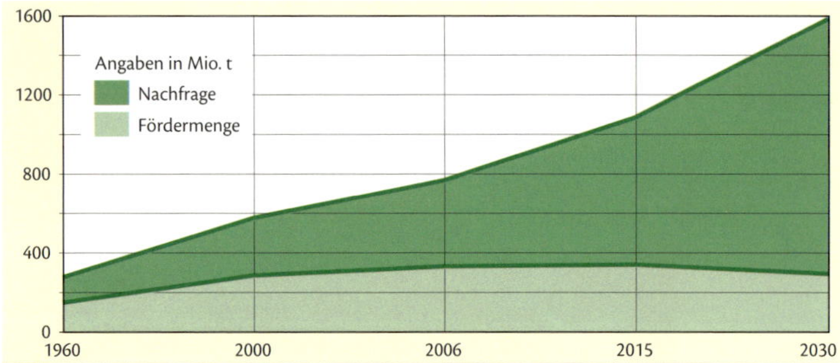

M 1 *Erdölförderung und Erdölnachfrage Asiens*

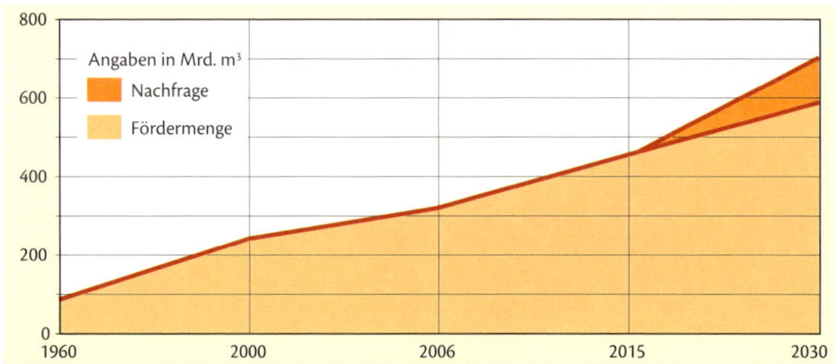

M 2 *Erdgasförderung und Erdgasnachfrage Asiens*

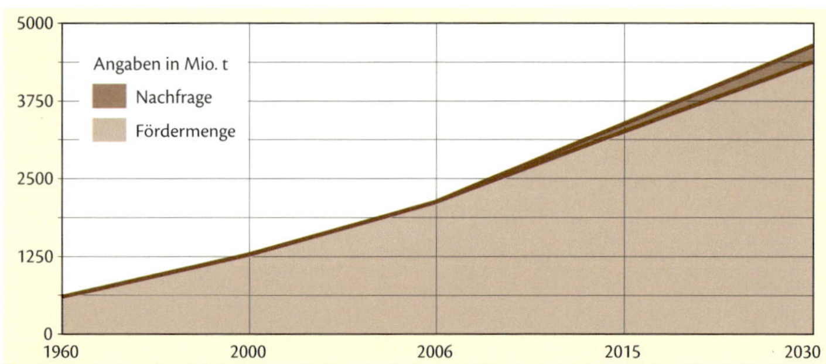

M 3 *Kohleförderung und Kohlenachfrage Asiens*

	Erdölförderung (Mio. t)					Erdölverbrauch (Mio. t)				
	1980	2000	2008	2015	2030	1980	2000	2008	2015	2030
China	105	159	190	199	169	94	234	376	552	821
Indien	10	35	36	35	25	35	115	135	184	324

M 4 *China und Indien: Erdölförderung und Erdölverbrauch*

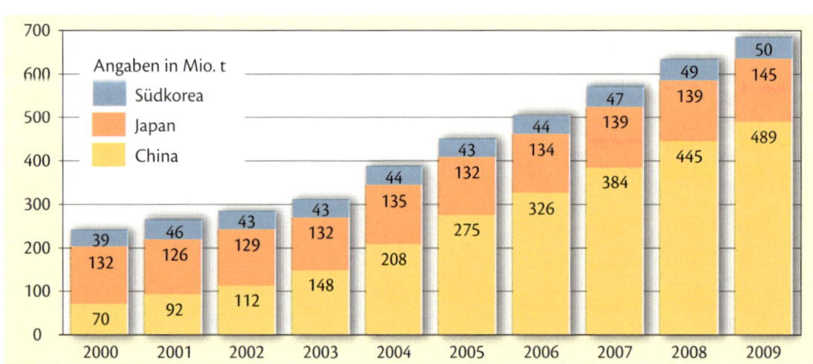

M 5 *Die drei größten Eisenerzimporteure Asiens*

check-it
- Länder mit hohem Rohstoffbedarf lokalisieren
- Verhältnis von Förderung und Bedarf vergleichen
- wachsende Nachfrage in Bezug auf Rohstoffen erläutern
- Daten und Kartogramme auswerten und zeichnen

Asiens Wirtschaft boomt seit den 1980er-Jahren. Den Wirtschaftsaufschwung tragen neben den „Tigerstaaten" wie Singapur, Südkorea, Malaysia und Thailand die bevölkerungsreichsten Staaten Indien und China. Da Asien nur über wenige Rohstoffe verfügt, ist der Bedarf riesig. Ein weltweiter Preisanstieg ist die Folge.

Fossile Energieträger

Die Nachfrage nach Erdöl ist besonders stark in China gestiegen. Das Land begann erst Mitte der 1990er-Jahre Erdöl einzuführen. Verantwortlich dafür ist nicht nur das Wachstum energieintensiver Branchen wie der Zement- und Stahlindustrie, sondern auch der zunehmende private Verbrauch. Da der Lebensstandard steigt, nimmt auch die Zahl der Autos zu. Aus dem Land der Fahrradfahrer ist der drittgrößte Automarkt der Welt geworden. Allein von 2002 bis 2006 verdoppelte sich die Zahl der Pkw. Das hat zur Folge, dass heute bereits ein Drittel des Ölbedarfs auf den Kraftfahrzeugverbrauch entfällt. Auch Indien muss wegen der gestiegenen Wirtschaftsleistung drei Viertel seines Ölbedarfs importieren. Japan, Taiwan und Singapur besitzen keine eigenen Ölvorkommen.
Bei Erdgas war Asien in der Vergangenheit Selbstversorger. Mittlerweile sind Nord und Westafrika sowie Australien wichtige Lieferregionen geworden. Von asiatischen Ländern werden hier zielgerichtete Investitionen vorgenommen. Flüssiggastanker transportieren das Gas nach Japan, Taiwan, Südkorea, Indien und China.
Indien und China verfügen über gewaltige Kohlevorräte, während Japan und

Südkorea zu fast hundert Prozent von Kohleimporten abhängig sind. China ist weltweit der größte Kohleproduzent. Es hat einen großen Nachholbedarf bei der Stromerzeugung und verwendet hierfür zwei Drittel der Kohle. Indien und China sind aber inzwischen dazu übergegangen, Kohle aus nichtasiatischen Ländern einzuführen, weil die eigene Förderung nicht ausreicht.

Metallische Rohstoffe

Die Stahlindustrie ist ein guter Indikator für die Wirtschaftsentwicklung. Das gilt für Japan und Südkorea ebenso wie für Taiwan, Indien oder China. Allein in China hat sich seit dem Jahr 2000 die Stahlproduktion verdoppelt. Da das Land bislang nicht über genügend eigene Eisenerzvorkommen verfügt, muss es große Mengen einführen. Darüber freuen sich, so schreibt eine Zeitung, die Arbeiter in der australischen Eisenerzindustrie. China ist zum größten Eisenerzimporteur der Welt aufgestiegen. Die Importe werden nicht nur direkt an die Eisen verhüttende Industrie geliefert, sie dienen auch der Aufstockung von Vorräten.

Dieser Zustand könnte sich bald ändern. China ist nach eigenen Angaben im Nordosten des Landes auf die größten Eisenerzvorkommen Asiens, wenn nicht sogar der Welt gestoßen. Die Vorräte sollen sich auf 3 bis 7,5 Milliarden Tonnen belaufen.

Auch bei den Importen von Aluminium, Zink, Blei und Kupfer spielt China die Hauptrolle. Kupfer wird für Kabel und Transformatoren benötigt. China will sein Stromübertragungsnetz weiter ausbauen.

Die Rohstoffabhängigkeit von einem oder nur wenigen Anbietern soll möglichst vermieden werden. Die asiatischen Importeure möchten einen sicheren Zugang zu den Energie- und Rohstoffquellen im Ausland. Sie kaufen oder beteiligen sich an ausländischen Bergbauunternehmen. Sie unterstützen ausländische Staaten mit Hilfsprojekten und geben Kredite.

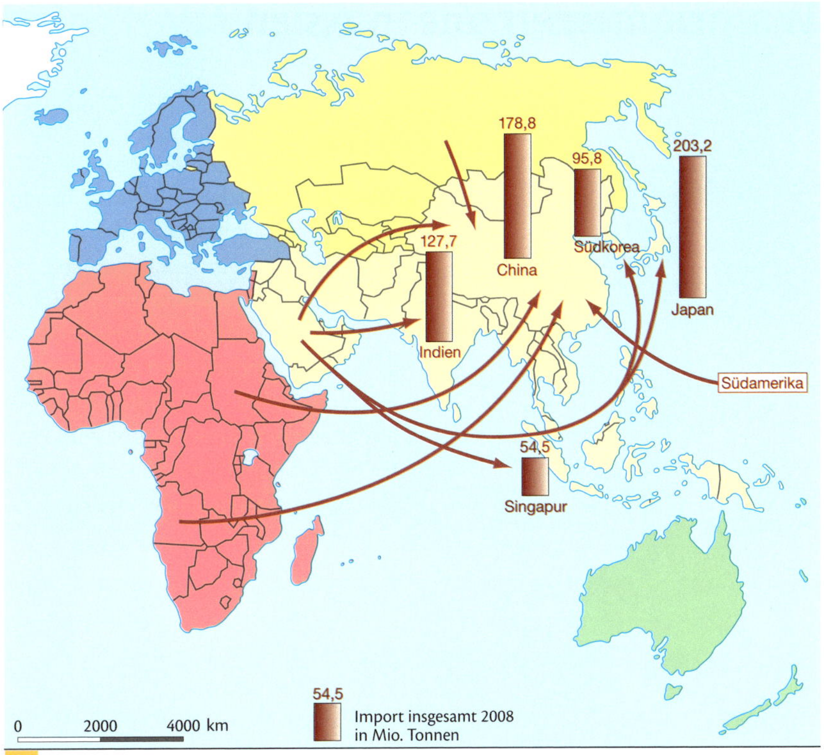

M 6 *Erdölimporte asiatischer Länder (ohne innerasiatischen Handel)*

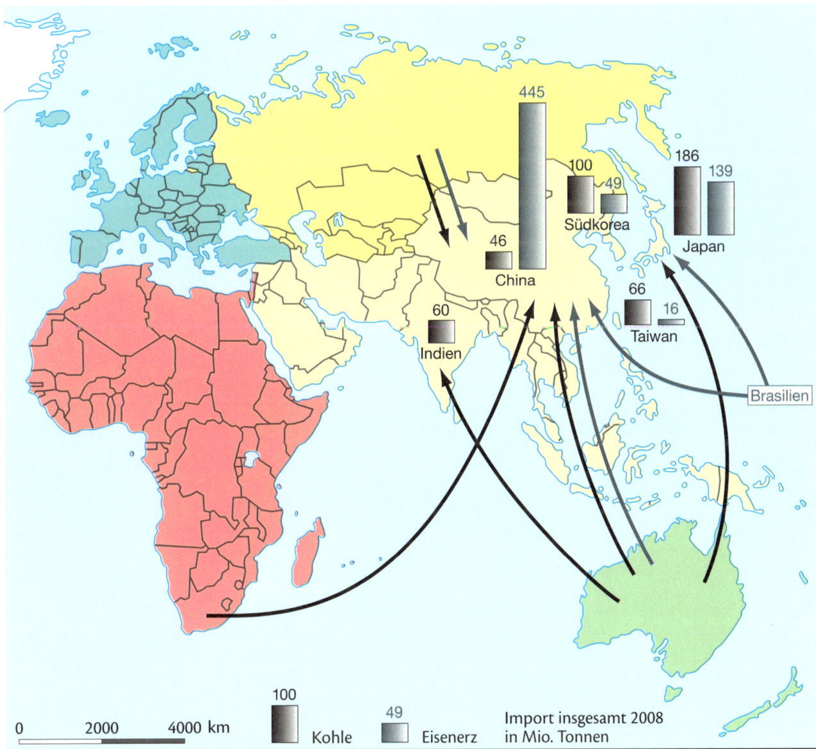

M 7 *Kohle- und Eisenerzimporte (ohne innerasiatischen Handel)*

1. Vergleiche die Veränderungen beim Rohstoffverbrauch in Asien (**M 1–M 3, M 5**).
2. Begründe den steigenden Rohstoffverbrauch (**M 1–M 5**).
3. Setze die Daten in ein Kartogramm um und werte deine Ergebnisse aus (**M 4**).
4. Werte die Karten zu den Rohstoffimporten aus (**M 6, M 7**).
5. Erläutere die Rohstoffabhängigkeit Japans (Atlasteil S. 194/195).

Wir orientieren uns in Asien

check-it
- Großräume lokalisieren
- stumme Karte auswerten
- Foto zuordnen

Asien ist der größte Kontinent der Erde. Etwa ein Viertel der Fläche sind Tiefländer. Zwischen ihnen und den Bergländern zieht sich ein gewaltiges Gebirgssystem durch den Kontinent. Zwischen den Gebirgsketten sind Hochländer und Beckenlandschaften eingelagert.
Nach Osten fällt die Landoberfläche in Stufen wie eine Riesentreppe zum Pazifischen Ozean hin ab. Südlich der großen Gebirgsmauer schließen sich große Halbinseln an. Während Südasien wenig gegliedert ist, teilt sich Südostasien in das Festland und die Inselwelt auf. Westasien besteht aus Hochland und flachen Landschaften. In Nordasien erstrecken sich Tiefland sowie Berg- und Gebirgsland. Die großen Ströme fließen vor allem nach Norden, Osten und Südosten in die umgebenden Meere ab. Im Inneren des Kontinents dehnen sich abflusslose Gebiete aus.

M 1 *Stumme Karte Asiens*

- größter See: Fläche 393 898 km²
- höchster Berg: 8848 m über NN
- tiefste Landstelle: 397 m unter NN
- längster Fluss: 6380 km
- größte Insel: 752 000 km²
- tiefster Binnensee: -1620 m

M 2 *Rekorde in Asien*

AN AN ARA BE BEN BES BI CHI DI FI GA GEL GOLF IN JA KA KA KAS LAK LEN MA MEER MEER MEER MEER MEER MEER NE NI OZE OZE PA PA PI RA RING RO SCHER SCHER SCHES SCHES SCHES SCHES SE SE SEE SI SÜD STRAS STRAS TES VON ZI

1 Das Meer trennt Asien von Afrika.
2 Hier mündet der Ob.
3 In dieses Binnenmeer mündet die Wolga.
4 Der Ozean liegt zwischen Asien und Amerika.
5 An dieser Meeresstraße nähern sich Asien und Amerika auf 86 km.
6 Dieses Meer liegt zwischen Korea und China.
7 Das Meer liegt zwischen Korea und Japan.
8 Der Ozean heißt wie der angrenzende Subkontinent.
9 Sie trennt das Festland von der Inselwelt Südostasiens.
10 Hier mündet der Ganges.
11 Dieser nordwestliche Teil eines Ozeans ist nach einer Bevölkerungsgruppe benannt.
12 Dieses Randmeer liegt zwischen Südchina und Borneo.

M 3 *Meere und Nebenmeere*

M 4 *Landnutzung in Asien*

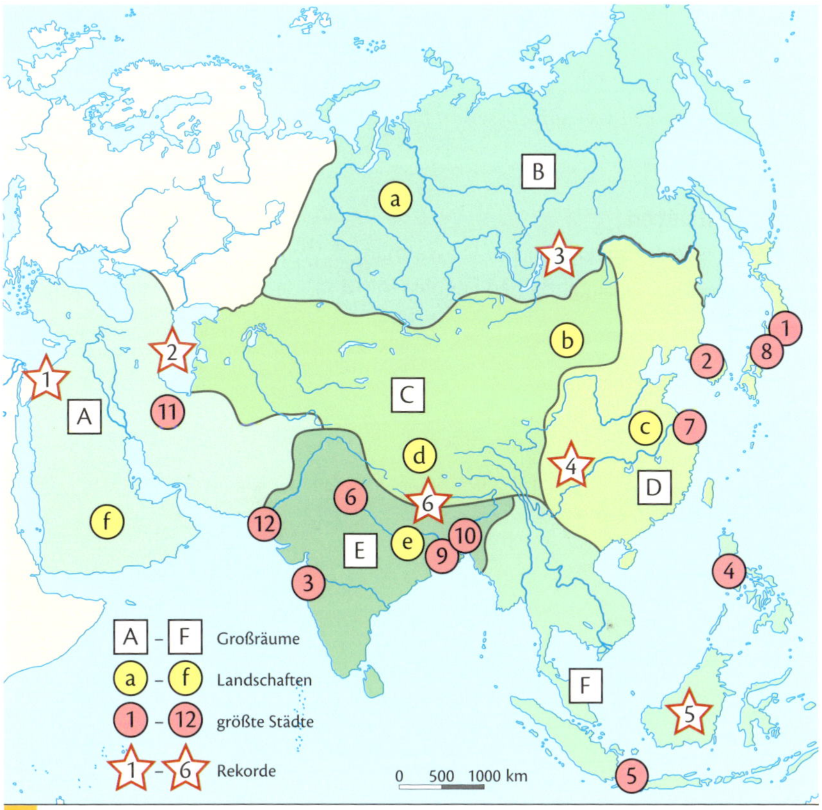

M 5 *Großräume in Asien*

1 Benenne in der stummen Karte Flüsse und Seen, Gebirge, Inseln und Halbinseln sowie die Meere (M 1, Atlas). Trage die Ergebnisse in dein Arbeitsheft ein.
2 Benenne die Großräume (M 5).
3 Ordne das Foto einem Großraum zu und begründe deine Entscheidung (M 4, M 5).
4 Lokalisiere die Angaben zu den asiatischen Rekorden und benenne sie (M 2, M 5).
5 Lokalisiere die größten Städte Asiens (M 5). Übertrage die Namen und den dazugehörigen Großraum in dein Arbeitsheft.
6 Übertrage die Silben in dein Arbeitsheft (M 3). Suche die Lösungswörter (M 1, Atlasteil). Streiche die zum jeweiligen Lösungswort gehörenden Silben durch.

Geo-Check: Ressourcen kennen und ihre nachhaltige Nutzung beurteilen

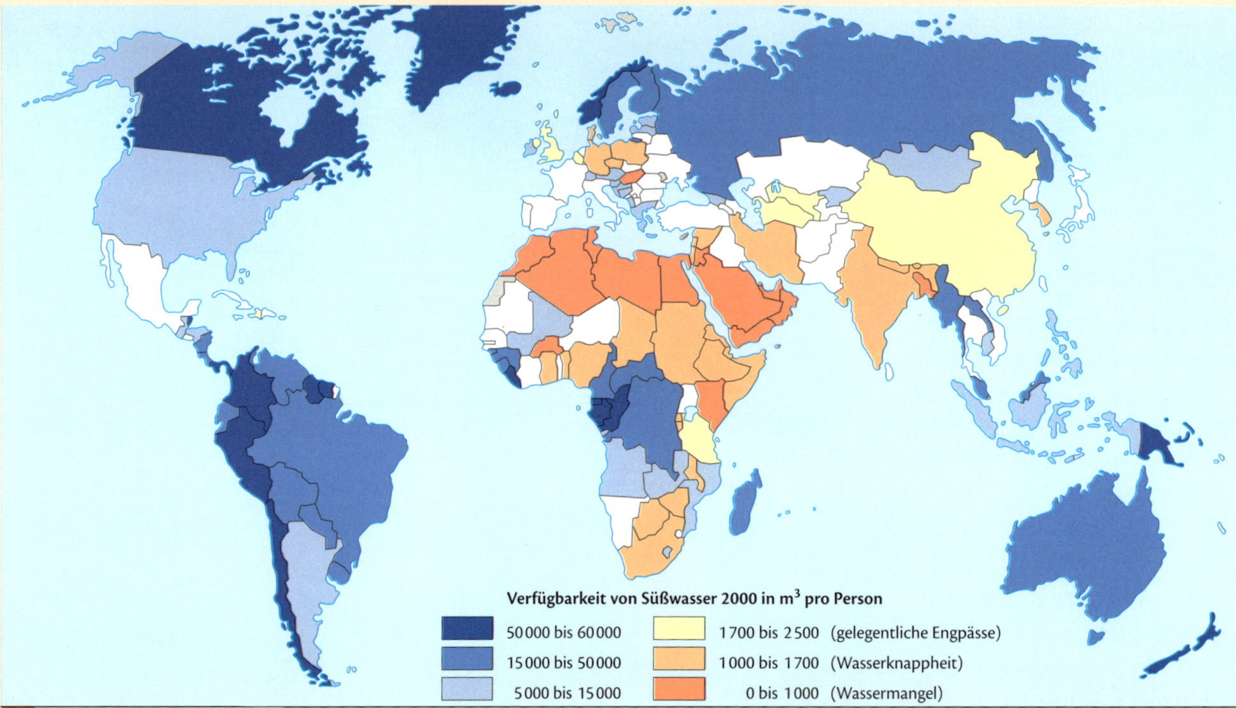

M 1 *Verfügbarkeit von Süßwasser im Jahr 2000 in Kubikmetern pro Person und Jahr*

Sich orientieren

1 Nenne jeweils fünf Länder mit Wassermangel, Wasserknappheit und gelegentlichen Engpässen (**M 1**).

2 Erstelle in einer Tabelle die Rangfolge der größten Erdölverbraucher (**M 2**).

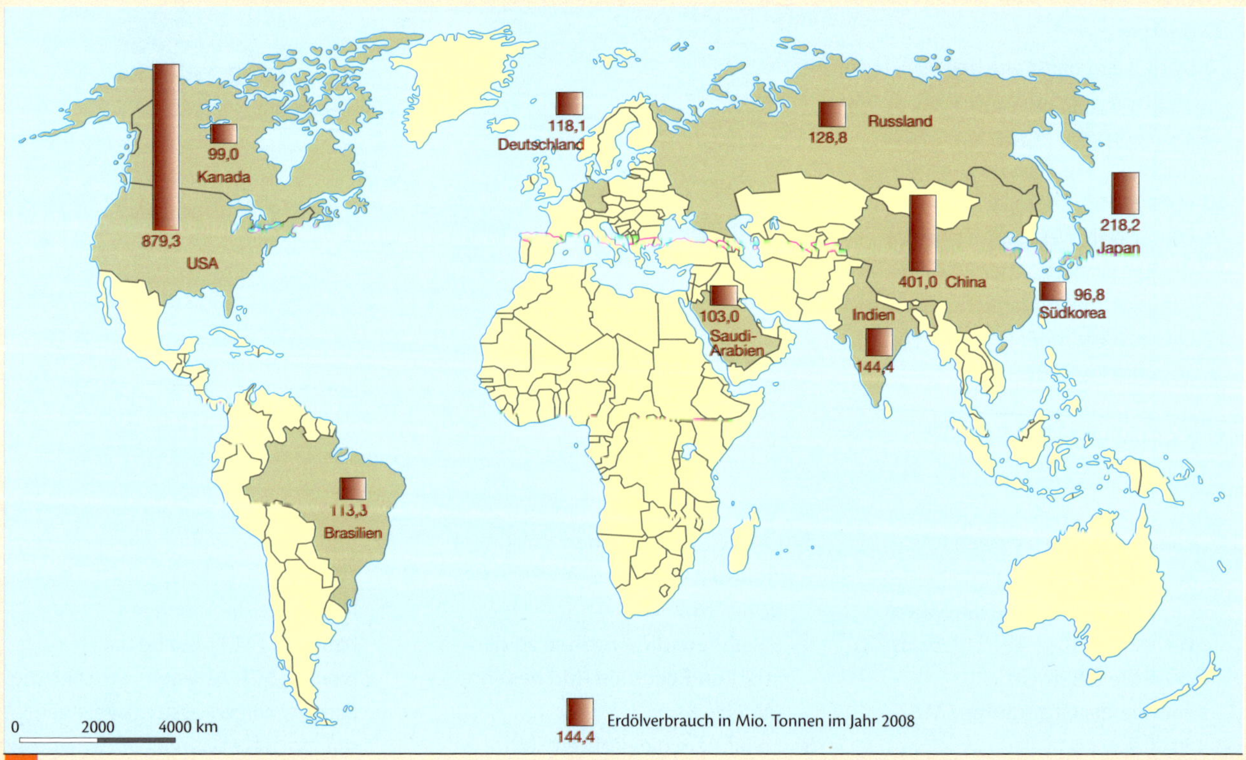

M 2 *Die Top Ten der Erdölverbraucher 2008*

Industrie und Bodenschätze Europas
Bodennutzung Europas

Können und anwenden

7 Vergleiche die beiden Diagramme. Ermittle für 1999 und 2008 den jeweiligen Anteil an der Stromerzeugung aus erneuerbaren Energien (**M 5**).

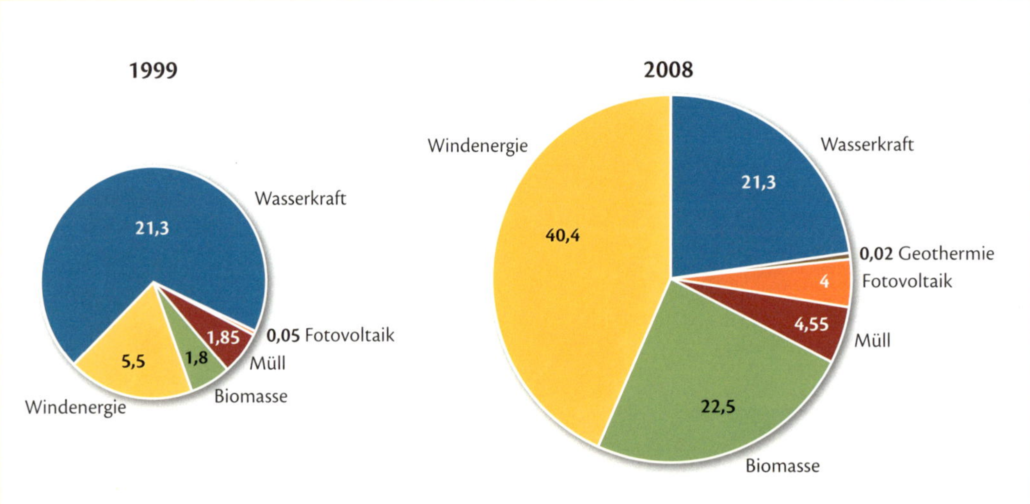

M 5 *Stromerzeugung aus erneuerbaren Energien in Deutschland in Mrd. kWh*

Beurteilen und handeln

8 Ermittle den Wasserverbrauch in Litern pro Tag bei euch zu Hause (**M 6**). Erläutere, wo Einsparungen möglich sind.

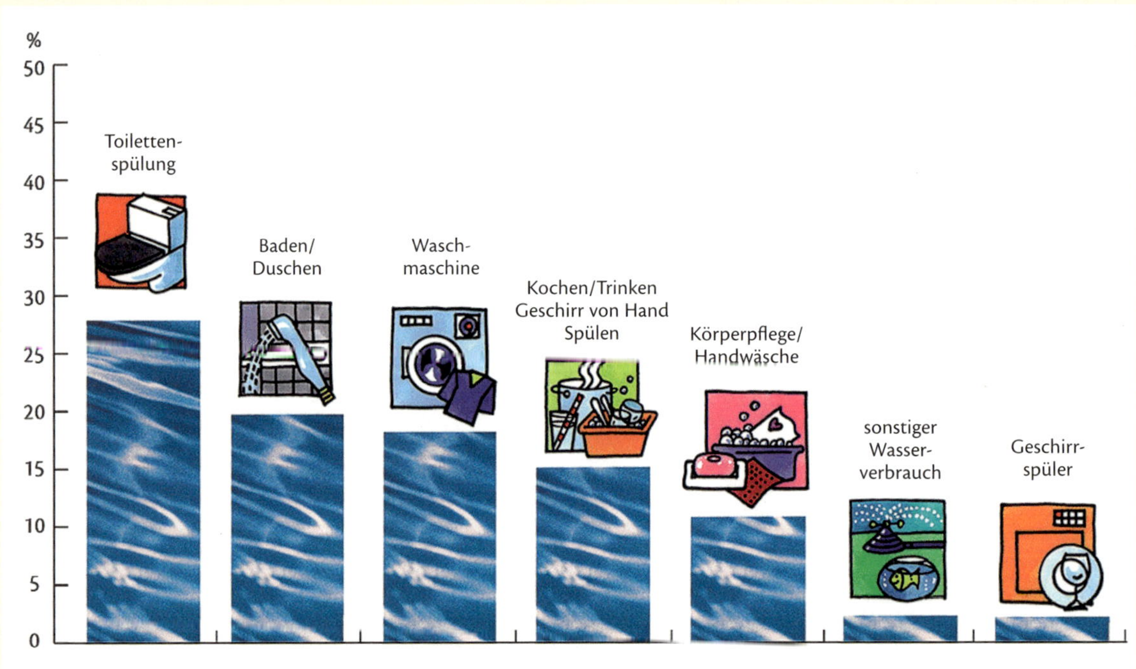

M 6 *Wasserverbrauch*

Wissen und verstehen

3 Ordne jedem dieser Begriffe (**M 3**) mindestens zwei Merkmale zu.

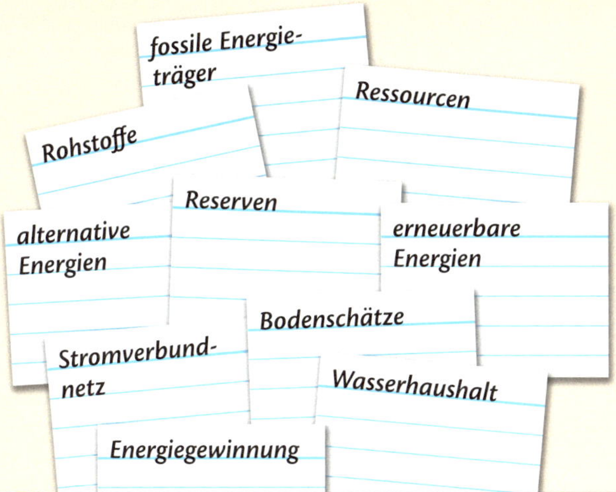

M 3 *Geo-Begriffestapel*

Richtig oder falsch?

4 Sortiere die Aussagen in richtige und falsche. Verbessere die falschen Aussagen und schreibe sie richtig auf.
- Trinkwasser steht allen Menschen unbegrenzt zur Verfügung.
- Künstliche Bewässerung erhöht die Ernteerträge und vermeidet Hungerkatastrophen.
- Auf der Erde gibt es mehr Süßwasser, als wir verbrauchen. Konflikte um Wasser sind deshalb ausgeschlossen.
- Fossile Energieträger werden auch zukünftig in ausreichender Menge vorhanden sein.
- Der Einsatz von alternativen Energien ist die einzige Möglichkeit, dem Klimawandel entgegenzuwirken.
- Mit Kernenergie lassen sich alle Energie- und Umweltprobleme lösen.
- Die nachhaltige Nutzung von Ressourcen wirkt sich negativ auf den Lebensstandard bei uns aus.

Waagerecht
1 industrieller pflanzlicher Rohstoff
2 nicht erneuerbarer Rohstoff
3 im Meer, von der Küste entfernt
4 Baustoff
5 Metallrohstoff
6 Energierohstoff
7 zu hohe Entnahme
8 Naturressource
9 Leitbild für zukunftsfähige Entwicklung
10 den Klimawandel stark beeinflussender Rohstoff
11 Zeit, bis ein Rohstoff aufgebraucht ist

Senkrecht
12 Rohstoff für Genussmittel
13 tierischer Rohstoff
14 chemischer Rohstoff
15 erneuerbarer Rohstoff
16 Rohstoff für die Wirtschaft
17 Rohstoff für Nahrungsmittel
18 knappe Ressource
19 alternative Energie
20 Ausgangsstoff für industrielle Produktion

M 4 *Kreuzworträtsel (Umlaute = 1 Buchstabe)*

5 Übertrage das Rätselschema in dein Arbeitsheft und löse es.

6 Erläutere die folgenden Aussagen:
- Die Nutzung nicht erneuerbarer Rohstoffe muss deutlich verringert werden.
- Die Nutzung von erneuerbaren Rohstoffen darf nicht größer sein als die Zeit, die sie zum Erholen brauchen.
- Die Abgabe von Stoffen darf nicht größer sein als die Aufnahmefähigkeit der Umwelt.

3 Wirtschaftsräume im Wandel analysieren

Schlittschuhlaufen zwischen Förderanlagen und Schornsteinen?
Nein – neue Möglichkeiten der Nutzung im Ruhrgebiet! Die sanierte Kokerei gehört zum Weltkulturerbe der Zeche Zollverein in Essen. Nur ein Beispiel für den wirtschaftlichen Wandel und das neue Gesicht des Ruhrgebietes.

In diesem Kapitel lernst du,
- die wirtschaftliche Entwicklung und Bedeutung des Ruhrgebietes zu charakterisieren sowie
- die Ergebnisse des Strukturwandels zu erläutern,
- Wachstumsbranchen und -regionen in der EU zu vergleichen,
- die Biotechnologie als Wachstumsbranche zu analysieren,
- Merkmale des Dienstleistungssektors und dessen Entwicklung zu erklären,
- wirtschaftsräumliche Verflechtungen in Europa zu erläutern,
- Transportwege von Strom und Erdgas zu beschreiben,
- ein Unternehmen in der Region zu erkunden.

Dazu nutzt du
- Luft- und Satellitenbilder,
- Diagramme,
- thematische Karten,
- Statistiken und Tabellen,
- WebGIS,
- Bilder.

Du beurteilst
- Vor- und Nachteile der europäischen Arbeitsteilung,
- wirtschaftliche Entwicklungen und deren räumliche Folgen.

Zollverein in Essen

Das Ruhrgebiet – industrieller Aufstieg und Krise

M 1 *Kraftwerk Springorum in Bochum (Fertigstellung 1961)*

M 2 *Innovationspark Springorum heute*

check-it
- Lage und Größe des Ruhrgebietes beschreiben und vergleichen
- wirtschaftliche Entwicklung, Strukturen und Bedeutung des Ruhrgebietes charakterisieren
- Ursachen und Folgen der Krisensituation erläutern
- Diagramm zeichnen

	zum Vergleich
Fläche: 4435 km²	13 Prozent der Fläche von Nordrhein-Westfalen
Einwohner (2008): 5,23 Millionen	Nordrhein-Westfalen 17,98 Millionen
Bevölkerungsdichte: 1216 Ew/km²	Nordrhein-Westfalen 528 Ew/km², Bundesrepublik 230 Ew/km²
4 Landkreise	
11 kreisfreie Städte	

M 3 *Das Ruhrgebiet in Zahlen*

Aufstieg zu einem der größten Industrieräume Europas

Bis zur Mitte des 19. Jahrhunderts war das heutige Ruhrgebiet überwiegend landwirtschaftlich geprägt und dunn besiedelt. Entlang des Hellweges, einer west-östlich verlaufenden Handelsstraße, hatten sich seit dem Mittelalter kleine Handelsstädte wie Duisburg, Essen, Bochum und Dortmund entwickelt.

Die Erfindung der Dampfmaschine sowie der damit verbundene Eisenbahnbau führten zu einem wachsenden Bedarf an Steinkohle, Roheisen und Stahl. Infolge der Industrialisierung zwischen 1850 und 1900 entstand zwischen Lippe, Ruhr und Rhein ein industrieller Ballungsraum. Dessen stürmische Entwicklung war eng mit dem Steinkohlenbergbau, der Eisen- und Stahlindustrie, der chemischen Industrie sowie der Erzeugung von Strom und Gas verbunden. Diese Industrien prägten die Industrielandschaft des Ruhrgebietes, die auch als „Kohlenpott" bezeichnet wurde.

Der Industrialisierungsprozess bildete die Grundlage der Urbanisierung. Aus den kleinen Städten am Hellweg wurden Großstädte, neue Industriestädte wie Gelsenkirchen oder Oberhausen entstanden. Der schnelle Bevölkerungszuwachs erfolgte vor allem durch Zuwanderung der dringend benötigten Arbeitskräfte aus dem Umland des Ruhrgebietes sowie aus dem europäischen Ausland.

Das Ruhrgebiet war auch Ende der 1950er-Jahre ein Raum mit wirtschaftlicher Monostruktur – einseitig auf die Schwerindustrie und industrielle Großbetriebe mit Massenproduktion ausgerichtet. Ein Strukturwandel mit einer grundlegenden wirtschaftlichen Neuorientierung war bis dahin nicht notwendig gewesen, denn Kohleförderung, Eisen- und Stahlproduktion galten als die Wachstumsmotoren.

Ein 1958 erschienenes Schulbuch beschrieb das Ruhrgebiet folgendermaßen: „Das Ruhrgebiet. Kilometerlang dehnen sich die Werkanlagen aus. Riesenschornsteine qualmen Tag und Nacht. Fördertürme ragen in den rauchigen Himmel. Ein Geruch nach Rauch und Abgasen liegt in der dickatmigen Luft. Schwarzer Ruß und Kohlenstaub rieseln aus der Dunstglocke auf das Meer von Häusern und Fabriken. In den Hüttenwerken herrscht ohrenbetäubender Lärm. Schwer beladene Güterzüge rattern zwischen Zechen, Kokereien, Eisenhütten, Stahl- und Walzwerken hin und her. Die eng gebauten Häuserzeilen der Arbeitersiedlungen bieten keinen freundlichen Anblick."

Steinkohlen- und Stahlindustrie in der Krise

Etwa ab 1960 ging der Steinkohlenabsatz stark zurück, denn die wichtigsten Großabnehmer – die chemische Industrie, die Stahlindustrie und die Stromerzeugung – nutzen verstärkt billigeres Erdöl als Energieträger. Hinzu kam die Konkurrenz von preiswerter Steinkohle aus dem Ausland. In der Folgezeit geriet auch die Stahlindustrie in eine Krise, denn viele Metallteile – z. B. an Maschinen und Fahrzeugen – wurden durch Kunststoff ersetzt. Die Folge waren Betriebsschließungen oder die Konzentration der Produktion auf wenige leistungsfähige Standorte.

Zu den Folgen der Krise gehörten eine weit verbreitete Arbeitslosigkeit und ein hohes Maß an Abwanderung der Bevölkerung. Das Ruhrgebiet verlor an Attraktivität. Auch die großen Umweltbelastungen sowie die geringe Qualifikation der Arbeitskräfte stellten kaum Anreize für die Ansiedlung neuer Wirtschaftsbranchen dar.

Von 1960 bis 2007 verlor die Kohlen- und Stahlindustrie rund eine halbe Million Arbeitsplätze. Allerdings werden auch heute noch etwa zehn Prozent der Steinkohlen- und Rohstahlproduktion der Europäischen Union im Ruhrgebiet erzeugt. Doch das traditionelle Bild von Fördertürmen und Hochöfen gehört längst der Vergangenheit an.

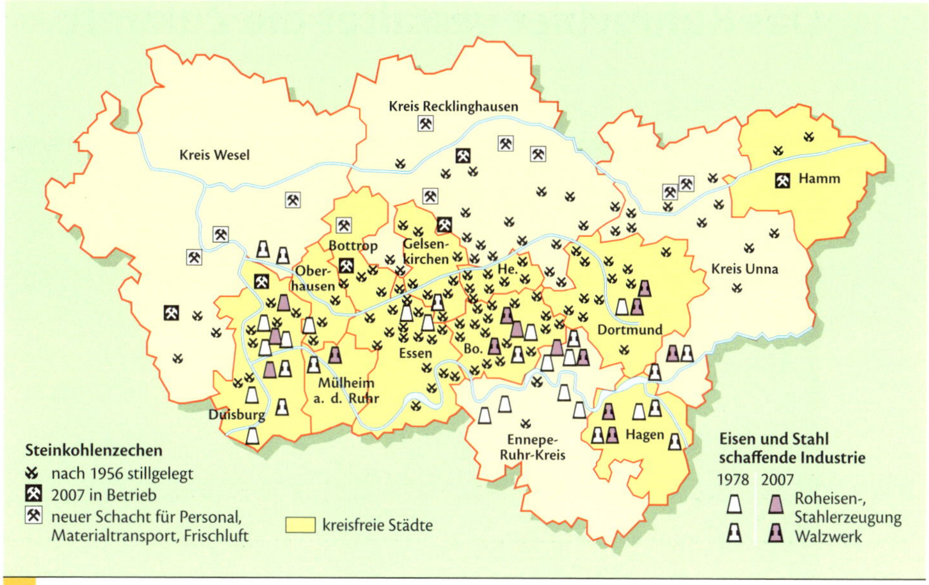

M 4 *Eisen- u. Stahlindustrie, Steinkohlenbergbau*

1 Beschreibe die geographische Lage und Größe des Ruhrgebietes. Stelle Größenvergleiche an (**M 3**, **M 4**, Atlas S. 178/179).

2 Charakterisiere die wirtschaftliche Entwicklung und Bedeutung des Ruhrgebietes (**M 1–M 5**).

3 Erläutere am Beispiel des Steinkohlenbergbaus die Krise im Ruhrgebiet und deren Folgen (**M 4–M 6**).

4 Berechne die Bevölkerungsverluste zwischen 1960 und 2008 sowie 2008 und 2030 für ausgewählte Städte und für das Ruhrgebiet insgesamt. Stelle deine Ergebnisse in einer Tabelle dar (**M 5**).

5 Stelle die wirtschaftliche Ausgangssituation, die Ursachen der Krise und deren Auswirkungen in einem Fließdiagramm dar und erläutere es (**M 1–M 6**).

	1961	1990	2008	2030
Bochum	440 584	396 486	381 542	345 238
Bottrop	120 247	118 936	118 597	109 775
Dortmund	646 743	599 055	586 909	571 893
Duisburg	663 147	535 447	496 665	453 101
Essen	749 040	626 973	582 140	551 809
Gelsenkirchen	382 842	293 714	264 765	234 040
Hagen	130 174	214 449	193 748	163 830
Hamm	161 960	179 639	183 065	170 814
Herne	220 404	178 132	168 454	147 978
Mülheim an der Ruhr	186 216	177 681	168 925	158 757
Oberhausen	256 773	223 840	217 108	203 133
Ruhrgebiet insgesamt	**5 674 223**	**5 396 208**	**5 233 593**	**4 787 175**

M 5 *Bevölkerungsentwicklung im Ruhrgebiet insgesamt und in ausgewählten Großstädten*

Der deutsche Steinkohlenbergbau hat einen weiteren Schritt in Richtung Ausstieg aus der subventionierten Förderung gemacht. Auf der Zeche Lippe in Gelsenkirchen förderten die Bergleute gestern die letzte Kohle zu Tage. Das Bergwerk schließt offiziell zum 1. Januar 2009. Damit verbleiben noch sechs Steinkohlezechen, von denen bis zum Jahreswechsel 2012/2013 drei weitere geschlossen werden sollen. Mitte 2012 kann der Bundestag den Ausstieg noch einmal überdenken und sich doch noch für die Fortführung des subventionierten Steinkohlebergbaus entscheiden. Die Jahresförderung ab 2013 würde dann voraussichtlich unter 10 Millionen Tonnen fallen. Ohne eine Änderung muss die letzte Steinkohlezeche 2018 geschlossen sein.

Leicht verändert nach Der Westen, 19.12 2008

M 6 *Letzte Kohle auf „Lippe" gefördert*

Das Ruhrgebiet gestaltet die Zukunft

M 1 *Doppelstandort Phoenix in Dortmund vor 2001*

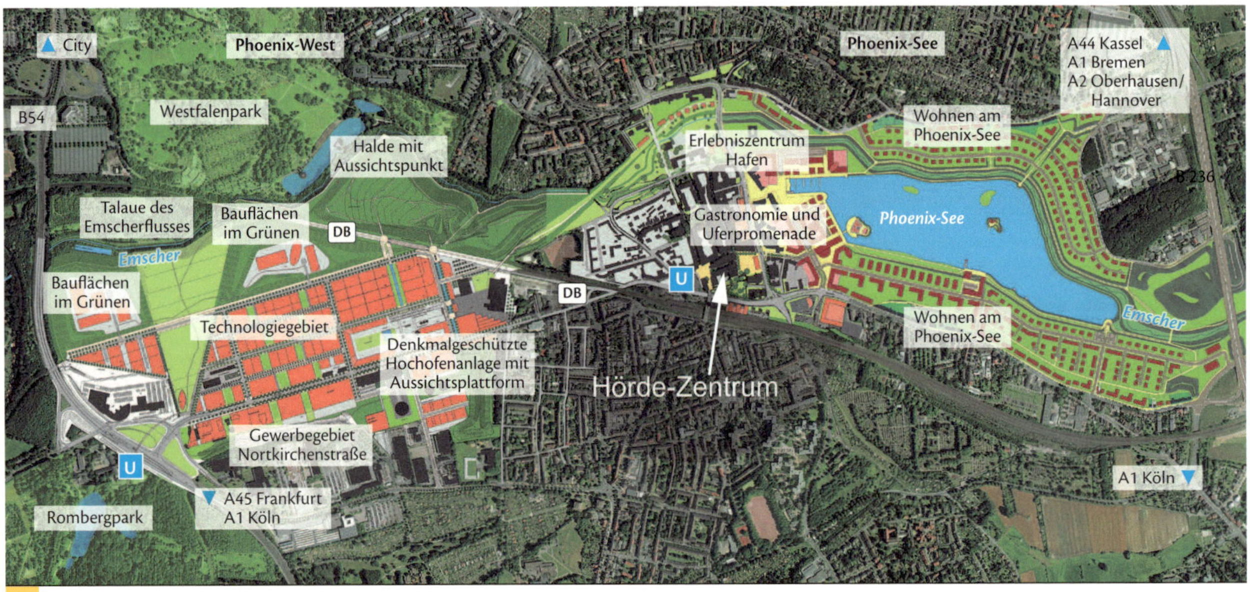

M 2 *Masterplan Phoenix-West und Phoenix-See 2004 (nach: Stadt Dortmund und Architekturbüro Stegepartner)*

check-it
- Maßnahmen des Strukturwandels erläutern
- veränderte Standortfaktoren benennen
- Präsentation gestalten und vorstellen
- Zukunftsfähigkeit neuer Ansätze bewerten

Umdenken und Umstrukturieren

Die Umstrukturierung des Ruhrgebietes war und ist ein schwieriger Prozess, der sich bis weit ins 21. Jahrhundert hinein erstrecken wird. Die Probleme liegen in der Vielfalt und Komplexität der vorhandenen Strukturen. Durch den Strukturwandel bot sich die Chance zum Umbau der Wirtschaft und zur Erneuerung des ganzen Ruhrgebietes. Dafür war vor allem ein Umdenken bei der Bevölkerung notwendig – weg vom Image des Kohlenpotts, hin zu kreativen Ideen.

Folgende Maßnahmen kennzeichnen den Strukturwandel im Ruhrgebiet seit den 1970er-Jahren: Moderne Industriebranchen, die auf neue Technologien orientiert sind, wie der Fahrzeugbau und die Elektrotechnik/Elektronik, wurden angesiedelt. Zu diesem Zweck entstanden an den Rändern vieler Großstädte Technologie- sowie Industrie- und Gewerbeparks. Anreize für Investitionen wurden über zahlreiche staatliche Förderprogramme geschaffen. Auch die Unternehmen vollzogen einen Umwandlungsprozess. Aus traditionellen Schwerindustrieunternehmen wie Mannesmann entstanden neue Technologiekonzerne, in diesem Fall D2, heute Vodafone. Andere Konzerne suchten sich neue Arbeitsfelder. So gehören zu den Aktivitätsfeldern

1965/1966	2500
1970/1971	16250
1975/1976	56200
1980/1981	86250
1985/1986	100000
1990/1991	142500
1995/1996	160000
2000/2001	163000
2005/2006	152226
2006/2007	150907
2007/2008	152543

M 3 *Entwicklung der Studierendenzahlen an den Hochschulen des Ruhrgebietes*

M 4 *Phoenix-West Technologiepark*

von Stahlunternehmen heute beispielsweise Fahrzeug- und Umwelttechnik, Handel und Immobilienmanagement. Ein wichtiger Impuls für die Erneuerung im Ruhrgebiet ging von den neu gegründeten Universitäten und zahlreichen Forschungseinrichtungen aus.

Der Abbau von Umweltbelastungen, die Beseitigung bzw. Sanierung von Halden und alten Industrieanlagen sowie die Neugestaltung von Wohnsiedlungen führte zu einer spürbaren Verbesserung der Lebensqualität im Ruhrgebiet. Alte Industrieflächen wurden und werden umgestaltet. Beispielhaft dafür stehen der Bau des CentrO in Oberhausen als eines der größten Einkaufszentren Europas auf einem alten Hüttengelände sowie die zahlreichen Denkmäler der Industriekultur, wie die Zeche Zollverein in Essen oder der Landschaftspark Duisburg Nord. Außerdem wurden neue Freizeitmöglichkeiten wie Skihallen, Musicaltheater, Kunstmuseen und Konzertsäle geschaffen.

Probleme und Perspektiven

Trotz aller Fortschritte ist die Erfolgsbilanz der wirtschaftlichen Umstrukturierung und Erneuerung des Ruhrgebietes nicht ungetrübt. So liegt die Arbeitslosigkeit immer noch deutlich über dem Bundesdurchschnitt und es gehen immer noch mehr Arbeitsplätze verloren, als neu entstehen. Deshalb setzt das Ruhrgebiet verstärkt auf neue Ideen. Perspektiven sieht man in innovativen Branchen wie der Mikro- und **Nanotechnologie** sowie der Ansiedlung vielfältiger Dienstleistungsunternehmen. Bei der Umgestaltung von Industriebrachen wird auf eine stärkere Durchmischung von Arbeiten, Wohnen, Erholen und Landschaftsschutz gesetzt. Dafür steht unter anderem das Projekt „Phoenix" der Stadt Dortmund. Auf dem 200 Hektar großen Gelände eines ehemaligen Stahlwerkes entsteht der „Zukunftsstandort Phoenix".

1 Erläutere Maßnahmen des Strukturwandels im Ruhrgebiet.
2 Lege dar, wie sich der Trend zum Dienstleistungssektor im Ruhrgebiet zeigt (**M 3, M 5, M 6**).
3 Benenne positive und negative Standortfaktoren des Ruhrgebietes (Seite 90/91, **M 5**; Atlasteil S. 186).
4 Bildet Gruppen und informiert euch im Internet über den „Zukunftsstandort Phoenix". Bewertet die Zukunftsfähigkeit dieses Projektes (**M 1, M 2, M 4**).
5 Erarbeitet eine kurze Präsentation, in der ihr ein Beispiel vorstellt, das den Wandel vom „Kohlenpott" zu einem modernen Wirtschaftsraum mit guter Lebensqualität zeigt.

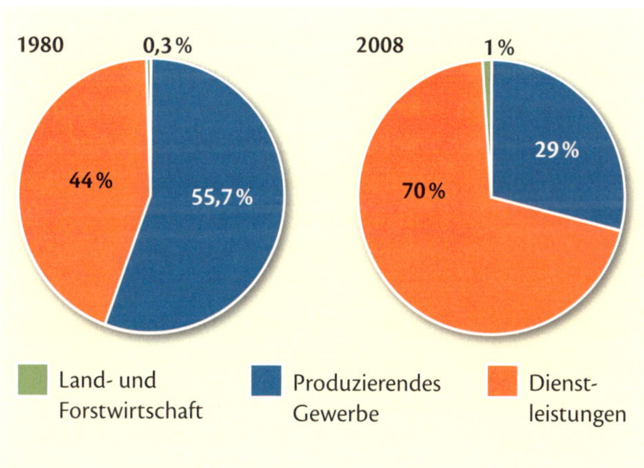

M 5 *Beschäftigte nach Wirtschaftssektoren 1980 und 2008*

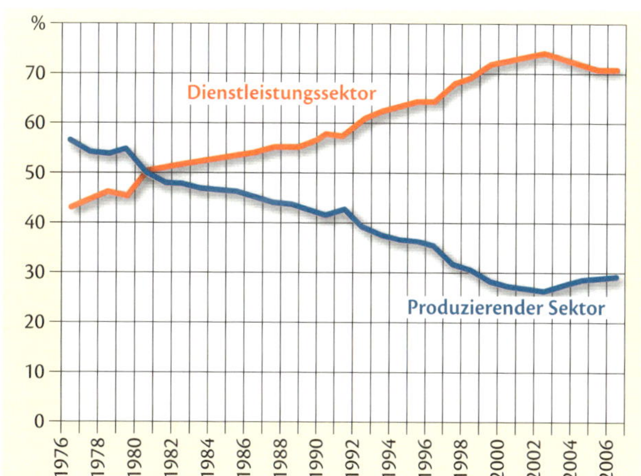

M 6 *Bruttowertschöpfung nach Wirtschaftssektoren*

Kultur – die neue Energie des Ruhrgebietes

M 1 *Das CentrO-Gelände in Oberhausen*

check-it
- Oberhausen und Essen lokalisieren
- Beispiele für Veränderungen im Ruhrgebiet vergleichen und erläutern
- zu einer Behauptung Stellung nehmen
- Internetrecherche durchführen und Ergebnisse präsentieren

CentrO in Oberhausen

Auf dem Gelände des CentrO mitten in Oberhausen, wurde bis in die 1980er-Jahre Stahl produziert. Infolge von Stilllegung und Abriss der Industrieanlagen entstand eine große industrielle Brachfläche. Im Jahr 1991 kaufte eine englische Investorengruppe das Gelände und errichtete bis 1996 das sogenannte „CentrO“ als neues Zentrum von Oberhausen. Das CentrO ist das größte Freizeit- und Shoppingzentrum in Europa und das wohl bekannteste Einkaufszentrum im Ruhrgebiet. Mittlerweile kommen durchschnittlich 100 000 Besucher täglich. Den Mittelpunkt des CentrO bildet eine 70 000 Quadratmeter (vergleichbar mit der Größe von zehn Fussbalfeldern) große überdachte Shoppingmall, die es den Besuchern ermöglicht, unabhängig vom Wetter einzukaufen. Zum CentrO gehören außerdem ein großer Freizeitpark, ein Business Park, mehrere Hotels, eine Multifunktionshalle, in der zum Beispiel Konzerte stattfinden, eine Musicalbühne, ein Multiplexkino und ein Sea-Life-Aquarium.

Über 10 000 Parkplätze stehen den Besuchern zur Verfügung. Für die „Neue Mitte von Oberhausen“ ist das große Gasometer ein Wahrzeichen, weil es weithin sichtbar ist. Dort finden heute vielfältige Kulturveranstaltungen statt.

Zeche Zollverein in Essen

Im Norden der Stadt Essen steht eines der bedeutendsten Industriedenkmäler Europas – die Zeche Zollverein. In der einst größten und modernsten Steinkohleförderanlage der Welt arbeiteten über 5000 Bergleute, die bis zu 13000 Tonnen Steinkohle täglich förderten. Nach Einstellung des Kohlenabbaus 1986 und der Arbeit in der Kokerei 1993 erfolgte kein Abriss der Industrieanlagen, sondern eine denkmalgerechte Restaurierung nach dem Prinzip „Erhalt durch Umnutzung“.

Im Dezember 2001 wurde die Zeche zum UNESCO-Weltkulturerbe erklärt. Seit diesem Zeitpunkt steht Zollverein unter dem Schutz der Internationalen Konvention für das Kultur- und Naturerbe der Menschheit.

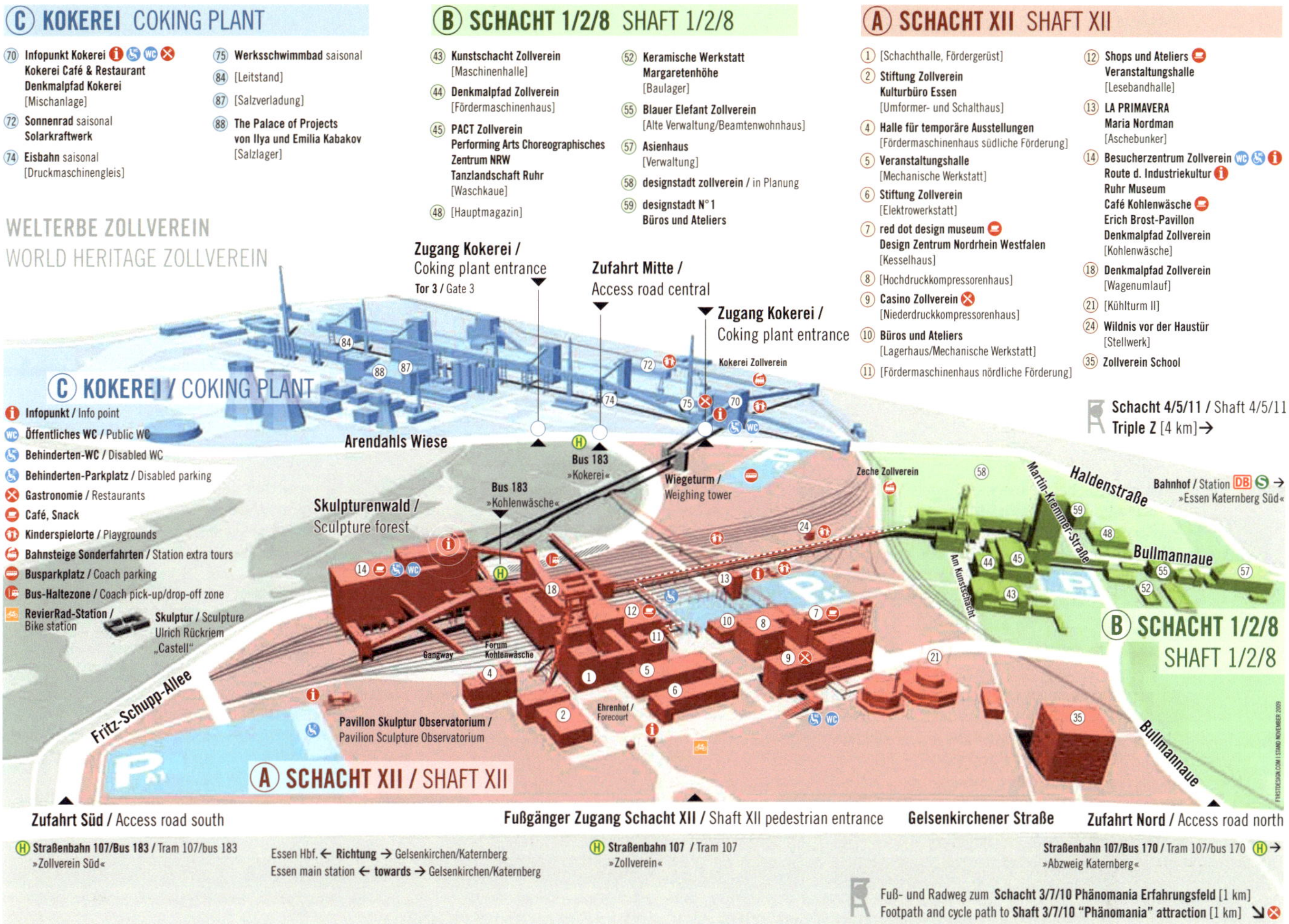

M 2 *Orientierungsplan Zollverein*

Heute bietet das Gelände der ehemaligen Schachtanlagen und der Kokerei zahlreiche Möglichkeiten für die Freizeitgestaltung und ist als Design- und Kulturstandort sehr berühmt. Aber auch 140 Unternehmen haben dort ihre Büros. Besucher der Zeche Zollverein können zum Beispiel einen Denkmalpfad begehen, auf dem sie erfahren können, wie in der Zeche früher gearbeitet wurde. Des Weiteren gibt es in den Gebäuden regelmäßig Ausstellungen sowie Tanz- und Theatervorstellungen. Besondere Highlights sind das ehemalige Werksschwimmbad, indem man im Sommer zwischen den alten Gebäuden der Kokerei schwimmen kann und das Sonnenrad. Dieses bietet einen weiten Blick über die Zeche Zollverein und die Stadt Essen.

1 „Die Städte Oberhausen und Essen liegen im Herzen des Ruhrgebietes." Überprüfe diese Aussage und beschreibe die geographische Lage der beiden Städte.
2 Erläutere am Beispiel des CentrO und der Zeche Zollverein Ergebnisse des Strukturwandels im Ruhrgebiet (**M 1–M 3**).
3 Benenne Gemeinsamkeiten und Unterschiede der beiden Beispiele (**M 1–M 3**).
4 Ordne das Bild in den Lageplan der Zeche Zollverein ein (Seite 88/89, **M 2**).
5 Bildet Gruppen und recherchiert im Internet zum Thema „Ruhr.2010 – Essen für das Ruhrgebiet" und gestaltet eine kurze Präsentation zu euren Ergebnissen.

Dinieren in der früheren Kompressorenhalle

Mein Geheimtipp? Zeche Zollverein! Zollverein zieht Superlative magisch an: „Die schönste Zeche der Welt", „Kathedrale der Arbeit", „Ikone der Industriekultur". Das Doppelbock-Fördergerüst von Schacht XII, der „Eiffelturm des Ruhrgebiets", wurde zum Wahrzeichen des Potts und zum Symbol des Strukturwandels. Industrieästhetik in Formvollendung – nachts erstrahlt die Silhouette des filigranen Turms in warmem Rostbraun aus der Dunkelheit...

Gekürzt nach TAZ vom 14.03 2009

M 3 *Zeche Zollverein*

6 Nimm Stellung zur Behauptung aus der Überschrift dieser Doppelseite.

WEBCODE: UE640218-095

Wir arbeiten mit WebGIS

check-it
- Informationen mithilfe geographischer Informationssysteme (GIS) aus Karten, Tabellen und Statistiken gewinnen
- Informationen verknüpfen
- Erkenntnisse und selbst erarbeitete Ergebnisse mündlich und mit Medien präsentieren

Checkliste
1 Suche einen geeigneten WebGIS-Server.
2 Informiere dich über die GIS-Werkzeuge.
3 Wähle ein Thema aus.

Bei Navigationssystemen, digitalen Stadtplänen sowie bei Google Earth oder Routenplanern handelt es sich um digitale Geoinformationssysteme (GIS). Dabei erhalten unterschiedliche digitale Daten einen Raumbezug und dienen als Grundlage für Karten.

Im Folgenden soll gezeigt werden, was man bei der Arbeit mit WebGIS beachten muss und welche Informationsmöglichkeiten dieses Medium bietet. Die Grundlage bildet der WebGIS auf dem Bildungsserver Rheinland-Pfalz.

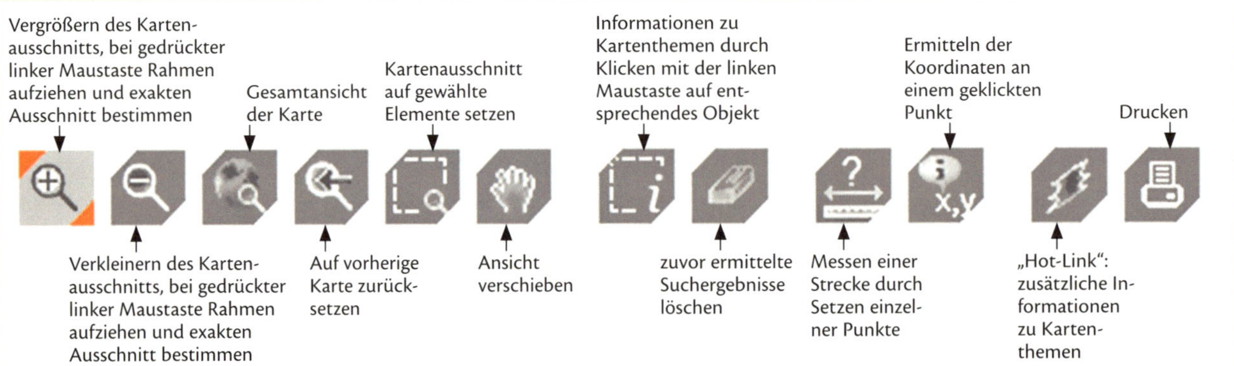

M 1 *WebGIS Werkzeugleiste*

Thema: EU-27: Bruttoinlandsprodukt pro Kopf 2008 in Kaufkraftstandard (KKS)

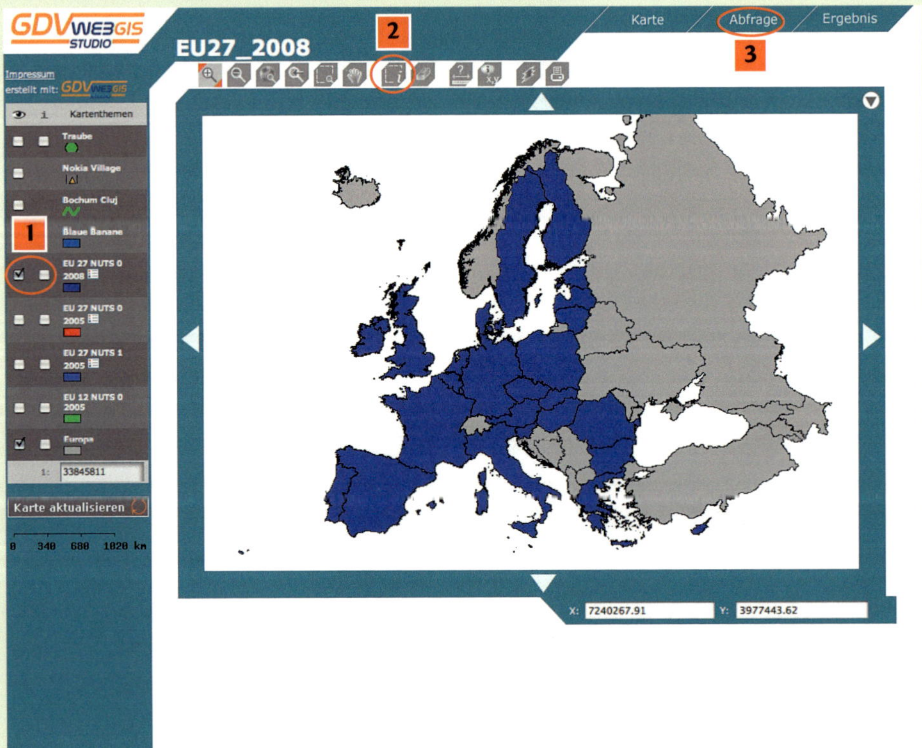

Checkliste
1 Öffne den WebGIS-Server http://webgis.bildung-rp.de. Klicke auf Kartendienste → Europa.
2 Klicke die beiden Kästchen links von EU27 NUTS 0 an **1**.
3 Klicke mit der linken Maustaste auf „identifizieren" **2**. Ziehe mit der linken Maustaste einen Rahmen über alle blau gefärbten EU-Länder. Die so markierten Länder erscheinen dann in gelber Farbe.
4 Klicke auf Abfrage **3**.
5 Klicke im Abfragefenster oben das Kartenthema EU27 NUTS 0 2008 an **4**.
6 Klicke im Abfrageindikator BIPJE08KKS an **5**.
7 Klicke „Ergebnis" an **6**.
8 Klicke „Karte" an und kehre zur Ausgangskarte zurück **7**.

M 2 *Erstes Bildfenster*

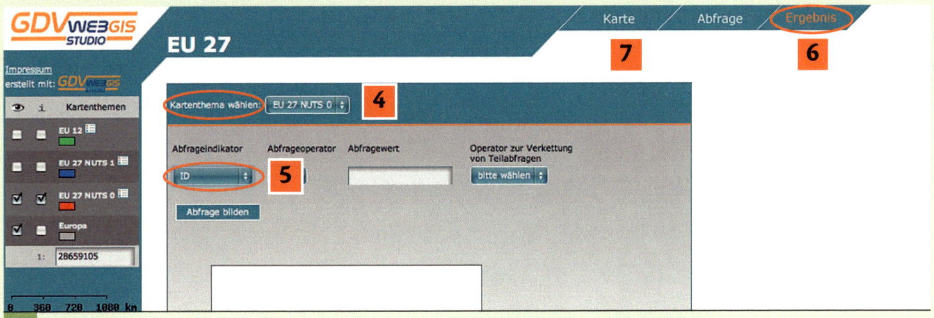

M3 *Abfragefenster*

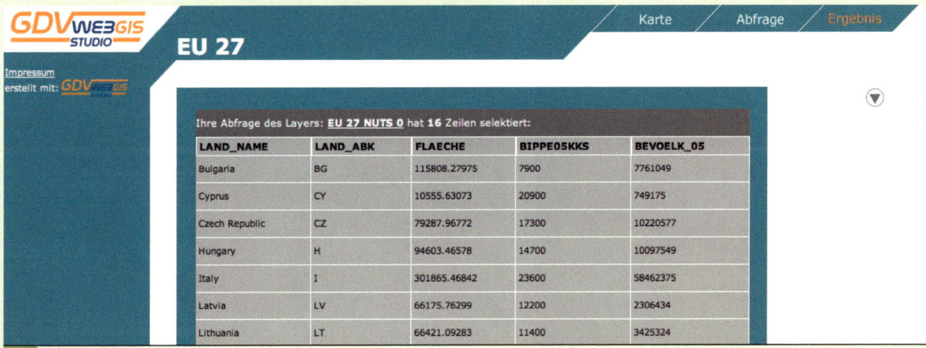

M4 *Ergebnis der Abfrage mit allen Daten*

Thema: Bruttoinlandsprodukt pro Kopf 2008 in Kaufkraftstandard der EU-Länder, die unter dem Durchschnitt liegen

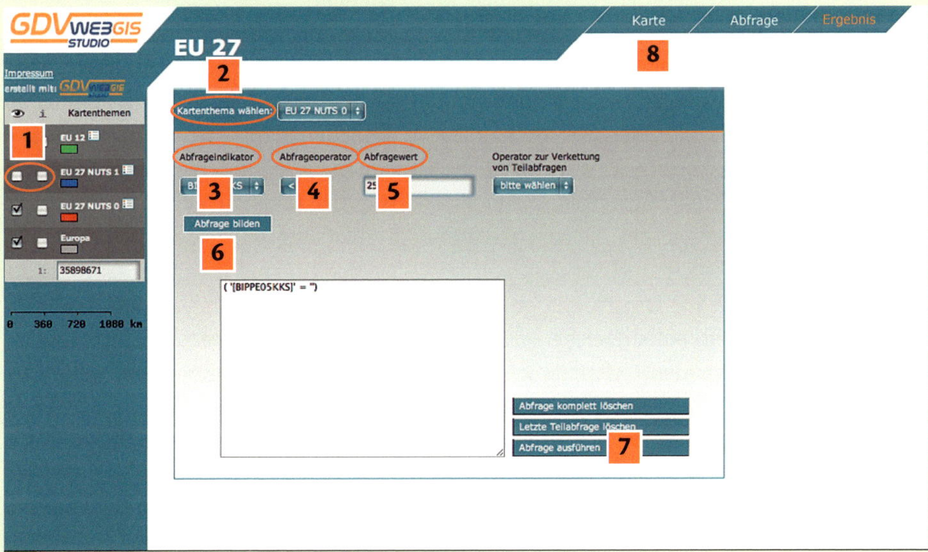

Checkliste

1. Klicke die beiden Kästchen an **1**.
2. Wähle das Kartenthema aus **2**: EU27 NUTS 0 2008.
3. Klicke auf Abfrageindikator **3**. Klicke auf BIPJE08KKS.
4. Klicke bei Abfrageoperator **4** auf <.
5. Trage bei Abfragewert **5** 25433 ein.
6. Klicke auf Abfrage abbilden **6**.
7. Klicke auf Abfrage ausführen **7**.
8. Klicke auf Karte **8**.

M5 *Abfragefenster*

1 Ermittle für die Mitgliedsstaaten der EU-27 das Bruttoinlandsprodukt in Kaufkraftstandards (**M 2–M 4**). Trage die Werte in eine Tabelle ein. Errechne den Durchschnittswert aller EU-Mitgliedsstaaten.

2 Erstelle eine Karte der EU-Länder, die beim Kaufkraftstandard unter dem Durchschnitt aller EU-27-Länder liegen (**M 5**). Verwende den vorher ermittelten Durchschnittswert.

Vom Stahlkocher zum Ferienmacher

M 1 *Elektrostahlwerk in Peine*

M 2 *TUI-Hotel bei Jandia (Fuerteventura)*

check-it
- Arbeitsbereiche der Preussag und der TUI vergleichen
- Strukturwandel vom Industrie- zum Dienstleistungsunternehmen an einem Beispiel erklären
- Zeittafel analysieren und aus den Inhalten eine Grafik entwickeln
- Arbeitsergebnisse präsentieren

TUI Travel PLC — TUI Hotels & Resorts — TUI Cruises

TUI Travel	TUI Hotels & Resorts	Kreuzfahrten
Pauschalreisen Expeditionen und Studentenreisen	15 Hotelmarken in 31 Ländern mit rund 297 Hotels und 180 000 Betten, zum Beispiel: Riu, Robinson	Hapag-Lloyd-Kreuzfahrten TUI Cruises

M 3 *Struktur des TUI – Konzerns*

Vom Produzenten zum Dienstleistungsanbieter

Auch Unternehmen müssen sich an neue wirtschaftliche und gesellschaftliche Bedingungen anpassen. Hierzu zählen: die Ansprüche der Konsumenten und Märkte, der wissenschaftlich-technische Fortschritt sowie die daraus resultierende Möglichkeit, neue Produkte zu entwickeln, die zum Teil weltweit produziert und verkauft werden. Ebenso wie die Umstrukturierung einzelner Wirtschaftsbereiche – zum Beispiel der Landwirtschaft – wird auch der Anpassungsprozess innerhalb von Unternehmen als „Strukturwandel" bezeichnet.

In der deutschen Wirtschaft hat sich in den letzten Jahrzehnten vor allen Dingen die Bedeutung der Industriebranchen verändert. Waren es Mitte des 20. Jahrhunderts die Textilindustrie, der Bergbau und die Eisen- und Stahlerzeugung, sind es heute die Hightech- und Medienbranche, die Biotechnologie und andere. Von den traditionellen rohstoff- und arbeitskräfteintensiven Branchen geht der Trend hin zu modernen kapital-, wissenschafts- und intelligenzintensiven Branchen. Damit ist auch ein Wandel in der Arbeitswelt einhergegangen. Landwirtschaft und Industrie bieten immer weniger Arbeitsplätze, neue Arbeitsplätze entstehen vor allem im Bereich der Dienstleistungen.

Für Unternehmen wie die heutige TUI AG ist es oft überlebenswichtig, die richtigen Entscheidungen zur richtigen Zeit zu treffen. Häufig geht es bei diesen langfristigen Weichenstellungen für die Entwicklung des Unternehmens

Umsatz 2008

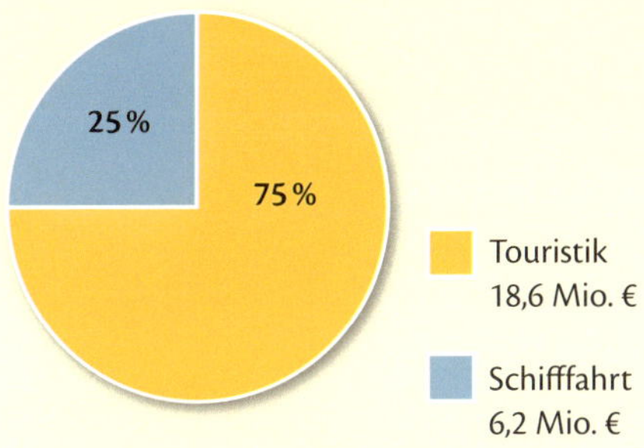

Mitarbeiter 2008

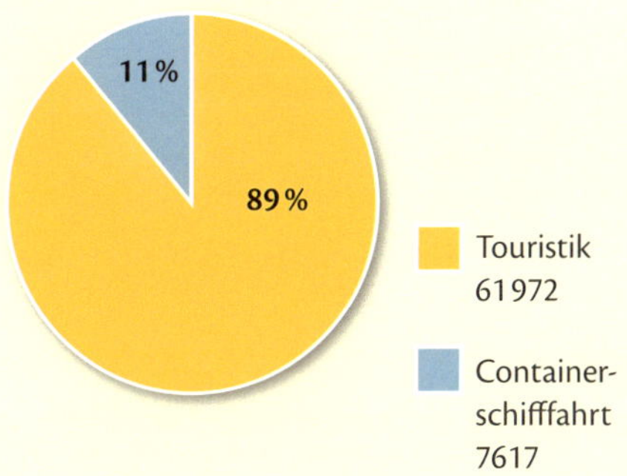

M 4 *Umsatz und Mitarbeiter des TUI – Konzerns*

darum, sich von unrentablen Geschäftsbereichen zu trennen und Gewinn versprechende Geschäftsfelder zu entwickeln oder zu kaufen. Flexibilisierung und Internationalisierung, Entwicklung neuer Produkte sowie die Erschließung neuer Märkte und Kunden heißen die Gebote der Zeit.

1 Informiere dich über die Arbeitsbereiche von Preussag und TUI und vergleiche sie (**M 5**, Internetrecherche).
2 Arbeitet in Gruppen. Analysiert den Prozess des Strukturwandels eines Unternehmens am Beispiel der TUI. Stellt diesen Prozess in einer Grafik dar (**M 1–M 5**).
3 Erklärt Merkmale und Ursachen des Strukturwandels „Vom Stahlkocher zum Ferienmacher“ mithilfe der erstellten Grafik in einer kurzen Präsentation.

1924	„Preußische Bergwerks- und Hütten-Aktiengesellschaft“ in Berlin gegründet Unternehmen ist in der Grundstoffgewinnung und -verarbeitung mit den Schwerpunkten Steinkohle, Salze, Erdöl, Nichteisen-Metalle, Stahl- und Energieerzeugung tätig
1953	nach der Teilung Deutschlands und Berlins wird Hannover neuer Konzernsitz
1964	Preussag engagiert sich neben der Grundstoffgewinnung und -verarbeitung verstärkt im Transportwesen sowie im Wasserwerk- und Brunnenbau
1989	Zusammenschluss von Preussag und Salzgitter AG (Stahlerzeugung) zu einem Konzern, der zu den zwölf größten in Deutschland gehört
1997	Erwerb von Hapag-Lloyd
1998	Mehrheit an TUI wird übernommen Logistikgeschäft wird gebündelt, komplette logistische Dienstleistungsangebote können angeboten werden Stahlerzeuger Salzgitter wird verkauft
1999	Preussag Anthrazit in Deutsche Steinkohle AG eingebracht
2000	Erwerb der Thomson Travel Group TUI-Gruppe wird größter integrierter Touristik-Konzern weltweit und deckt 70 Prozent des europäischen Reisemarktes ab
2002	Umbenennung der Preussag in TUI
2003	Verkauf des Energie-Bereichs an die österreichische OMV (Österreichische Mineralöl Verwaltung) Gründung der TUI China zur besseren Vermarktung von Reiseprogrammen für chinesische Touristen in Deutschland Gründung der TUI Austria mit Blick nach Ostmitteleuropa
2004	Umbau der Logistiksparte, Konzentration auf das ertragsstarke Wachstumsfeld Schifffahrt Einstieg in den russischen Markt durch Gründung der TUI Mostravel Russia
2005	Einstieg in den indischen Markt Konzentration der Logistik auf die Schifffahrt durch den Verkauf des Schienenlogistikgeschäftes wird abgeschlossen
2006	Expansion der TUI im Fluggeschäft unter der neuen Marke TUIfly.com. Einstieg in den Kreuzfahrt-Premium-Markt mit der Marke TUI Cruises über ein Joint Venture mit dem Weltmarktführer Carnival
2007	TUI AG und die britische First Choice Holidays schmieden gemeinsam einen der größten Reisekonzerne der Welt: TUI Travel
2009	Verkauf der Containersparte mit 128 Containerschiffen TUI AG ist weiterhin mit 43 Prozent an Hapag-Lloyd beteiligt

M 5 *Umstrukturierung eines deutschen Unternehmens*

Dienstleistungen auf dem Vormarsch

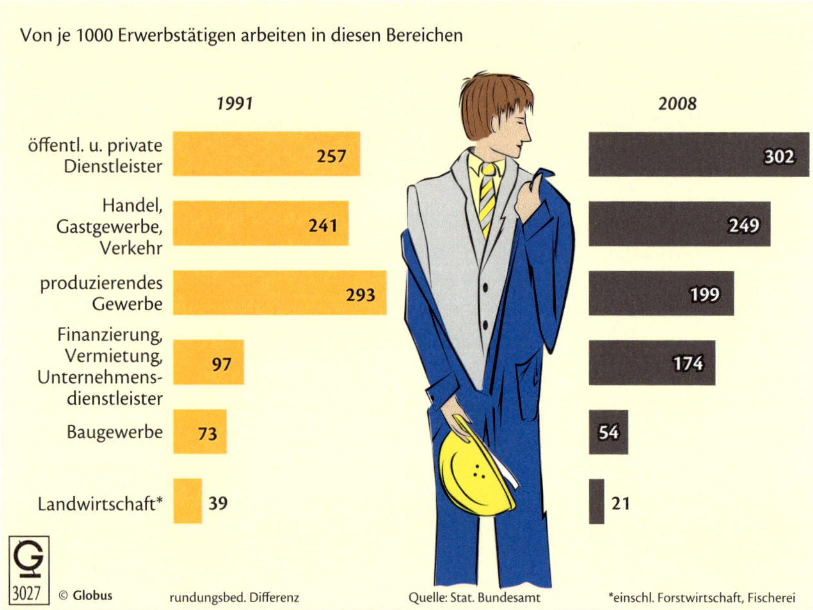

M 1 *Wandel in der Arbeitswelt*

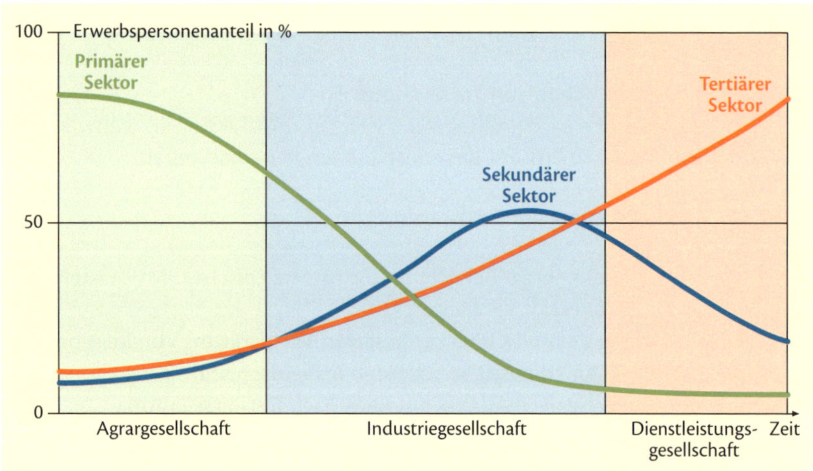

M 2 *Modell zur Entwicklung der Beschäftigten nach Wirtschaftssektoren*

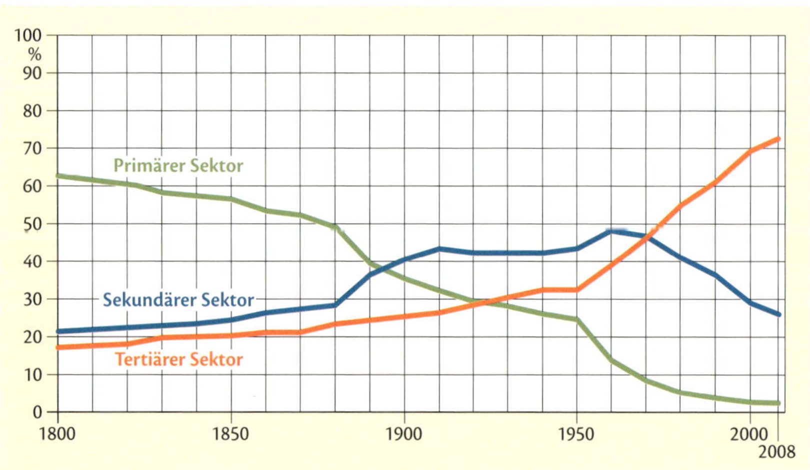

M 3 *Erwerbstätige (Prozent) in Deutschland*

check-it
- Einteilung der Wirtschaft in Sektoren erläutern
- Dienstleistungen als Teil der Wirtschaft beschreiben
- Entwicklung des Dienstleistungssektors erläutern
- Wirklichkeit anhand von Modellen überprüfen
- Diagramme zeichnen und auswerten

Wirtschaftssektoren

Die Tätigkeiten in der Wirtschaft werden in Sektoren unterteilt. Der erste – der primäre Sektor – umfasst die Land- und Forstwirtschaft sowie die Fischerei. Im zweiten – dem sekundären – Sektor werden Stoffe sowie Güter in der Industrie und im Handwerk zu höherwertigen Waren verarbeitet. Im tertiären Sektor stehen Dienstleistungen im Vordergrund.

Was sind Dienstleistungen?

Eine Kassiererin, ein Rechtsanwalt, ein Taxifahrer, eine Lehrerin, eine Mitarbeiterin in einem Callcenter und ein Nachrichtensprecher haben trotz unterschiedlicher beruflicher Ausbildung eines gemeinsam: Sie produzieren Güter, die weder angefasst noch transportiert oder gelagert werden können.
Die Beschäftigten arbeiten in verschiedenen Dienstleistungsbereichen – zum Beispiel im Handel, in Banken, im Bildungsbereich, in der Gastronomie oder im Gesundheitswesen. Auch im Bereich der Informationstechnologie entstehen neue Arbeitsplätze.
Viele Beschäftigungen sind mit dem sekundären Sektor verzahnt. Industrieprodukte erfordern Forschung und Entwicklung, Qualitätskontrolle, Service, Werbung und Vertrieb. Der Dienstleistungsanteil gewinnt daher in den Unternehmen immer stärker an Bedeutung. Maschinen beispielsweise werden in der Regel mit einem Wartungsvertrag verkauft. Die Qualität von Produkten wird zertifiziert.

Besonders gefragte Dienstleister

In Zukunft sind neue Arbeitsplätze in den Bereichen Forschung und Entwicklung, Organisation und Rechtsberatung sowie Ausbildung zu erwarten. Auch im Umweltschutz wird mit einer Zunahme von Arbeitsplätzen gerechnet. Bereits heute sind im Bereich Forschung und Entwicklung sowie in der Informationstechnologie überdurchschnittlich viele Personen mit einem Hoch- oder Fachschulabschluss tätig. Kreditinstitute und Unternehmensdienstleister, die Manager beraten, Daten verarbeiten oder Marketing betreiben, haben innerhalb des Dienstleistungssektors den größten Anteil an der Wirtschaftsleistung.

Räumliche Auswirkungen

Viele Regionen werden durch spezielle Dienstleistungsangebote geprägt. Das können Finanzzentren sein wie Frankfurt am Main, Wissens- und Technologiezentren wie im Umland von München, Messestandorte wie Hannover, aber auch Tourismusregionen. In den Städten hat sich die City zu einem bevorzugten Standort für Kreditinstitute, Arzt- und Rechtsanwaltspraxen, Hauptverwaltungen von großen Unternehmen und kulturellen Einrichtungen entwickelt. Am Stadtrand siedeln sich flächenintensive Großhandelsunternehmen und Einzelhandelszentren an.

1 Beschreibe die Verteilung der im tertiären Sektor Beschäftigten in Deutschland (**M 4**).
2 Erkläre den Wandel der Beschäftigungsanteile in den Wirtschaftssektoren (**M 2**).
3 Analysiere die Entwicklung des Dienstleistungssektors in Deutschland (**M 1**, **M 3**). Vergleiche diese mit den Wachstumsregionen (Atlasteil).
4 Erläutere die Entwicklung des Dienstleistungssektors in Niedersachsen (**M 5**).
5 Setze die Entwicklung des tertiären Sektors in Deutschland für die Jahre 1950, 1980 und 2008 in Kreisdiagramme um und vergleiche deine Ergebnisse mit Niedersachsen (**M 3**, **M 5**).

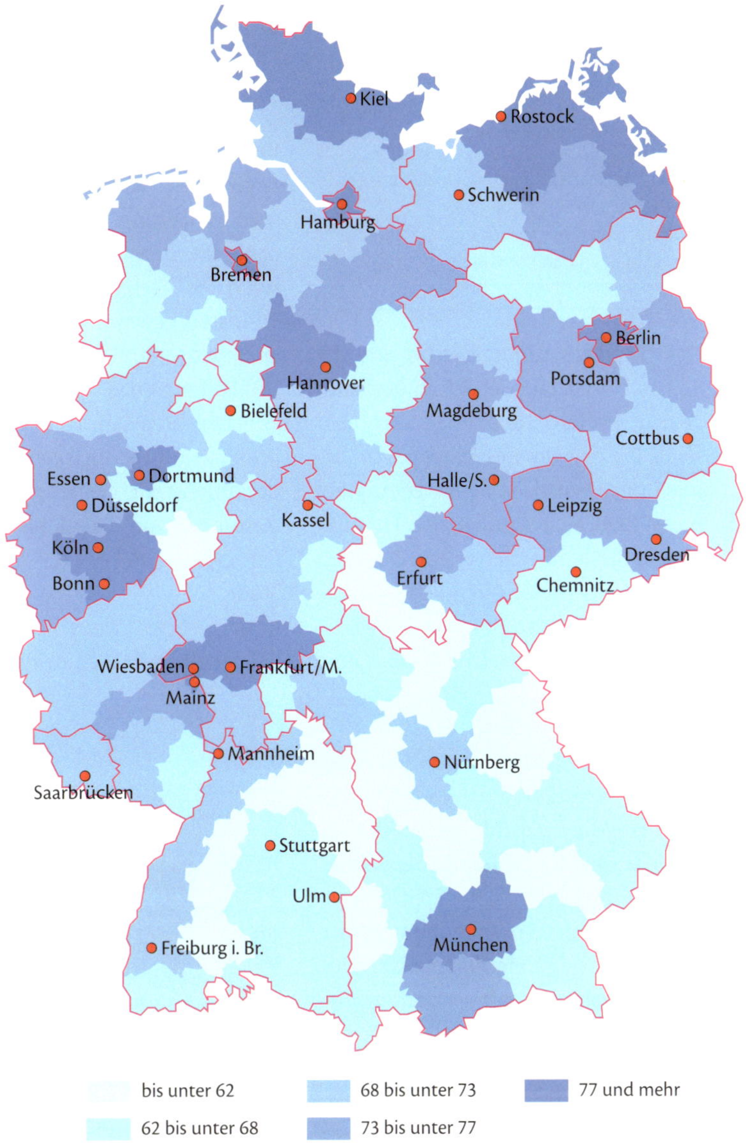

M 4 *Erwerbstätige in Dienstleistungsbereichen je 100 Erwerbstätige 2005*

Tipp: Rufe im Internet www.bbsr.bund.de auf. → Raumbeobachtung → Interaktive Karte → Räumliche Bezugsebene: Raumordnungsregion → Indikatoren: Themenauswahl: Wirtschaft → Indikatorenauswahl: Erwerbstätige
Gehe mit dem Cursor auf eine Region. Es erscheinen der Name und die Werte.

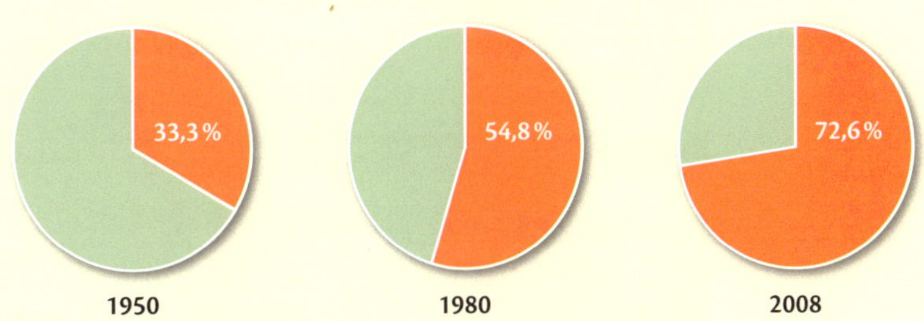

M 5 *Erwerbstätige (Prozent) im tertiären Sektor in Niedersachsen*

Leipzig – ein vielseitiger Dienstleistungsstandort

check-it
- geographische Lage von Leipzig beschreiben
- Dienstleistungsangebot und dessen Entwicklung charakterisieren
- Strukturdiagramm zeichnen

Das Dienstleistungsgewerbe ist der größte Wirtschaftsbereich in der Stadt Leipzig. Im Jahr 2008 arbeiteten mehr als 62 Prozent der Beschäftigten im Bereich der Dienstleistungen. Leipzig hat nach 1990 eine sprunghafte Entwicklung in diesem Bereich erlebt. Die Stadt ist ein Zentrum für öffentliche Verwaltungen sowie Sitz des Bundesverwaltungsgerichts. Zahlreiche Banken und Versicherungen haben sich in der Stadt angesiedelt. Mit 62 Finanzunternehmen ist Leipzig der bedeutendste Finanzplatz in Mitteldeutschland.

Auch als Ziel in- und ausländischer Touristen gewinnt Leipzig zunehmend an Bedeutung. 2008 wurde erstmals die „Millionengrenze" bei den Gästeankünften überschritten. Anziehungspunkte sind die historischen Gebäude der Innenstadt, vielfältige Kulturveranstaltungen von Klassik bis Pop und der Freizeitpark „BELANTIS" im Süden der Stadt.

In den letzten Jahren wurde der Flughafen Leipzig/Halle um zwei Start- und Landebahnen erweitert. Im Bereich Luftfrachtverkehr konnte Leipzig/Halle damit zum drittgrößten Umschlagplatz in Deutschland aufrücken und seine Stellung im Flugverkehr nach Osten ausbauen. Seit dem Jahr 2008 nutzt die Deutsche Post den Flughafen Leipzig/Halle als europäisches DHL-Drehkreuz für den Paket- und Briefexpressdienst. Täglich fliegen über 50 DHL-Frachtflugzeuge den Flughafen an. Pro Nacht werden bis zu 2000 Tonnen umgeschlagen. Wenn der Ausbau des Flughafens 2012 abgeschlossen ist, sind dort rund 3500 Arbeitsplätze entstanden.

Mit seiner 800-jährigen Tradition gehört Leipzig zu den ältesten Messestädten der Welt. Das 1996 eingeweihte neue Messegelände am Nordrand der Stadt verfügt über fünf miteinander verbundene Ausstellungshallen und einer Freifläche von etwa 70 000 Quadratmetern. Außerdem gehört zur neuen Leipziger Messe ein Kongresszentrum. Die Leipziger Messegesellschaft beschäftigt rund 400 Mitarbeiter. Im Jahr 2008 fanden 40 Messen und Kongresse statt. Darunter so bedeutende Messen wie die Games Convention, die Leipziger Buchmesse und die zweitgrößte Automesse Deutschlands, die Auto Mobil International. Für die nächsten Jahre ist geplant, weitere informative Fachmessen anzubieten, die als Weiterbildungsangebot für Fachkräfte aus dem In- und Ausland dienen sollen.

M 1 *Messestandort*

Leipzig liegt in der Mitte Europas und ist ein wichtiger Verkehrsknotenpunkt. Dort kreuzen sich gut ausgebaute Autobahnen in West-Ost-Richtung mit Autobahnen, die in Nord-Süd-Richtung führen und Leipzig als Ring umschließen. Leipzig ist auch ein bedeutender Knotenpunkt im Eisenbahnverkehr. Der Leipziger Hauptbahnhof verfügt über 24 Bahnsteige und ist damit einer der größten Bahnhöfe Europas.

M 2 *Knotenpunkt im Verkehr*

Leipzig ist ein bedeutender Standort für die Verteilung und den Versand von Waren sowie für viele Dienstleistungen, die rund um diesen Bereich angesiedelt sind. Das sind zum Beispiel Speditionsunternehmen, Versandzentren mit großen Flächen für Lagerung, Sortierung und Verladung, Großmärkte sowie IT-Unternehmen. Alle diese Dienstleistungen werden unter dem Begriff **Logistik** zusammengefasst.
Auch der weltgrößte Internet-Einzelhändler Amazon hat im August 2006 in Leipzig ein neues Logistikzentrum eröffnet. Auf einer Fläche von ungefähr elf Fußballfeldern lagert das gesamte, bei Amazon.de erhältliche Produktsortiment von Büchern, Spielwaren, Artikeln für Haus und Garten bis zur Unterhaltungselektronik.

M 3 *Logistikstandort*

Leipzig ist ein traditioneller Medienstandort für Verlage, der sich in den letzten Jahren durch die Informations- und Kommunikationstechnologie sprunghaft entwickelt hat. Über 30 000 Beschäftigte sind in der Medienwirtschaft tätig. An der Spitze der Medienwirtschaft steht das Rundfunk- und Filmwesen mit fast 10 000 Beschäftigten. Auch der Mitteldeutsche Rundfunk (MDR), der Fernseh- und Hörfunkprogramme für Sachsen, Sachsen-Anhalt und Thüringen produziert, hat seit 1992 seinen Sitz in Leipzig. Als Medienunternehmen ist der MDR der größte Arbeitgeber in der Region.

M 4 *Medienstandort*

Die Stadt Leipzig verfügt über eine Vielzahl an national und international anerkannten Forschungs- und Bildungseinrichtungen. Hierzu gehören zum Beispiel die Universität Leipzig, mehrere Fachhochschulen und zahlreiche Forschungsinstitute. Die Leipziger Universität ist über 600 Jahre alt und damit die zweitälteste Universität in Deutschland, an der heute etwa 30 000 Studierende eingeschrieben sind. Von großer Bedeutung ist die enge Zusammenarbeit zwischen Forschungseinrichtungen und Wirtschaftsunternehmen. Diese stellt sicher, dass die Forschungsergebnisse zügig in die Praxis überführt werden.

M 5 *Bildungs- und Forschungsstandort*

1 „Leipzig liegt in der Leipziger Tieflandsbucht." Überprüfe diese Aussage und benenne weitere Merkmale, die die geographische Lage Leipzigs beschreiben (Atlasteil).

2 Charakterisiere Leipzig als Dienstleistungszentrum. Erstelle dazu ein Strukturdiagramm, das einen Überblick über die wichtigsten Dienstleistungen gibt (**M 1–M 5**).

3 Recherchiere im Internet und erarbeite einen Kurzvortrag zu Leipzig als Messestandort oder als Bildungsstandort.

WEBCODE: UE640218-103

Wir erkunden ein Unternehmen in unserer Region

M 1 *Schulklasse bei einer Erkundung*

Die Betriebserkundung ist eine vielseitige Untersuchungsmethode: Sie erfordert, die vielfältigen Aspekte eines Unternehmens zu beobachten, zu erfragen und zu skizzieren.

Phase 1: Allgemeine Planung

- Nehmt rechtzeitig Kontakt mit dem Unternehmen auf.
- Recherchiert Materialien. Besorgt Info-Material, Werbeprospekte, Jahresberichte. Analysiert Internetauftritte des Unternehmens.
- Legt Zeitpunkt und Ablauf der Erkundung fest. Achtet hierbei auf die Mischung von Besichtigung und Fragerunden.
- Klärt vorab die Möglichkeiten der Film- und Fotodokumentation.
- Legt die Präsentationsform fest.

Prüfliste
- ✔ Unternehmen ausgewählt
- ✔ Erkundungsaspekte festgelegt
- ✔ Absprache mit Unternehmen vorgenommen
- ✔ Ablaufplanung erstellt

Phase 2: Konkrete Vorbereitungen – mögliche Gruppenarbeitsthemen

- Standortgegebenheiten früher und heute
- Betriebsgröße, Beschäftigte
- Geschichte und Entwicklung
- Bedeutung des Unternehmens für Stadt und Region
- Globalisierung

- ✔ Themensuche abgeschlossen
- ✔ Einteilung in Gruppen vorgenommen
- ✔ Aufgaben verteilt
- ✔ Interviewfragen formuliert
- ✔ Protokollführer bestimmt

Phase 3: Durchführung der Erkundung

- Führt konsequent die vereinbarten Arbeitsschritte durch: beobachten, festhalten (Film, Foto, Skizze, Protokoll).
- Legt Wert auf die Beantwortung der vorbereiteten Fragen.
- Fragt nach, wenn Zusammenhänge nicht deutlich wurden.

- ✔ Betriebserkundung durchgeführt
- ✔ Abschlussrunde durchgeführt
- ✔ Ergebnisse schriftlich festgehalten

Phase 4: Auswertung im Unterricht

- Präsentiert die Gruppenergebnisse (Referat, Wandzeitung, Plakat, Power-Point-Präsentation).
- Ordnet die Erkundung in einen größeren thematischen Zusammenhang ein. Vergleicht die Ergebnisse mit anderen oder ähnlichen Unternehmen. Stellt einen deutschen, europäischen und globalen Bezug her.

- ✔ Gesamtablauf der Erkundung besprochen
- ✔ Materialien ausgewertet
- ✔ Ergebnisse präsentiert

Phase 5: Öffentliche Darstellung

- Stellt das Gesamtergebnis für die Schulöffentlichkeit bereit (Projekttag, Ausstellung, Homepage- oder Jahresschrift-Beitrag, Artikel für die Lokalzeitung).

- ✔ Adressatenkreis bestimmt
- ✔ Aufgaben verteilt
- ✔ Ergebnisse vorgestellt

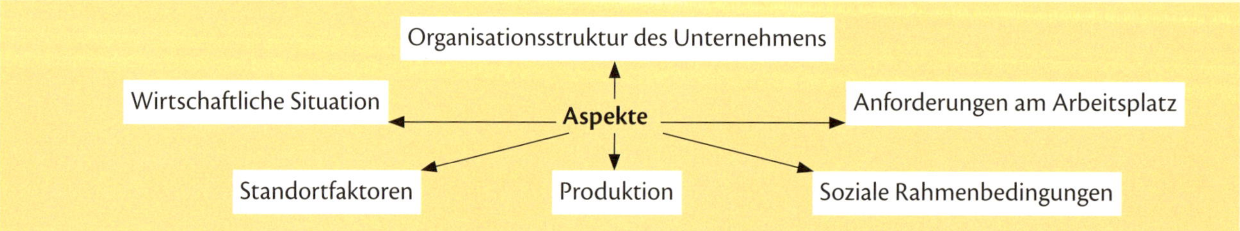

M 2 *Erkundung von betrieblichen Aspekten*

Organisationsstruktur des Unternehmens
Welcher Branche ist der Betrieb zuzuordnen?
Wie viele Arbeitnehmerinnen, Arbeitnehmer und Auszubildende sind in dem Betrieb beschäftigt?
- weitere Niederlassungen
- Abteilungen/Aufgabenbereiche
- Einbeziehung von Mitarbeitern/Abteilungen in Entscheidungen
- Rationalisierung
- Einführung von Teamarbeit
- Forschungsabteilung

Produktion
Welche Produkte werden hergestellt oder welche Dienstleistungen erbracht?
Welche Rohstoffe, Halbfabrikate und Betriebsmittel werden benötigt?
- Energieverbrauch
- gesetzliche Vorschriften
- Umweltverträglichkeit
- Automatisierungsgrad
- neue Technologien
- Qualitätskontrolle
- Kontakt zum Kunden
- Bestellungen per Internet

Standortfaktoren
Welche Überlegungen waren für die Standortwahl ausschlaggebend?
- Arbeitskräfte
- Rohstoffe
- Lieferanten
- Infrastruktureinrichtungen
- Forschungseinrichtungen
- Dienstleistungsangebot in der Region
- Subventionen
- Absatzmärkte

Wirtschaftliche Situation des Unternehmens
Welche Bedeutung haben Rohstoff- und Energiepreise für die Arbeitskosten?
Besteht eine zwischenbetriebliche oder internationale Arbeitsteilung?
- Auftragslage
- Umsatz und Gewinn
- Investitionen
- Marktposition des Unternehmens
- Festigung der Marktposition
- Bedeutung für die Stadt/die Region
- zukünftige Entwicklung der Branche
- Konkurrenten
- Preis- und Qualitätswettbewerb
- Werbung für die Produkte

Der Arbeitsplatz
Welche Berufe werden im Betrieb ausgeübt?
Welche fachlichen Kompetenzen und Schlüsselqualifikationen sind für die Arbeitsplätze erforderlich?
Für welche Arbeitsplätze ist besonderes manuelles Geschick erforderlich?
- Schicht- und Nachtarbeit
- Belastungen durch Hitze und Lärm
- Qualifizierungsgrad der Mitarbeiter
- Leistungskontrollen
- innerbetriebliche Ausbildung
- Fortbildungsmaßnahmen
- Sozialleistungen des Unternehmens
- soziale Einrichtungen auf dem Betriebsgelände
- Ausbildungsberufe
- Ausbildungsplätze
- Einstellungspraxis
- Einzelarbeit und Teamarbeit

M 3 *Beispiele für Interviewfragen*

M 4 *Mechatronikerin*

M 5 *Schweißer*

Wachstumsregionen in der EU

M 1 *Die führenden Standorte der Informationstechnologie*

M 2 *Biotechnologie-Cluster*

check-it

- Bedeutung von Wirtschaftsbereichen für Wachstum und regionale Verteilung beschreiben
- Merkmale von Wachstumsregionen benennen
- zeitliche Abfolge von Neuerungen beschreiben
- Thematische Karten auswerten

Merkmale von Wachstum

Unter „Wirtschaftswachstum" versteht man die Zunahme des Bruttoinlandsprodukts innerhalb eines bestimmten Zeitraums. Ein Unternehmenswachstum zeigt sich am höheren Umsatz und an den durch eigene Tätigkeit geschaffenen Werten. Beim privaten Verbraucher steigen Einkommen, Geldvermögen und Konsumausgaben.

Wachstumsbranchen

Die Bedeutung der Eisen- und Stahlindustrie, des Schiffs- und Fahrzeugbaus sowie der Textilindustrie ist in den letzten Jahrzehnten zurückgegangen. An ihre Stelle sind moderne Wachstumsindustrien getreten wie die chemische Industrie sowie die Informations- und Kommunikationstechnologie. Eine Branche mit hohen Zuwachsraten ist die Biotechnologie mit ihren Forschungs- und Anwendungsgebieten Gesundheit und Wellness. Als Zukunftsbranchen werden die „grünen Technologien" – zum Beispiel die Solartechnik – angesehen. Sie profitieren vom Klimawandel und entwickeln neue Verfahren zum Schutz der Umwelt.

Diese Wirtschaftsbranchen sind nicht mehr an Rohstoffvorkommen gebunden, sondern benötigen qualifizierte Arbeitskräfte und eine gut ausgebaute Infrastruktur. Deshalb sind solche Standorte heute über den Raum verteilt, vor allem aber sind sie im Umkreis der großen Städte zu finden.

Wachstumsregionen

Wachstumsregionen zeichnen sich durch einen im Vergleich mit anderen Regionen überproportionalen Anstieg des Bruttoinlandproduktes aus.

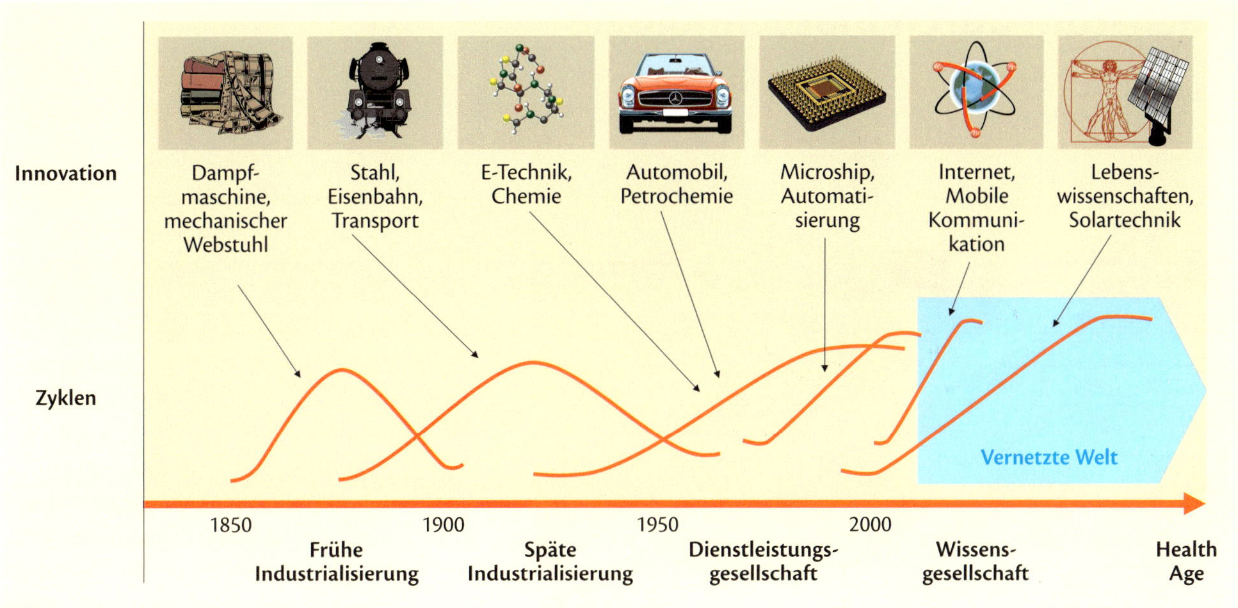

M 3 *Modell der langen Konjunkturwellen*

Besonders deutlich wird der Fortschritt, wo sich mehrere Unternehmen mit gleichen oder ähnlichen Produktionszweigen ansiedeln. Häufig befinden sich in der Nachbarschaft Forschungs- und Bildungseinrichtungen. Voraussetzungen für die Ansiedlung sind aber nicht allein die Investitionen der Unternehmen selbst, sondern auch ausländische Investitionen sowie Zuschüsse der einzelnen Staaten und der EU. Die wirtschaftlichen Rahmenbedingungen müssen innovationsfreundlich sein, damit überhaupt investiert wird und Ideen in neue Produkte umgesetzt werden können.

Ein Verbund von Unternehmen, Forschungs- und Bildungseinrichtungen wird als **Cluster** (englisch: Schwarm, Gruppe) bezeichnet. Wegen der engen Vernetzung miteinander haben die Partner ein hohes Entwicklungspotential. Da die Unternehmen zusammenarbeiten, stärken sie sich gegenseitig. Sie nutzen gemeinsam Infrastruktureinrichtungen und die Leistungen von hochgradig spezialisierten Zulieferbetrieben in der Region. Derartige Netzwerke entwickeln neue Produkte, die auf dem Weltmarkt konkurrenzfähig sind. Wettbewerbsfähige Cluster sind leistungsfähige Motoren der wirtschaftlichen Entwicklung und treibende Kräfte der Innovation. Die EU beklagt jedoch, dass in Europa noch wettbewerbsfähige Cluster von Weltrang fehlen.

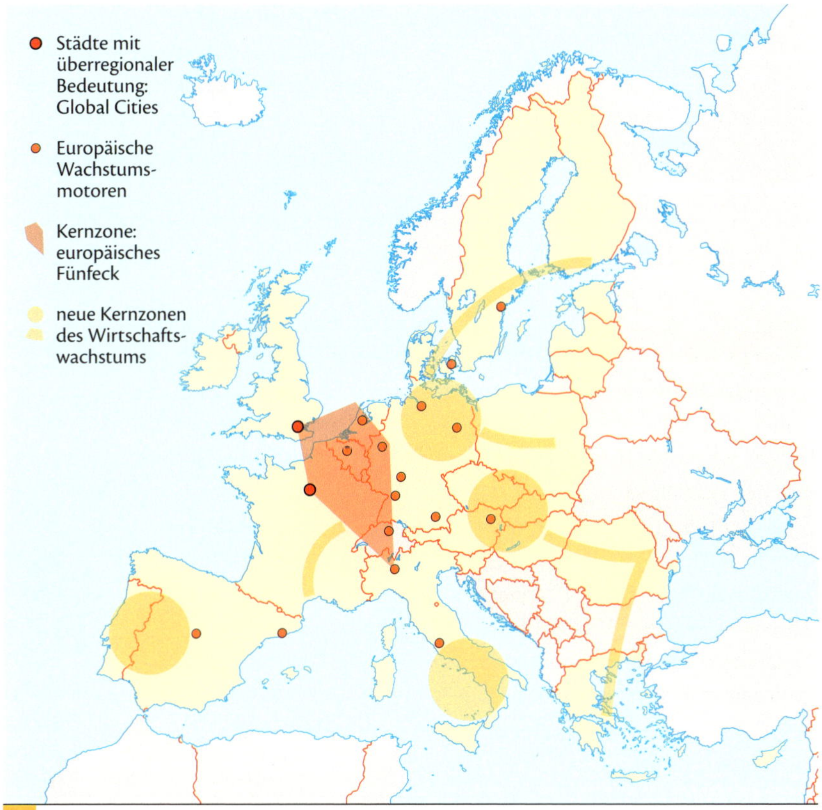

M 4 *Räumliche Verteilung der wirtschaftlichen Kraftzentren*

1 Beschreibe die Verteilung der Wirtschaftsräume in der EU (**M 4**).

2 Benenne Merkmale, die eine Wachstumsregion kennzeichnen (**M 4**).

3 Beschreibe die Entwicklungen und Auswirkungen von Neuerungen in ihrer zeitlichen Abfolge (**M 3**).

4 Erstelle eine Tabelle, in der du die führenden Standorte der Wachstumsbranchen in der EU den Ländern zuordnest (**M 1**, **M 2**, **M 4**).

Wachstum durch Biotechnologie

M 1 *Arbeit in einer Forschungseinrichtung*

check-it
- Medicon Valley und andere Biotechnologieregionen lokalisieren
- regionale und wirtschaftsräumliche Verflechtungen analysieren
- Standortvoraussetzungen erläutern
- Möglichkeiten wirtschaftlicher Entwicklung begründen

Biotechnologie – ein Wachstumsmotor

Nach dem Niedergang oder der Verlagerung traditioneller Industriezweige wie der Textilindustrie oder der chemischen Industrie sehen gerade die Industrieländer in der Biotechnologie eine neue Schlüsselbranche. Neben dem Agrar- und Umweltsektor spielt der Gesundheitssektor eine entscheidende Rolle. Hier rechnet man mit einem hohen Wachstumspotenzial – nicht nur wegen der zunehmenden Weltbevölkerung, sondern auch wegen der Wohlstandskrankheiten in den Industrieländern. Die Alterung der Gesellschaft erfordert neue Vorsorge- und Behandlungsformen. Die „rote Biotechnologie" hat sich zum Ziel gesetzt, zum Beispiel für Volkskrankheiten wie Herz-Kreislauf-Erkrankungen, Diabetes oder Krebs wirksamere Behandlungsmethoden mit weniger Nebenwirkungen zu entwickeln.

Öresund-Region

Die Universitäten in Kopenhagen, Roskilde, Malmö und Lund sind schon lange auf biologische und medizinische Forschung spezialisiert. Große dänische Pharmaunternehmen wie Novo Nordisk, Lundbeck und LEO Pharma haben sich bereits vor über hundert Jahre in der Region angesiedelt. Auf schwedischer Seite entstand 1983 um die Universität Lund ein Wissenschaftspark.

Die Herstellung von Jeans ist beinahe so etwas wie eine kleine Wissenschaft – besonders, wenn sie einen Stone-washed-Effekt aufweisen soll. Lange Zeit war dabei Bimsstein das Mittel der Wahl. Die Hosen wurden damit so lange in der Waschmaschine gewaschen, bis die äußere Schicht des Garns abgetragen war. Biotechnologen nutzen heute bestimmte Enzyme, die in den Baumwollfasern der Jeanshose ganz gezielt winzige Risse erzeugen.
Kunststoff hat sich nicht nur bei der Herstellung von Tragetaschen durchgesetzt, sondern ist auch in der Industrie nicht mehr wegzudenken. Als Rohstoffquelle wird mehrheitlich Erdöl verwendet. Zudem wird Müll aus Kunststoff zunehmend ein Problem. Eine Alternative lautet Biokunststoff. Als mögliche Lieferanten können dabei Mikroorganismen wie Pilze oder Bakterien dienen. (nach: www.biotechnologie.de)

M 2 *Biotechnologie im Alltag*

Zweig	Anwendungsgebiete
Grüne Biotechnologie	Landwirtschaft, Pflanzenbiotechnologie
Rote Biotechnologie	Medizin und Pharmazeutik
Blaue Biotechnologie	Produkte aus dem Meer
Weiße Biotechnologie	neue Produkte, Industrieprozesse
Graue Biotechnologie	Abfallwirtschaft
Braune Biotechnologie	Technik, Umwelt
Gelbe Biotechnologie	Herstellung von Lebensmitteln und Grundstoffen

M 3 *Einteilung der Biotechnologie*

3,5 Millionen Einwohner
40 000 Beschäftigte in der Biotechnologie
12 Universitäten und Fachhochschulen
32 Krankenhäuser, davon elf Universitätskrankenhäuser
6 Wissenschaftsparks
6 Gründerzentren

In der Forschung und/oder in der Produktion tätig:
- rd. 100 (rote) Biotechnologie-Unternehmen
- rd. 25 Pharma-(Arzneimittel-)Unternehmen
- 100 medizintechnische Unternehmen

Multinationale Firmen mit Forschungsabteilungen und Niederlassungen:
- 200 Pharma-Unternehmen
- 170 medizintechnische Unternehmen
- 30 Investoren/Kapitalgeber

M 4 *Medicon Valley im Überblick*

Die Gründer orientierten sich am amerikanischen Modell, Forschungseinrichtungen und Unternehmen wie im Silicon Valley zusammenzuführen. Drei Jahre später gründeten dänische Forscher mit derselben Absicht einen Wissenschaftspark in Kopenhagen. Ein Erfolg stellte sich jedoch erst ein, nachdem sich das Pharma-Unternehmen Novo Nordisk beteiligte. Die im Jahr 2000 fertiggestellte Öresund-Brücke trägt zur intensiven Zusammenarbeit bei.

Neue Strukturen

1997 beschlossen staatliche Stellen und private Unternehmer der biomedizinischen Industrie in Kopenhagen und dem südlichen Schweden, eine grenzübergreifende Region zu schaffen und diese international zu vermarkten. Ihr Ziel: eine der attraktivsten Biotechnologie-Regionen in Europa zu werden.
Den Kern von Medicon Valley bilden die Biotechnologie- und Pharmazieunternehmen. Die Pharmaindustrie wirkt dabei als Hauptmotor. Nur die wenigsten Biotech-Betriebe können infolge der hohen Entwicklungskosten ein Produkt soweit entwickeln, dass es als Endprodukt verkauft werden kann. Die pharmazeutischen Konzerne betreiben eigene Forschungslabors, vergeben aber auch Aufträge an Biotech-Unternehmen. Viele solcher Unternehmen wurden von ehemaligen Angestellten der Pharmaindustrie gegründet.

1 Beschreibe die Lage des Medicon Valley und informiere dich über die Bedeutung der Biotechnologie (**M 1–M 5**).
2 Erläutere die Standortvoraussetzungen für Medicon Valley (**M 4, M 5**).
3 Begründe den Erfolg von Medicon Valley (**M 6, M 7**).
4 Informiere dich über weitere europäische Biotechnologieregionen und berichte darüber (S. 106).

WEBCODE: UE640218-109

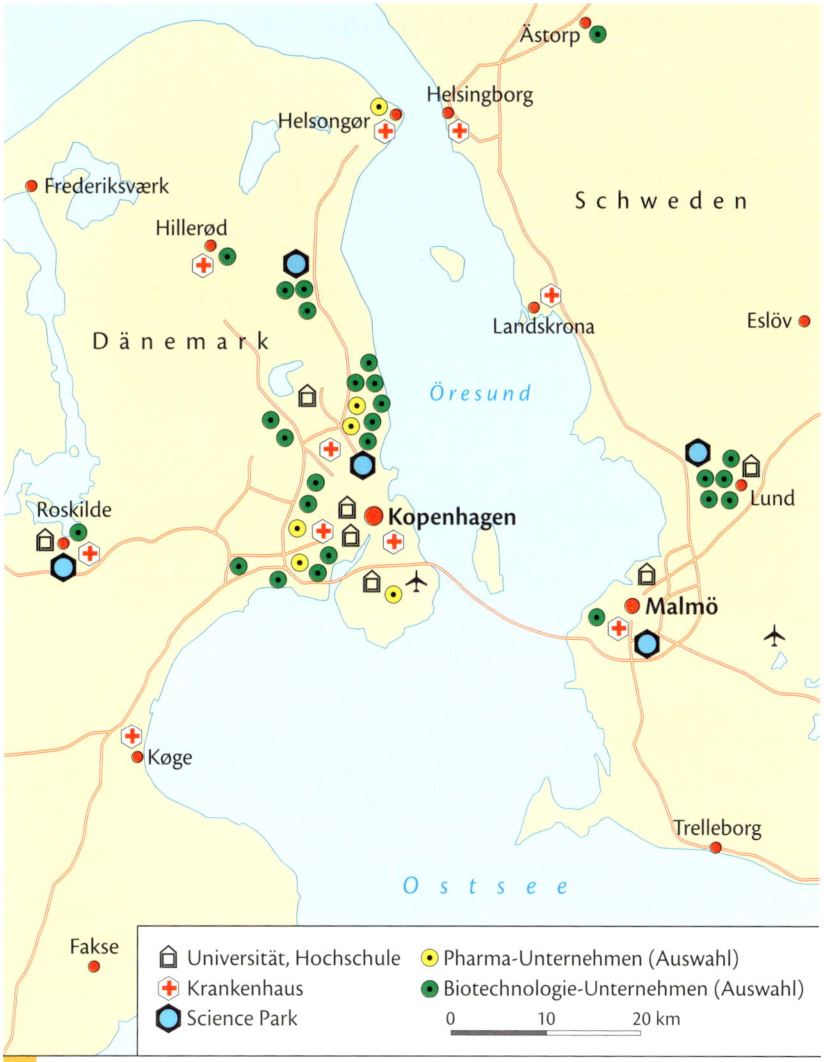

M 5 *Medicon Valley*

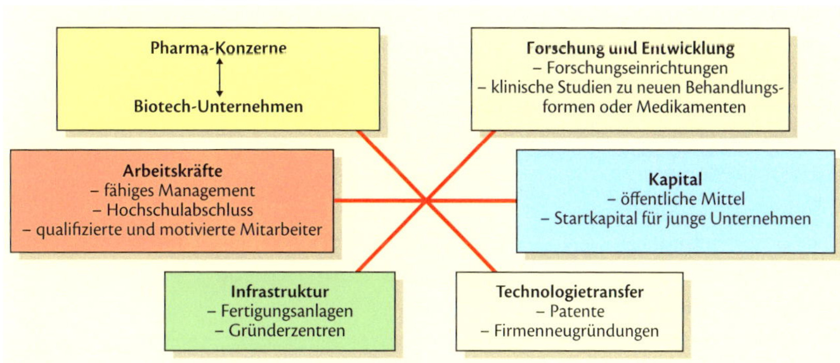

M 6 *Schlüsselfaktoren für ein erfolgreiches Netzwerk*

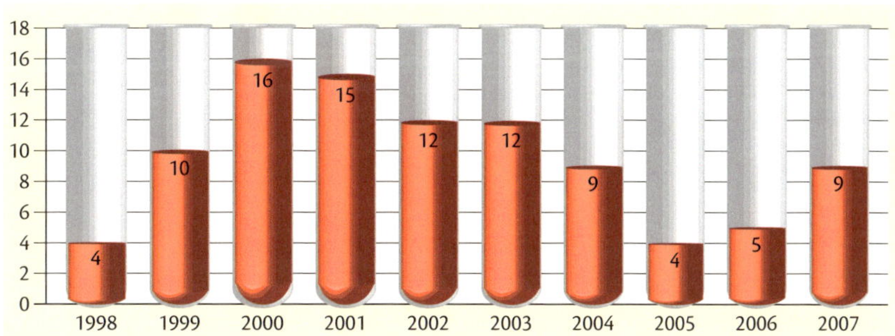

M 7 *Neugründungen von Biotechnologie-Unternehmen im Medicon Valley*

Die Slowakei – ein neuer Autobauer Europas

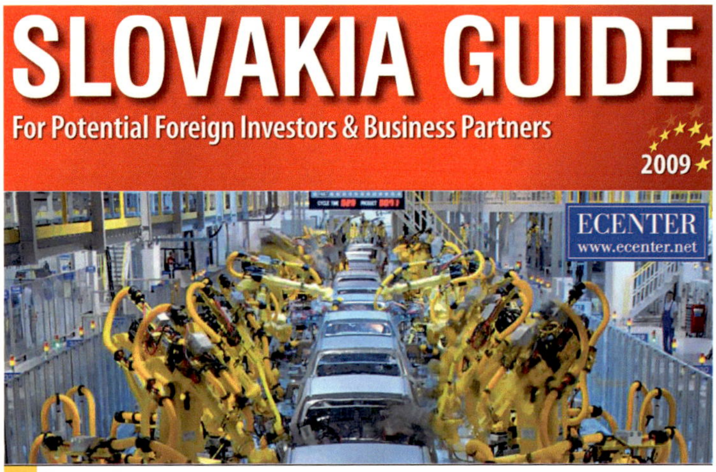

M 1 *Titelseite einer Fachzeitschrift*

check-it
- Standorte der slowakischen Automobilwerke lokalisieren
- Standortbedingungen für die Automobilindustrie begründen
- Wirtschaftliche Bedeutung der Automobilindustrie erklären
- Diagramme auswerten

Stärken	Schwächen
– anhaltender Aufschwung und lange industrielle Tradition – niedrige Steuerbelastung, einheitlicher Steuersatz von 19 Prozent – günstige Produktionsfaktoren, darunter vor allem niedrige Löhne – gut ausgebildete und motivierte Arbeitskräfte – liberales Arbeitsrecht – lokale Zulieferer gut verfügbar	– zunehmende Verknappung von Fachkräften, häufiger Wechsel – mangelhafte Transportinfrastruktur, da Autobahnnetz erst im Aufbau – mangelhafte Transparenz bei Ausschreibungen – schwach entwickelte Forschung und Entwicklung
Chancen	**Risiken**
– Umschlagplatz für das Osteuropa-Geschäft – weiterhin deutlich wachsende Binnennachfrage – kostengünstige Strukturen für Industrieansiedlungen – breites Flächen- und Objektangebot in Gewerbeparks – Nutzung öffentlicher und EU-Fördermittel, Investitionshilfen	– hohe Abhängigkeit der Wirtschaft vom Export – einseitige Ausrichtung auf Kfz- und Elektroindustrie – weitere Zunahme des Facharbeitermangels – schnell steigende Lohnkosten – Zunahme der großen regionalen Entwicklungsunterschiede

M 2 *Analyse der Stärken, Schwächen, Chancen und Risiken in der Slowakei*

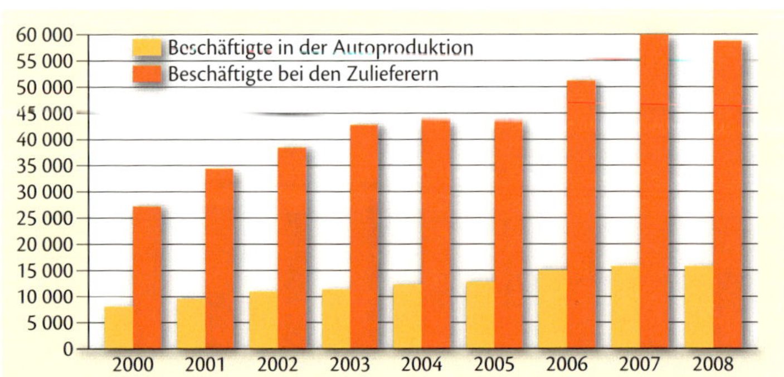

M 3 *Beschäftigte in der Automobil- und Zulieferindustrie (Slowakei)*

Auf dem Sprung zur europäischen Auto-Großmacht

Volkswagen hatte 1991 den Anfang gemacht und einen staatlichen Automobilproduzenten gekauft – die Automobilwerke in Bratislava. Der kleine Produktionsbetrieb war eine Nebenstelle der damaligen tschechischen Skoda-Werke. Mittlerweile sind mit VW Slovakia, dem umsatzstärksten Unternehmen des Landes, rund 300 Zulieferfirmen verbunden. Neu angesiedelt haben sich der französische Konzern PSA Peugeot-Citroën und der südkoreanische Autobauer Kia Motors. Da nach der politischen Wende 1992 die früher beherrschende Rüstungsindustrie und chemische Industrie nahezu zum Erliegen gekommen waren, holte der Staat durch Förderungsbeihilfen ausländische Unternehmen in das Land. Er vereinfachte das Steuersystem und veränderte die arbeitsrechtlichen Bedingungen zugunsten der Arbeitgeber. Für ausländische Investoren sind außerdem die Personalkosten ein wichtiger Faktor bei der Standortwahl. Im verarbeitenden Gewerbe kostete 2008 eine Arbeitsstunde in der Slowakei durchschnittlich 7,20 Euro, in Deutschland 33,90 Euro. Dabei ist zu bedenken, dass im Großraum Bratislava zum Teil doppelt so hohe Löhne bezahlt werden wie im Landesdurchschnitt.

Abhängig von der Autoindustrie

Beinahe die gesamte Autoproduktion geht in den Export. Die Slowakei rühmt sich deshalb, bezogen auf ihre 5,4 Millionen Einwohner, der größte Autoproduzent der Welt zu sein. Die Autoindustrie erwirtschaftet ein Viertel des Bruttoinlandsproduktes.

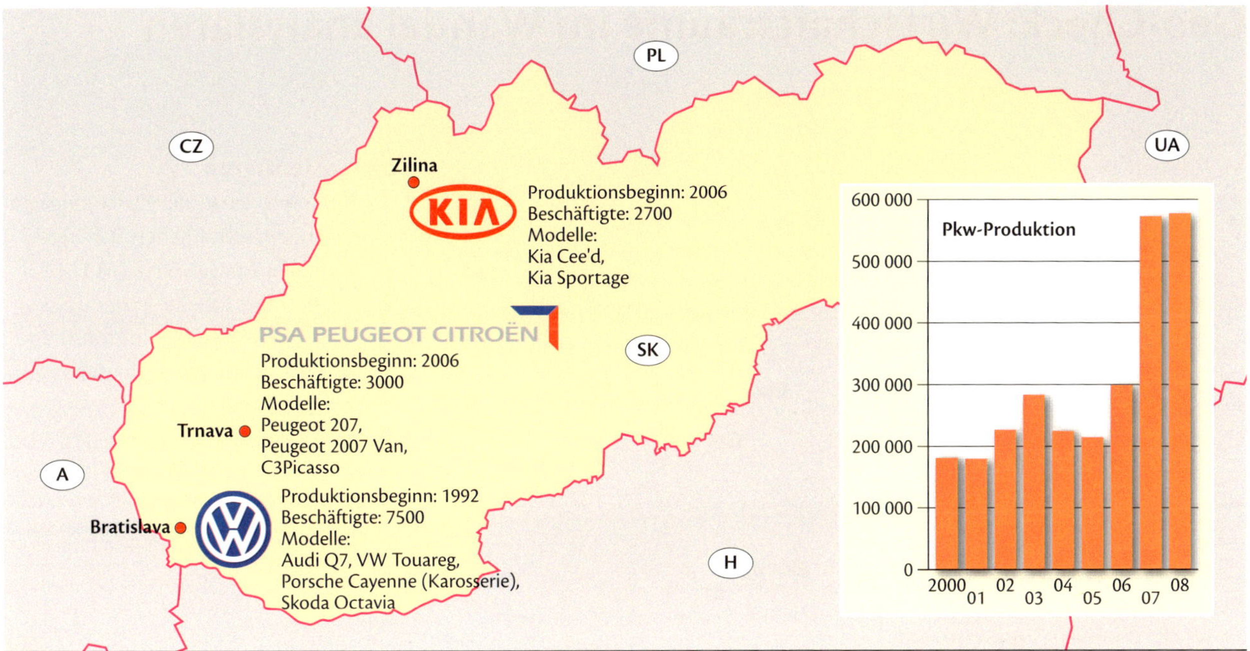

M 4 *Standorte und Pkw-Produktion in der Slowakei*

Allerdings verursachte die internationale Wirtschaftskrise 2008 und 2009 auch in der Automobilindustrie Produktionseinbrüche. In Zukunft wollen die Autowerke vorrangig Kleinwagen bauen, speziell für den osteuropäischen Markt.
Wegen der einseitigen Ausrichtung auf die Automobilindustrie setzt die Regierung auf weitere Branchen wie die Elektroindustrie. Schon heute zählt die Slowakei zu den führenden europäischen Herstellern von LCD-Fernsehgeräten und -Monitoren.

1 Erstelle eine Tabelle zur Entwicklung der Automobilindustrie in der Slowakei. Begründe die Standortwahl (**M 1–M 2**, **M 4**).
2 Analysiere die Pkw-Produktion. Erkläre, warum die Slowakei sich als größten Autoproduzenten der Welt bezeichnet (**M 4–M 6**).
3 Erstelle ein Diagramm zur Automobilproduktion in Europa und werte es aus. Berücksichtige besonders die Slowakei (**M 6**).
4 Übernimm die Rolle eines Investors. Erstelle eine Tabelle mit Pro- und Kontra-Argumenten in Bezug auf eine Standortwahl in der Slowakei (**M 2**).

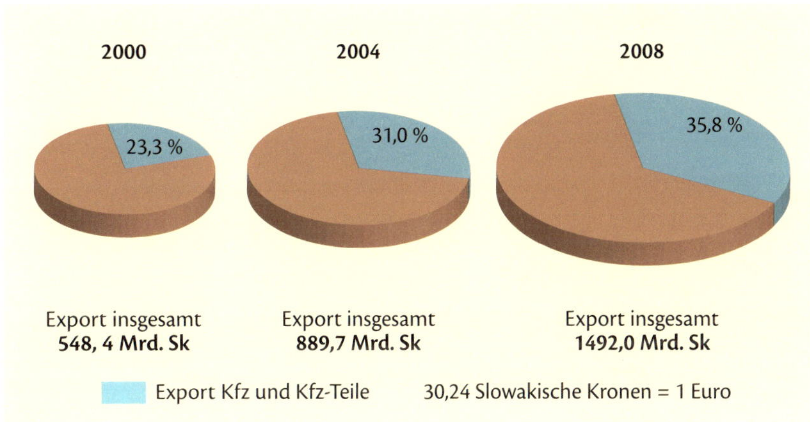

M 5 *Anteil der Kfz-Exporte an den Gesamtexporten der Slowakei*

Land	1999	2008
Belgien	917 513	680 131
Deutschland	5 309 524	5 526 882
Finnland	33 903	18 000
Frankreich	2 784 469	2 145 935
Großbritannien	1 786 624	1 446 619
Italien	1 410 459	659 221
Niederlande	262 242	59 223
Österreich	123 586	125 436
Polen	546 843	840 000
Portugal	186 996	132 241
Rumänien	88 313	231 056
Schweden	213 895	252 287
Serbien	3 816	9 818
Slowakei	128 503	575 766
Slowenien	118 132	180 233
Spanien	2 281 617	1 943 049
Tschechien	348 482	933 312
Ungarn	125 889	324 359

M 6 *Automobilproduktion in Europa*

Geo-Check: Wirtschaftsräume im Wandel analysieren

M 1 *Ausgewählte wirtschaftliche Ballungsräume in Europa*

Sich orientieren

1 Bezeichne die in der Karte eingetragenen wirtschaftlichen Ballungsräume Europas A bis X (**M 1**).

2 Erstelle eine Tabelle, in der du den wirtschaftlichen Ballungsräumen die Länder zuordnest, in denen diese liegen (**M 1**).

3 Beschreibe die Verteilung der Wirtschafträume über Europa (**M 1**, Karte S. 180/181)

Wissen und verstehen

4 Sortiere die Aussagen in richtige und falsche Aussagen. Verbessere die falschen Aussagen und schreibe diese richtig auf.

Richtig oder falsch?

- Strukturwandel erfolgt nur in der Landwirtschaft.
- Rohstoff- und arbeitskräfteintensive Industriebranchen wie die Stahlindustrie und der Schiffsbau sind die Wachstumsbranchen in Deutschland und Europa.
- Die Vernetzung von Wirtschaftsunternehmen, Forschungs- und Bildungseinrichtungen ist heute eine wesentliche Voraussetzung für wirtschaftliches Wachstum.
- Das Ruhrgebiet ist einer der größten wirtschaftlichen Ballungsräume Europas.
- Die Öresund-Region ist eine Wachstumsregion und wird als „Silicon Valley" Europas bezeichnet.
- Leipzig ist nicht nur ein Medien- und Messestandort, sondern auch ein Verkehrsknotenpunkt.
- Wichtige Standortbedingungen für die Entwicklung der Automobilindustrie in der Slowakei sind die niedrige Steuerlast für Unternehmen, die Lage zu Osteuropa, gut ausgebildete Arbeitskräfte und niedrigere Löhne als in Westeuropa.
- In Deutschland sind über 70 Prozent der Erwerbstätigen im Dienstleistungssektor beschäftigt.
- Die Hightech-Industrie und die Stahlerzeugung waren die Grundlage für die Industrialisierung im Ruhrgebiet.
- In Zukunft werden neue Arbeitsplätze vor allem dort entstehen, wo Serviceleistungen für Unternehmen erbracht werden.

Erde: Weltwirtschaftsbündnisse, Indien und China

Erde: Weltwirtschaftsbündnisse

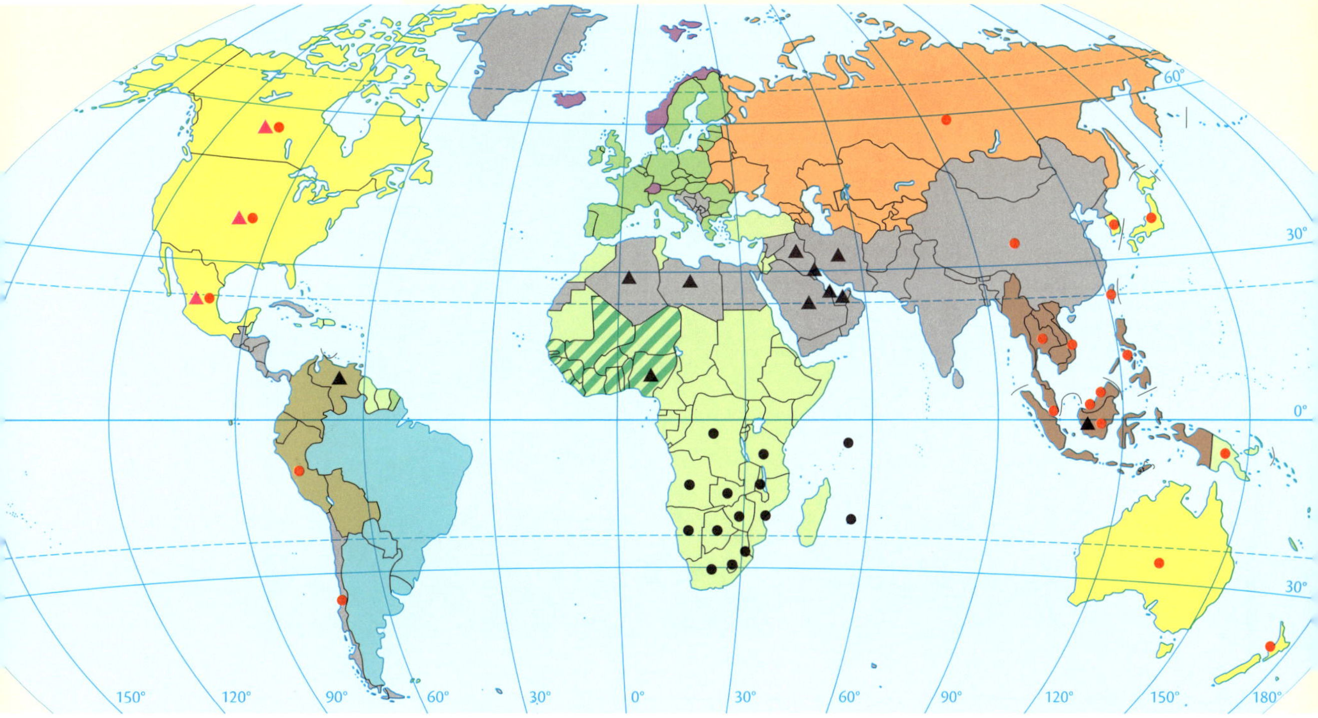

- OECD (Organisation für wirtschaftliche Zusammenarbeit und Entwicklung)
- EU (Europäische Union)
- EU-assoziierte Staaten
- GUS (Gemeinschaft Unabhängiger Staaten)
- EFTA (Europäische Freihandelszone)
- Mercosur (Gemeinsamer Markt im Süden Lateinamerikas)
- ASEAN (Verband Südostasiatischer Staaten)
- Andenpakt
- ECOWAS (Wirtschaftsgemeinschaft Westafrikanischer Staaten)
- ▲ NAFTA (Nordamerikanische Freihandelszone)
- ● APEC (Asiatisch-pazifische Wirtschaftskooperation)
- ● SADC (Entwicklungsgemeinschaft des Südl. Afrika)
- ▲ OPEC (Organisation Erdöl exportierender Staaten)

0 3000 km

Indien und China: Politische Karte

Können und anwenden

7 Wiederhole mithilfe des Screenshots in **M4**, wie und mit welchem Ergebnis man mit WebGIS arbeiten kann.

8 Erarbeite mit dem WebGIS-Angebot von www.rvr-online.de eine kleine Präsentation zum Thema „Strukturwandel im Ruhrgebiet".

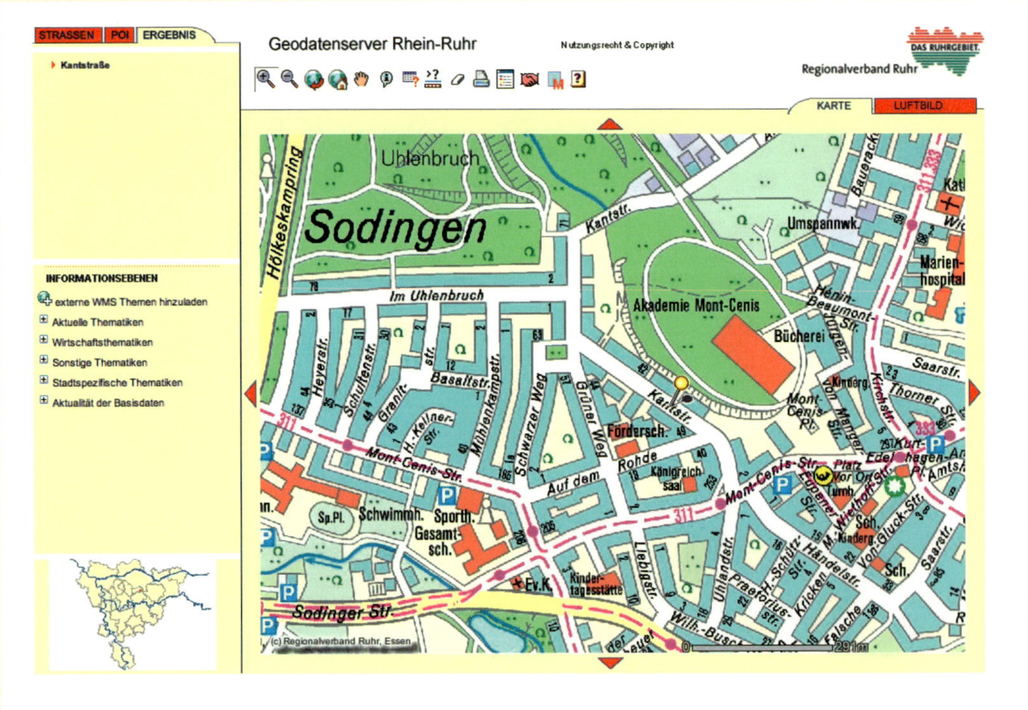

M4 *Screenshot Geodatenserver Rhein-Ruhr*

Sich verständigen, beurteilen, handeln

9 Nimm zu folgenden Aussagen Stellung:

M5 *Aussagen zu Themen der Wirtschaft*

5 Nenne zu jedem dieser Begriffe mindestens zwei Merkmale (**M 2**).

6 Löse das Rätsel. Verbinde dazu die richtigen Wortgruppen miteinander. Beginne links oben. Wenn du das Rätsel richtig gelöst hast, ergibt sich ein geographischer Begriff. Definiere diesen Begriff (**M 3**).

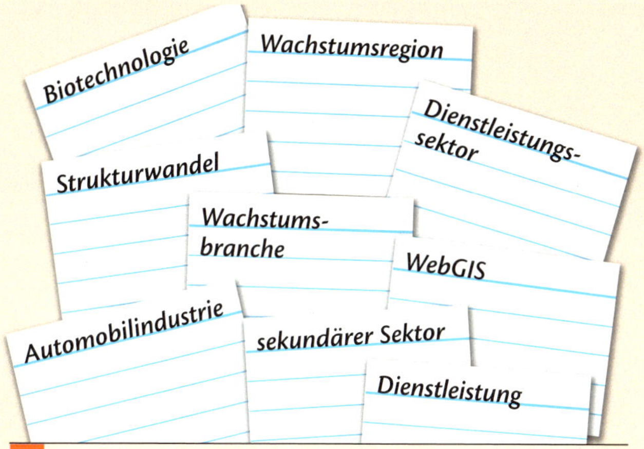

M 2 *Geo-Begriffestapel*

Merkmale der Krise im Ruhrgebiet waren …?	S	G	durch einen vielfältigen Dienstleistungsbereich
Einst „Kohlenpott", heute …?	A	T	veränderten Bedingungen anpassen
Bio-und Kommunikations-technologien sind …?	D	T	Dienstleistungen
Handel, Logistik und Versicherungs-wesen sind …?	R	N	Zukunftswerkstatt
Europäische Zusammenarbeit erfordert …?	V	T	Abbau von Arbeitsplätzen und Abwanderung
Unternehmen müssen sich ständig …?	R	E	ein gut ausgebautes Verkehrsnetz
Neue Arbeitsplätze entstehen hauptsächlich im …?	E	I	Dienstleistungssektor
Leipzig als Dienstleistungsstandort ist gekennzeichnet durch …?	L	U	Logistik, Messen, Medien und Bildung
Worin zeigt sich das neue Gesicht des Ruhrgebietes?	N	O	Wachstumsbranchen

M 3 *Rätsel für Wirtschaftsexperten*

4 Weltwirtschaft in der globalisierten Welt untersuchen

In Containern um die Welt

In den Hafenstädten überall auf der Welt stapeln sich die Container und warten auf ihren Weitertransport – mit dem Schiff, der Eisenbahn oder dem Lkw. In ihnen reisen die Waren um die Welt. Der Container ist in wenigen Jahrzehnten zum wichtigsten Transportbehälter der Weltwirtschaft und des Welthandels geworden.

In diesem Kapitel lernst du,
- weltweite Handelsströme zu lokalisieren,
- Lagemerkmale wichtiger Zentren der Globalisierung zu beschreiben,
- Merkmale und Akteure der Weltwirtschaft zu benennen,
- die internationale Arbeitsteilung zu erläutern,
- die Bedeutung des Welthandels sowie des Internets für die Globalisierung zu erklären,
- Merkmale und Bedeutung der Global Player zu erläutern,
- Wirtschaftsräume hinsichtlich ihrer Teilhabe an der Globalisierung zu analysieren.

Dabei nutzt du
- thematische Karten,
- Diagramme und Tabellen,
- Kartogramme,
- Bilder und
- das Internet.

Du beurteilst
- die Auswirkungen der internationalen Arbeitsteilung,
- die Bedeutung von Wirtschaftsbündnissen,
- die Chancen einer veränderten Weltwirtschaftsordnung,
- Produktionsbedingungen und Umweltstandards in Billiglohnländern,
- die Chancen und Gefahren der Globalisierung.

Im Hamburger Containerhafen

Die Weltwirtschaft – weltweit verflochten

check-it
- Merkmale und Akteure der Weltwirtschaft benennen
- internationale Arbeitsteilung erklären
- unterschiedliche Teilhabe von Staaten an der Weltwirtschaft erläutern
- die Bedeutung von Wirtschaftsbündnissen bewerten

M 1 *Supermarkt-Regal in Schanghai*

Wirtschaft weltweit

Süßigkeiten aus Deutschland in einem Supermarkt in China, tropische Früchte aus Brasilien sowie Fotoapparate aus Japan bei uns – die Wirtschaft produziert heute nicht mehr nur für lokale Märkte. In zunehmendem Maße werden Waren, Dienstleistungen und Kapital über Staatsgrenzen und Kontinente hinweg weltweit ausgetauscht. Dadurch erweitert sich das Warenangebot in allen Ländern.

Seit den 1970er-Jahren nimmt die Verflechtung der Weltwirtschaft zu. Immer mehr nationale und internationale Märkte verschmelzen zu Weltmärkten und immer größere internationale Unternehmen entstehen. Sie sind die treibenden Hauptakteure der Weltwirtschaft, denn sie gründen Produktionsstätten und Tochterunternehmen im Ausland und sind so auf mehreren Kontinenten vertreten.

Internationale Arbeitsteilung

Die Staaten der Erde unterscheiden sich in Bezug auf ihre Ressourcen sowie ihre technologische und gesellschaftliche Entwicklung. Deshalb können sie Waren und Dienstleistungen zu unterschiedlichen Bedingungen produzieren und auf dem Weltmarkt anbieten. Im Zuge der internationalen **Arbeitsteilung** spezialisieren sich die Länder auf die Produkte oder Produktionsschritte, bei denen sie Kostenvorteile haben. Die Ressourcen und Produktionsmöglichkeiten werden durch die Verflechtung der Weltwirtschaft optimal genutzt. Dadurch ist eine große Vielfalt der Produkte weltweit gesichert. Das hat jedoch zur Folge, dass manche Produkte bereits Tausende von Kilometern zurückgelegt haben, bis sie zum Verkauf angeboten werden.

Krabben von der deutschen Nordseeküste werden in Marokko geschält, Kaufhäuser lassen ihre Waren in Asien fertigen, Autoteile oder auch ganze Autos werden in Osteuropa produziert.

Viele Produkte werden in Deutschland oder anderen Industriestaaten nur noch entwickelt und vor dem Verkauf montiert und kontrolliert. Hergestellt werden sie in den Ländern, wo die Arbeitskräfte am billigsten sind. Nur so können die Produkte auf dem Weltmarkt konkurrenzfähig bleiben. Für Deutschland und andere Industriestaaten bedeutet das, dass Produktionsschritte in andere Länder ausgelagert werden und viele Arbeitsplätze in der Industrie verloren gehen. Gleichzeitig wird es immer wichtiger, dass die Arbeitskräfte sehr gut ausgebildet sind, um hochwertige Produkte entwickeln zu können, die man weiterhin gut auf dem Weltmarkt verkaufen kann.

In den Billiglohnländern kann der Konkurrenzdruck dazu führen, dass soziale und ökologische Mindeststandards

	Anteil an der Weltwirtschaftsleistung	Anteil am Export	Anteil an der Weltbevölkerung
USA	25,3	8,3	4,5
Japan	8,8	5,1	1,9
Deutschland	5,8	9,5	1,2
China	5,6	8,7	19,9
Großbritannien	4,7	3,1	0,9
Frankreich	4,4	4,0	0,9
Indien	2,0	0,9	17,0

M 2 *Hauptakteure der Weltwirtschaft (2007, in Prozent)*

	EU	NAFTA	ASEAN
	EU (Europäische Union): 27 Mitgliedsstaaten	NAFTA (North American Free Trade Agreement): Kanada, USA und Mexiko	ASEAN (Association of South-East Asian Nations): Brunei, Indonesien, Kambodscha, Laos, Malaysia, Myanmar, Philippinen, Singapur, Thailand, Vietnam
Anteil an der Weltbevölkerung (in Prozent)	7,1	6,7	31,7
Anteil an der Weltwirtschaftsleistung (in Prozent)	30,3	31,7	19,0
Anteil am Welthandelsvolumen (Export/Import – in Prozent)	39,4	17,8	21,0

M 3 *Wirtschaftsbündnisse im Vergleich (2005/2006)*

nicht eingehalten werden. Internationale Organisationen bemühen sich, verbindliche Regeln für die Weltwirtschaft aufzustellen.

Wirtschaftsbündnisse

Um für alle Staaten der Erde gleiche Voraussetzungen für den Zugang zum Weltmarkt zu schaffen, wurde 1994 die **Welthandelsorganisation** (**WTO**) gegründet. Sie setzt sich für den Abbau von Zollschranken und anderer Handelshemmnisse ein. Dem steht jedoch die Bildung von Freihandelszonen und Wirtschaftsblöcken entgegen.

Freihandelszonen sind Wirtschaftsbündnisse mehrerer Staaten, die Zollschranken untereinander zwar abschaffen, die Handelshemmnisse gegenüber Nicht-Mitgliedsländern aber eher verstärken, um den eigenen Markt vor billiger Konkurrenz zu schützen.

Mehr als die Hälfte des Welthandels findet innerhalb von Wirtschaftsbündnissen statt. Besonders innerhalb der großen Freihandelszonen wie der EU und der NAFTA spielt sich der größte Teil des Handels unter den Mitgliedsstaaten ab.

Nicht so starke Organisationen wie MERCOSUR und ASEAN sind weiterhin auf den Weltmarkt angewiesen, denn nur etwa ein Viertel des Handels findet innerhalb des eigenen Wirtschaftsbündnisses statt.

1 Benenne anhand eines Beispiels aus M 1 Merkmale und Akteure der Weltwirtschaft (**M 1–M 3**).

2 Wähle ein Produkt aus (z. B. Auto, Kleidung) und erkläre am Beispiel dieses Produktes, was man unter internationaler Arbeitsteilung versteht.

3 Erläutere die unterschiedliche Teilhabe von Staaten an der Weltwirtschaft (**M 2–M 4**).

4 Bildet Gruppen und informiert euch jeweils über eines der Wirtschaftsbündnisse. Stellt eure Ergebnisse der Klasse vor (**M 3**, **M 4**, Karte S. 115, Internet).

5 Vergleiche die weltwirtschaftliche Stellung der Hauptakteure mit der der Wirtschaftsbündnisse (**M 2**, **M 3**).

6 Bewerte die Bedeutung der Wirtschaftsbündnisse für einen fairen Welthandel (**M 3**, **M 4**).

WEBCODE: UE640218-119

M 4 *Geteilte Welt?*

Welthandel – immer schneller, vielfältiger und kostengünstiger

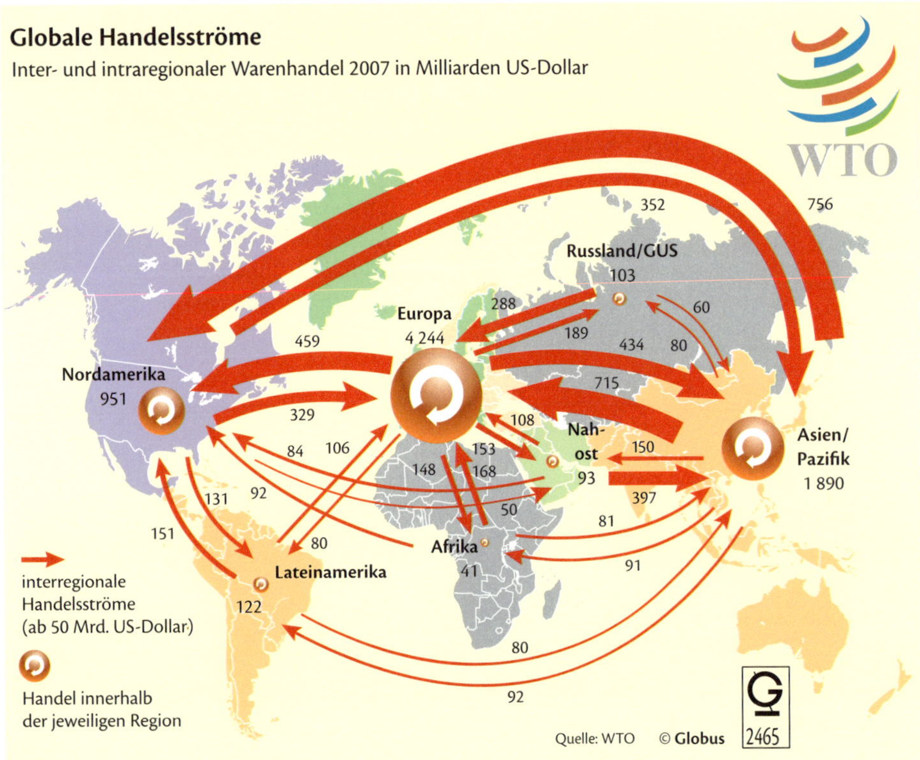

M 1 *Weltweite Handelsströme*

check-it
- weltweite Handelsströme lokalisieren
- Voraussetzungen für die Entwicklung des Welthandels erklären
- Begriff „Globalisierung" erklären
- Welthandel als Motor der Globalisierung erörtern
- thematische Karten und Diagramme auswerten

Entwicklung des Welthandels

Der Welthandel ist in den letzten Jahrzehnten stark gewachsen, und zwar weitaus stärker als die Güterproduktion. Waren und Güter werden weltweit ausgetauscht. Wir können Autos, Handys, Kleidung und Obst aus allen Teilen der Welt bei uns kaufen und bei uns produzierte Waren werden in viele andere Länder der Erde exportiert. Von entscheidender Bedeutung für die Zunahme des Welthandels waren der technische Fortschritt und die damit verbundenen Verbesserungen im Transport- und Kommunikationswesen. Im Jahr 2008 kostete der Seetransport eines Fernsehers von China nach Europa zehn US-Dollar und der eines Staubsaugers einen US-Dollar.

Mangel und Überschuss – Motoren des Welthandels

Internationaler Handel wird betrieben, wenn ein bestimmtes Gut in einem Land nicht existiert oder nicht produziert werden kann. Aufgrund unterschiedlicher Ressourcen und wirtschaftlicher Faktoren – zum Beispiel dem Vorkommen von Bodenschätzen, klimatischen Bedingungen sowie der Infrastruktur – verfügen Regionen über Waren, für die in anderen Ländern ein Bedarf besteht. Diese werden dann gehandelt.

Neben dem Mangel an bestimmten Gütern ist aber auch die Überproduktion von Gütern ein Grund für internationalen Handel. Überproduktion ist häufig die Folge von Spezialisierung. Jedes Land beziehungsweise jedes Unternehmen produziert in hohen Stückzahlen das, was es am kostengünstigsten erzeugen kann, und verkauft die Überschüsse ins Ausland.

Welthandel als Motor der Globalisierung

Die Ausweitung und Intensivierung des Handels mit Gütern und Dienstleistungen, der Austausch von Kapital, Wissen und Technologien sowie die Tätigkeit multinationaler Unternehmen haben zu einer engen Verflechtung bestimmter Teile der Erde und ihrer Menschen geführt. Diesen Prozess bezeichnet man als „Globalisierung". Sie wird geprägt durch eine Vielzahl weltweiter Verbindungen von Staaten, Gesellschaften, Unternehmen und Einzelpersonen – sowohl auf wirtschaftlichem als auch auf gesellschaftlichem und kulturellem Gebiet. Entscheidungen, die in

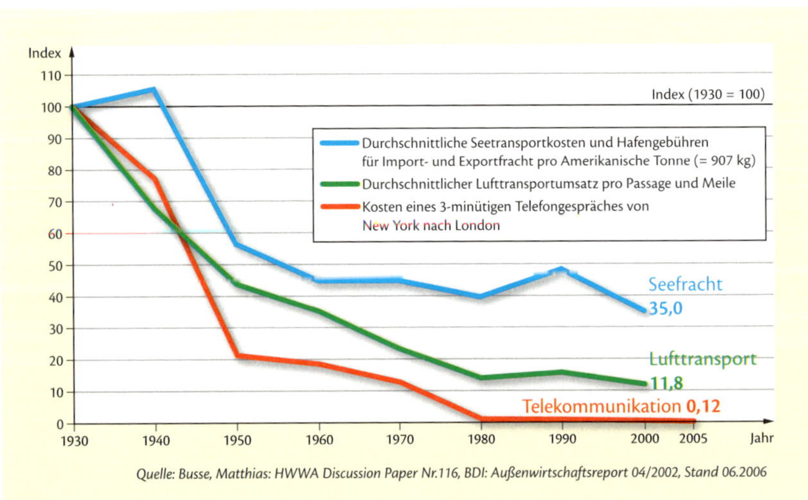

M 2 *Kostenentwicklung im Welthandel (1930–2005)*

einem Teil der Welt getroffen werden, können Auswirkungen auf weit entfernte Gebiete haben. Der Kauf eines T-Shirts in Deutschland hat beispielsweise Folgen für das Einkommen sowohl der Baumwollproduzenten in Afrika als auch der Näherinnen in Asien. Jede Kaufentscheidung wirkt sich auf Produktion, Warentransporte und damit auch auf Energieverbrauch, Verkehrs- und Umweltbelastungen aus.

Welthandel auf Seewegen

Seit Anfang der 1970er-Jahre hat sich der Weltseehandel nahezu verdoppelt. Der größte Teil der Welthandelsgüter wird über den Seeweg transportiert. Man baut heute Spezialschiffe, die hinsichtlich der Schiffsgröße, der Geschwindigkeit und der technischen Ausstattung optimal an die zu transportierenden Güter angepasst sind.
Handelsschiffe wählen aus wirtschaftlichen Gründen den kürzesten Weg. So bilden sich Seewege heraus, die oft von Hunderten von Schiffen in dichter Reihenfolge befahren werden. Die Meerengen und großen Seekanäle bilden Nadelöhre des Seeverkehrs.

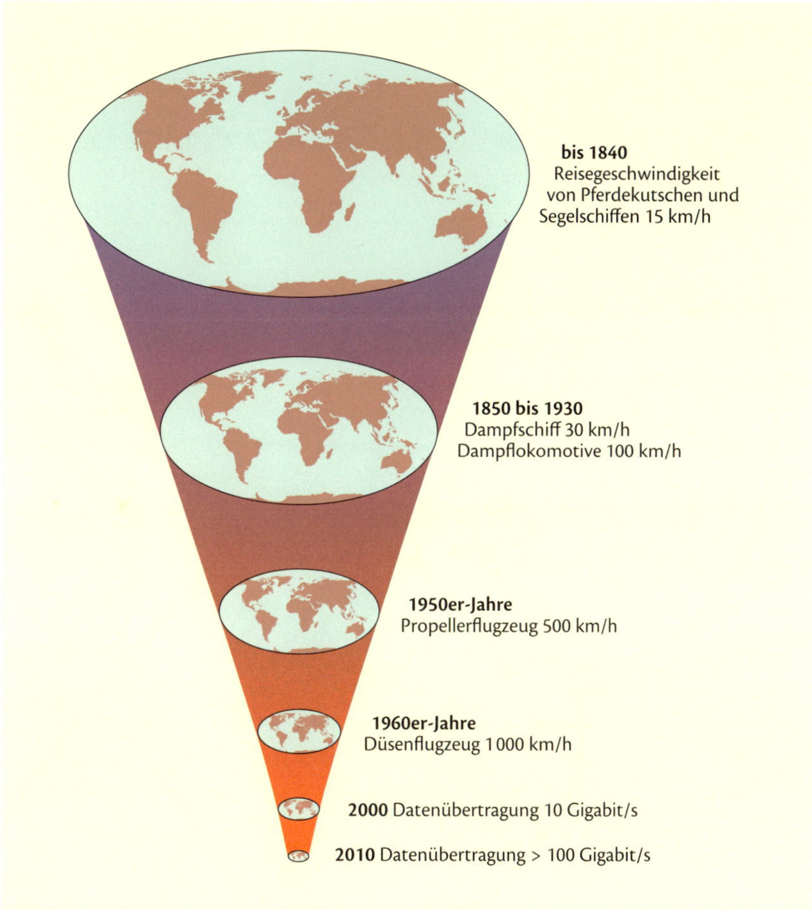

M 3 *Die Welt rückt zusammen*

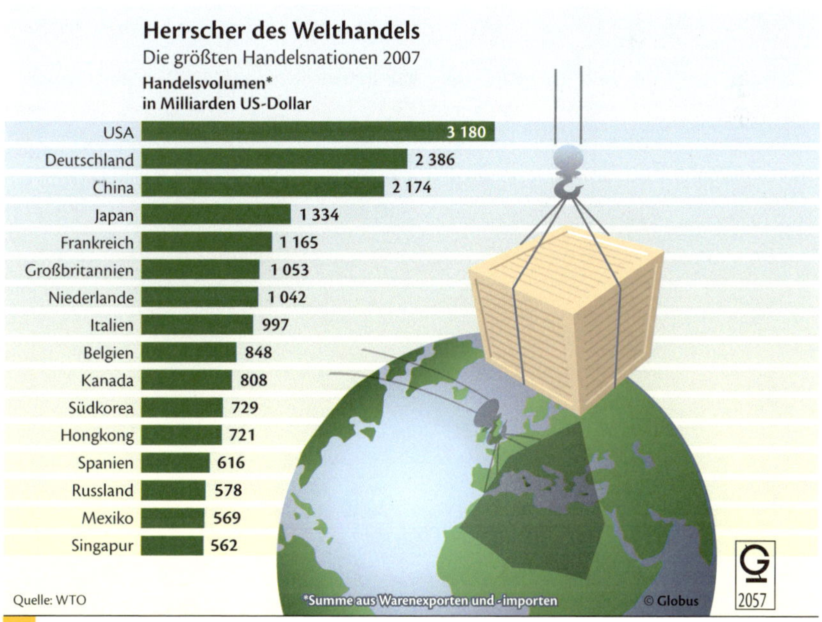

M 4 *Welthandelsnationen (2007)*

1 Benenne die Wirtschaftsräume der Erde, zwischen denen die Haupthandelsströme verlaufen (S. 120, **M 1;** S. 122/123, **M 1**).
2 Ordne die Handelsnationen den Wirtschaftsräumen zu (**M 1, M 4**).
3 Verfolge die Schifffahrtsrouten für Erdöl vom Persischen Golf a) nach Schanghai und b) nach Rotterdam. Nenne Häfen, Meere, Meerengen und Seekanäle entlang der Routen (Karte S. 115; S. 122/123, **M 1**).
4 Erläutere, welche Engstellen der Welthandel passieren muss. Beachte dabei sowohl die Geographie als auch die Menge der transportierten Güter (Karte S. 115; S. 122/123, **M 1**).
5 Beschreibe die Entwicklung des Welthandels und erkläre, wodurch diese Entwicklung ermöglicht wurde (**M 2, M 3;** S. 122/123, **M 2**).
6 „Entfernungen verlieren an Bedeutung." – Nimm ausführlich Stellung zu dieser Aussage (**M 2, M 3**).
7 Erörtere, inwiefern der Welthandel der Motor der Globalisierung ist (**M 1–M 4**).

Hauptwege des Welthandels

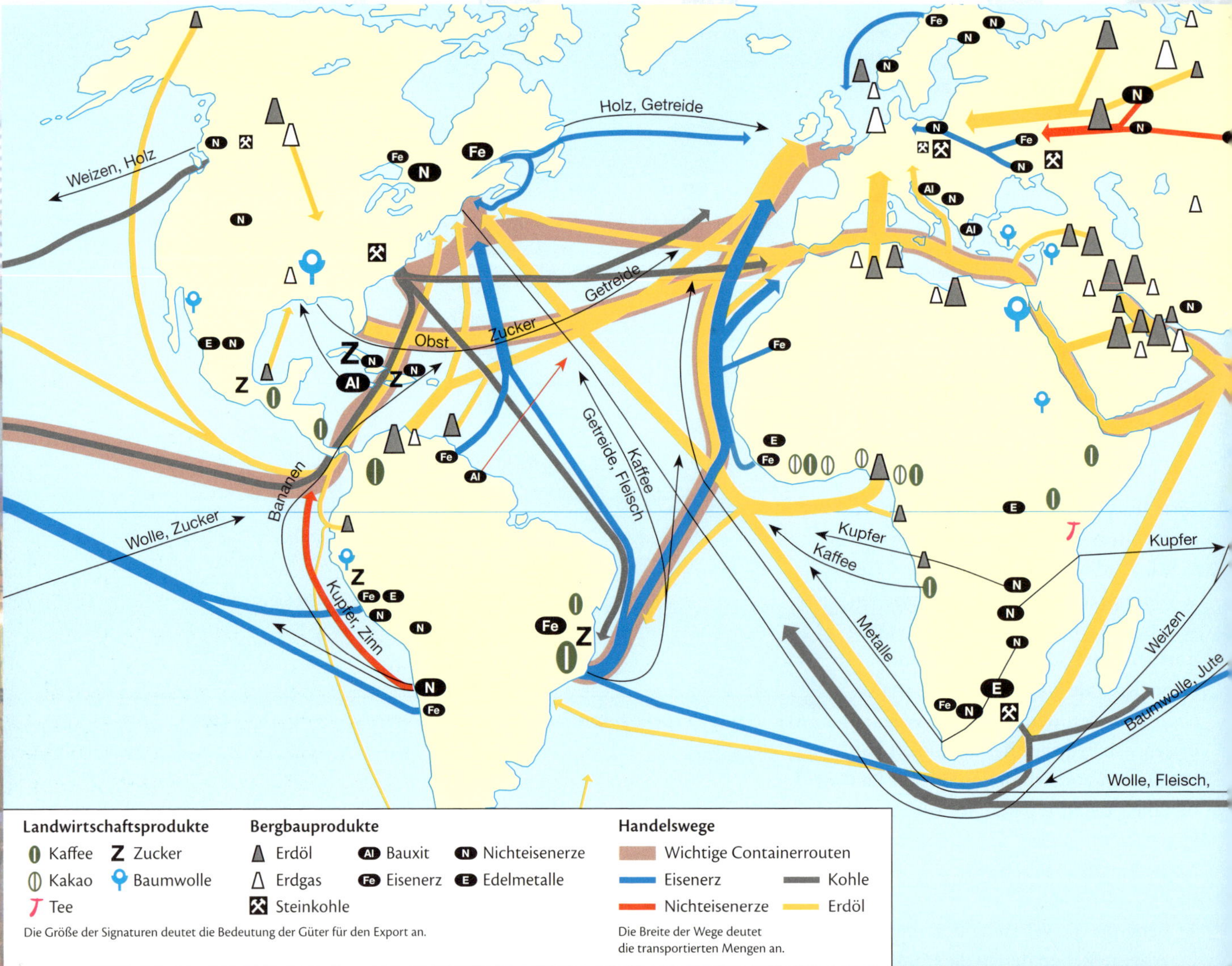

M 1 *Hauptwege des Welthandels*

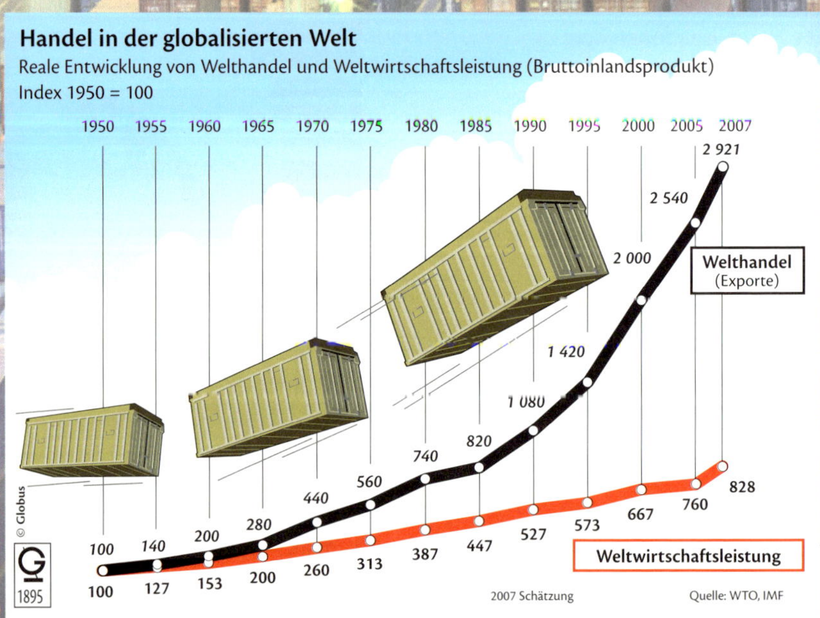

M 2 *Exporte und Weltwirtschaftsleistung (1950–2007)*

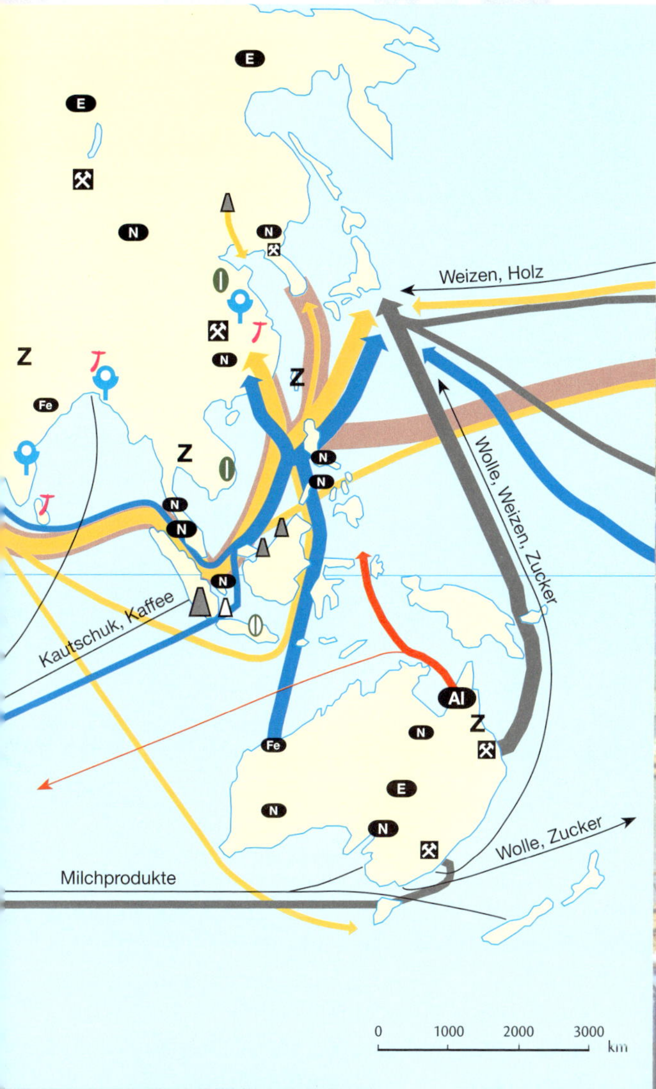

M 4 *Die größten Containerhäfen (2008)*

Container – Transportbehälter der Globalisierung

Vor mehr als 50 Jahren trat der Container seinen Siegeszug als Transportbehälter an. Der amerikanische Transportunternehmer Malcolm McLean soll sich darüber geärgert haben, dass er jedes Teil einzeln von einem Verkehrsmittel auf das andere verladen musste. Deshalb entwickelte er eine Box, in der die Waren verstaut werden konnten. Beim Transport wurde dann nur noch die gesamte Kiste vom Lkw auf die Bahn und das Schiff verladen. Das ersparte viel Zeit und Arbeitskräfte.

Mit Ausnahme der Rohstoffe wie Öl und Eisenerz werden die meisten Güter im Welthandel in Containern transportiert.

M 5 *Container und Globalisierung*

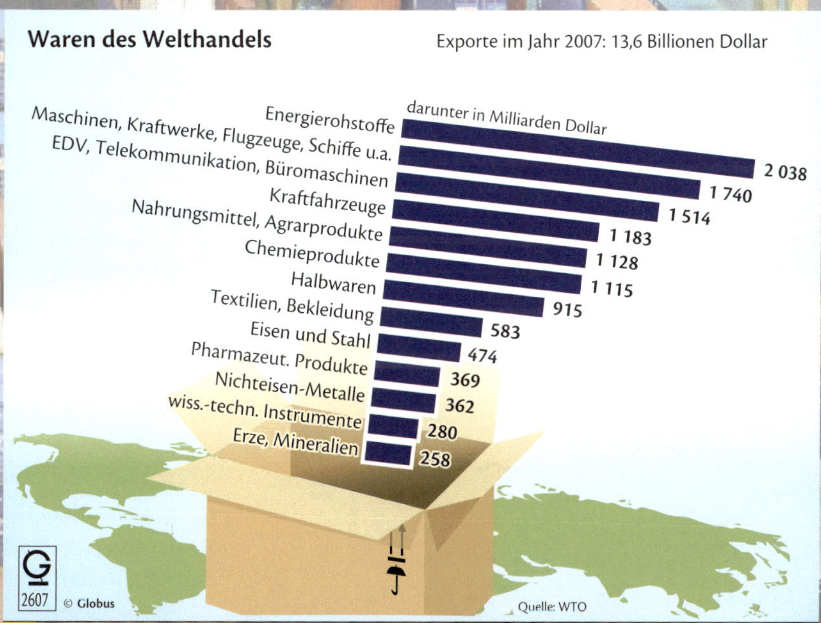

M 3 *Exportgüter im Welthandel (2007)*

Gerechter Welthandel – eine Utopie?

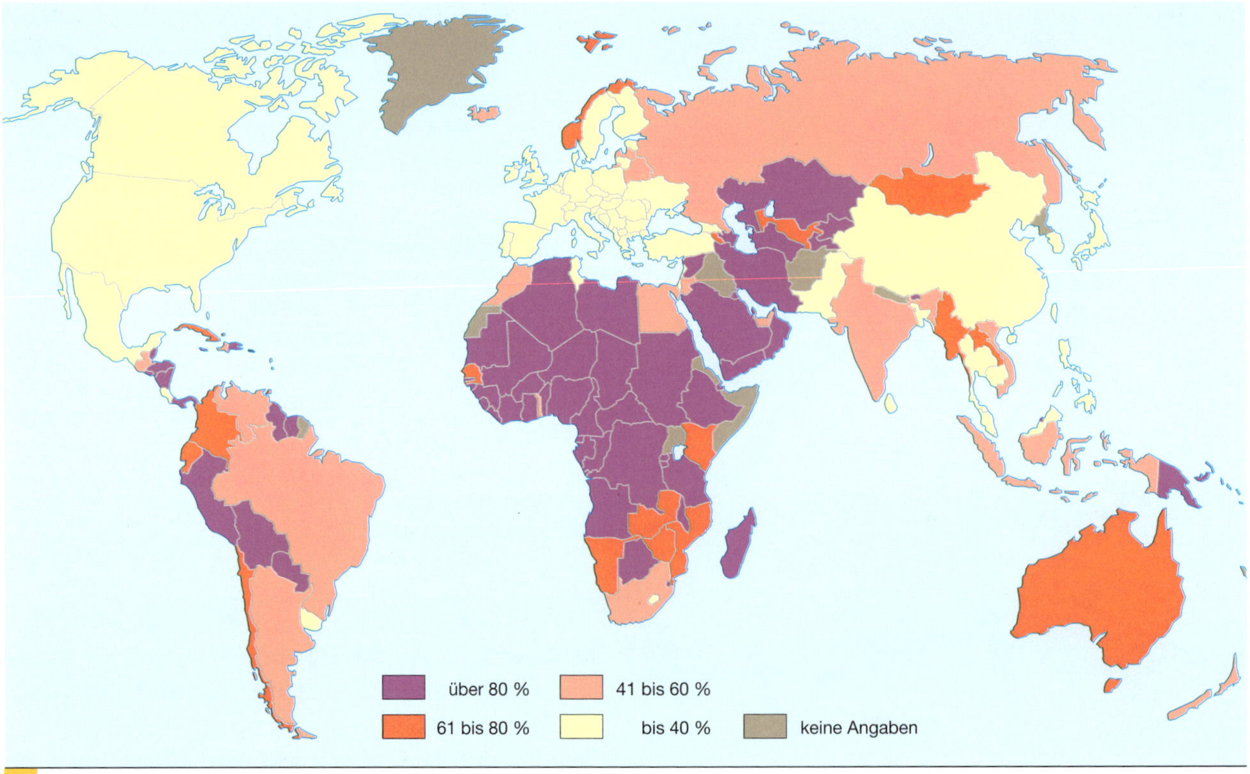

M 1 *Rohstoffexporte in Prozent des Gesamtexports (2007)*

check-it
- Staaten mit besonders hohem Anteil an Rohstoffexporten lokalisieren
- Entwicklung der Rohstoffpreise erläutern
- Auswirkungen schwankender Rohstoffpreise für rohstoffexportierende Länder analysieren
- Chancen einer veränderten Wirtschaftsordnung beurteilen

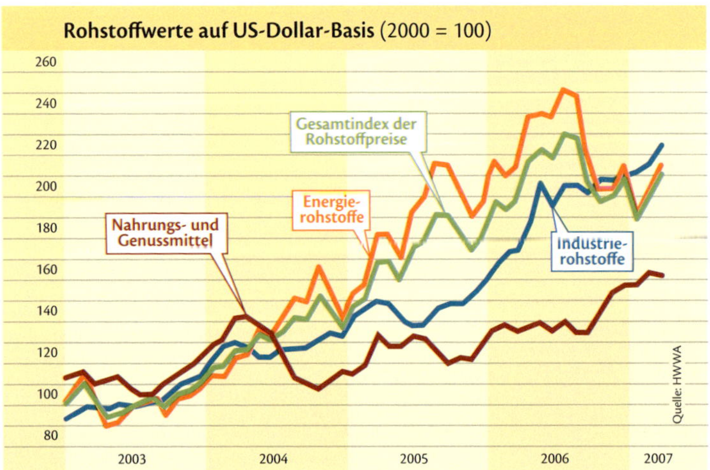

M 2 *Entwicklung der Rohstoffpreise an den Warenbörsen (2003–2007)*

Export ist nicht gleich Export

Jedes Land der Erde ist darauf angewiesen, Rohstoffe und Fertigprodukte aus dem Ausland zu beziehen. Die Einfuhren sollen möglichst mit dem Geld bezahlt werden, das man mit Exporten oder Dienstleistungen wie zum Beispiel dem Tourismus verdient.

Obwohl 80 Prozent der Bevölkerung in Entwicklungs- und Schwellenländern wohnen, kommt nur etwa ein Drittel der Exporte von dort. Besonders benachteiligt sind die am wenigsten entwickelten Länder, immerhin 49 Staaten, auf die 2007 nur 0,9 Prozent der weltweiten Exporte entfielen.

Zahlreiche Entwicklungsländer exportieren überwiegend Rohstoffe, um ihre Einfuhren an Fertigprodukten wie Maschinen, Anlagen oder Fahrzeuge aus den Industriestaaten bezahlen zu können. Wird der Wert der Exportgüter (Rohstoffe) mit dem Wert der Importprodukte (Industriegüter) zu Weltmarktpreisen verglichen, so erhält man die **Terms of Trade.** Obwohl auch die Preise für Rohstoffe seit einigen Jahren steigen, verschlechtert sich das Austauschverhältnis für viele Entwicklungsländer. Sie erhalten für die gleiche Menge an exportierten Rohstoffen immer weniger Industriegüter wie Maschinen oder Fahrzeuge, die sie zur Modernisierung der Wirtschaft bräuchten, um auf dem Weltmarkt konkurrenzfähiger zu werden.

Gerechter Welthandel – aber wie?

Die Abhängigkeit von den Rohstoffexporten hat vor allem für Entwicklungsländer mit überwiegend landwirtschaftlicher Produktion schwer wiegende Nachteile. Die Preise für Industriegüter sind höher als die für Rohstoffe. Wegen der starken Preisschwankungen für Rohstoffe sind finanzielle Planungen schwierig. Sinken die Rohstoffpreise, so müssen überwiegend vom Export abhängige Länder Schulden machen. Viele Entwicklungs- und auch Schwellenländer sind gegenüber ausländischen Regierungen und Banken so hoch verschuldet, dass eine Rückzahlung dieser Gelder praktisch unmöglich ist. Die hohen Schulden behindern die Entwicklung in den betroffenen Ländern, da zum Beispiel für das Bildungs- und Gesundheitswesen kein Geld vorhanden ist.

In jüngster Zeit haben deshalb die führenden Industriestaaten der Erde beschlossen, den ärmsten Entwicklungsländern ihre Schulden ganz oder zum Teil zu erlassen, wenn diese sich verpflichten, die eingesparten Gelder für die Entwicklung des Landes zu verwenden.

Nach Ansicht der Welthandelsorganisation (WTO) wird nur ein freier Welthandel zu mehr Gerechtigkeit führen. Der Abbau von **Subventionen** und **Zollschranken** in den Industriestaaten würde den Entwicklungsländern den ungehinderten Zugang zu den Absatzmärkten ermöglichen. Gleichzeitig müsste aber die Exportstruktur der rohstoffexportierenden Länder sich so verändern, dass mehr Halbfertig- und Fertigprodukte exportiert werden, zum Beispiel durch den Aufbau eigener Industrien.

M 3 *Welthandelsorganisation – Regeln für den Welthandel*

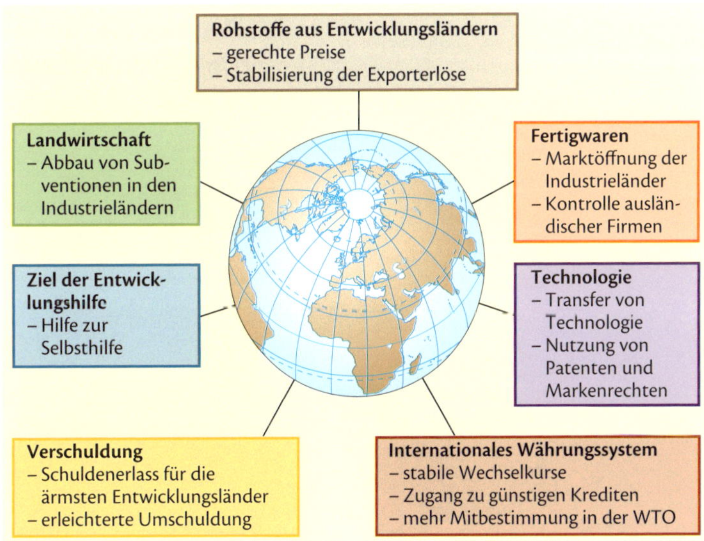

M 4 *Vorschläge für eine veränderte Weltwirtschaftsordnung*

1 Beschreibe die Lage der Staaten, deren Rohstoffanteil am Export über 60 Prozent liegt, und erkläre, warum Norwegen als einziges europäisches Land zu dieser Gruppe gehört (**M 1**; S. 122, **M 1**; Atlasteil S. 198).

2 Erläutere die Entwicklung der Rohstoffpreise nach Warengruppen und benenne die Länder, für die sich die Terms of Trade besonders ungünstig entwickelt haben (**M 2**).

3 Bildet Gruppen und wählt je eines der überwiegend Rohstoffe exportierenden Länder aus. Analysiert anhand eures Länderbeispiels die Auswirkungen schwankender Rohstoffpreise auf die Wirtschaft des Landes (**M 1**, **M 2**, Internet).

4 Werte die Karikatur aus, indem du erläuterst, welche Aufgaben die Welthandelsorganisation hat (**M 3**).

5 Nimm Stellung zu den Vorschlägen für eine veränderte Weltwirtschaftsordnung und beurteile die Chancen für ihre Umsetzung (**M 4**).

WEBCODE: UE640218-125

Singapur – internationales Handels- und Finanzzentrum

M 1 *Der Business-District von Singapur*

check-it
- Lage des Stadtstaates beschreiben
- wirtschaftliche Entwicklung erläutern
- Bedeutung Singapurs als Finanz- und Handelszentrum beurteilen
- Grenzen des Wachstums erörtern

Globales Wirtschaftszentrum

Singapur hat sich, seit es 1965 zu einem unabhängigen Stadtstaat wurde, zu einem bedeutenden internationalen Finanz- und Handelszentrum entwickelt.

Nach der Unabhängigkeit von Großbritannien hatte man internationale Firmen und Investoren durch sehr niedrige Löhne angelockt. Sie produzierten zunächst Textilien, später auch elektronische Geräte für den Export. In den 1980er-Jahren erhöhte die Singapurer Regierung die Löhne drastisch. Dadurch erreichte man, dass sich nur noch Firmen niederließen, die hochwertige Produkte zum Beispiel der Elektronik- und Biotechnologie-Branche herstellen. Singapur bemüht sich darum, durch die verstärkte Nutzung von Wissenschaft und Hochtechnologie seinen Spitzenplatz in der Weltwirtschaft zu bewahren. Die Förderung der Bildung und Forschung nimmt mittlerweile eine zentrale Rolle ein. So stehen in Singapur hoch spezialisierte Fachkräfte im Bereich der Zukunftstechnologien wie Biotechnologie, Gentechnik und Computertechnologie zur Verfügung.

M 2 *Der Stadtstaat Singapur*

Internationaler Finanzplatz

Singapur ist, gemessen an der Zahl der vertretenen Banken, einer der größten Finanzplätze der Welt. Neben Banken, Versicherungen und anderen Finanzdienstleistern spielt auch die Singapurer Börse eine wichtige Rolle vor allem für den südostasiatischen Raum. Da Singapur geographisch günstig zwischen den Zeitzonen der wichtigen Industrieregionen Japan, Europa und den USA liegt, können von hier aus Geschäfte rund um die Uhr betrieben werden.

Größter Containerhafen der Welt

Der Hafen Singapurs liegt sehr günstig an einer der Hauptrouten des internationalen Schiffsverkehrs. Täglich durchqueren rund 2000 Schiffe die Malakka-Straße, die den Indischen mit dem Pazifischen Ozean verbindet. Der Hafen war schon während der britischen Kolonialherrschaft ein wichtiger Knotenpunkt des Welthandels zwischen Asien, Europa und den USA.
Heute ist der Singapurer Hafen der größte Containerhafen der Welt. Daneben ist er ein wichtiger Umschlagplatz für Mineralölprodukte. Täglich stauen sich vor Singapur lange Reihen von Containerschiffen, die auf die Einfahrt in den Hafen warten. Pro Jahr fahren mehr als 130 000 Schiffe aus über 100 Ländern den Hafen an.

M 3 *Der Containerhafen von Singapur*

1 Beschreibe die geographische Lage Singapurs (**M 1**, **M 2**, Karte S. 115).
2 Erläutere die wirtschaftliche Entwicklung Singapurs (**M 4**, **M 5**).
3 Beurteile die Lage Singapurs als internationaler Handelsplatz (**M 2–M 5**; S. 123, **M 3**).
4 Erörtere, welche Probleme bei einem weiteren Wachstum auf den Stadtstaat zukommen könnten (**M 2**, **M 6**).
5 Singapur – globales Zentrum und größter Containerhafen der Erde. Bewerte die Bedeutung des Containers für die Entwicklung Singapurs und des Welthandels (**M 3**; S. 123, **M 3**).

Jahr	Bevölkerung (in Mio.)
1970	2,075
1980	2,414
1990	3,047
2000	4,078
2009	4,990

M 6 *Bevölkerungsentwicklung Singapurs (1970–2009)*

WEBCODE: UE640218-127

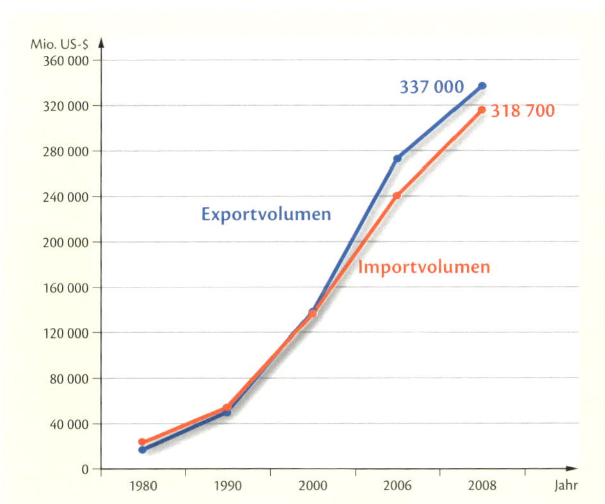

M 4 *Entwicklung des Import- und Exportvolumens Singapurs*

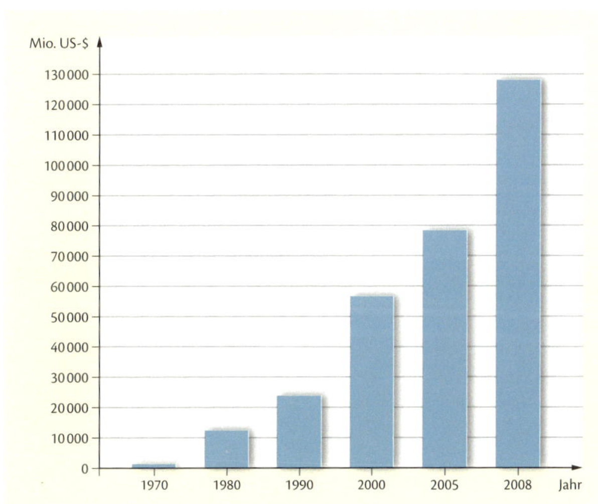

M 5 *Entwicklung des Dienstleistungssektors in Singapur*

Computer und Internet erobern die Welt

M 1 *Mitarbeiter einer Internet-Firma im Silicon Valley*

check-it
- Lagemerkmale des Silicon Valley benennen
- Entwicklung des Silicon Valley als Hightech-Standort erläutern
- Bedeutung des Internets für die Globalisierung erklären
- weltweiten Zugang zum Internet bewerten

Silicon Valley – Geburtsort des Computers

In Kalifornien, etwa 30 Kilometer südlich von San Francisco, beginnt das Silicon Valley. Es wurde nach dem Rohstoff Silizium (engl. silicon) benannt, dem Grundstoff für die Mikrochipherstellung.

M 2 *Silicon Valley*

1939 gründeten zwei Studenten der Stanford-Universität im Silicon Valley die Firma Hewlett-Packard, die heute eine der größten Computerfirmen der Welt ist. Weitere Firmen der Hightech-Branche folgten. 1951 wurde auf dem Gelände der Stanford-Universität ein Gewerbepark errichtet, sodass eine sehr enge Zusammenarbeit zwischen Unternehmen und Forschungseinrichtungen möglich wurde. Auf diese Weise entstanden einige der größten Computerunternehmen der Welt. Das Gebiet, das den Spitznamen „Silicon Valley“ bekam, entwickelte sich zu einem der am schnellsten wachsenden Industriegebiete der USA und zu einem weltweiten Zentrum der Computerindustrie. Von dort aus eroberten der Computer und das Internet die Welt.

Das Internet – weltweit verbunden

In den 1960er-Jahren ließ das amerikanische Verteidigungsministerium nach einem Kommunikationsmittel forschen, das selbst durch einen Atombombenangriff nicht ausgeschaltet werden konnte. So entstand 1973 das Internet, ein dezentrales weltweites Netzwerk voneinander unabhängiger Computer. Im Prinzip kann in diesem Netzwerk jeder Computer mit jedem anderen kommunizieren.

Das Internet nutzte man zunächst nur für wissenschaftliche und militärische Zwecke. Für private Haushalte und Firmen ist es erst zugänglich, seit 1989 in Genf das World Wide Web (WWW) entwickelt wurde, das die Orientierung im Netz vereinfacht. Seitdem steigt die Zahl der Internetnutzer weltweit von Jahr zu Jahr an (2009: 1421 Mio.).

Das Internet – globale Information und Kommunikation

Eine enge wirtschaftliche Verflechtung von Regionen, Staaten und Kontinenten ist nur möglich, wenn man schnell, einfach und relativ preiswert miteinander kommunizieren kann. Ideale Voraussetzungen hierfür bietet das Internet. Es ermöglicht, dass Menschen

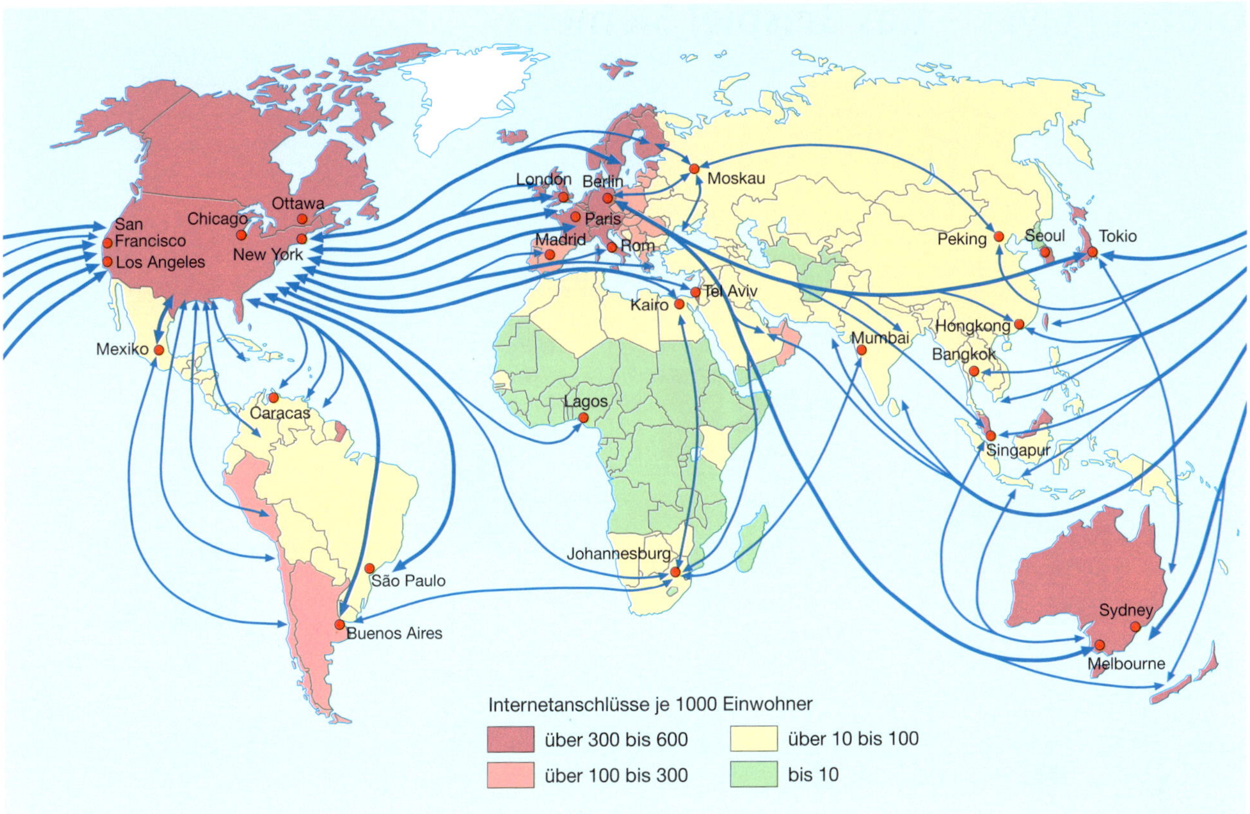

M 3 *Internationale Datenströme*

überall auf der Welt zur gleichen Zeit die gleichen Informationen zur Verfügung stehen. Geschäftsabschlüsse können ohne lange Postwege durch einen Mausklick in Sekundenschnelle auch auf anderen Kontinenten getätigt werden.
Man spricht deshalb auch vom „global village", denn alle Menschen auf der Erde können mithilfe dieser Kommunikationstechnologie so eng zusammenrücken, als würden sie im gleichen Dorf leben. Der Kollege in Indien ist genauso schnell per E-Mail zu erreichen wie der Kollege im Nachbarbüro. Wissenschaftler, Professoren und Studenten können nicht nur die Bibliotheken vor Ort nutzen, sondern sie können weltweit auf Informationen zugreifen – per Mausklick.
Viele Menschen vor allem in den armen Ländern Afrikas und Asiens sind von der globalen Kommunikation jedoch weitgehend ausgeschlossen. Die Länder verfügen unter anderem nicht über die leistungsstarken Telefonnetze, die für die Internet-Nutzung erforderlich sind. Das Internet ist aber eine wichtige Voraussetzung für wirtschaftliches Wachstum.

1 Benenne die Lagemerkmale des Silicon Valley (**M 2**).
2 Erläutere anhand eines Strukturdiagramms die Entwicklung des Silicon Valley zum Zentrum der Computerindustrie (**M 1, M 2**).
3 Erkläre an einem Beispiel, welche Rolle das Internet für die Globalisierung spielt (**M 3**).
4 Liste auf, zwischen welchen Regionen die meisten Datenströme verlaufen und welche von den Datenströmen kaum berührt werden. Vergleiche mit den Welthandelsströmen (**M 3;** S. 122/123, **M 1**).
5 Bewerte anhand deiner Auflistung den weltweiten Zugang zum Internet (**M 3, M 4**).

WEBCODE: UE640218-129

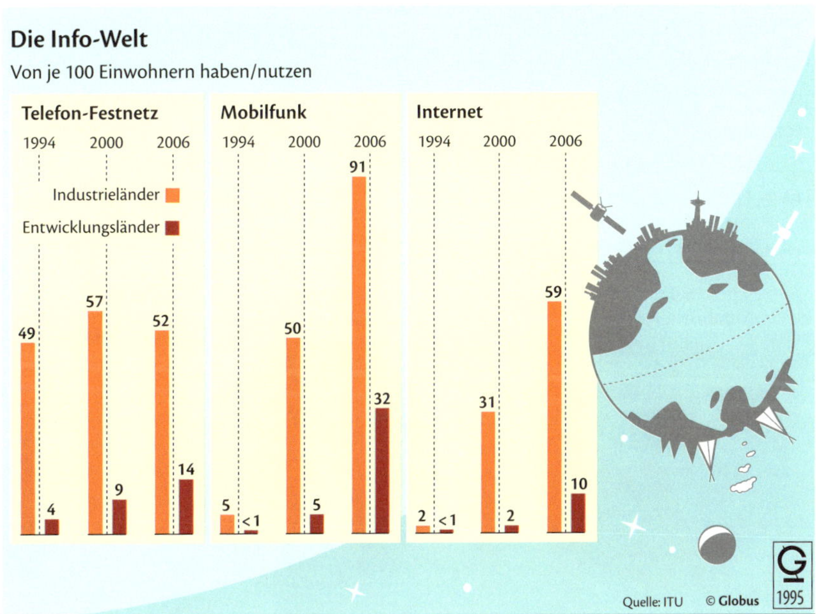

M 4 *Weltweit vernetzt – wirklich?*

Global Player – das Beispiel Siemens

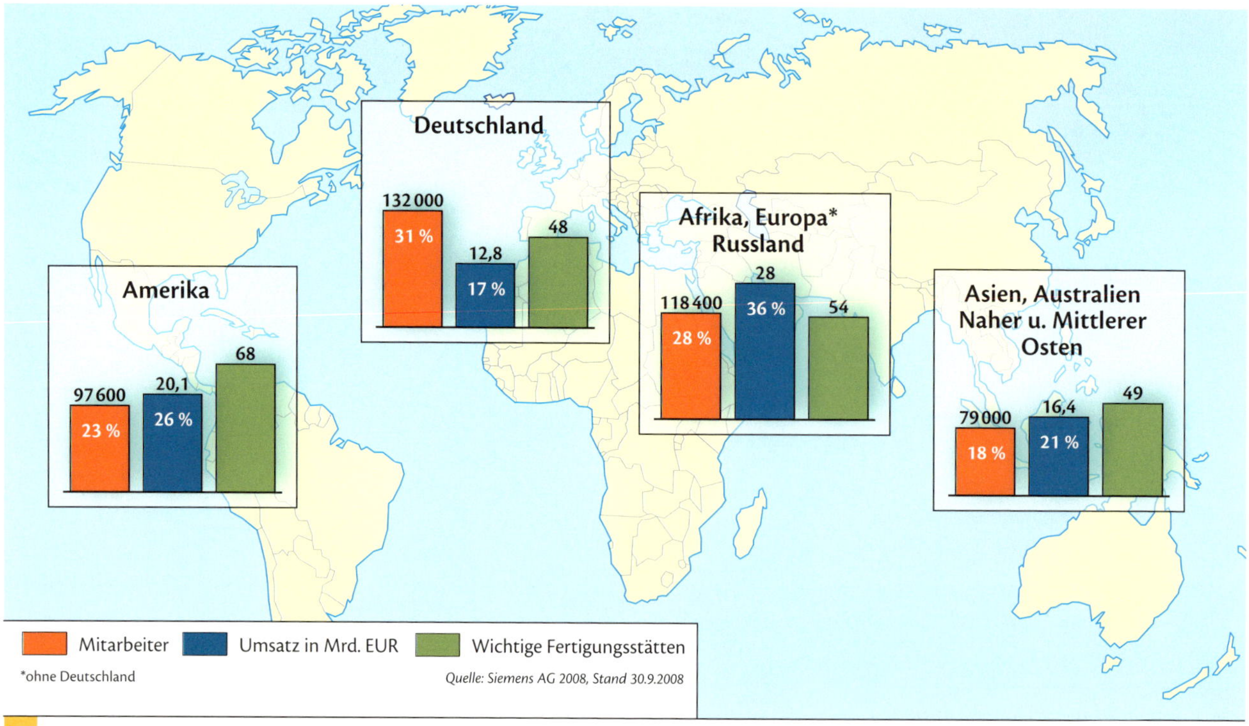

M1 *Weltweite Standorte der Firma Siemens (2008)*

Weltkonzerne (**Global Player**) nehmen nicht nur durch Export und Import an der Weltwirtschaft teil, sondern ihre Betriebe produzieren in verschiedenen Teilen der Welt und sind international verflochten. Die Zahl der multinationalen Unternehmen stieg seit 1980 von 17 000 auf über 70 000 an. Oft sind Unternehmenszusammenschlüsse oder -übernahmen ein Instrument auf dem Weg zum Global Player. Gründet eine Firma ein Tochterunternehmen im Ausland, spricht man von Direktinvestitionen. Daneben gibt es Joint Ventures, das heißt Beteiligungen an ausländischen Unternehmen.

M2 *Global Player*

check-it
- Verteilung der Standorte von Siemens charakterisieren
- Merkmale eines Global Player am Beispiel Siemens erläutern
- Bedeutung der Global Player für die Globalisierung erörtern
- Präsentation eines Global Player erstellen

Siemens – ein deutscher Weltkonzern

Die Firma Siemens, die ihre Firmenzentrale in München und Berlin hat, zählt zu den weltweit größten und traditionsreichsten Firmen der Elektrotechnik und Elektronik. Im Jahr 2008 arbeiteten etwa 430 000 Mitarbeiter in über 190 Ländern der Erde für Siemens. Schon im 19. Jahrhundert gründete das Unternehmen Niederlassungen in anderen Ländern, trotzdem arbeiten heute noch etwa ein Drittel der Mitarbeiter in Deutschland.

Vom Waren- zum Arbeitsplatzexport

Im Zuge der internationalen Arbeitsteilung ist Siemens zu einem multinationalen Unternehmen geworden.
Neben den günstigeren Produktionskosten in Billiglohnländern veranlasste Siemens auch die Nähe zu ausländi-

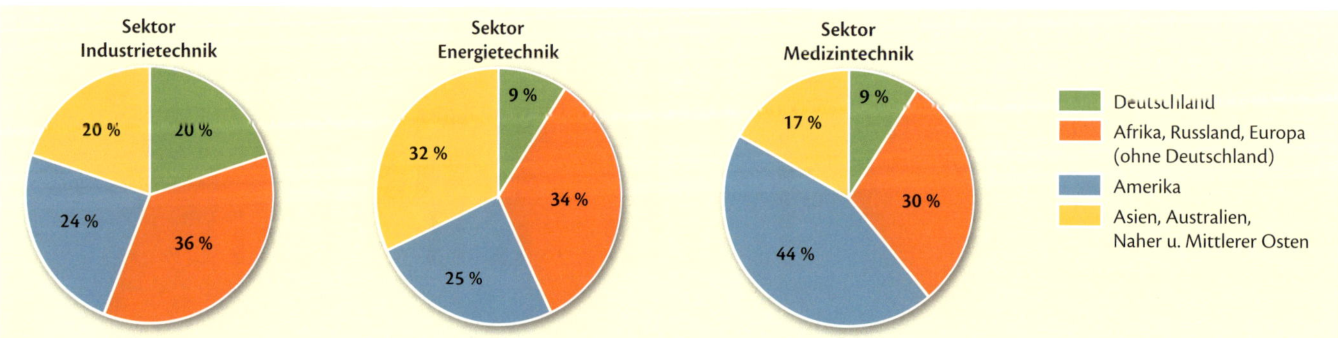

M3 *Umsatz der Firma Siemens nach Sektoren und Regionen (2008)*

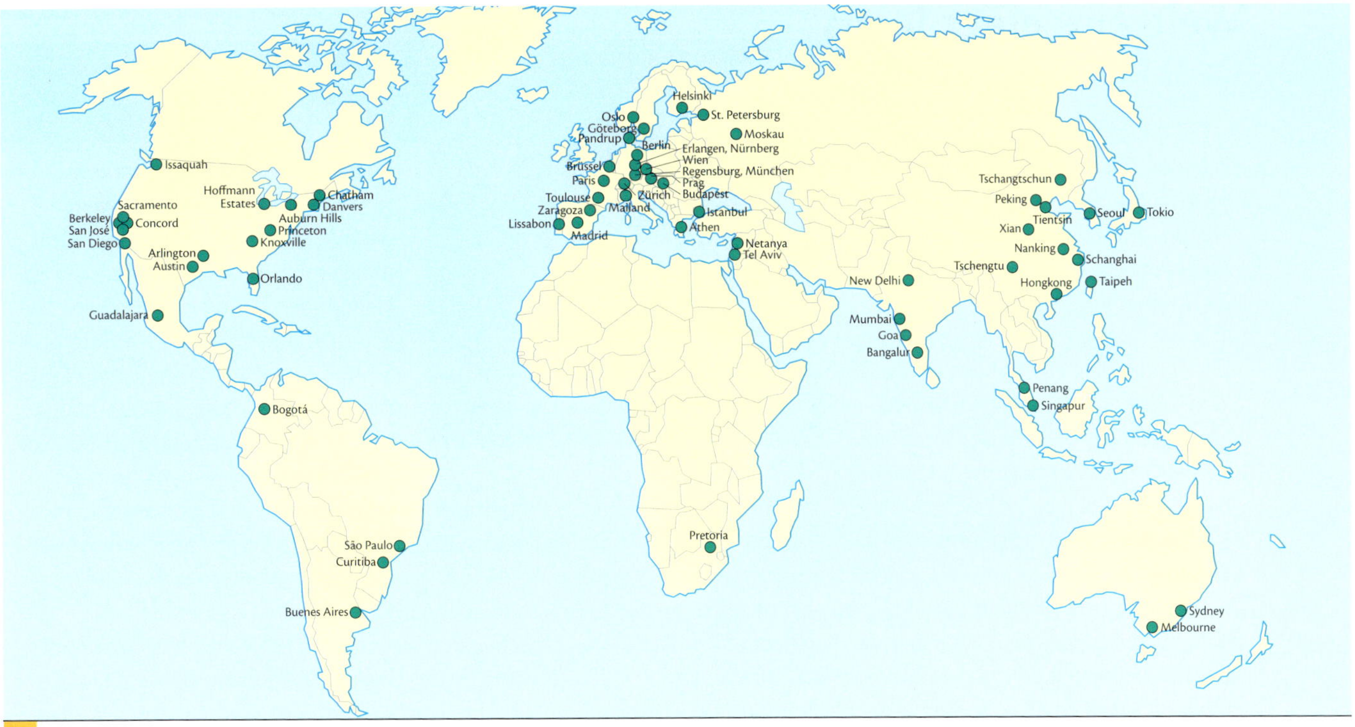

M 4 *Forschungs- und Entwicklungsstandorte von Siemens (2009)*

schen Kunden sowie der schnellere Service, Niederlassungen im Ausland zu gründen. Dazu hat Siemens sich schon früh mit asiatischen oder lateinamerikanischen Firmen zusammengeschlossen, um dort Produkte verkaufen zu können.

Produktionsstätten und Vertriebsniederlassungen in anderen Ländern können ganz gezielt auf die Anforderungen vor Ort eingehen. Es kann zudem kostengünstiger produziert werden, da die Löhne niedriger sind und Transportkosten entfallen.

Während anfangs nur einfache Arbeiten ins Ausland verlagert wurden, unterhält Siemens heute auch Forschungs- und Entwicklungsabteilungen in 30 Ländern der Erde.

Weltkonzerne – Träger der Globalisierung?

Global Player spielen wegen ihrer **Direktinvestitionen** in vielen Ländern eine wichtige Rolle bei der Globalisierung. Sie konzentrieren sich jedoch meist in ausgewählten Zentren von Entwicklungs- und Schwellenländern, wo sie ähnliche Bedingungen vorfinden wie in ihren Herkunftsländern. Da die Entscheidungen der Global Player in den Unternehmenszentralen getroffen werden, gehen diese häufig an den Bedürfnissen der Menschen in den Zielländern der Direktinvestitionen vorbei. Zudem achten die Global Player nicht immer darauf, dass an allen Standorten Umwelt- und Sozialstandards eingehalten werden.

1 Charakterisiere die Verteilung der Standorte des Siemens-Konzerns weltweit (**M 1, M 3, M 4**).
2 Erläutere am Beispiel Siemens, was man unter einem Global Player versteht (**M 1–M 5**).
3 Erörtere die Bedeutung der Global Player für die Globalisierung. Unterscheide dabei zwischen den Herkunftsländern der Global Player und den Zielgebieten der Direktinvestitionen (**M 1–M 5**).
4 Bildet Gruppen und wählt je einen Weltkonzern aus (z. B. Volkswagen, BASF, Toyota, Microsoft, Nokia). Informiert euch im Internet über weltweite Standorte und Produkte und präsentiert eure Ergebnisse auf Wandzeitungen.

WEBCODE: UE640218-131

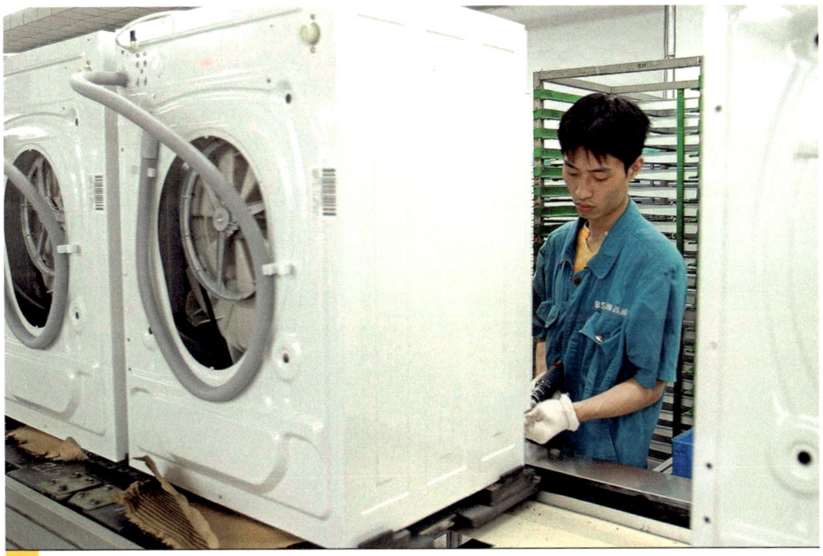

M 5 *Produktion von Waschmaschinen in China*

Weltreise einer Jeans

Eigentlich bestehe ich ja nur aus ein bis zwei Metern Denimstoff, sechs Nieten, einem Lederetikett, 274 Metern Nähgarn, etwas Futterstoff für die Taschen und einem Reißverschluss. Aber bis ich als fertige Jeanshose im Laden liege, habe ich (oder Teile von mir) bereits eine mehrere Monate lange, weite Reise hinter mir: Meine Geschichte beginnt auf einer Baumwollplantage in Kasachstan. Nach der Ernte wird die Baumwolle, aus der ich einmal werden soll, in die Türkei versandt. Zu Garn gesponnen geht die weite Reise weiter bis nach Taiwan, wo mein Garn in Färbereien die typische indigoblaue Farbe erhält. Nun geht es wieder zurück nach Europa. In Polen wird aus dem blauen Garn der feste Denimstoff gewebt. Mein Stoff reist anschließend weiter nach Frankreich. Dort kommen die nächsten Einzelteile her: das Innenfutter sowie die Schildchen mit den Wasch- und Bügelanleitungen. Wenn alle meine Einzelteile zusammen sind und auch noch das Schnittmuster vorliegt, das in der Unternehmenszentrale entworfen wird, geht die Reise weiter nach Asien auf die Philippinen. Dort nähen mich in riesigen Sälen viele Näherinnen zu einer modischen Jeans zusammen – für zwei Euro pro Stunde.
Als fertige Hose reise ich abermals zurück nach Europa. Mein erstes Ziel ist Griechenland. Um die typische Jeans-Optik zu bekommen, werde ich dort entweder mit Steinen gewaschen, mit Schmirgelpapier abgerieben oder mit einer dünnen weißen Farbschicht besprüht und im Backofen getrocknet, um waschfest zu werden.
Von Griechenland aus geht die Reise weiter im Lkw nach Deutschland. In der Unternehmenszentrale werde ich schon erwartet. Nachdem ich noch einmal genau kontrolliert worden bin, geht die Reise weiter in die Geschäfte – nicht nur in Deutschland, sondern in ganz Europa. Hier ist meine Reise erst einmal zu Ende – bis ich einen Käufer finde, der dann mit mir weiter auf Reisen geht ...

M 1 *Reisetagebuch einer Jeans*

check-it
- Reisewege einer Jeans auf einer Weltkarte verorten
- Ursachen und Folgen der internationalen Arbeitsteilung erläutern
- unterschiedliche Produktionsbedingungen beurteilen

Textilien auf Reisen

Die Textil- und Bekleidungsindustrie in den Industrieländern begann schon in den 1960er-Jahren, ihre Produktionsstandorte in Billiglohnländer zu verlagern. So wurde Mittelamerika zur Nähstube der USA, Japan ließ in den südostasiatischen Staaten nähen und westeuropäische Textilunternehmer in den Mittelmeerländern, später auch in Osteuropa. Heute wird der größte Teil der Textilien weltweit in Entwicklungsländern hergestellt, oft in Heimarbeit oder kleinen Hinterhof-Nähstuben.
Zum Nähen von Textilien in Massenproduktion benötigt man nur gering qualifizierte Arbeitskräfte. Deshalb wurde dieser Produktionsschritt als Erstes in Entwicklungsländer verlagert. Der Designentwurf, die Materialveredelung sowie die Endkontrolle und Lagerhaltung verblieben in den Unternehmenszentralen in den Industriestaaten. Erst in jüngster Zeit werden in Entwicklungs- und Schwellenländer zunehmend auch Qualitätsprodukte erzeugt und somit weitere Produktionsschritte dorthin verlagert.

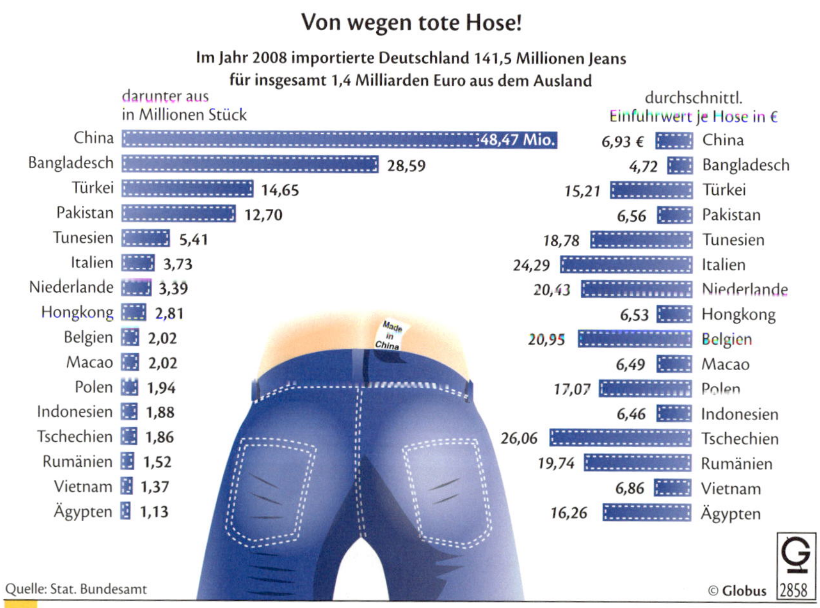

M 2 *Jeansimporte nach Deutschland (2008)*

Produktionsbedingungen in Entwicklungsländern

Modefirmen und Bekleidungshäuser lassen ihre Kleidungsstücke bevorzugt in Entwicklungsländern herstellen, da dort die Produktionskosten wesentlich

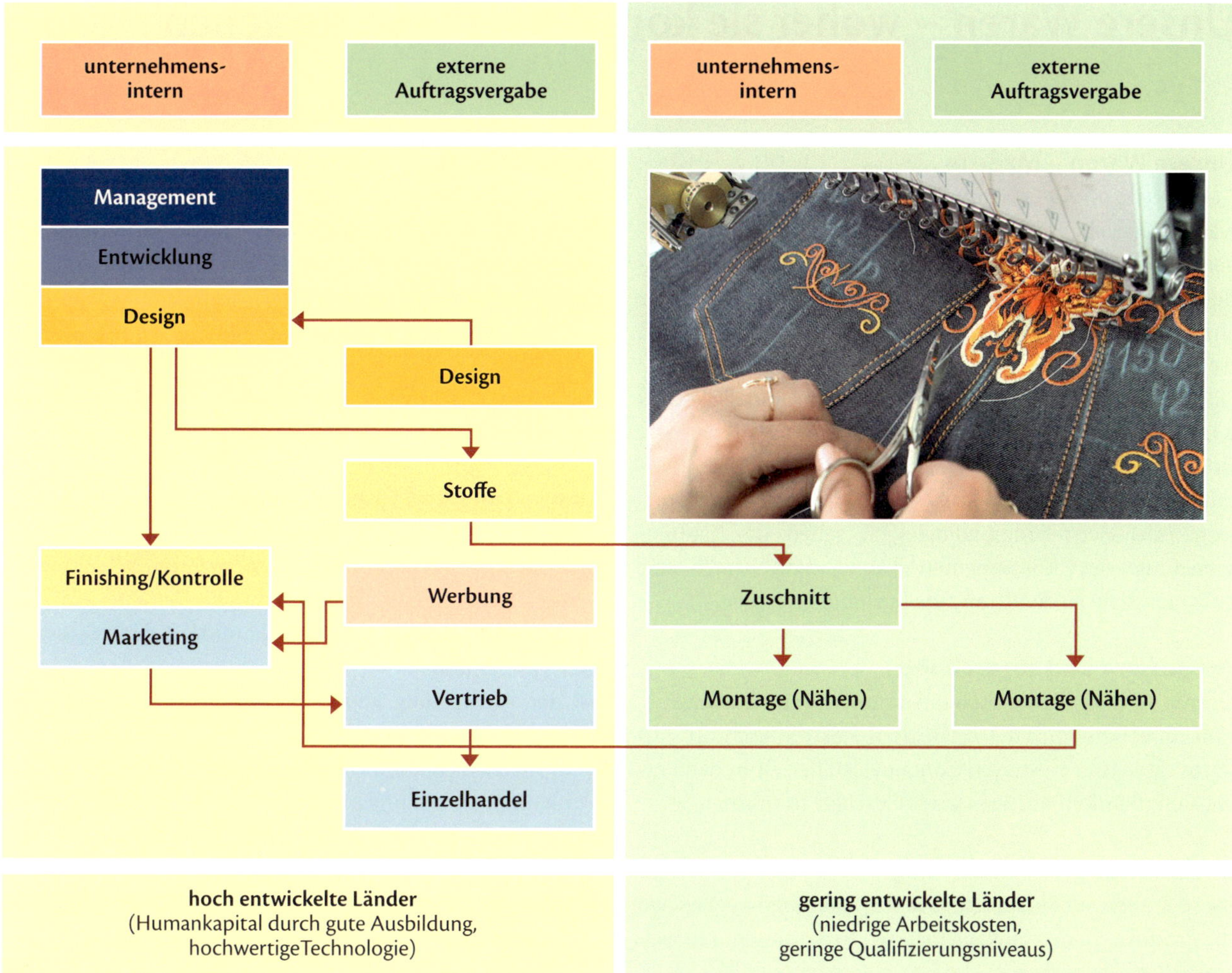

M 3 *Internationale Arbeitsteilung in der Textilindustrie*

niedriger sind als in den Industriestaaten. Doch für diese niedrigen Produktionskosten zahlen die Arbeitskräfte oft einen hohen Preis:

- sehr lange Arbeitszeiten (60 Stunden und mehr pro Woche) bei sehr niedrigen Löhnen,
- unzureichende oder fehlende soziale Absicherung,
- Unfallgefahr und Gesundheitsschäden durch mangelhafte Sicherheitsvorschriften,
- Umwelt- und Gesundheitsschäden durch fehlende staatliche Auflagen,
- Kinderarbeit.

M 4 *Textilfabrik in China*

1 Zeichne in eine Weltkarte die Reisewege der Jeans ein (**M 1**).

2 Erkläre, warum die Produktion von Textilien hauptsächlich in Entwicklungs- und Schwellenländern stattfindet (**M 1–M 3**).

3 Erläutere, welche positiven und negativen Auswirkungen die internationale Arbeitsteilung für Industrie- und Entwicklungsländer hat (**M 1–M 4**).

4 Beurteile die Produktionsbedingungen in der Textilindustrie der Entwicklungs- und Schwellenländer (**M 2–M 4**).

Unsere Waren – woher sie kommen, wohin sie gehen

Unsere Waren – Made in ...?

Ganz gleich, ob wir Bekleidung, Elektronikartikel, Haushaltswaren oder Lebensmittel einkaufen – wir bringen in der Regel Waren mit nach Hause, die in den verschiedensten Ländern der Erde produziert wurden. Selbst Waren deutscher Unternehmen sind häufig nicht mehr „Made in Germany", da sie im Ausland produziert wurden.
Die Angabe „Made in ..." gibt an, in welchem Land die letzten wesentlichen Verarbeitungsschritte durchgeführt wurden. Ist der Verbraucher über die Herkunft eines Produkts informiert, so kann er zum Beispiel Rückschlüsse auf Transportwege oder Herstellungsbedingungen ziehen. Die Kaufentscheidung der Konsumenten kann somit durch die geographische Herkunftsangabe beeinflusst werden.

Ausgedient und abgeschoben

Unsere Waren gehen jedoch nicht nur während der Produktion auf Reisen. Auch mit Altkleidern, Elektronikschrott, Altautos und ausgemusterten Containerschiffen ist in den Entwicklungsländern noch ein gutes Geschäft zu machen.

Vorbereitung der Erkundung

Ihr sollt euch auf Spurensuche und Erkundung begeben, wo die Produkte in den Einkaufsmärkten herkommen und welchen Weg sie nehmen, nachdem sie entsorgt werden.
Bildet dazu zunächst Gruppen. Jede Gruppe wählt ein Thema aus und bearbeitet es. Ihr könnt euch dabei an den in **M 1** genannten Beispielen orientieren.

Durchführung

Die Gruppen, die die Herkunft der Produkte untersuchen, können in Bekleidungsgeschäften, Elektronikmärkten und Supermärkten anhand der Herkunftsangabe auf den Produkten recherchieren, wo diese jeweils produziert wurden.
Den Weg der entsorgten Produkte kann man mithilfe der Internetrecherche verfolgen. Aber auch örtliche Entsorgungsunternehmen können Auskunft geben, wohin zum Beispiel Elektronikschrott weiterverkauft wird.

Auswertung und Präsentation

Nachdem die Recherche abgeschlossen ist, müssen die Ergebnisse ausgewertet und den anderen Gruppen vorgestellt werden. Im Rahmen einer Ausstellung oder eines Vortrags könnt ihr sie aber auch der Schule und/oder interessierten Eltern präsentieren.
Bei der Auswertung könnt ihr folgenden Fragestellungen nachgehen:

- In welchen Ländern wird die untersuchte Produktgruppe besonders häufig produziert?
- Vergleicht, ob es Länder gibt, aus denen mehrere Produktgruppen kommen.
- In welchen Ländern beziehungsweise Regionen werden die Produktgruppen hauptsächlich entsorgt?
- Werden sie weiterverarbeitet und unter welchen Bedingungen geschieht dies?
- Berechnet die Länge der Transportwege a) für die neu produzierten und b) für die entsorgten Produkte.
- Verfolgt den Weg eines Produkts vom Rohstoff über die Herstellung und den Gebrauch bis zur Entsorgung.

Herkunft der Waren

- Kleidung (z. B. Jeans, T-Shirts, Schuhe),
- Lebensmittel,
- Elektronikartikel (z. B. MP3-Player, Fernseher, Spielekonsolen, Fotoapparate, Handys).

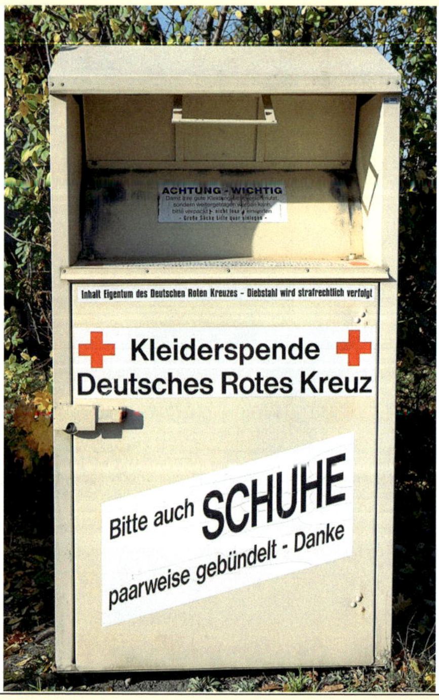

Entsorgung der Waren

- Textilien,
- Elektronikschrott,
- Fahrzeuge

M 1 *Auf Spurensuche zur Herkunft von Waren*

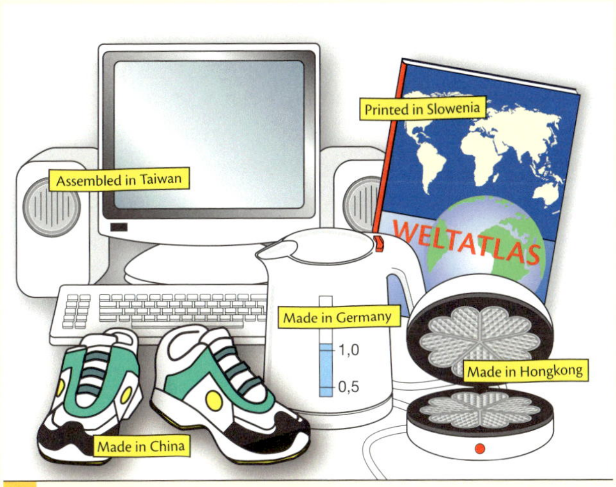

M2 *Produktionsländer – woher die Waren kommen*

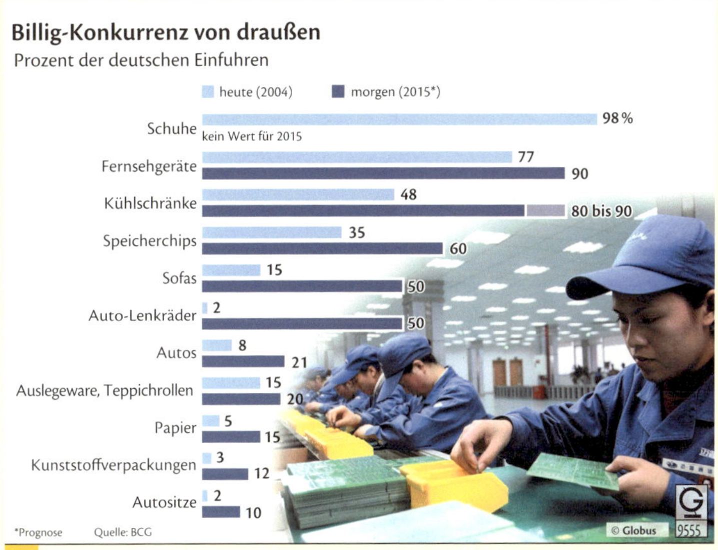

M3 *Anteil importierter Waren in Deutschland verkaufter Produkte (nach Warengruppen, in Prozent)*

Allein in Deutschland landen jedes Jahr über 700 000 Tonnen Kleidung in Altkleider-Containern. Viele dieser entsorgten Kleidungsstücke treten eine weite Reise an.
Gebrauchte Kleidung wird weltweit vermarktet. Die Kleidungsstücke, die noch in einem gut tragbaren Zustand sind, werden in Container verladen und vor allem in die ärmeren Länder Afrikas oder Asiens verschifft, wo sie auf Märkten verkauft werden. Der Handel mit Altkleidern bietet vielen Menschen in der Dritten Welt eine Verdienstmöglichkeit, denn Second-Hand-Kleidung ist sehr begehrt.

M4 *Altkleider auf Reisen*

Obwohl Gesetze vorschreiben, dass Elektronikschrott dort fachgerecht entsorgt werden muss, wo er entstanden ist, gelangen Tonnen von Computer-Müll nach China, Indien und Afrika. Berge von Elektronikmüll säumen viele Straßen. Die Geräte werden vor allem von Frauen und Jugendlichen zerlegt. Diese verkaufen noch verwertbare Teile wie Kupfer und verbrennen den Rest. So haben sie ein kleines Einkommen – jedoch zu einem hohen Preis. Beim Verbrennen der Elektronikteile werden giftige Stoffe freigesetzt, die die Gesundheit der Menschen, aber auch die Umwelt schwer schädigen.

M5 *Computerschrott – begehrt, aber gefährlich*

Wir erstellen ein Wirkungsgefüge

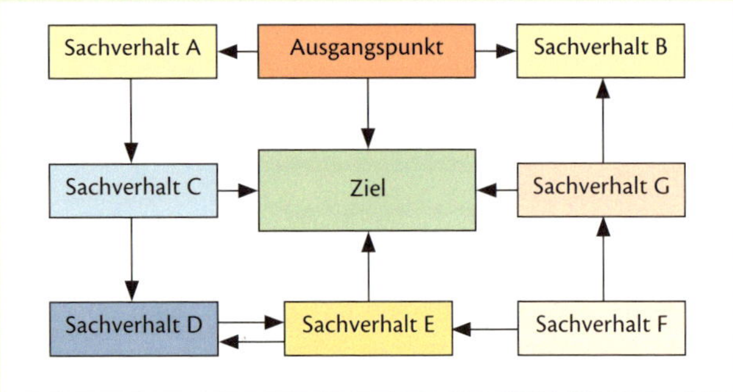

M 1 *Aufbau eines Fließschemas/Fließdiagramms*

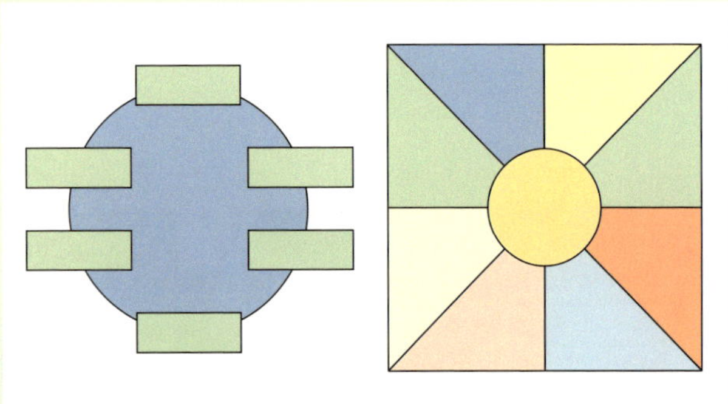

M 2 *Kreis- und Sektorendiagramm*

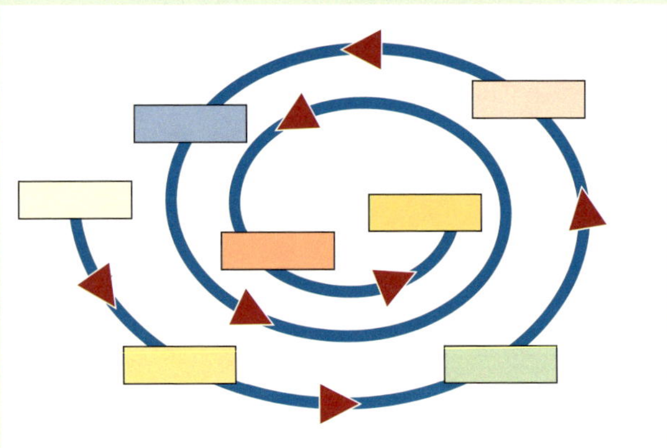

M 3 *Spiraldiagramm*

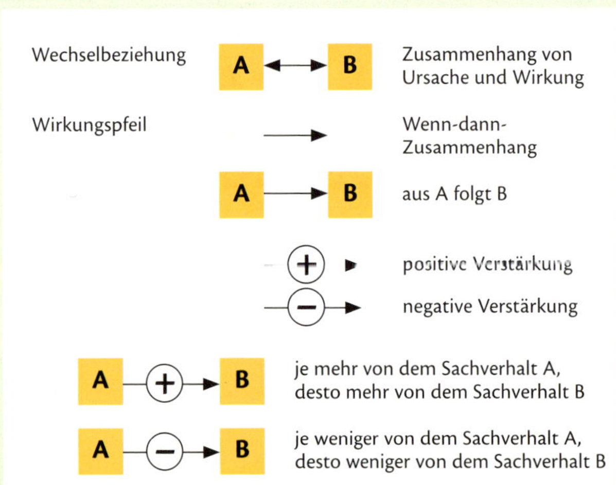

M 4 *Pfeildiagramme*

Oft sind in Texten nicht alle Sachverhalte und Zusammenhänge auf den ersten Blick zu erkennen. Das gilt besonders, wenn viele Faktoren ineinandergreifen oder der Zusammenhang von Ursachen und Auswirkungen dargestellt wird. Dann ist es hilfreich, komplexe Sachverhalte in eine schnell nachvollziehbare Abfolge zu bringen und die Verflechtungen anschaulich darzustellen. Hierfür eignet sich ein Strukturdiagramm oder ein Wirkungsgefüge am besten. Manchmal werden auch die Begriffe „Fließschema" oder „Fließdiagramm" verwendet.

Checkliste zum Erstellen eines Wirkungsgefüges

1. Lies den Text durch. Markiere die Schlüsselwörter oder schreibe sie auf ein Extrablatt.
   Beschränke dich bei der Auswahl auf wenige Schlüsselwörter.
2. Fasse die Schlüsselwörter zu Sachverhalten zusammen.
3. Überlege, ob ein Fließdiagramm mit Ausgangspunkt und Ziel, ein Kreislauf oder eine andere Darstellungsart für dein Thema am besten geeignet ist.
4. Entscheide dich für eine Darstellungsart.
5. Setze die Sachverhalte in Kästchen. Ordne zusammengehörende Erscheinungen immer benachbart an. Fülle die Kästchen je nach ihrer Bedeutung mit unterschiedlichen Farben.
6. Überlege, in welchem Verhältnis die einzelnen Sachverhalte zueinander stehen.
7. Verbinde die Kästchen mit Pfeilen, um die Zusammenhänge darzustellen.
   Verwende unterschiedlich starke und/oder farbige Pfeile sowie + oder – zur Verstärkung der Aussage.
   Schreibe zur Verdeutlichung kurze Erläuterungen an die Pfeile.
8. Füge am Ende ein Kästchen ein, in dem du das Ergebnis kurz zusammenfasst.

Tipps für die Präsentation

a) Erstellen einer Overheadfolie „per Hand"

- Präsentiere nicht gleich ein fertiges Wirkungsgefüge.
- Lege die Kästchen für die Sachverhalte groß genug an, fülle aber nicht gleich alle Kästchen aus.
- Schreibe die Inhalte gut leserlich und mit großer Schrift.
- Verbinde während deines Vortrages die Kästchen mit Pfeilen. Verwende für die Pfeile ein Lineal.

b) Erstellen mit dem Computer

Mit einem Grafikprogramm oder einer Präsentationssoftware wie PowerPoint kannst du leicht ein Wirkungsgefüge erstellen. Wenn du mit „word" arbeitest, findest du unter „Einfügen Schematische Darstellungen" eine Diagrammsammlung. Außerdem kannst du unter „Einfügen → Grafik → Auto-Formen" Pfeile und Fließdiagramme aufrufen.

Industrie in asiatischen Schwellenländern
Die Schwellenländer verdanken ihren fortgeschrittenen Entwicklungsstand hauptsächlich ihrer erfolgreichen Industrialisierungspolitik. Meist begannen sie ihre Industrialisierung auf der Basis arbeitsintensiver Exportindustrien, anfangs mithilfe ausländischen Kapitals. Inzwischen treten sie teilweise selbst als Investoren in anderen Ländern auf. Hierzu zählen z.B. Malaysia, Thailand [...]
Einige Schwellenländer werden von internationalen Organisationen [...] zu den Industriestaaten gezählt: Singapur, Hongkong, Taiwan, Südkorea [...]
Den „alten", insbesondere den europäischen Industrieländern ist durch die Schwellenländer auf dem Weltmarkt eine starke Konkurrenz erwachsen, insbesondere bei Massengütern und Produkten, die mit ausgereifter Technologie durch angelernte Arbeitskräfte in großen Serien hergestellt werden können (z. B. Textilien [...] Schuhe, Elektrogeräte, Spielzeug, elektronische Bauteile).
Investoren in die Industrie der Schwellenländer sind vielfach Unternehmer aus den traditionellen Industriestaaten, immer stärker aber auch Angehörige der kapitalkräftigen Oberschichten der betreffenden Länder selbst.
2008/2009 konnten fast alle Schwellenländer ihren industriellen Aufbau mit hohen Wachstumsraten [...] fortsetzen
(Quelle: Der Fischer Weltalmanach 2010, S. 707, gekürzt; Markierungen nicht im Original)

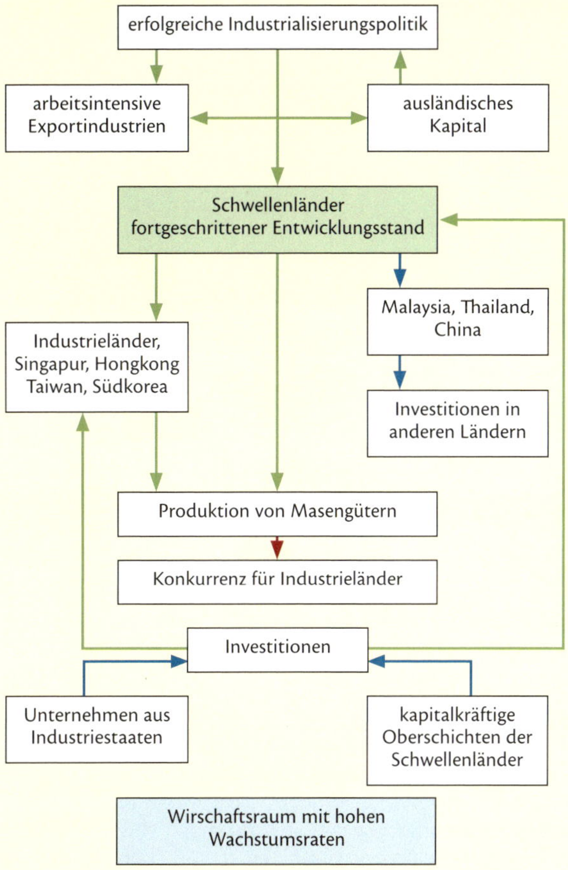

M5 *Beispiel für die Umsetzung eines Textes in ein Wirkungsgefüge*

Die Verlagerung arbeitsintensiver Produktionsprozesse ist nur eine der Auswirkungen der Globalisierung. Bereits seit den 1980er-Jahren verlagern Großunternehmen ihre Produktion oder Teile davon nach Asien. Auch einige mittelständische Unternehmen sind dorthin gegangen. Besonders häufig verlagern die Elektroindustrie, der Fahrzeugbau und die Textilindustrie.
Das Hauptmotiv für eine geplante oder tatsächliche Produktionsverlagerung sind die hohen Arbeitskosten am Standort des Unternehmens. Als weiteren Verlagerungsgrund geben die Unternehmen zu hohe Steuern und Abgaben an.
Viele Unternehmen, die im internationalen Wettbewerb stehen, können die hohen Kosten nicht mehr verkraften. Sie sind andererseits daran interessiert, den Heimatmarkt weiterhin zu beliefern und komplette Produkte für den Weltmarkt kostengünstig herzustellen. China und Indien dagegen werben mit niedrigen Lohnkosten. Sie räumen Steuervorteile ein, wie andere asiatische Länder auch, und geben staatliche Zuschüsse.
Deshalb ist zum Beispiel China als Produktionsstandort für arbeitsintensive Erzeugnisse sehr attraktiv. Aber bei den Rohstoffpreisen liegt es wegen der hohen Nachfrage zum Teil schon über den weltweit üblichen Preisen. Auch die Transportkosten steigen rasch.
Unternehmen, die sich mit dem Gedanken der Fertigung in Asien tragen, stehen vor vielen Problemen. Die Entscheidung für oder gegen eine Verlagerung wird nicht allein durch die Kosten der Produktionsfaktoren wie Personal, Material und Kapital bestimmt. Die Suche nach dem richtigen Standort ist auch gekoppelt an eine gut ausgebaute Infrastruktur und leistungsfähige Lieferanten. Außerdem muss bedacht werden, ob nur Produkte eingekauft, eigene Fabriken aufgebaut oder Beteiligungen an vorhandenen Unternehmen erworben werden sollen.
Den Chancen bei einer Verlagerung stehen jedoch Risiken gegenüber. Oft sind es Qualitätsprobleme, hohe Zusatzkosten oder Lieferengpässe. Ferner können politische Entwicklungen, aber auch Korruption, soziale Spannungen und der Diebstahl von Know-how die Produktion beeinträchtigen. Zudem wird es immer schwieriger, gut ausgebildete Manager mit Sprach-, Markt- und Branchenkenntnissen zu finden. Der Weg nach Asien kann folglich teuer werden.

M6 *Produktionsverlagerung nach Asien*

1 Erstelle ein Wirkungsgefüge zum Thema „Produktionsverlagerung nach Asien" (**M6**).

Globalisierung – Wohlstand für alle?

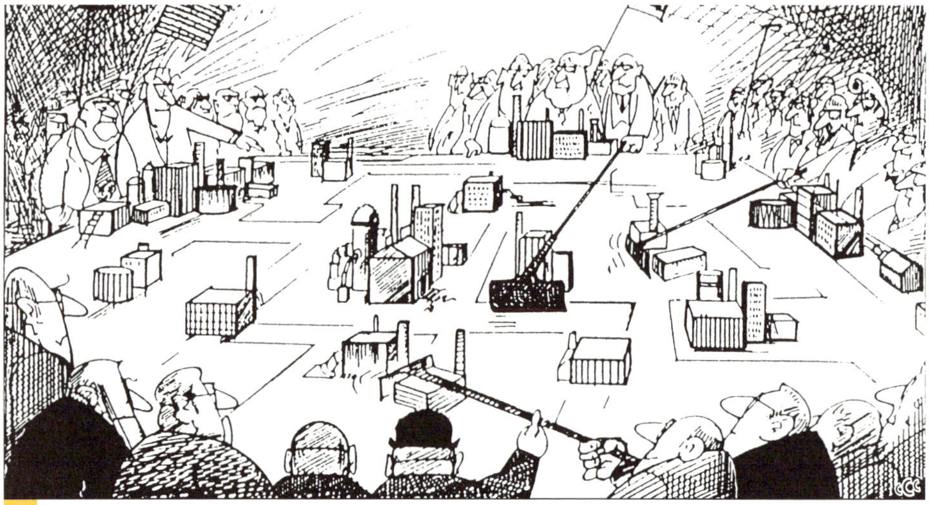

M 1 *Global Player – wer gewinnt?*

check-it
- Wirtschaftsräume hinsichtlich ihrer Teilhabe an der Globalisierung analysieren
- regionale Unterschiede erläutern
- Chancen der bisher von der Entwicklung benachteiligten Regionen beurteilen
- Chancen und Gefahren der Globalisierung erörtern
- Kartogramm auswerten

Ungleichmäßige Entwicklung

Die stürmische Zunahme des Welthandels und die immer engere weltweite Verflechtung der Güterherstellung haben in den letzten Jahren zu einem Wachstum der Weltwirtschaft geführt. Es verteilt sich jedoch nicht gleichmäßig auf die Wirtschaftsräume der Erde. Gewinner der Globalisierung sind derzeit die Industriestaaten und einige Länder Ost- und Südostasiens. Dort konzentrieren sich die Firmenzentralen der Global Player, die Hauptquartiere internationaler Organisationen, internationale Finanzinstitutionen sowie Forschungs- und Bildungseinrichtungen von Weltrang. Unternehmerische Entscheidungen, die global wirksam sind, werden dort getroffen.

Auch in den Industriestaaten wie Deutschland finden durch die Prozesse der Globalisierung Veränderungen statt. In den letzten Jahren ist es zu einer Umstrukturierung der Produktion gekommen, die zum Verlust vieler Arbeitsplätze geführt hat. Zahlreiche Bereiche der industriellen Produktion, aber auch Dienstleistungen wie Callcenter werden in Länder verlagert, die kostengünstiger sind. Die Produktion von Waren, für die niedrig qualifizierte Arbeit ausreicht, wie zum Beispiel die Herstellung von Textilien oder Spielzeug, findet in den westlichen Industriestaaten kaum noch statt. Nur die Produktion technologisch höher entwickelter Produkte kann noch in den Industriestaaten gehalten werden. Das setzt aber voraus, dass die Arbeitskräfte sehr gut ausgebildet und hoch qualifiziert sind.

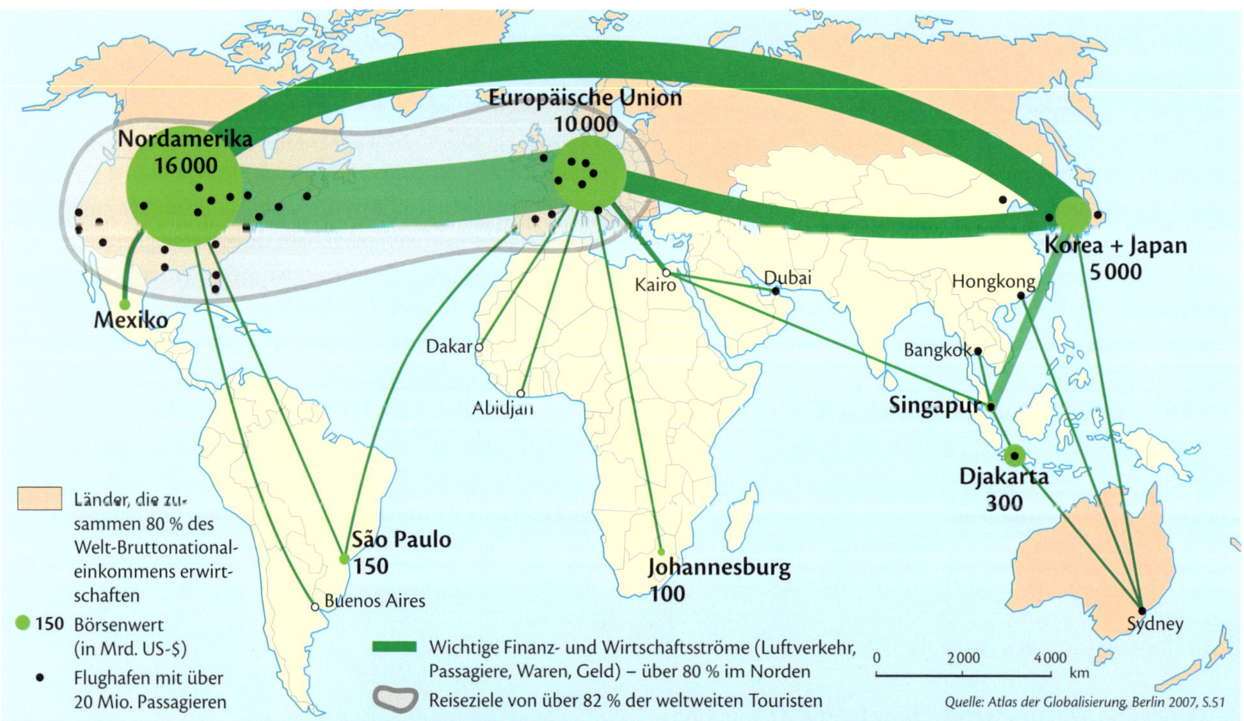

M 2 *Waren-, Finanz- und Touristenströme weltweit (2005)*

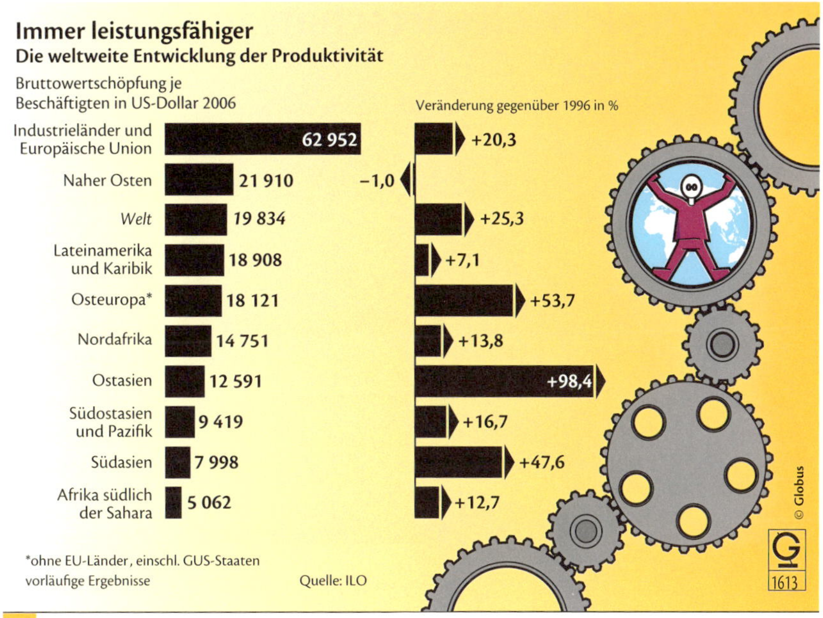

M 3 *Die weltweite Entwicklung der Produktivität*

Der Süden – Verlierer der Globalisierung?

Die Globalisierung bietet aber auch Chancen für die Entwicklungs- und Schwellenländer. Dort ist das Lohnniveau deutlich niedriger und es steht eine Vielzahl von Arbeitskräften für einfache Produktionsschritte zur Verfügung. Die niedrigen Produktionskosten sind zum Teil auch die Folge völlig unzureichender oder fehlender Arbeitsschutz- und Sozialstandards sowie sehr geringer Umweltschutzauflagen. So gehen die positiven Entwicklungen wie Wirtschaftswachstum und steigender Lebensstandard häufig auf Kosten der Gesundheit der Arbeiterinnen und Arbeiter sowie der Umwelt.

Wer erfolgreich am globalen Handel und der globalen Herstellung von Waren teilhaben will, für den sind Online-Verbindungen und Internet unverzichtbar. In vielen Entwicklungsländern vor allem Schwarzafrikas sowie ländlichen Regionen Lateinamerikas und Asiens gibt es jedoch kaum Internetanschlüsse, denn es fehlen die technischen Voraussetzungen und eine flächendeckende Stromversorgung.

1 Analysiere die Kontinente hinsichtlich ihrer Teilhabe an der Globalisierung. Erstelle dazu eine Tabelle, in die du in die Kopfleiste die Kontinente einträgst und in die Zeilen Merkmale wie die Teilnahme an Waren-, Finanz- und Touristenströmen sowie am Welthandel und den internationalen Datenströmen (S. 120, **M 1**; S. 122, **M 1**; S. 123, **M 3**; S. 129, **M 3**; S. 138 **M 2**).

2 Werte die Tabelle aus und erläutere dabei die regionalen Unterschiede.

3 Beurteile die Zukunftschancen der bisher in der Entwicklung benachteiligten Regionen (**M 3**, **M 4**).

4 Erörtere anhand eines Kontinents, einer Region oder eines Staates die Chancen und Gefahren der Globalisierung. Präsentiere die Ergebnisse der Klasse.

5 Beantworte anhand deiner Ergebnisse begründet die Frage in der Überschrift dieser Doppelseite (**M 1**–**M 4**).

M 4 *Wirtschafts- und Bevölkerungsentwicklung ausgewählter Regionen 1973–2050*

Geo-Check: Weltwirtschaft in der globalisierten Welt untersuchen

Die über 4,5 Millionen Einwohner des Stadtstaates leben in relativ großem Wohlstand. Durch den wirtschaftlichen Erfolg als Finanz- und Handelszentrum und Umschlagplatz für Waren hat sich die Stadt zu einer Global City mit dem größten Containerhafen der Welt entwickelt. Sie gilt zugleich als die sauberste Stadt der Region, denn strenge Gesetze stellen selbst das Wegwerfen von Kaugummipapier und Zigarettenkippen auf den Straßen unter sehr hohe Strafen.

M 1 *Stadtstaat*

Dieses Gebiet im Westen der USA verdankt seinen Spitznamen einem Rohstoff, den man für die Herstellung von Computer-Bauteilen verwendet. Dort wurden die ersten Computer zunächst in kleinen Garagenfirmen entwickelt und gebaut. Viele der bekanntesten Computer- und Softwareunternehmen haben dort ihren Firmensitz. Das Tal ist einer der bedeutendsten Hightech-Standorte weltweit. Von dort aus eroberten Computer und Internet die Welt und machten die Globalisierung erst möglich.

M 2 *„Geburtsort" von Computer und Internet*

Die Stadt ist heute ein Zentrum der Software-Industrie und große internationale Unternehmen haben sich in modernen Technologie-Parks angesiedelt. Auch die größten indischen Software- und IT-Firmen haben dort ihre Zentralen. Über das Internet gelangen die fertigen Produkte ohne Zeitverlust und hohe Transportkosten zu den Auftraggebern.
Die Gegensätze, die das Land kennzeichnen, bestimmen auch das Bild der Stadt. Neben den hochmodernen Gebäuden der Hightech-Unternehmen liegen die Hüttensiedlungen der Ärmsten.

M 3 *Softwarezentrum in Indien*

Sich orientieren

1 Benenne die gesuchten Städte beziehungsweise Regionen und gib an, auf welchem Kontinent sie jeweils liegen (M 1–M 3).

2 Wenn du die folgenden Buchstaben aus den Lösungswörtern in die richtige Reihenfolge bringst, erhältst du den Begriff für die zunehmende weltweite Verflechtung:
- **M 1:** 1., 4., 5. 7. und 8. Buchstabe
- **M 2:** 2., 3., 4. und 6. Buchstabe
- **M 3:** 1., 3., 4., 6. und 9. Buchstabe

Erde: Luftdruck und Winde

Luftdruck und Winde im Januar

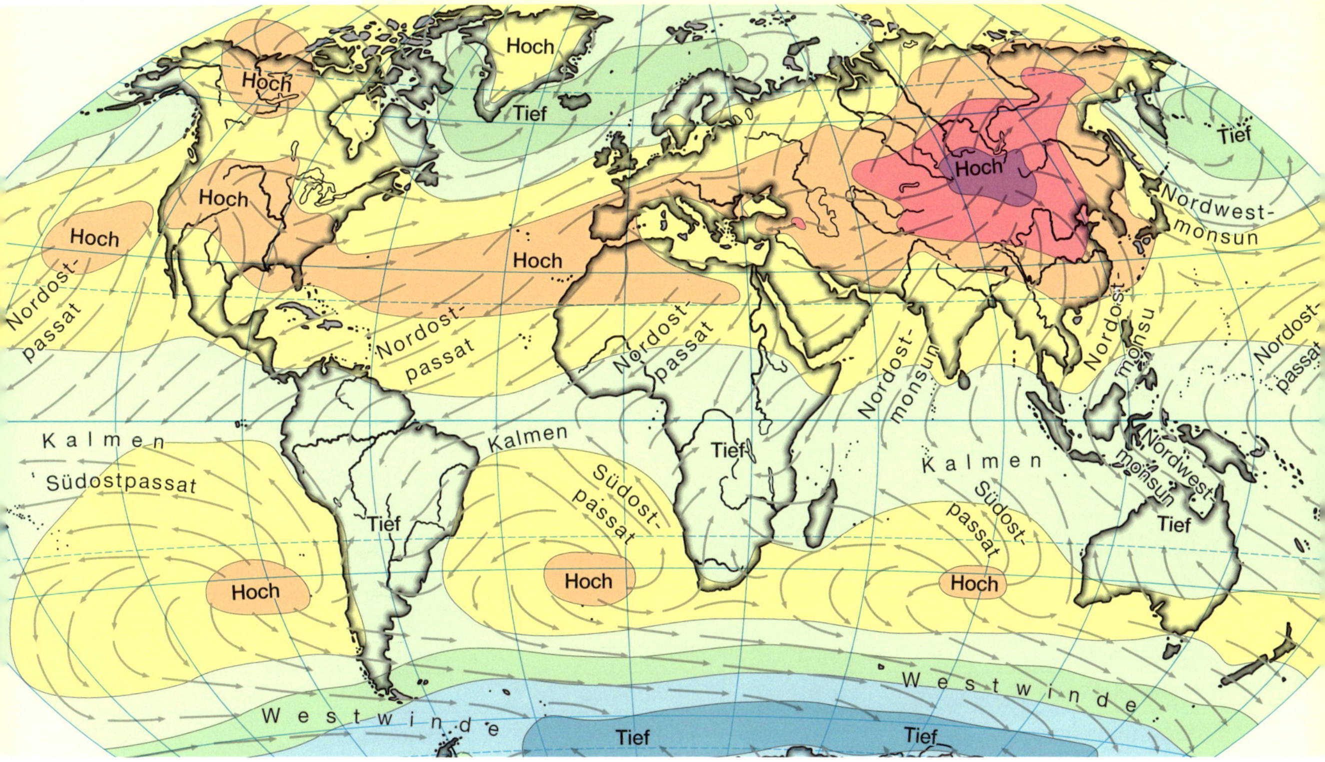

Luftdruck (in hPa): 988 | 996 | 1004 | 1012 | 1020 | 1028 | 1036

vorherrschende Windrichtung

0 – 3000 km

Luftdruck und Winde im Juli

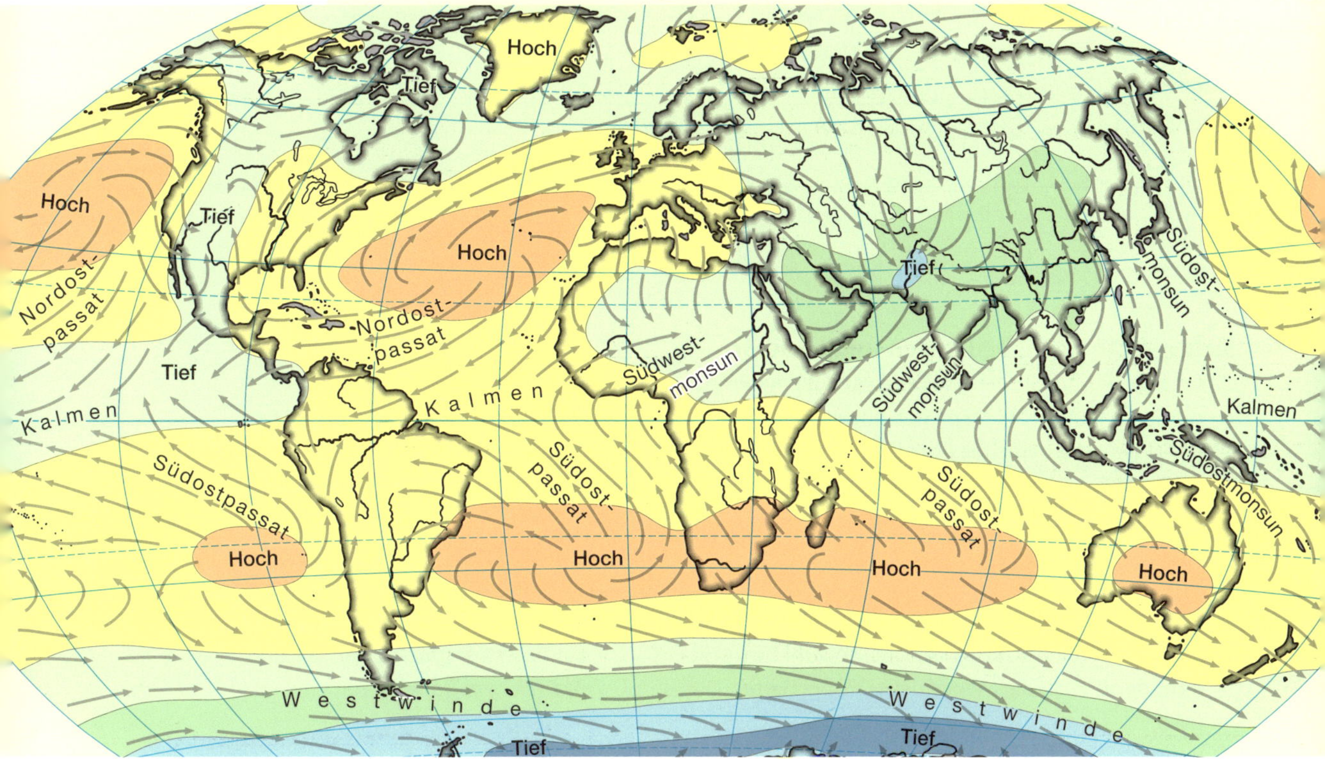

Luftdruck (in hPa): 988 | 996 | 1004 | 1012 | 1020

vorherrschende Windrichtung

0 – 3000 km

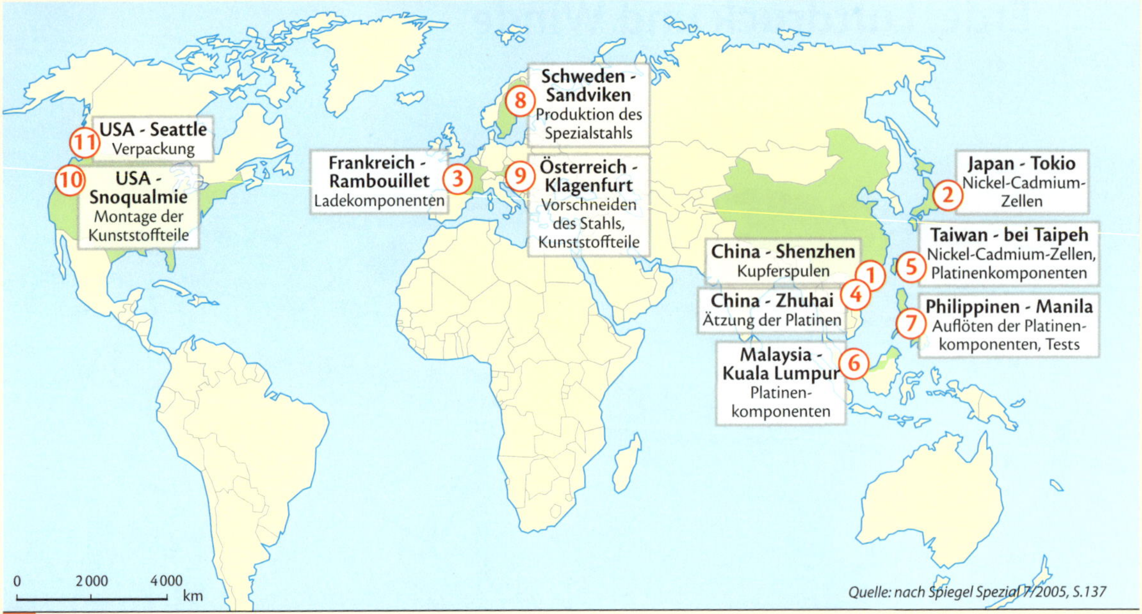

M 7 *Weltreise einer elektrischen Zahnbürste*

Zulieferung/Produktionsschritt	Herkunftsland	Zielland	Entfernung (km)	Transportmittel	Transportierte Tonnen	CO_2-Ausstoß
Kupferspulen	China	Philippinen		Schiff	2	
Nickel-Cadmium-Zellen	Japan	Philippinen		Schiff	3	
Ladekomponenten	Frankreich	Philippinen		Flugzeug	2	
Platinen	China	Philippinen		Schiff	2	
Nickel-Cadmium-Zellen und Platinenkomponenten	Taiwan	Philippinen		Schiff	3	
Platinenkomponenten	Malaysia	Philippinen		Schiff	1	
Fertigstellung der Platinen, Tests	Philippinen	USA		Schiff	10	
Produktion des Stahls	Schweden	Österreich		Eisenbahn	10	
Bearbeitung des Stahls und Kunststoffs	Österreich	USA		Flugzeug	8	
Montage	USA	USA		Lkw	15	

M 8 *Weltreise der Komponenten einer elektrischen Zahnbürste während der Produktion*

Sich verständigen, beurteilen und handeln

7 Ergänze die Tabelle (**M 8**). Miss dazu auf einer Weltkarte die Entfernungen zwischen den angegebenen Orten (Luftlinie) und berechne jeweils den CO_2-Ausstoß (**M 7– M 9**).

8 Werte die Tabelle aus und gib an, wie viele Kilometer die Komponenten der Zahnbürste zurückgelegt haben bis zur Fertigstellung des Produkts (**M 8**).

9 Erörtere, ob die Wahl der angegebenen Verkehrsmittel jeweils sinnvoll war. Beachte dabei sowohl Zeit und Entfernung als auch die Menge des transportierten Gutes (**M 8**).

10 Beurteilt die Folgen der Globalisierung für die Umwelt (**M 8, M 9**).

Transportmittel	CO_2-Ausstoß
Flugzeug	50 kg
Lkw	6 kg
Eisenbahn	3 kg
Schiff	1 kg

M 9 *Durchschnittlicher CO_2-Ausstoß bei Gütertransporten auf 100 km pro geladene Tonne*

Wissen und verstehen

3 Nenne zu jedem dieser Begriffe mindestens zwei Merkmale (**M 4**).

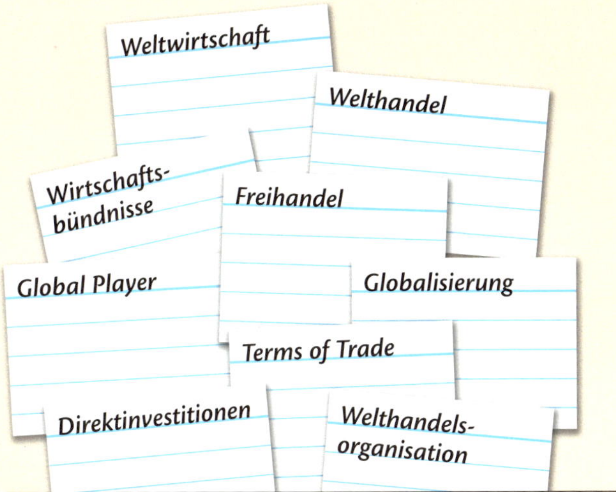

M 4 *Geo-Begriffestapel*

Richtig oder falsch?

4 Sortiere die Aussagen in richtige und falsche Aussagen. Verbessere die falschen Aussagen und schreibe sie richtig auf:

- Die internationale Arbeitsteilung führt zu einer optimalen Nutzung der Ressourcen jedes Landes.
- Mangel und Überproduktion behindern den Handel.
- Der größte Teil der Welthandelsgüter wird mit dem Lkw transportiert.
- Die Globalisierung wurde durch bessere Transport- und Kommunikationsbedingungen ermöglicht.
- Die Welthandelsorganisation setzt sich für Zollschranken ein, um die Industrieländer vor Billigprodukten aus Entwicklungsländern zu schützen.
- Silikon ist ein wichtiger Rohstoff für die Computerherstellung und gab der Region im Westen der USA ihren Namen.
- Global Player nehmen unter anderem durch Direktinvestitionen in den Empfängerländern Einfluss.
- Siemens hat als Global Player keine Entwicklungs- und Forschungseinrichtungen im Ausland.
- Softwareentwicklung ist der wichtigste Zweig der IT-Industrie Bangalores.
- Das Wachstum Singapurs wird durch seine Lage begrenzt.
- Afrika gilt als Verlierer der Globalisierung.

Können und anwenden

5 Erstelle ein Wirkungsgefüge zum Thema „Auswirkungen der internationalen Arbeitsteilung" (**M 5**).

6 Erläutere das Wirkungsgefüge zum Thema „Gründe und Folgen von Direktinvestitionen" (**M 6**).

In den Entwicklungsländern werden viele Arbeitsplätze geschaffen, darunter auch viele qualifizierte. Trotz Niedriglohn sind die Löhne bei den Global Players höher als bei der einheimischen Wirtschaft der Entwicklungsländer. Langfristig findet eine Übertragung von Kapital, Knowhow und Technologie in die Entwicklungsländer statt. Die einheimischen Unternehmen in den Entwicklungsländern übernehmen Dienstleistungen oder andere Aufgaben für die Global Player. Langfristig findet auch eine Übertragung von Arbeits- und Umweltstandards aus den Industrieländern in die Entwicklungsländer statt. Umweltsünden der Industrieländer in der Vergangenheit werden nicht wiederholt, weil man aus den Erfahrungen der Vergangenheit gelernt hat.
Umweltschäden werden in den Entwicklungsländern in Kauf genommen, um Global Player ins Land zu locken. Diese rechnen mit niedrigen Kosten in den Entwicklungsländern, weil die soziale Absicherung der Arbeiter fehlt. Die Regierungen an den Standorten in den Entwicklungsländern haben wenig Einfluss auf die Wirtschaftsentwicklung. Die Global Player treffen Entscheidungen wie zum Beispiel Unternehmensschließungen ohne Rücksicht auf die jeweilige Region.

M 5 *Auswirkungen der internationalen Arbeitsteilung*

M 6 *Gründe und Folgen von Direktinvestitionen*

5 Vorgänge in der Atmosphäre und Klimawandel erkennen

In diesem Kapitel lernst du,
- Merkmale und Anzeichen für den Klimawandel darzulegen,
- Ursachen für Klimaschwankungen zu erläutern,
- Anzeichen für den Klimawandel darzulegen,
- Ursachen des Treibhauseffekts zu erläutern,
- die Bedeutung von Treibhausgasen zu erklären,
- globale und regionale Auswirkungen des Klimawandels zu beurteilen.

Dazu nutzt du
- Karten,
- Blockbilder,
- Klimadiagramme,
- Experimente,
- Diagramme,
- Modelle.

Dazu beurteilst du
- Merkmale von Klimamodellen und Klimaprognosen
- eigene Handlungsmöglichkeiten auf politischer und persönlicher Ebene.

Die Atmosphäre – der verwundbarste Teil der Erde

Die Atmosphäre ist deshalb so verwundbar, weil sie so dünn ist. Würde man einen Globus mit einer Lackschicht überziehen, wäre die Farbe so dick wie die Erdatmosphäre im Vergleich zur Erdkugel. Der Mensch ist in der Lage, die Zusammensetzung der Atmosphäre zu verändern.

Blick aus dem Weltraum auf ein Wolkenband über den Indischen Ozean (Space Shuttle Discovery 1999)

Natürliche Klimaänderungen

M 1 *Die Heimkehr der Jäger. Gemälde von Pieter Brueghel dem Älteren, ca. 1565*

check-it
- Ursachen für natürliche Klimaschwankungen benennen
- Temperaturveränderungen und Eiszeiten erläutern
- Internetrecherche durchführen
- Temperaturentwicklung beurteilen

Die Erde im Sonnensystem

In der Erdgeschichte gab es immer Klimaschwankungen. Die Ursachen für diese Klimaschwankungen sind vielfältig. Wissenschaftler machen hauptsächlich Veränderungen der Erdumlaufbahn für die Entstehung der Eiszeiten (Kaltzeiten) und die Aktivitäten der Sonne für die kurzfristigen Schwankungen der Nacheiszeiten (Warmzeiten) verantwortlich. Die Veränderungen in der Stärke der auf die Atmosphäre der Erde treffenden Sonnenstrahlen weisen in den letzten 100 Jahren einen ähnlichen Verlauf auf wie die Entwicklung der weltweiten Durchschnittstemperatur. Seit dem 17. Jahrhundert nimmt die Sonnenaktivität allmählich zu, jedoch lässt sich die gegenwärtige Erwärmung der Erde nicht allein damit erklären.

Das Klima ist beeinflussbar

Vulkanausbrüche beeinflussen das Klima für wenige Jahre. 1815 brach der Tambora auf Sumbawa in Indonesien aus. Die Auswirkungen auf das weltweite Klima brachten dem Jahr 1816 die Bezeichnung „Jahr ohne Sommer" ein. Im Hochsommer traten Nachtfröste auf, in der Schweiz fiel der Schnee in Höhen ab 800 Metern und Mitteleuropa verzeichnete kühlen Dauerregen. Auch in Nordamerika und Ostasien traten Wetterlagen mit außergewöhnlich niedrigen Temperaturen und wenig Sonnenschein auf.
Eine weitere Ursache für Klimaänderungen könnten Schwankungen der großen Meeresströmungen sein, die im Wesentlichen durch Temperatur und Salzgehalt des Meeres gesteuert werden. Diese Schwankungen sollen im Nordatlantik einem 35-Jahre-Zyklus folgen. Sie spielen sich in ähnlichen Zeitskalen ab wie jene Klimaänderungen, die im 20. Jahrhundert mit hoher Wahrscheinlichkeit dem menschlichen Einfluss zugeschrieben werden.

Klimaforschung

Die Klimaveränderungen der letzten tausend Jahre untersucht die **Paläoklimatologie**. Wichtige Informationen gewinnt man durch historische Auf-

zeichnungen. Weitere Untersuchungsmethoden beziehen sich auf die Wachstumsringe von Bäumen, die Auskunft zu Temperatur und Niederschlägen geben. Aus den Sedimenten von Ozeanen oder Binnenseen können die Wissenschaftler die jeweilige Temperatur, den Salzgehalt sowie die Strömungsverhältnisse ableiten.
Mit Gletschereis-Bohrkernen werden nicht nur die Temperatur früherer Zeitalter rekonstruiert, sondern auch die Spurengase in der Atmosphäre erkannt. Eisbohrkerne haben einen Durchmesser von 10 Zentimetern. Die Stücklänge beträgt ungefähr 3,5 Meter und die Gesamtlänge kann über 3000 Meter betragen. Eisbohrkerne aus der Antarktis geben Aufschluss über das Klima der letzten 800 000 Jahre.
Eisbohrkerne und marine Sedimente sind sehr wichtige Archive für die Rekonstruktion des Klimas der letzten 100 bis 150 Jahre. Deshalb hat die Paläoklimatologie in den vergangenen 20 Jahren eine enorme Entwicklung erlebt.

1 Beschreibe die Winterlandschaft im Gemälde von P. Brueghel und vergleiche mit heutigen Wintern bei uns (**M 1**, **M 3**).
2 Erläutere den Temperaturverlauf der letzten 1600 Jahre auf der Nordhalbkugel (**M 3**).
3 Benenne mithilfe einer Mindmap „Ursachen für natürliche Klimaschwankungen auf der Erde“ (**M 1–M 3**).
4 Erstelle eine Tabelle, in der du Ursachen für Klimaänderungen auflistest (**M 1–M 4**).
5 Führe eine Internetrecherche durch und informiere dich über aktuelle Projekte der deutschen Forschungsstation Neumayer III und die neuesten Forschungsergebnisse zu Klimaänderungen (**M 3**, **M 4**). Berichte anschließend darüber vor der Klasse.

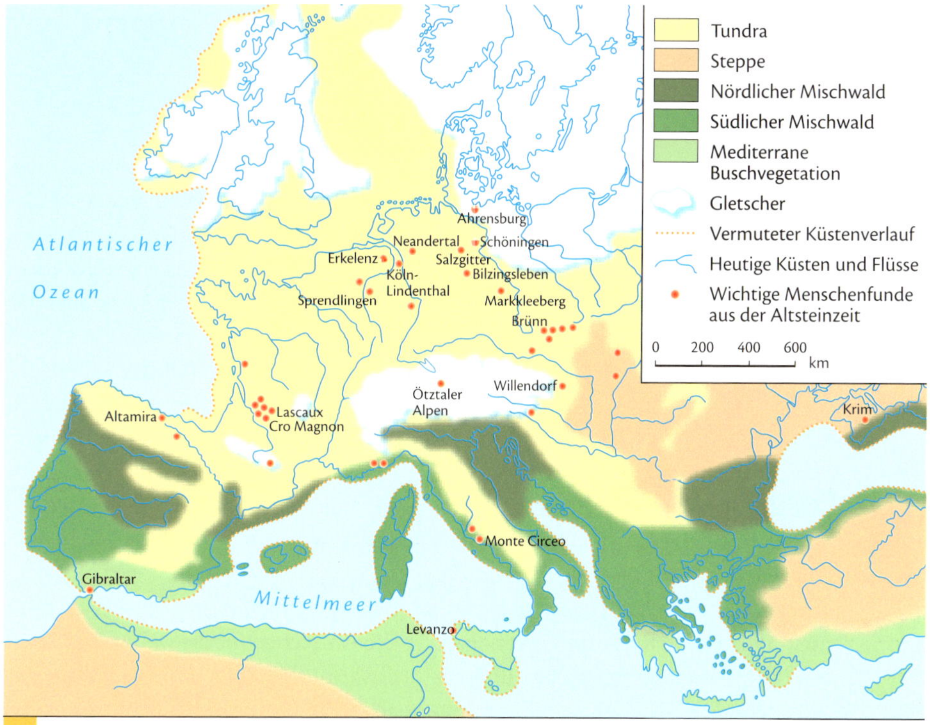

M 2 *Europa während der Weichsel-Kaltzeit vor etwa 20 000 Jahren*

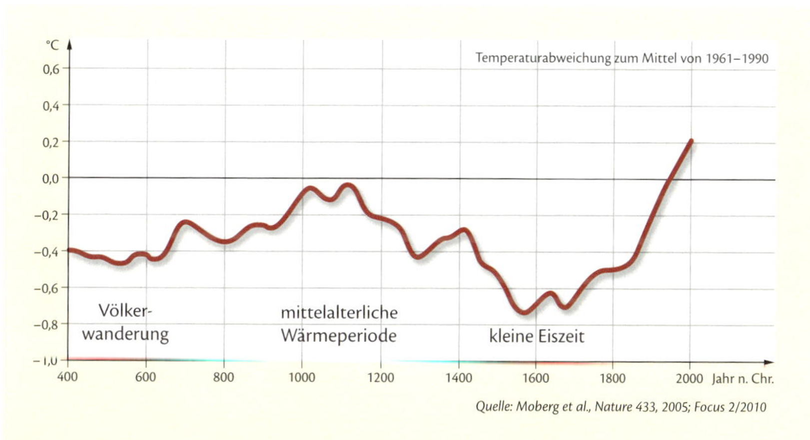

M 3 *Durchschnittstemperatur der Nordhalbkugel 400–2000 n. Chr.*

M 4 *Ein Eisbohrkern wird bearbeitet*

Anzeichen des Klimawandels – von Eis zu heiß

check-it
- Anzeichen für den Klimawandel darlegen
- Gletscherveränderungen vergleichen und erklären
- Rolle des Eises im Klimasystem erläutern
- Satellitenbilder und Kartogramme auswerten

Anzeichen des Klimawandels

Langfristige Messungen beweisen, dass die globalen Luft- und Meerestemperaturen angestiegen sind. Die Meereisflächen der Arktis und die Schneebedeckung der Nordhalbkugel haben sich seit 1960 um zehn Prozent verringert. Die schmelzenden Gletscher und die Ausdehnung des Wassers führen weltweit zum Ansteigen des Meeresspiegels. Die Häufigkeit von extremen Niederschlägen in den gemäßigten und polaren Breiten der Nordhalbkugel hat zugenommen. Auch tropische Wirbelstürme treten häufiger und intensiver auf. Durch sommerliche Trockenperioden und Dürren breiten sich die Wüsten in Afrika, Zentralasien, Nordindien und Südamerika immer mehr aus. Hitzeperioden führten in den USA zu den schlimmsten Waldbränden seit 50 Jahren. Zu berücksichtigen ist, dass das Klima infolge seiner Trägheit auf äußere Anregungen immer mit einer Zeitverzögerung von einigen Jahrzehnten reagiert.

Schnee und Eis im Klimasystem

Die Anzeichen für die weltweite Klimaerwärmung lassen sich besonders gut an Veränderungen bei Schnee und Eis erkennen.

Die Gletschermumie „Ötzi“ wurde 1991 in den Ötztaler Alpen in Südtirol gefunden. „Ötzi“ lag seit etwa 3400 vor Christus in einer Querrinne unterhalb eines Gletschers. Der Gletscher glitt über 5400 Jahre über diese Querrinne hinweg, sodass die Gletschermumie dort relativ unbeschadet überstehen konnte. Erst mit dem Rückzug des Gletschers wurde die Fundstelle frei.

Gletscherveränderungen werden weltweit beobachtet. In den Alpen haben die Gletscher in den letzten 100 Jahren etwa 50 Prozent ihrer Masse verloren.

Die schnee- und eisbedeckten Flächen beeinflussen die **Albedo,** das heißt das Rückstrahlvermögen von Flächen und damit den globalen Wärmehaushalt der Erde.

Messungen zum Volumen, der Masse oder Oberflächenbewegung von Gletschern finden durch Gletscherforscher (Glaziologen) an den Gletscherzungen und durch Auswertung von Satellitenaufnahmen statt.

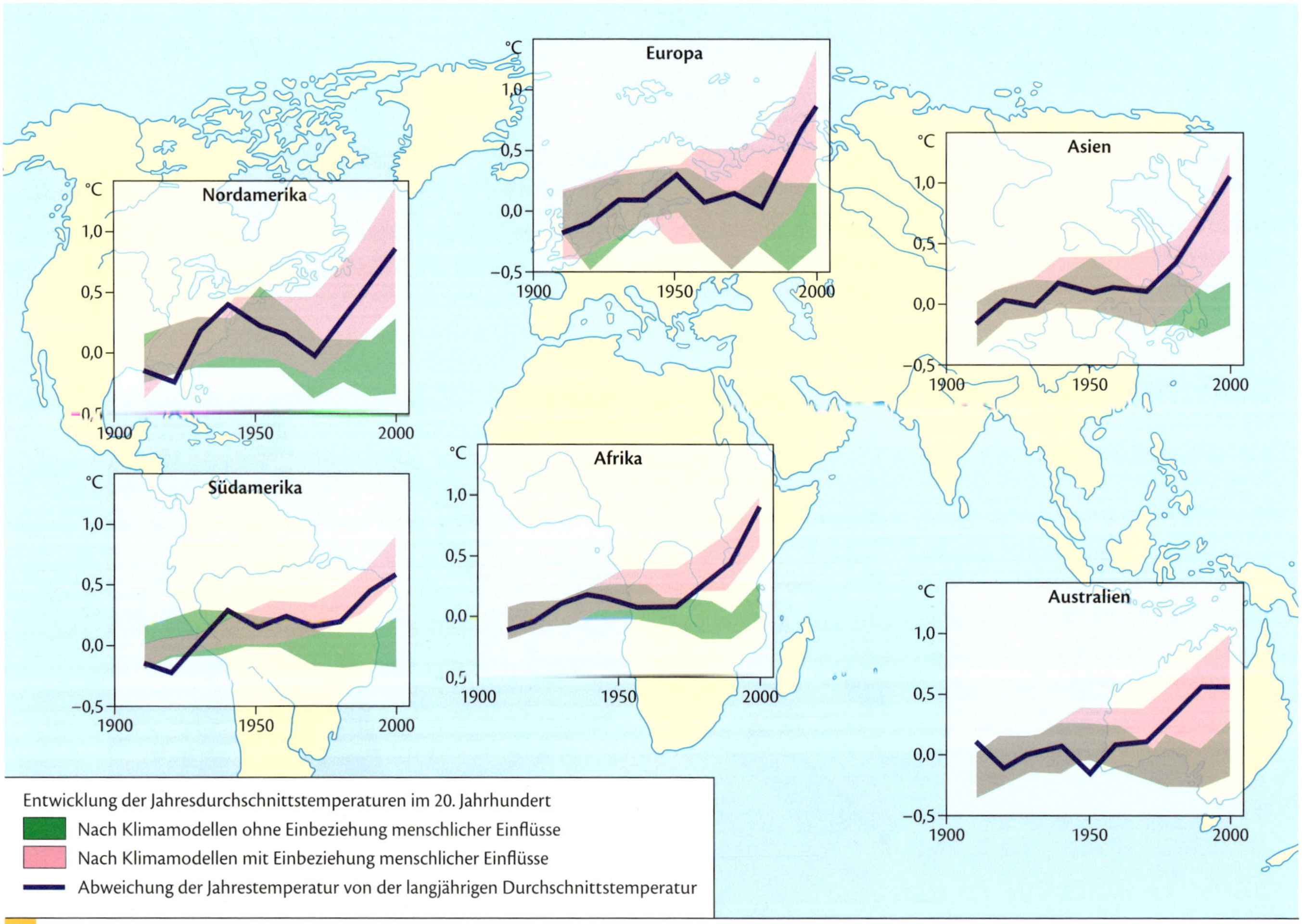

M 1 *Entwicklung der weltweiten Jahresdurchschnittstemperaturen nach Klimamodellen*

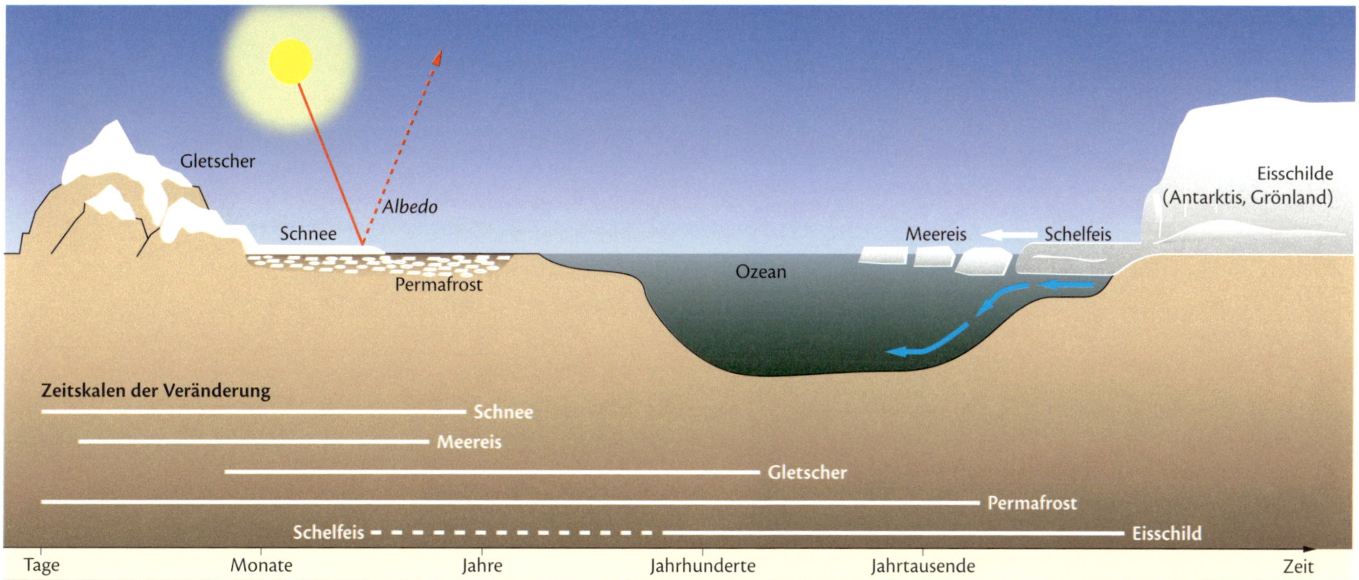

M 2 *Der Einfluss des Eises im Klimasystem*

Bei den Gletschern in den Höhenlagen der Tropen sind die Temperaturschwankungen und Niederschläge im Jahresverlauf geringer. Wegen ihrer kleineren Ausdehnung reagieren sie empfindlicher und schneller auf Klimaveränderungen. Schon ein vergleichsweise geringer Temperaturanstieg wirkt sich unmittelbar aus.

1 Benenne Anzeichen des Klimawandels (**M 1–M 3**).
2 Beschreibe die weltweiten Temperaturveränderungen im 20. Jahrhundert (**M 1**).
3 Vergleiche die Bilder des Vernagtferners (**M 3**).
4 Erläutere die Rolle des Eises im Klimasystem (**M 2**).
5 Erstelle eine Übersicht mit den Eisformen, ihren Verbreitungsgebieten auf der Erde und den Zeiträumen ihrer Veränderungen (**M 2**).
6 Führe eine Internetrecherche durch zum Thema: Anstieg des globalen Meeresspiegels.

M 3 *Veränderungen des Vernagtferners in den Ötztaler Alpen in der Gegenüberstellung von 1844 zu 2001*

Kohlenstoffdioxid – lebensnotwendig, aber gefährlich

Die Kohlenstoffspeicherung in Pflanzen und Böden ist ein sehr komplexer Prozess. Um diesen Prozess besser verstehen zu können, gibt es das Europäische Forschungsprogramm **CarboEurope.** Untersucht werden regelmäßig und langfristig Prozesse in Einzelbäumen, Waldbeständen, Landschaftsausschnitten und Großlandschaften. Messflüge erfassen CO_2-Konzentrationen in den unteren Kilometern der Atmosphäre. Messtürme bestimmen den Austausch von Wasserdampf, Energie und Kohlenstoffdioxid zwischen der Vegetation und der Atmosphäre. Regelmäßige Freilandmessungen von Kohlenstoffumsatz im Boden geben Aufschluss über wichtige biologische Prozesse bei der Zersetzung von organischer Substanz, dem bislang am wenigsten verstandenen Teil des Kohlenstoffkreislaufs. Proben von Boden, Streu, Blättern und Holz werden für Laboranalysen gesammelt, um Abbauprozesse zu verfolgen.

M 1 *CarboEurope: Erforschung der Kohlenstoffbilanz*

check-it
- Bedeutung des Kohlenstoffs erklären
- Kohlenstoffkreislauf erläutern
- Begriffe „Kohlenstoffsenke" und „Kohlenstoffquelle" erläutern
- Schaubild auswerten
- Folgen der industriellen Entwicklung beurteilen

Lebensnotwendiger Kohlenstoff

Pflanzen nutzen das in der Luft enthaltene Kohlenstoffdioxid (CO_2) zur Photosynthese. Für viele Pflanzen ist dies die einzige Kohlenstoffquelle. Dadurch entsteht auch Sauerstoff in der Luft, der für alle Landlebewesen lebensnotwendig ist. Alle Organismen eines Ökosystems sind andauernd mit Atmung beschäftigt, während die Photosynthese an die Verfügbarkeit von Licht in den Tagstunden gebunden ist. In der Regel wird das Kohlenstoffdioxid am Tag verbraucht und in der Nacht freigesetzt. Die Landmassen der Erde mit den großen Waldvorkommen befinden sich überwiegend auf der Nordhalbkugel. Im Winterhalbjahr sind daher die **Kohlenstoffdioxidemissionen** größer, da durch die Fäulnisprozesse nach dem Laubabwurf verstärkt Kohlenstoffdioxid frei gesetzt wird.

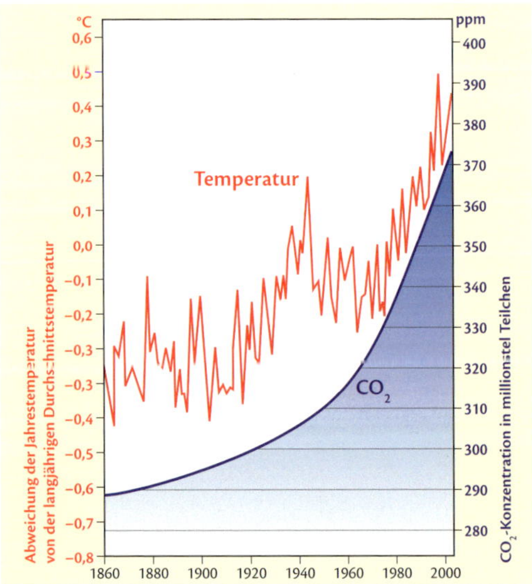

M 2 *Entwicklung des Kohlenstoffdioxid-Gehalts und der Durchschnittstemperatur seit 1860*

Verursacher	Eingesetzte Energieträger	Beispiele für Energiewandler, die CO_2 freisetzen	
Verkehr	Flugtreibstoffe, Diesel, Benzin	Dieselmotor, Ottomotor, Düsentriebwerk	17 %
Haushalte, Kleinverbraucher	Heizöl, Gas, feste Brennstoffe	Raumheizungsanlagen	24 %
Industrie	Öl, Gas, feste Brennstoffe	Industriefeuerungen, Anlagen zur Gewinnung von Prozesswärme	24 %
Kraftwerke, Heizkraftwerke	Kohle	Kohlekraftwerke	35 %

M 3 *Wichtige CO_2-Verursacher in Deutschland*

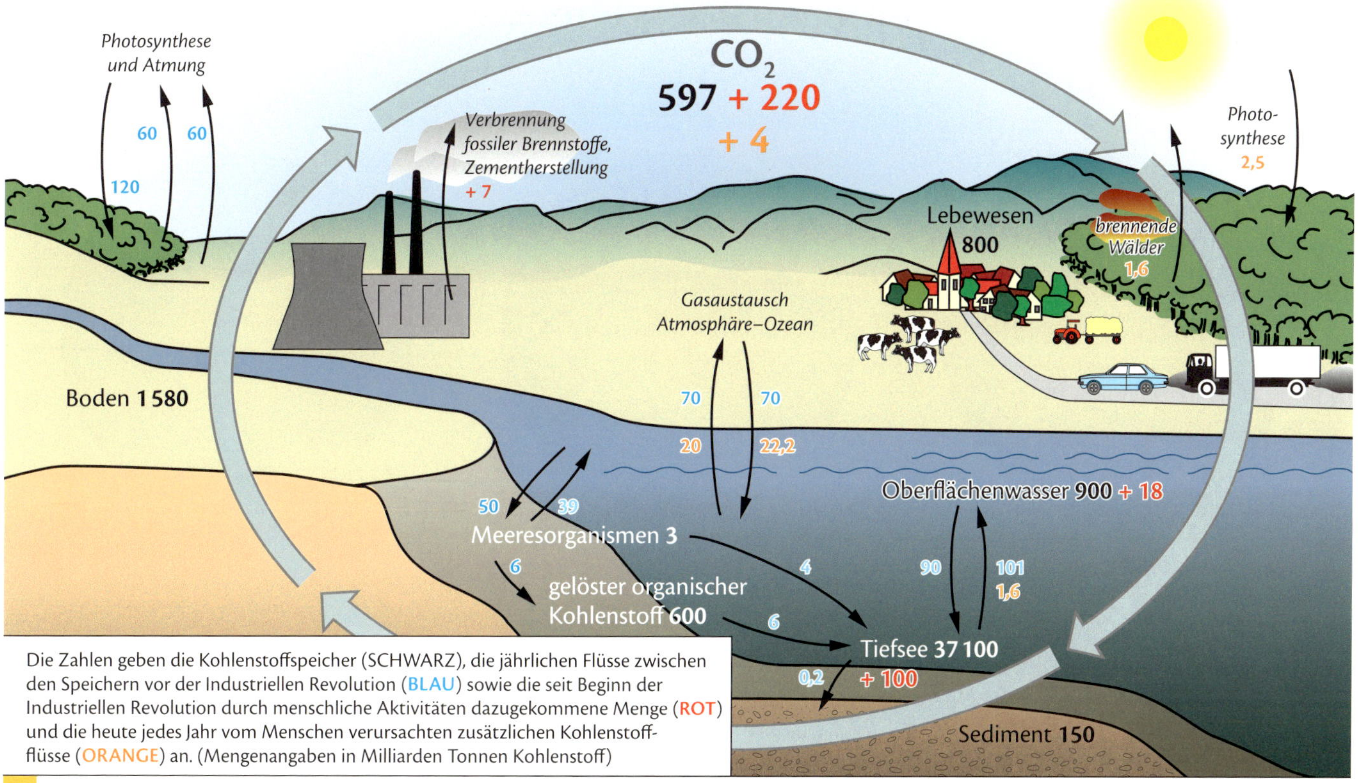

Die Zahlen geben die Kohlenstoffspeicher (SCHWARZ), die jährlichen Flüsse zwischen den Speichern vor der Industriellen Revolution (BLAU) sowie die seit Beginn der Industriellen Revolution durch menschliche Aktivitäten dazugekommene Menge (ROT) und die heute jedes Jahr vom Menschen verursachten zusätzlichen Kohlenstoff-flüsse (ORANGE) an. (Mengenangaben in Milliarden Tonnen Kohlenstoff)

M 4 *Der globale Kohlenstoffkreislauf*

Der Kohlenstoffkreislauf

Das Kohlenstoffdioxid ist einem ewigen Kreislauf unterworfen, in Gesteinen, Böden, Luft, Wasser und Lebewesen. Das Kohlenstoffdioxid der Luft steht zum Beispiel in einem Gleichgewicht mit dem im Meerwasser gelösten Kohlenstoffdioxid. Auf ein Molekül in der Luft kommen etwa 50 Moleküle Kohlenstoffdioxid in den Ozeanen.

Wenn gebundener Kohlenstoff in das Tiefenwasser absinkt, ist er auf absehbare Zeit dem Kohlenstoffkreislauf entzogen.

Kohlenstoffsenke oder Kohlenstoffquelle?

Weltweit wird ein Drittel der Kohlenstoffdioxidemissionen von den Wäldern aufgenommen. Die Rolle dieser biologischen **Kohlenstoffsenken** führte zu heftigen Diskussionen zwischen Wissenschaftlern und Politikern, denn durch Aufforstung in den Wäldern kann zusätzlicher Kohlenstoff gespeichert werden. Nach etwa 15 bis 100 Jahren kehrt das Kohlenstoffdioxid in die Atmosphäre zurück und wird zur **Kohlenstoffquelle.** Neuere Untersuchungen zeigen, dass Meere bei einer Erwärmung weniger Kohlenstoffdioxid aufnehmen, gleichzeitig aber Böden eine größere Menge dieses Stoffes speichern können.

Gefährlicher Kohlenstoff

Die Konzentration von Kohlstoffdioxid in der Atmosphäre hat sich seit Beginn der Industrialisierung im 19. Jahrhundert durch die Verbrennung fossiler Energieträger wie Kohle und Erdöl nahezu verdoppelt. Der damit verbundene Klimawandel macht den Kohlenstoffkreislauf heute zu einem Schwerpunkt der Forschung am Ökosystem Erde.

1 Erkläre die Bedeutung des Kohlenstoffs für das Leben auf der Erde (M 1–M 4).
2 Erläutere den Kohlenstoffkreislauf (M 4).
3 Verdeutliche den Unterschied zwischen Kohlenstoffsenke und Kohlenstoffquelle (**M 3, M 4**).
4 Beurteile die Folgen der industriellen Entwicklung für das Klima (M 1–M 5).
5 Führe eine Internetrecherche durch und informiere dich zum aktuellen Stand der CarboEurope-Forschungen (M 1).

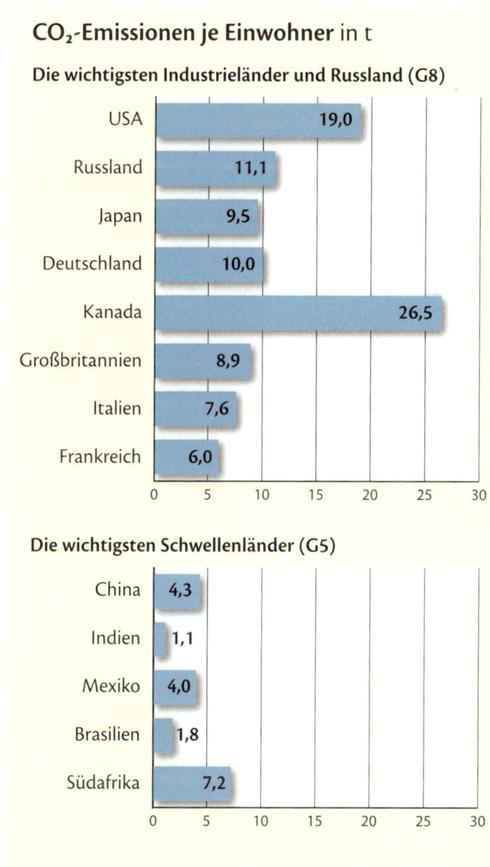

M 5 *Kohlenstoffdioxid-Emissionen (2007)*

Das Ozonloch – eine vorübergehende Erscheinung?

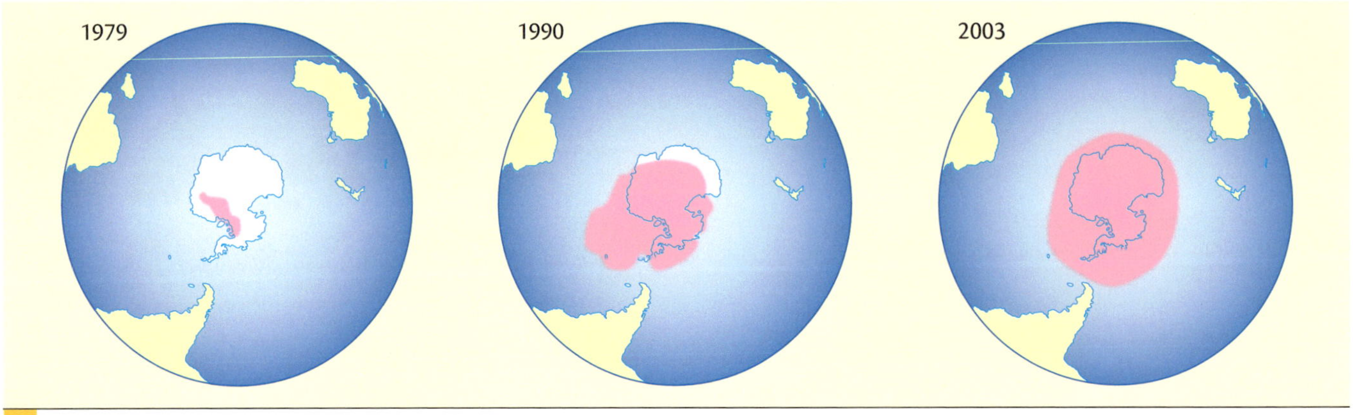

M 1 *Das Ozonloch über der Antarktis*

check-it
- Lage der Ozonschicht in der Atmosphäre beschreiben
- Entstehung von Ozonsmog und Ozonloch erklären
- Auswirkungen hoher Ozonkonzentrationen erläutern
- Möglichkeiten des Ozonschutzes erörtern

Was ist Ozon?

Ozon (O_3) ist ein Molekül aus drei Sauerstoffatomen, deren Bindungskräfte jedoch so gering sind, dass sie schon durch Sonnenlicht oder das Anstoßen an andere Sauerstoffmoleküle wieder aufgehoben werden können. Infolgedessen kann sich nie der gesamte Sauerstoff in der Atmosphäre in Ozon umwandeln.

Ozon in der Atmosphäre

In der Stratosphäre, in 15 bis 30 Kilometern Höhe, befindet sich die Ozonschicht. Sie enthält etwa 75 Prozent des atmosphärischen Ozons und schützt die Erde vor ultravioletten Strahlungen. Diese können beim Menschen Sonnenbrand oder Hautkrebs verursachen, bei Pflanzen zu Missbildungen führen und bei Tieren zu Augenleiden. Teilräume der Stratosphäre, in denen die Ozonschicht stark ausgedünnt ist, werden als **Ozonloch** bezeichnet. Dieses Phänomen wurde erstmals 1980 beschrieben.

Das Ozonloch

Neben dem Sonnenlicht und der Bewegungsenergie zwischen den Molekülen zerstören Treibhausgase die schützende Ozonschicht. Fluorchlorkohlenwasserstoffe (FCKW) heizen nicht nur das Weltklima an, sondern entziehen der Stratosphäre auch Wärme, die für die Aufrechterhaltung von Ozon wichtig ist. Wo die Stratosphäre kalt ist, entstehen Ozonlöcher. Deshalb bildet sich das Ozonloch auch jährlich im Winter über dem Südpol. Da dort der Winter sechs Monate dauert und praktisch kein Luftaustausch stattfindet, erkaltet die Stratosphäre auf unter minus 80 Grad Celsius. Bei diesen Temperaturen löst sich die Ozonschicht auf.

Das Ozonloch ist ein Phänomen, das bisher nur über der Antarktis auftrat. Ab Mitte September sinkt der Ozonge-

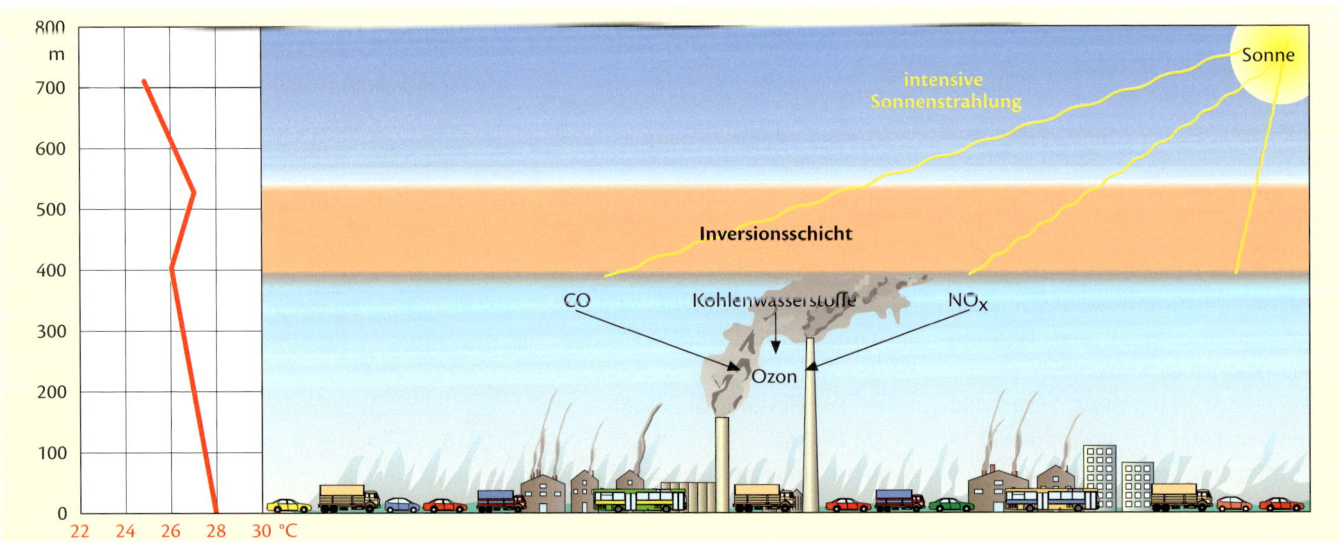

M 2 *Die Entstehung von Ozonsmog*

M 3 *Ozonsmog über Los Angeles in Kalifornien (smog = smoke + fog)*

M 4 *Plakat der Umweltschutzbehörde EPA (US Environmental Protection Agency) der USA*

halt dort auf weniger als die Hälfte ab. Die Ozonwerte bleiben sechs bis acht Wochen auf diesem niedrigen Niveau und steigen dann wieder bis zum Erreichen des Vorjahresniveaus. So wurden zum Beispiel über der Arktis nur wenige Tage mit einem Abfall der Werte beobachtet, sodass man hier bislang nicht von einem Ozonloch sprechen kann. Dennoch steigt die Wahrscheinlichkeit der Bildung eines Ozonlochs über Nordeuropa und der Arktis durch eine Verstärkung des Treibhauseffekts.

Ozon und Treibhauseffekt

In der Troposphäre entsteht Ozon durch die Emission der Ozon-Vorläufergase. Die ultraviolette Strahlung des Sonnenlichts spaltet Stickstoffdioxid (NO_2) aus Autoabgasen in Stickstoffmonoxid (NO) und atomaren Sauerstoff (O). Dieser atomare Sauerstoff verbindet sich mit molekularem Sauerstoff zu Ozon (O_3). Die Hauptgebiete der anthropogenen Ozonproduktion sind die industrialisierten Regionen der gemäßigten Breiten sowie tropische Gebiete mit starker Biomassenverbrennung.

Das Ozon ist in bodennahen Schichten regional unterschiedlich verteilt, demgegenüber in höheren Schichten der Troposphäre relativ homogen. Gründe hierfür sind die längere Lebensdauer der Spurengase in der oberen Troposphäre sowie der ungehinderte atmosphärische Transport. In Bodennähe können die Spurengase einen Tag, in acht Kilometern Höhe dagegen mehrere Wochen überdauern. Beim Ozon selbst sind die Unterschiede noch größer.

Das so entstandene Ozon ist nach Kohlenstoffdioxid und Methan seit Beginn der Industrialisierung zum drittwichtigsten anthropogenen Treibhausgas geworden.

20 Jahre Ozonschutzmaßnahmen

In Deutschland gilt seit 1991 eine Verordnung, die den Einsatz von Fluorchlorkohlenwasserstoffen regelt. Diese wurden als Kältemittel für Kühl- und Gefriergeräte, Wärmepumpen und Klimaanlagen sowie als Verschäumungsmittel für Kunststoffe, Reinigungsmittel und als Treibgas für Spraydosen eingesetzt. Im Vergleich zu Kohlenstoffdioxid besitzen die Fluorchlorkohlenwasserstoffe ein 3000- bis 8000-fach höheres Potenzial für die globale Erwärmung der Erde. In Osteuropa werden auch heute noch Fluorchlorkohlenwasserstoffe hergestellt und eingesetzt. In Australien sind die Folgen des Ozonlochs seit einigen Jahren zu beobachten. Wegen der Sonnenbrand- und Hautkrebsgefahr werden deshalb in Australien Kopf- und Armbedeckung empfohlen.

Aus den Verboten von Fluorchlorkohlenwasserstoffen sind jedoch keine kurzfristigen Effekte zu erwarten. Es dauert rund 15 Jahre bis diese in die Stratosphäre gelangen und dort ihre schädigende Wirkung entfalten.

1 Beschreibe die Entwicklung des Ozonlochs über der Antarktis (M 1).
2 Erkläre, wie Ozon, Ozonsmog und das Ozonloch entstehen (M 1–M 3).
3 Erläutere die Auswirkungen hoher Ozonkonzentrationen am Erdboden für Mensch und Natur (M 2–M 4).
4 Nenne Staaten, die vom Ozonloch besonders betroffen sind, und erörtere Möglichkeiten zum Schutz der Ozonschicht (M 5).
5 Diskutiert den Aussagewert des Plakates der Umweltschutzbehörde der USA (M 4).

Der Treibhauseffekt

M 1 *Karikatur*

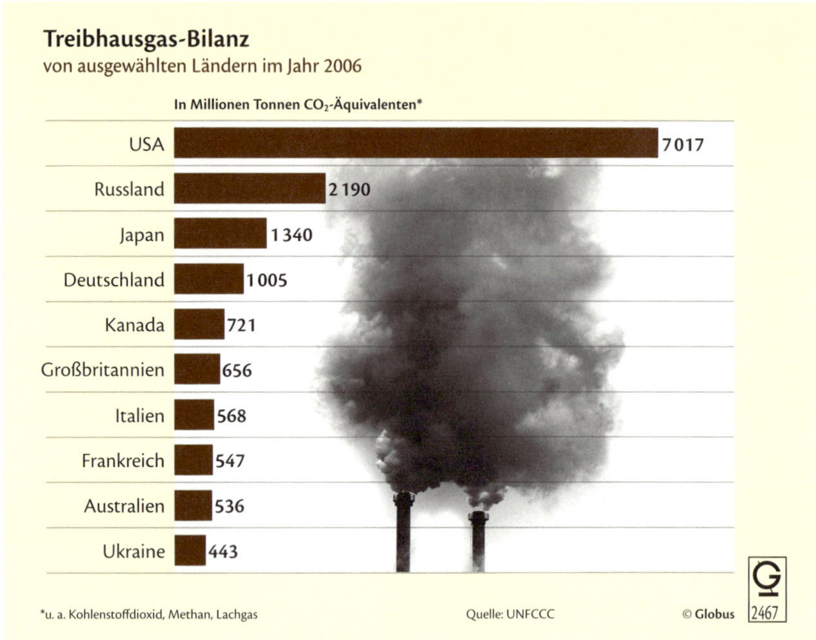

M 2 *„Top Ten" der Treibhausgaserzeuger*

check-it
- Treibhausgase benennen
- natürlichen und anthropogenen Treibhauseffekt erläutern
- Experiment durchführen und Karikatur auswerten
- Entwicklung der Treibhausgas-Emissionen beurteilen

Der natürliche Treibhauseffekt

Treibhausgase kommen auch natürlich in der Atmosphäre vor – sie bewirken den natürlichen **Treibhauseffekt.** Durch den natürlichen Treibhauseffekt erhöht sich die Temperatur der unteren Atmosphärenschichten um etwa 33 Grad Celsius, sodass auf der Erde eine durchschnittliche Temperatur von 15 Grad Celsius erreicht wird. Ohne den natürlichen Treibhauseffekt wäre es auf der Erde mit durchschnittlich minus 18 Grad Celsius sehr kalt und höheres Leben wäre auf unserem Planeten kaum möglich.

Der anthropogene Treibhauseffekt

Im Zuge der Industrialisierung wurden und werden vom Menschen Treibhausgase produziert, die sich in der Atmosphäre anreichern. Dieser anthropogene Treibhauseffekt verstärkt den natürlichen Treibhauseffekt und lässt die Temperaturen auf der Erde ansteigen. Treibhausgase sind vor allem Kohlenstoffdioxid, Methan, Lachgas und Fluorchlorkohlenwasserstoffe.

Kohlenstoffdioxid (CO_2) entsteht durch die Verbrennung fossiler Energieträger wie Kohle, Öl oder Gas.

Methan (CH_4) entsteht bei der Zersetzung organischer Substanzen unter Luftabschluss. Moore, Nassreisfelder und Müllkippen tragen zur Methanbildung bei. Auch die Ausweitung der Rinderzucht verstärkt den Treibhauseffekt, denn beim Wiederkäuen erzeugen die Tiere Methangas. Ein Rind verursacht pro Tag rund 250 Liter Methan. Weltweit grasen inzwischen mehr als drei Milliarden Rinder, Schafe und Ziegen auf den Weiden und tragen so auch zur Verstärkung des Treibhauseffektes bei.

Die verschiedenen **Fluorchlorkohlenwasserstoffe (FCKW)** werden als Kühlmittel, Treibgas in Sprühdosen und zum Aufschäumen von Kunststoff verwendet.

	Anteil der Treibhausgase am Treibhauseffekt	**Verweildauer in der Atmosphäre**	**Zunahme der Konzentration seit Beginn der Industrialisierung**
Kohlenstoffdioxid CO_2	64 %	50–200 Jahre	+ 28 %
Methan CH_4	20 %	9–15 Jahre	+ 146 %
Lachgas N_2O	6 %	120 Jahre	+ 13 %
Fluorchlorkohlenwasserstoffe FCKW u. a.	10 %	264 Jahre	+ 13 %

M 3 *Treibhausgase*

Messung der Treibhausgase

Die Konzentration der wichtigsten Treibhausgase wird seit Januar 2009 auch vom Weltraum aus überwacht.

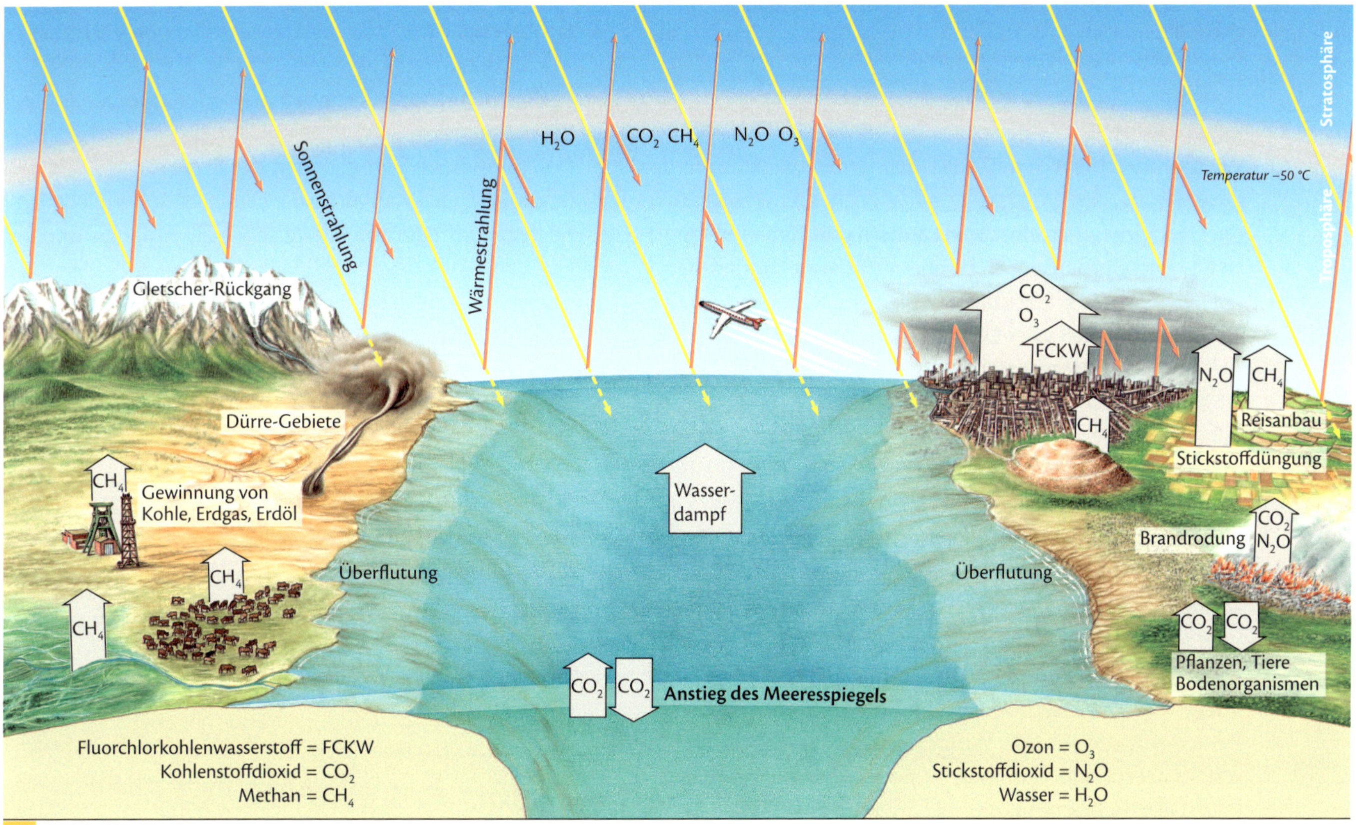

M 4 *Der anthropogene Treibhauseffekt*

Aktuelle Daten zur Verteilung und Konzentration von Kohlenstoffdioxid und Methan liefert der Satellit Ibuki, der die Erde in 666 Kilometern Höhe 14-mal täglich in jeweils 100 Minuten umrundet. Er überfliegt alle drei Tage dieselben Stellen. So können Gaskonzentrationen an 56 000 Punkten, in einer Höhe von bis zu drei Kilometern über der Erdoberfläche, gemessen werden.

1 Benenne Treibhausgase und beschreibe ihre Klimawirksamkeit (**M 3**).
2 Erläutere den natürlichen und den anthropogenen Treibhauseffekt (**M 4**).
3 Führe das Experiment durch und werte deine Beobachtungen aus (**M 5**).
4 Werte die Karikatur aus (**M 1**).
5 Beurteile die Entwicklung der Treibhausgas-Emissionen (**M 2, M 3**).
6 Bewerte die Verweildauer und die Zunahme der anthropogenen Treibhausgase in der Atmosphäre (**M 2**).

WEBCODE: UE640218-155

Material: Kakteentreibhaus, zwei Thermometer (möglichst elektronisch)
Zeitaufwand: 10 bis 15 Minuten
Durchführung: Das Treibhaus an einen sonnigen Platz stellen. Ein Thermometer misst die Temperatur im Inneren des Treibhauses. Das zweite Thermometer misst die Außentemperatur. Messergebnisse nach 10 Minuten ablesen.

M 5 *Experiment zum Treibhauseffekt*

Wir vergleichen und bewerten Statistiken

check-it
- Information aus Statistiken entnehmen, vergleichen und bewerten

Statistiken

Wir kommen nicht ohne Zahlen aus. Um Entwicklungen der Bevölkerung, der Wirtschaft und Ähnliches zu erfassen, Unterschiede zwischen einzelnen Ländern und Gebieten festzustellen und Größenvergleiche durchführen zu können, benötigen wir Zahlen. Statistiken stellen absolute und relative Zahlen in Tabellen oder Diagrammen dar.

Zahlen lügen nicht?

Zahlen sind nicht immer vergleichbar, weil in den Statistiken einzelner Länder und Organisationen unterschiedliche Grundlagen für die Berechnung gelten und verschiedene Methoden, zum Beispiel Hochrechnungen oder Befragungen, angewandt werden.

Zahlen sind nicht immer vertrauenswürdig, weil zum Beispiel in den Entwicklungsländern viele Daten nur auf Schätzungen beruhen. Außerdem haben manche Regierungen ein Interesse daran „geschönte" Zahlen zu veröffentlichen.

Zahlen erfassen nicht die Wirklichkeit, denn sie geben Durchschnittswerte oder Summen an. So muss man zum Beispiel beim Durchschnittseinkommen pro Kopf beachten, dass viele Menschen viel weniger oder aber viel mehr verdienen.

Checkliste zum Vergleichen und Bewerten von Statistiken

1 Überprüfen der Daten
- Überprüfe die Quellenangabe, die dargestellten Inhalte sowie die Maßeinheiten.
- Ermittle die Aktualität der Daten und deren Vertrauenswürdigkeit.
- Prüfe, ob die Statistik relative und/oder absolute Zahlen beinhaltet.

2 Beschreiben und vergleichen der Daten
- Beschreibe und vergleiche die Daten, zum Beispiel die höchsten und tiefsten Werte sowie die Anfangs- und Endwerte.
- Vergleiche die Daten und zeige Entwicklungen, Extreme und Verlaufsphasen sowie räumliche Unterschiede auf.
- Teile die Daten/Angaben in Gruppen ein.

3 Bewerten der Daten
- Erkläre typische Erscheinungen und die Ursachen für Entwicklungen.
- Erläutere abweichende Daten und unerwartete Ergebnisse. Formuliere Thesen über die weitere Entwicklung.
- Ergänze deine Ergebnisse durch weitere Materialien und Statistiken.

4 Darstellen der Daten
- Überlege, ob es sinnvoll ist, ausgewählte Daten grafisch darzustellen.

Beispiel zum Vergleichen und Bewerten einer Statistik am Beispiel M 1.

1 Die Tabelle enthält aktuelle Zahlen des Sekretariats des Rahmenübereinkommens der Vereinten Nationen über Klimaänderungen. Im Tabellenkopf sind Angaben zu den Emissionen aus dem Jahren 1990 und 2007 dargestellt sowie die Verpflichtungen der Länder zur Emissionsänderung in den Jahren 2008 bis 2012 und die Abweichungen in Prozentpunkten. In der Vorspalte sind elf Länder aufge-

Staat	Emissionen 1990 in Mio. t CO_2-Äquivalent	Verpflichtete Emissionsänderung bis 2008-2012	Emissionen 2007 in Mio. t CO_2-Äquivalent	Reale Emissionsänderung 2007	Abweichung in Prozentpunkten
USA	6085	keine (urspr. 7,0 %)	7107	+16,8 %	
Russland	3319	0 %	2193	−34,2 %	−34,2 %
Japan	1270	−6,0 %	1374	+8,2 %	+14,2 %
Deutschland	1215	−21,0 %	956	−21,3 %	−0,3 %
Ukraine	926	0 %	436	−52,9 %	−52,9 %
Vereinigtes Königreich	774	−12,5 %	640	−17,3 %	−4,8 %
Kanada	592	−6,0 %	747	+26,2 %	+32,2 %
Frankreich	566	0 %	536	−5,3 %	−5,3 %
Polen	570	−6,0 %	399	−30,0 %	−24,0 %
Italien	516	−6,5 %	553	+7,1 %	+13,6 %
Australien	416	+8,0 %	541	+30,0 %	+22,0 %

M 1 *Die elf größten Erzeuger von Kohlenstoffdioxid*

führt. Die Tabelle wurde 2009 erstellt und enthält relative und absolute Zahlenwerte.

2 Um die Daten vergleichen zu können, werden absolute und relative Zahlen zunächst getrennt betrachtet. 1990 wurden in den USA mit 6085 Millionen Tonnen Kohlenstoffdioxid die höchsten absoluten Emissionswerte gemessen. Es folgen Russland und Japan mit 3319 und 1270 Millionen Tonnen Kohlenstoffdioxid. Deutschland liegt mit 1215 Millionen Tonnen Kohlenstoffdioxid an vierter Stelle. 2007 veränderte sich die Reihenfolge der ersten vier nicht. Die USA verzeichneten jedoch einen Zuwachs an Emissionen, auf 7107 Millionen Tonnen Kohlenstoffdioxid und Japan auf 1374 Millionen Tonnen Kohlenstoffdioxid. In Russland sind die Emissionswerte auf 2193 Millionen Tonnen Kohlenstoffdioxid zurückgegangen und in Deutschland auf 956 Millionen Tonnen Kohlenstoffdioxid.

Den höchsten relativen Zuwachs der Emissionen von 1990 bis 2007 hatte Australien mit 30 Prozent, gefolgt von Kanada mit 26,2 Prozent. Der Rückgang der Emissionen war mit 52,9 Prozent in der Ukraine am höchsten, gefolgt von Russland mit 34,2 Prozent. Die höchsten Abweichungen zur Eigenverpflichtung der Länder in Bezug auf die Emissionsänderung verzeichneten Kanada mit plus 32,2 Prozent und die Ukraine mit minus 52,9 Prozent.

3 Die relativen Zahlen geben nur ein verzerrtes Bild der realen Verhältnisse wieder. Die Ukraine liegt mit über 50 Prozent Rückgang der Kohlenstoffdioxidemissionen weit über den Durchschnitt der anderen zehn Staaten. Bei den absoluten Zahlen zeigt sich jedoch, dass die Emissionen zum Beispiel in Russland 2007 mehr als in der Ukraine abgenommen haben.

Die Staatenfläche und die Einwohnerzahlen werden bei diesen Zahlen nicht berücksichtigt. Es muss davon ausgegangen werden, dass die Bevölkerung der Ukraine mehr durch Kohlenstoffdioxidausstoff belastet ist als zum Beispiel die Menschen in Russland.

Ähnlich verändert sich das Bild der größten Erzeuger von Emissionen, wenn die Staaten Europas im Verhältnis zur USA zusammen genommen würden. Die Emissionen auf dem nordamerikanischen und dem europäischen Kontinent wären ähnlich hoch.

In der Spalte „Emissionen 2007“ fehlt China. China steht heute bei der Erzeugung von Kohlenstoffdioxid auf dem ersten Platz vor den USA. 1990 spielte China noch keine Rolle bei den größten Erzeugern von Kohlenstoffdioxid.

4 Zur Darstellung der Daten können Säulendiagramme gezeichnet werden.

1 Werte die Karikatur aus (**M 2**).
2 Werte die Statistik mithilfe der Checkliste aus (**M 3**).

M 2 *Karikatur*

Land	CO_2-Emissionen aus der Entwaldung im Jahre 2020 (Tg CO_2)	CO_2-Aufnahme durch Aufforstung im Jahre 2020 (Tg CO_2)
Deutschland	0	4.2 (3.6–4.8)
EU-25	3	211 (179–243)
USA	0	12 (10–13)
Kanada	0	0
Russische Föderation	17 (3–39)	10 (3–20)
Japan	0	0
Australien	83 (27–133)	14 (9–27)
Argentinien	49 (15–89)	10 (2–17)
Brasilien	836 (262–1516)	5 (0–9)
China	0	1810 (1130–3390)
Indien	14 (11–23)	97 (61–182)
Indonesien	404 (264–571)	17 (11–32)
Malaysia	50 (38–63)	0
Papua Neuguinea	44 (14–71)	0
Dem. Rep. Kongo	5 (2–8)	0
Welt	**3136 (1400–5000)**	**3030 (1700–5600)**

M 3 *Kohlenstoffdioxidemissionen und -speicherung*

Palmen in Deutschland?

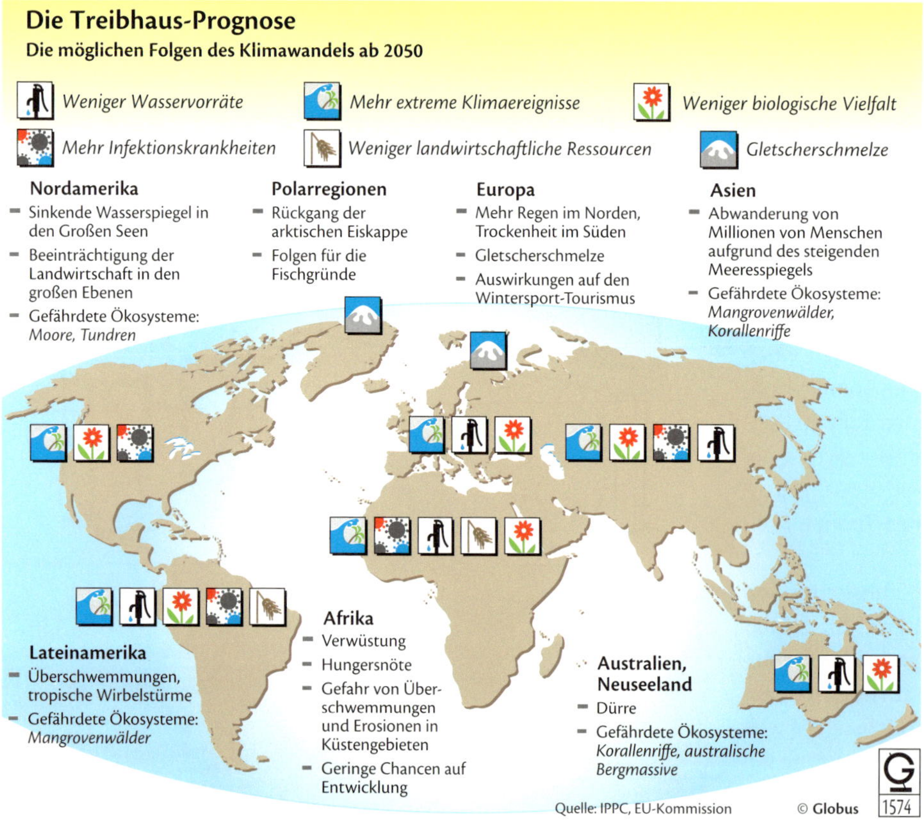

M 1 *Mögliche Folgen des Klimawandels*

M 2 *Möglicher Meeresspiegelanstieg an der südlichen Nordseeküste*

check-it
- mögliche Auswirkungen des Klimawandels benennen und verorten
- Folgen des Temperaturanstiegs für die Vegetation erläutern
- thematische Karte auswerten
- Auswirkungen des Klimawandels beurteilen

Negative und positive Auswirkungen

Die Erkenntnisse über Veränderungen bei extremen Wetter- und Klimaereignissen werden als praktisch sicher, sehr wahrscheinlich oder wahrscheinlich eingestuft. Als praktisch sicher gilt, dass über den meisten Landflächen wärmere und weniger kalte Tage und Nächte sowie wärmere und häufiger heiße Tage und Nächte geben wird. Als sehr wahrscheinlich gilt, dass Wärmeperioden und Hitzewellen über den meisten Landflächen zunehmen werden, ebenso Starkniederschlagsereignisse. Als wahrscheinlich gilt, dass sich von Dürre betroffene Gebiete ausweiten, sodass die Zahl der von Hunger bedrohten Länder, meist arme Länder mit hohem Bevölkerungswachstum, zunehmen wird. Die Aktivität und Häufigkeit tropischer Stürme sowie extrem hoher Meeresspiegelanstieg treten vermehrt auf.

Die Artenvielfalt ist durch den Klimawandel bedroht. Viele Tierarten werden aussterben und die Korallenriffe in den Meeren zerstört. Neue Tier- und Pflanzenarten aus wärmeren Klimazonen siedeln sich in einst kälteren Gebieten an und verändern so das Landschaftsbild. Tropische Krankheiten, zum Beispiel die Malaria, breiten sich auch in Europa stärker aus.

Als positive Auswirkungen werden eine Abnahme Kälte bedingter Krankheits- und Sterberaten, reduzierter Heizenergiebedarf oder mehr Ackerland in Permafrost-Regionen, zum Beispiel in Sibirien, erwartet.

Allerdings könnte eine steigende Zahl von Klimaflüchtlingen den Weltfrieden bedrohen.

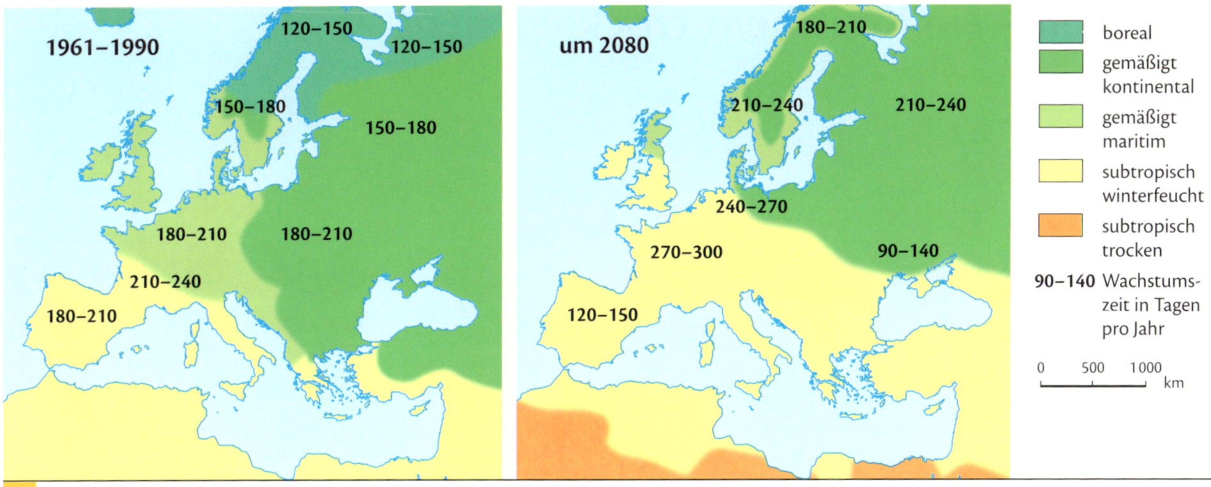

M 3 *Mögliche Verschiebung von Klimazonen und Wachstumszeiten in Europa bis 2080*

Anpassungen an sich verändernde Lebensumstände

Veränderte Lebensumstände erfordern Anpassungsleistungen und Handeln der gesamten Menschheit. Bestimmte Regionen werden dabei mehr betroffen sein als andere. Folgende Maßnahmen zur Anpassung an die veränderten Bedingungen könnten erforderlich sein:

- Umsiedlung und Anpassung von Nutzpflanzen, nachhaltiges Wirtschaften in der Landwirtschaft,
- verbesserte Bodenbewirtschaftung,
- Baumpflanzungen zur Erosionsbekämpfung und zum Bodenschutz,
- vermehrter Einsatz von Pestiziden, da in den milden Wintern Schädlinge überleben,
- erweiterte Regenwassernutzung,
- Nutzung neuer Wasserspeicherungs- und Wasserschutztechniken,
- Umsiedlung von Küstenbewohnern,
- Verstärkung der Deiche und Sturmflutbarrieren,
- Landgewinnung als Puffer gegen den zu erwartenden Meeresspiegelanstieg,
- Aktionspläne der Gesundheitsbehörden bei Hitzewellen und anderen Notsituationen,
- Erweiterung des Angebots an Tourismusattraktionen, zum Beispiel durch Verlagerung von Skipisten in höhere Lagen,
- Neuplanung von Straßen, Schienen und anderen Infrastruktureinrichtungen,
- Nutzung alternativer Energiequellen und Verbesserung der Energieeffizienz.

„Deutschland hat Fieber"

Rekordtemperaturen, Ozon-Höchstwerte, Waldbrände und Hitzetote: In vielen europäischen Ländern wird die Hitzewelle zur Plage. Die Deutschen schwitzen bei extremer Sommerhitze – und es soll in den nächsten Tagen noch heißer und schwüler werden. „Deutschland hat Fieber", sagte der Wetterexperte Jörg Kachelmann. „Der Sommer 2006 liefert sich im Augenblick ein Kopf-an-Kopf-Rennen mit dem Rekordsommer 2003."

M 4 *Frankfurter Allgemeine, 21.7.2006*

1 Benenne mögliche Auswirkungen des Klimawandels (**M 1–M 3**).
2 Erläutere die Auswirkungen der globalen Erwärmung für die Vegetation (**M 1, M 3**).
3 Zeige Auswirkungen des Klimawandels für Deutschland auf. Zeichne dazu eine Mindmap (**M 2, M 3**).
4 Beurteile, welche Bedeutung der Klimawandel für Nordwestdeutschland hat (**M 2, M 3**).
5 Überlege und begründe mögliche Handlungen, die sich für dich durch die räumlichen Auswirkungen des Klimawandels ergeben könnten (**M 1–M 4**).
6 Nimm Stellung zu der Alternative, schwimmende Häuser zu bauen: Wäre hiermit das Problem eines Meeresspiegelanstiegs gelöst (**M 5**)?

M 5 *Erstes Haus des ersten deutschen schwimmenden Wohnparks auf dem Geierswalder See (Oberlausitz) im Sommer 2009*

WEBCODE: UE640218-159

Australien – ein Kontinent trocknet aus

M 1 *Jahrtausend-Dürre am Murray-River: 2002 bis 2009*

M 2 *Die Gold-Akazie, die traditionelle Pflanze auf dem* ***Australischen Wappen****, wächst in Süd- und Südwestaustralien, auf sandigen und steinigen Böden, mit Jahresniederschlägen zwischen 350 und 1000 Millimeter.*

check-it
- Merkmale und Auswirkungen des Klimawandels erläutern
- Anpassungen Australiens an den Klimawandel erklären
- thematische Karten auswerten
- Strategien zur Anpassung an den Klimawandel beurteilen

Hitze und Dürre

Australien ist als einer der ersten Kontinente vom Klimawandel betroffen. Die Temperaturen sind seit 1950 im Jahresmittel um 0,9 Grad Celsius gestiegen. Die Niederschläge haben abgenommen und Dürren breiten sich aus.

Der Meeresspiegelanstieg der drei Ozeane wird die Australier hart treffen, denn 92 Prozent der Einwohner leben in den großen Küstenstädten. Das Landesinnere ist fast menschenleer.

Unter der Erwärmung leidet auch das Ökosystem des Great Barrier Reefs, daher ist dort seit 2003 für ein Drittel des Riffs das Fischen verboten und die Schifffahrt stark eingeschränkt. Der Zoo von Adelaide musste im November 2009 geschlossen werden, da der Strom und damit die Kühlanlage ausgefallen war.

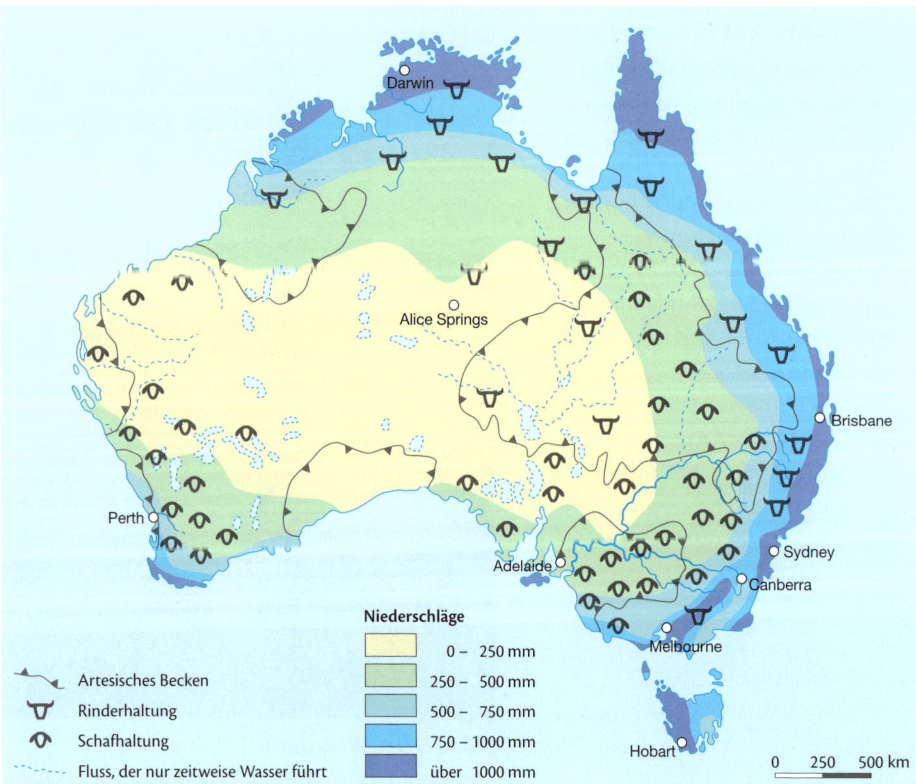

M 3 *Verteilung der Niederschläge und Viehhaltung*

Situation in der Landwirtschaft

Australien ist ein reiches Land. Die Exportleistung war und ist bei landwirtschaftlichen Produkten hoch. Australiens Landwirtschaft ist größtenteils von Bewässerung abhängig. Etwa 70 Prozent des Süßwassers fließen auf die Äcker, vor allen Dingen im Osten des Landes, das auch als „Kornkammer Australiens" bezeichnet wird. Aber die großen Flüsse, Murray, Darling und Murrumbidgee führen nur noch wenig Wasser. Viele Bauern mussten ihre Obstbäume bis auf den Stumpf zurückschneiden. Die Dürreschäden werden über viele Jahre nicht zu beheben sein. Eine Rekultivierung des Obstanbaus braucht Zeit.

Im Februar 2009 wüteten verheerende Buschfeuer in Australien. Fast 200 Menschen starben, Dörfer und etwa 350 000 Hektar Weide- und Weinland wurden zerstört.
Die landwirtschaftlichen Betriebe werfen heutzutage keinen Gewinn mehr ab, dadurch geben viele Landwirte auf und die Betriebe sterben.

Strukturen anpassen – mit dem Klimawandel leben

Die australische Regierung möchte, dass die Ackerflächen, die stark von Dürren gefährdet sind, aufgegeben werden. Neue Farmen sollen in Regionen mit höherem Niederschlag entstehen. Sollte es in Zukunft zu einem Mangel an Weizen kommen, könnten die Australier problemlos dieses Produkt aus Neuseeland importieren, denn dort werden trotz Klimaerwärmung gute Bedingungen vorherrschen. Die Australier werden nicht Hunger leiden müssen, so wie die Menschen in ähnlich trockenen Ländern auf dem afrikanischen Kontinent.
Australien besitzt das größte Wasserreservoir in der Welt, das „Große artesische Becken“. Es liegt unter dem mittelaustralischen Tiefland, einem besonders durch Trockenheit gefährdeten Gebiet.

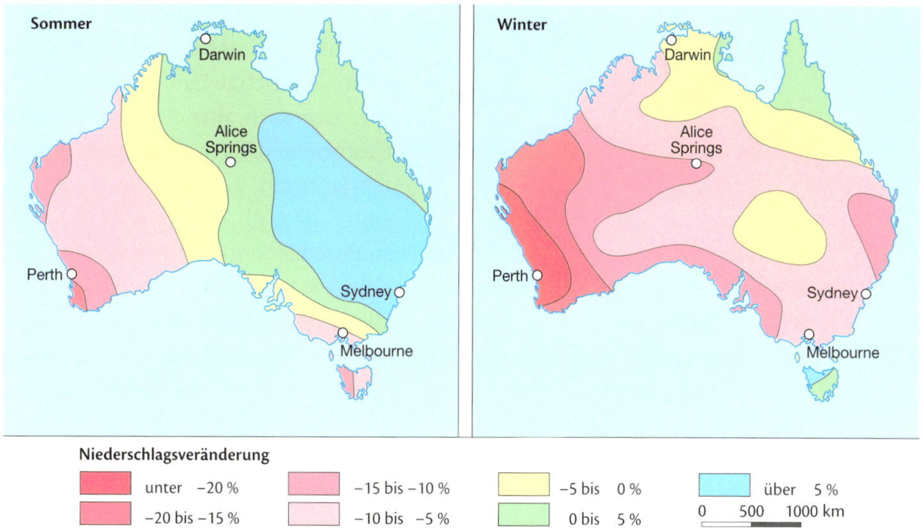

M 4 *Erwartete Veränderungen Ende des 21. Jahrhunderts im Vergleich zu Ende 20. Jahrhundert*

Veränderungen soll es in der Energiewirtschaft geben. Der Kohlenstoffdioxidausstoß ist gemessen an der Einwohnerzahl Australiens weltweit am Höchsten. Seit dem Beitritt des Landes zum Kyoto-Protokoll im Jahr 2007 hat sich Australien zur Reduktion von Treibhausgasen verpflichtet und sich das ehrgeizige Ziel gesetzt eine Solarstrom-Weltmacht zu werden. Die Voraussetzungen dafür scheinen vorhanden zu sein. 3000 Sonnenstunden jährlich und Investitionen von etwa 1,4 Milliarden Australische Dollar in Solarprojekte.
Darunter befindet sich auch eine 1000-Megawattanlage – nach Vollendung die größte Solaranlage der Welt.

Australien im siebten Jahr der Dürre: Landwirte verzweifelt

Die Trockenheit treibt die Getreidepreise weltweit. Denn „Down Under“ ist der zweitgrößte Weizenexporteur.
Wenn Australiens Landwirtschaft niest, erkältet sich der Weltgetreidemarkt. So geschehen in diesem Jahr. Mit einer Weizenausfuhr von jährlich rund 25 Millionen Tonnen ist „Down Under“ in normalen Zeiten der zweitgrößte Weizenexporteur der Welt. Doch durch die verheerendste Dürre seit 100 Jahren hat es bei der jüngsten Ernte Ausfälle von rund 50 Prozent gegeben: Nur 13 Millionen Tonnen Weizen befanden sich am Ende der Ernte in Australiens Silos.
Noch härter trifft die Dürre jedoch Australiens nationale Ökonomie und die Landwirtschaft selbst, mit mehr als 400 000 Beschäftigten einer der wichtigsten Wirtschaftszweige des Landes. Deshalb unternimmt Australien derzeit viel, um die Landwirtschaft für den Klimawandel zu rüsten.

M 5 *Hamburger Abendblatt vom 19.6.2008*

1 Erläutere Merkmale und Auswirkungen des Klimawandels für Australien (**M 1–M 5**).
2 Erkläre Anpassungsstrategien der australischen Landwirtschaft, Energiewirtschaft und Politik an den Klimawandel (**M 2–M 5**).
3 Erstelle eine Tabelle, in der du die Folgen des Klimawandels für Australien und Anpassungsstrategien gegenüberstellst. Beurteile deren Erfolgschancen (**M 1–M 6**).
4 In Bergwerken werden Kanarienvögel als Warnung vor Gefahren mitgenommen. In Bezug auf den Klimawandel wird vom Kontinent Australien als „Kanarienvogel im Minenschacht“ gesprochen. Erkläre diese Aussage.

Wir orientieren uns in Australien und Ozeanien

check-it
- geographische Lage Australiens beschreiben
- Großräume, Gebirge, Städte, Flüsse, Ozeane und Inseln bezeichnen
- Verteilung der Städte in Australien erklären

Australien gehört mit einer Fläche von 7,69 Mio. km² zum kleinsten Kontinent der Erde. Die Einwohner sind zu 95 Prozent europäischer Herkunft, 1,3 Prozent kommen aus Asien und 2,2 Prozent sind Aborigenes (Ureinwohner). Etwa 20 Prozent der Bevölkerung ist in Europa oder Asien geboren.
Die Australier bezeichnen das trockene und flache Landesinnere als „Outback". „Down Under" (engl.) ist eine augenzwinkernde Eigenbetitelung der Australier für ihr Land, das für uns Europäer „irgendwo da unten" liegt. Australien ist im Vergleich zu Europa und Amerika ein geologisch alter Kontinent. Einige Gesteine sind bis zu dreieinhalb Milliarden Jahre alt.
Unter den oberen verwitterten Gesteinsschichten befinden sich die Bodenschätze nahe der Oberfläche.
Die größte Fläche nimmt das Ostaustralische Bergland, die Great Divding Range, ein. Es ist meist nicht mehr als 1000 Meter hoch. Im Westen erstreckt sich ein Berg- und Hügelland, das Westaustralische Tafelland, mit etwa 500 Metern Höhe. Zwischen diesen beiden Großräumen liegt das Mittelaustralische Tiefland mit dem Großen Artesischen Becken.

1 Beschreibe die Lage von Australien (**M 1**, Atlasteil S. 196/197).
2 Benenne die Flüsse und Seen, Gebirge, Inseln und Meere (**M 1**).
3 Übertrage die Silben in dein Arbeitsheft (**M 3**). Finde die Lösungswörter (**M 1**). Streiche die zum jeweiligen Lösungswort gehörenden Silben durch.
4 Lokalisiere das Foto (**M 4**, **M 5**).
5 Benenne die Großräume, Landschaften und größten Städte (**M 5**).

WEBCODE: UE640218-162

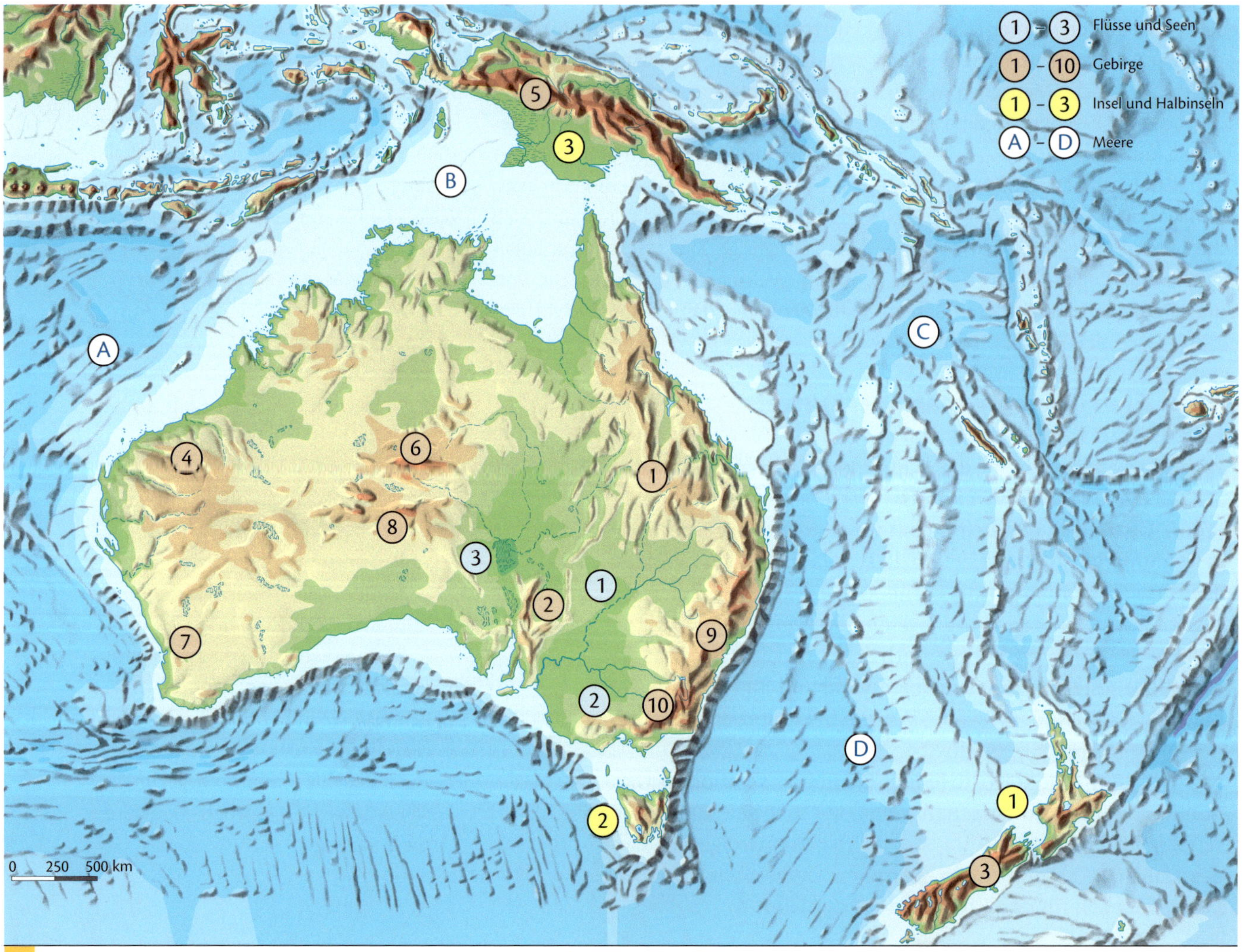

M 1 *Stumme Karte Australiens und Neuseelands*

Länder: Australien, Papua-Neuguinea und Tasmanien (Neuseeland und Pazifikinseln werden Ozeanien zugeordnet)
Ausdehnung:
Nord-Süd-Richtung ca. 3700 km, West-Ost-Richtung ca. 4000 km
Landhöhen:
durchschnittlich 300 m (Australien), min. -15 m (Eyresee, South Australia), max. 4.509 m (Mt. Wilhelm, Papua-Neuguinea)
Fläche: 8,52 Mio. km²
Längste Flüsse:
- Darling 2740 km,
- Murray 2570 km,
- Murrumbidgee 2160 km

Höchster Berg:
Mount Kosciusko (2230 m)
Gesamtbevölkerung: 33,8 Mio. Einwohner (Australien 21 Mio. E.)
Einwohner pro km²: 3,7
Größte Städte:
- Sydney (New South Wales, Australien) 4,119 Mio. Einwohner,
- Melbourne (Victoria, Australien) 3,592 Mio. Einwohner,
- Brisbane (Queensland, Australien) 1,763 Mio. Einwohner.

M2 *Steckbrief 2009: Kontinent Australien*

ERS ROCK BACK GU RU TAS MA
NIEN PA NEU NEA LING TON EU
KA TUS IN DI SCHER O AN
TO CAN BER RA AY OUT PUA
LYP ZE WEL GUI RIA VIC KÄN

1 Zweitgrößter Monolith der Welt.
2 Bezeichnung der Australier für das Landesinnere.
3 Wappentier Australiens.
4 Insel vor der Südostspitze Australiens.
5 Land im Norden Australiens, das zum Kontinent Australien gehört.
6 Hauptstadt Neuseelands.
7 Bevorzugtes Futter der Koala-Bären.
8 Ozean vor Westaustralien.
9 Bundesstaat in Australien.
10 Hauptstadt Australiens.

M3 *Silbenrätsel*

M4 *Sydney*

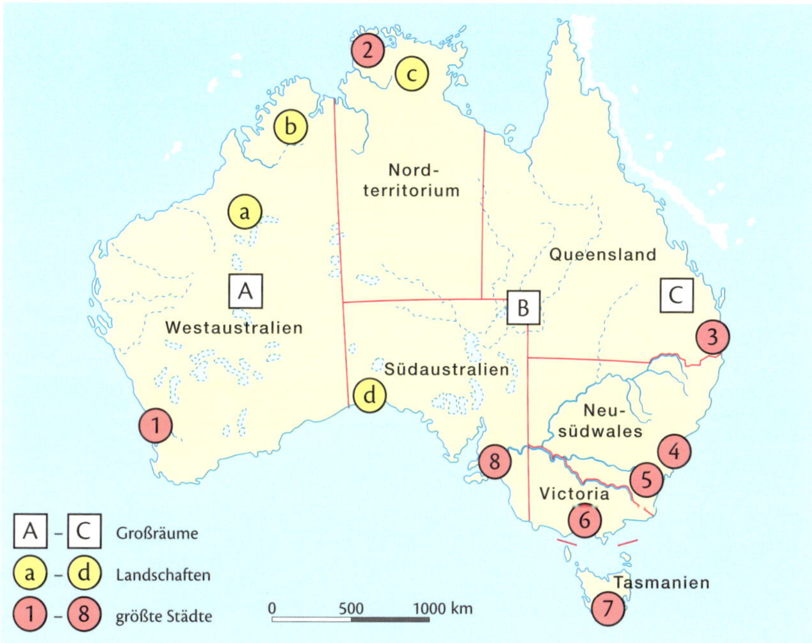

M5 *Großräume, Landschaften und größte Städte*

- **Giftigste Meeresbewohner:**
  Seewespe und Blauring-Krake an der Australischen Pazifikküste
- **Giftigste Schlange der Welt:**
  der Taipan
- **Größter Monolith der Welt:**
  Mount Augustus in Westaustralien (717 Meter hoch, acht Kilometer lang, bedeckt eine Fläche von 4795 Hektar).
- **Drittgrößte Wüstenfläche**
  (nach Eiswüste der Antarktis und Sahara)
- Kontinent mit der geringsten Bevölkerungsdichte

M6 *Rekorde in Australien*

Geo-Aktiv: Klimaschutz geht uns alle an – ein Gruppenpuzzle

Das Gruppenpuzzle

Beim Gruppenpuzzle werden vorbereitete Wissensinhalte in mehreren Phasen in jeweils neu zusammengesetzten Kleingruppen erarbeitet. Dabei werdet ihr zu Experten.
Folgende Problemstellung bildet den Ausgangspunkt: Klimaschutz betrifft nur die Politiker.

Teilbereich 1: Greenpeace-Aktivisten haben auf dem Schweizer Gorner-Gletscher am 25. 08. 2009 einen 7700 Quadratmeter großen Appell für den Klimaschutz entrollt.

Dazu werden vier Bereiche des Klimaschutzes bearbeitet:

- **Teilbereich 1:** Positionen und Ziele von Nichtregierungsorganisationen.
  Weltweit operierende nichtstaatliche Organisationen – Non-Governmental Organizations (NGOs) – versuchen, mit teilweise spektakulären Aktionen auf den Klimawandel aufmerksam zu machen.
- **Teilbereich 2:** Positionen und Ziele der internationalen Politik.
  Mit Entscheidungen auf der nationalen und internationalen Ebene werden Ziele des Klimaschutzes umgesetzt.
- **Teilbereich 3:** Technische Innovationen.
  Die Industrienationen entwickeln Konzepte, die die Zunahme der Treibhausgase in der Atmosphäre verringern sollen. Informiert euch bei Kraftwerksbetreibern, wie diese mit Kohlenstoffdioxidemissionen umgehen.
- **Teilbereich 4:** Eigene Handlungsmöglichkeiten.
  Klimaschutz findet vor Ort und im persönlichen Bereich statt. Auch ihr könnt dazu beitragen, dass das Klima geschützt wird.

Teilbereich 2: Entwicklung des internationalen Klimaschutzes

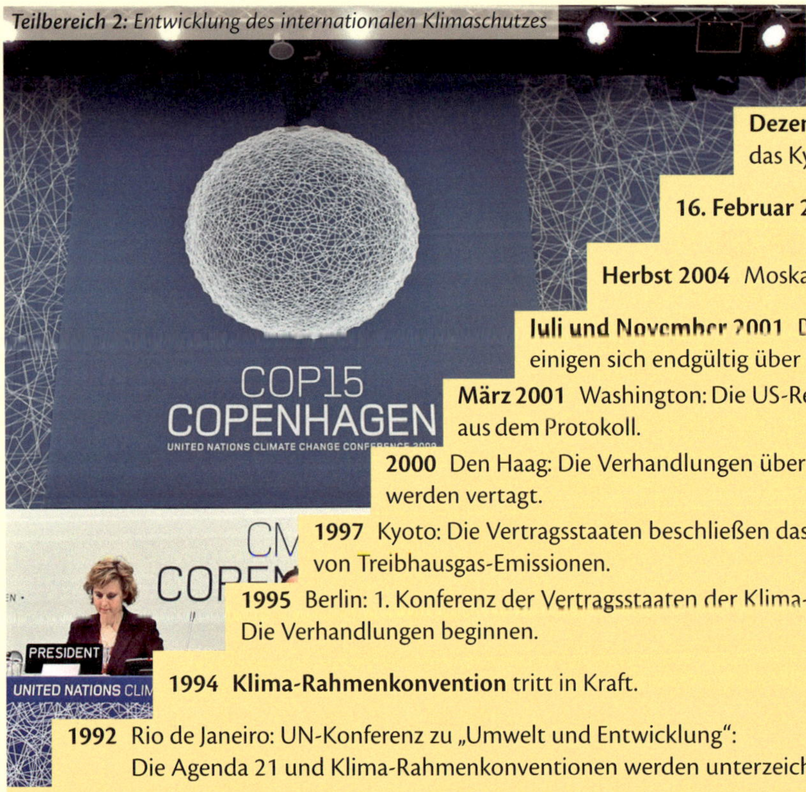

Dezember 2009 Kopenhagen: 15. Vertragsstaatenkonferenz der Klimarahmenkonvention und 5. Vertragsstaatenkonferenz des Kyoto-Protokolls.

Dezember 2007 Bali: Australien ratifiziert das Kyoto-Protokoll.

16. Februar 2005 Das Kyoto-Protokoll tritt in Kraft.

Herbst 2004 Moskau: Russland ratifiziert das Protokoll.

Juli und November 2001 Bonn/Marrakesch: Die Vertragsstaaten einigen sich endgültig über Einzelheiten.

März 2001 Washington: Die US-Regierung verkündet den Ausstieg der USA aus dem Protokoll.

2000 Den Haag: Die Verhandlungen über die Details scheitern zunächst und werden vertagt.

1997 Kyoto: Die Vertragsstaaten beschließen das **Kyoto-Protokoll** zur Reduktion von Treibhausgas-Emissionen.

1995 Berlin: 1. Konferenz der Vertragsstaaten der Klima-Rahmenkonvention: Die Verhandlungen beginnen.

1994 **Klima-Rahmenkonvention** tritt in Kraft.

1992 Rio de Janeiro: UN-Konferenz zu „Umwelt und Entwicklung“: Die Agenda 21 und Klima-Rahmenkonventionen werden unterzeichnet.

1990 Auf die Treibhausgas-Emissionen dieses Jahres bezieht sich das Kyoto-Protokoll.

Ablauf und Durchführung des Gruppenpuzzles

- **Phase 1:** Einführung in das Thema und Einteilung in Stammgruppen.
  Klärt den Ablauf des Gruppenpuzzles und bildet Stammgruppen mit vier bis fünf Schülern.
- **Phase 2:** Verteilen der Teilbereiche des Themas.
  Besprecht in den Stammgruppen das Gesamtthema und ordnet jedem Gruppenmitglied einen Teilbereich zu.
- **Phase 3:** Arbeit in den Expertengruppen.
  Findet euch mit den Schülern, die sich mit dem gleichen Bereich befassen, zu Expertengruppen zum Bearbeiten zusammen. Recherchiert dazu im Internet. Teilaufgaben könnt ihr auch zu Hause erledigen.
- **Phase 4:** Rückkehr in die Stammgruppe.
  Danach kehrt ihr als „Experten" in die Stammgruppe zurück und berichtet über eure Ergebnisse.
- **Phase 5:** Präsentation der Gruppenergebnisse.
  Erarbeitet in der Stammgruppe eine Präsentation eures Themas. Diskutiert eure Gruppenergebnisse und beurteilt den Verlauf der Arbeitsprozesse in den Gruppen.
  Ihr könnt die Gruppenergebnisse z. B. in Form einer Wandzeitung oder eines Lernplakates zusammenstellen.

TIPP: Falls wenig Zeit zur Verfügung steht, können gleich Expertengruppen gebildet werden. Die Phase 2 fällt dann weg.

Teilbereich 4: *Mein Beitrag zum Klimaschutz*

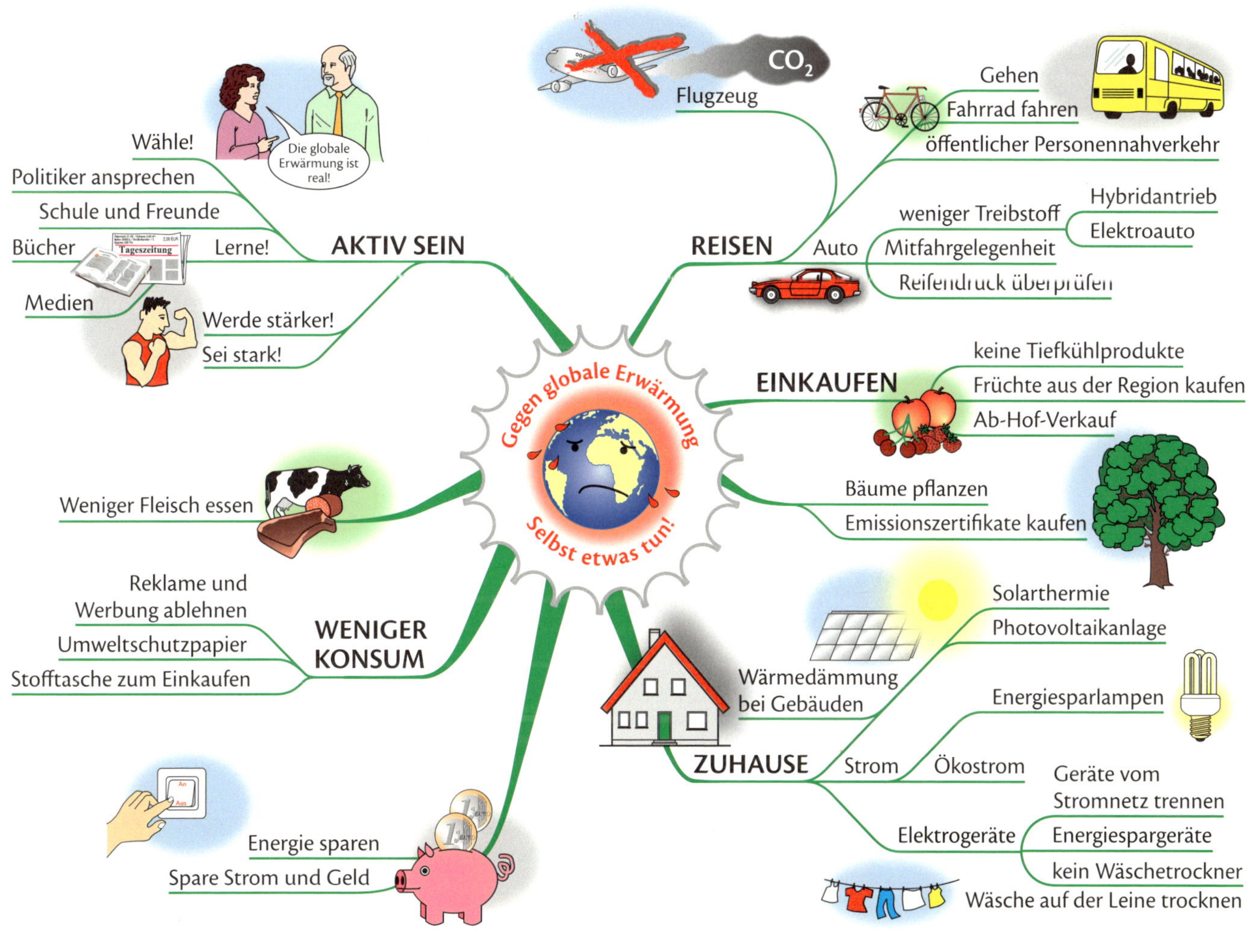

Geo-Check: Vorgänge in der Atmosphäre und Klimawandel erkennen

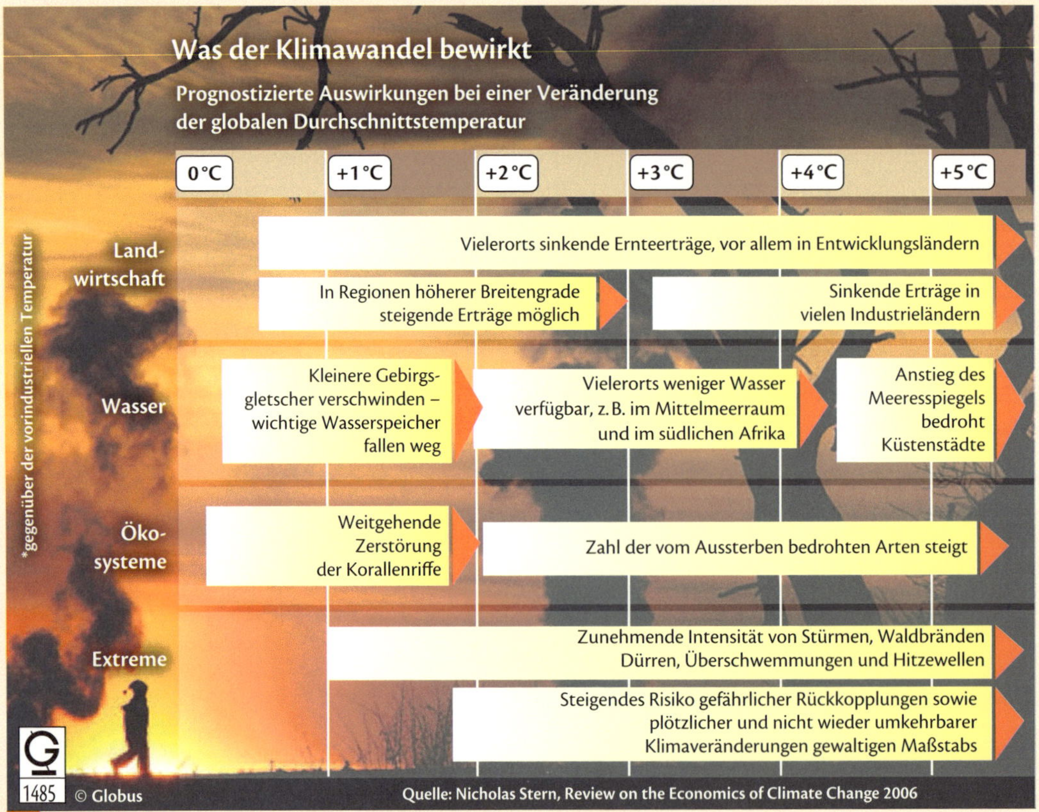

M 1 *Auswirkungen des Klimawandels*

Wissen und verstehen

1 Die Auswirkungen durch den Klimawandel verändern sich mit dem Grad der globalen Erwärmung. Erstelle eine Tabelle, in der du die Veränderungen in der Landwirtschaft, bei Wasser, Ökosystemen und Extremen zuordnest (**M 1**).

2 Ordne jedem dieser Begriffe (**M 2**) mindestens zwei Merkmale zu.

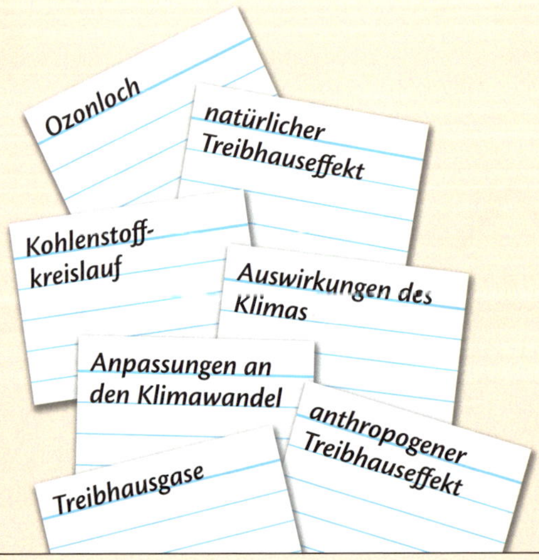

M 2 *Geo-Begriffestapel*

Richtig oder falsch?

3 Sortiere die Aussagen in richtige und falsche Aussagen. Verbessere die falschen Aussagen und schreibe sie richtig auf.

- Die Jahresmitteltemperaturen auf der Erde sind seit Jahrhunderten unverändert.
- Schnee- und Eisflächen haben keinen Einfluss auf den Wärmehaushalt der Erde.
- Durch den Treibhauseffekt kühlt sich die Atmosphäre ab.
- Der Klimawandel ist ausschließlich auf anthropogene Ursachen zurückzuführen.
- Kohlenstoffdioxid, Methan, Lachgas und Fluorchlorkohlenwasserstoffe sind Treibhausgase.
- Das Ozonloch entsteht jeden Monat über der Antarktis.
- Der Klimawandel hat ausschließlich negative Auswirkungen.
- Zur Anpassung an sich verändernde Lebensumstände werden Menschen umsiedeln müssen.
- Australiens Landwirtschaft verzeichnet Veränderungen durch den Klimawandel.

Staat	Einwohner in den niedrig gelegenen Küstengebieten	Anteil an der Gesamtbevölkerung in Prozent
1. China	143 879 600	11
2. Indien	63 341 208	6
3. Bangladesch	62 524 048	46
4. Vietnam	43 050 593	55
5. Indonesien	41 609 754	20
6. Japan	30 477 106	24
7. Ägypten	25 655 481	38
8. USA	22 859 359	8
9. Thailand	16 478 448	26
10. Philippinen	13 329 191	18

M 3 *Vom Meeresspiegelanstieg betroffene Staaten mit Küstengebieten unter zehn Metern Landhöhe*

Können und anwenden

4 Wiederhole die Checkliste zum Auswerten und Vergleichen von Statistiken. Werte die Statistik aus und erläutere die Auswirkungen des Meeresspiegelanstiegs für Vietnam, Ägypten und Indien. Wähle drei weitere Beispiele selbst aus. (**M 3**, Seiten 156–157).

Sich verständigen, beurteilen und handeln

5 Werte die Karikatur aus (**M 4**).

6 Beurteile den Inhalt der Zeitungsmeldung hinsichtlich der Reaktionen auf den Klimawandel in Niedersachsen (**M 5**).

M 4 *Ein „Blick in die Zukunft"*

Künftig mehr Küstenforschung

NORDERNEY – Niedersachsen will auf die Veränderungen des Küstenklimas rechtzeitig reagieren und seine Forschungen in dem Bereich nach Bedarf ausbauen. Der Küstenschutz müsse durch intensive wissenschaftliche Studien begleitet werden, sagte Wissenschaftsminister Lutz Stratmann (CDU) am Mittwoch auf Norderney. „Wenn der Klimawandel voll durchschlägt, bekommen wir nicht nur in Niedersachsen Probleme", sagte der Minister, der im Rahmen seiner Sommerreise durch die Region die Forschungsstelle Küste beim Landesbetrieb für Wasserwirtschaft, Küsten- und Naturschutz besuchte.

Das Land müsse gut auf Veränderungen der Klimaverhältnisse vorbereitet sein und sich etwa mit dem Bau höherer Deiche für die Zukunft rüsten, sagte Stratmann. „Damit wir an der Küste ruhig schlafen können, müssen wir den Blick weit voraus richten."

Die Klimafolgeforschung mit mehreren Verbundprojekten sei mit einem Etat von 14 Millionen Euro für fünf Jahre gut aufgestellt. Wenn konkrete Ergebnisse zu den Auswirkungen des Klimawandels vorlägen, müsse über weitere Mittel nachgedacht werden. Eine Stärkung sieht der Minister auch durch die Stationierung eines neuen Forschungsschiffes in Wilhelmshaven.

M 5 *Nordwestzeitung vom 13.8.2009*

Arbeitstechniken

Eine Pro-Kontra-Diskussion führen

In einer Pro-Kontra-Diskussion werden unterschiedliche Positionen kurz und prägnant einander gegenübergestellt und argumentativ begründet. Die Arbeitstechnik eignet sich für strittige Sachverhalte, die aus eurer Sicht kontrovers diskutiert werden können. Dabei müsst ihr auch Sichtweisen und Begründungen vertreten, die vielleicht nicht eurer eigenen Meinung entsprechen.

A Vorbereitungen:
Folgende Rollen müssen vorab festgelegt werden: Moderator, zwei Anwälte und ein bis vier Sachverständige. Alle übrigen Schüler bilden das Publikum. Der Moderator erhält einen Ablaufplan.
Sachverständige und Anwälte bereiten sich in vorgelagerten Arbeitsgruppen intensiv auf ihre Aufgabe vor. Das spätere Publikum kann daran beteiligt werden.

B Ablauf:
Eine Pro-Kontra-Diskussion kann in sieben Phasen unterteilt werden:

1 Eröffnung (5 Min.): Der Moderator eröffnet die Diskussion, begrüßt die Teilnehmer, verweist auf die Spielregeln und nennt das Thema.
2 Erste Abstimmung (5 Min.): Vor der Diskussion stimmt das Publikum das erste Mal geheim über eine strittige Frage im Rahmen des Themas ab. Das Ergebnis wird festgehalten.
3 Plädoyers (2 Min.): Die Anwälte halten Eingangsplädoyers: Sowohl der Pro-Anwalt als auch der Kontra-Anwalt erhalten dafür eine Minute Zeit. Beide begründen ihre Position und werben um Zustimmung.
4 Befragung der Sachverständigen (5 bis 20 Min.): Maximal vier Sachverständige, die nicht diskutieren dürfen, sondern nur auf Fragen antworten, werden von den Anwälten abwechselnd befragt.
5 Schlussplädoyers (2 Min.): Jeder Anwalt erhält wiederum eine Minute Zeit, um nochmals seine Position zu verdeutlichen, indem er auf die Aussagen der Sachverständigen eingeht.
6 Zweite Abstimmung (5 Min.): Nach der Diskussion stimmt das Publikum erneut über die strittige Frage ab, um festzustellen, ob einige Zuhörer ihre Meinung geändert haben.
7 Auswertungsgespräch (20 bis 30 Min.): Im Anschluss an eine Pro-Kontra-Diskussion findet eine Auswertung statt. Bei diesem Gespräch wird die Plausibilität und Überzeugungskraft der Argumente diskutiert.

C Tipps zur Umsetzung:
Das Thema sollte auf eine Entscheidungsfrage zugespitzt werden, damit aus der Pro-Kontra-Diskussion keine ausufernde Debatte wird. Vor einer solchen Diskussion solltet ihr mit dem Problem bereits vertraut sein und unterschiedliche Positionen kennengelernt haben.

Wichtig ist es, genau zuzuhören, abzuwarten, Aussagen der Gesprächspartner genau wiederzugeben, sie zu kommentieren, Gegenthesen zu bilden oder stützende Argumente zu finden.

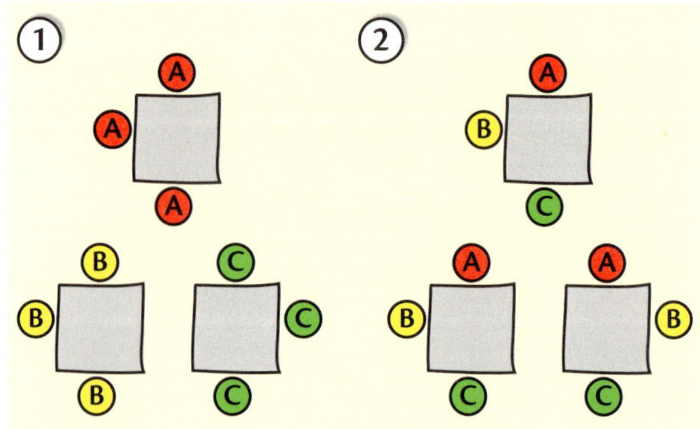

Gruppenpuzzle

Im Gruppenpuzzle arbeiten

Mithilfe des Gruppenpuzzles könnt ihr komplexe Themen bearbeiten. Voraussetzung für dieses Verfahren ist, dass sich ein Thema in mehrere etwa ähnlich anspruchsvolle Teilthemen untergliedern lässt.

So könnt ihr vorgehen:

1 Zu Beginn des Gruppenpuzzles wird jeder Schüler im Losverfahren einer Stammgruppe zugeteilt. Jede Stammgruppe entsendet nach Los je ein Mitglied in Expertengruppen. In diesen Gruppen wird jeweils ein Teilthema erarbeitet.
2 Nach einer vorgegebenen Zeit finden sich alle wieder in ihrer Stammgruppe ein. In diesen vermittelt nun jeder Schüler als Experte das Wissen, das er vorher in der Expertengruppe erarbeitet hat. Am Ende der zweiten Gruppenrunde sind also alle Schüler über alle Teilthemen informiert.
3 Nach Abschluss des Gruppenpuzzles kann der zu klärende Sachverhalt in der Stammgruppe oder auch in der Klasse besprochen werden.

Ein Wirkungsgefüge erstellen

Ein Wirkungsgefüge kann Zusammenhänge grafisch darstellen. Es eignet sich besonders dazu, Verläufe von Handlungen und Entwicklungen zu verdeutlichen.
Diese Schritte haben sich zur Erarbeitung von Wirkungsgefügen bewährt:

1 **Erfassen der Materialgrundlage**
Lest z. B. den euch vorliegenden Text aufmerksam durch. Markiert die Schlüsselbegriffe. Fasst diese zu übergeordneten Begriffen zusammen.
2 **Festlegen der Strukturelemente**
a) Überlegt, ob das Wirkungsgefüge zu eurem Thema einen „Anfang" und ein „Ende" haben sollte oder eine Darstellung als „Kreislauf" der Sache besser entspricht.

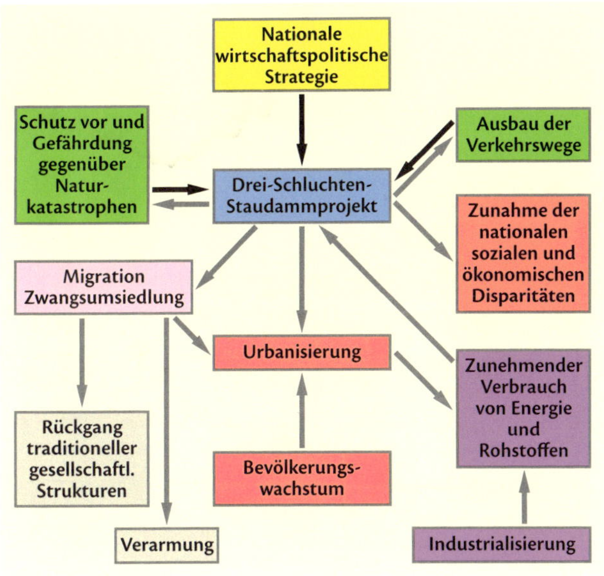

Wirkungsgefüge

b) Gliedert schwierige Teilbereiche in weitere Unterbereiche auf.
c) Wählt die Darstellungsform aus (nur Schrift, Kästchen, Kreise usw.).
d) Überlegt die Art der Pfeildarstellung in eurem Wirkungsgefüge:
- Ein Kausalpfeil weist auf Ursache und Wirkung hin.
- Ein Prozesspfeil verdeutlicht z. B. die Umsetzung von Stoffen.

Ihr könnt die Aussagekraft der Pfeile durch ihre Stärke, Farbe oder mit den Zeichen plus (+) und minus (–) verstärken. Vermeidet Überschneidungen der Pfeile; diese beeinträchtigen die Anschaulichkeit.

3 Umsetzen in eine grafische Darstellung
a) Erarbeitet zunächst eine Skizze.
b) Fertigt dann euer Wirkungsgefüge an. Dazu könnt ihr z. B. Programme wie Word oder auch PowerPoint benutzen.

Eine Redekette aufbauen

In einer Redekette könnt ihr eure Meinungen oder persönlichen Erfahrungen zu einem Thema äußern und das Gespräch dabei selbst organisieren.

1 Vorbereitung: Ihr solltet so sitzen, dass ihr Blickkontakt miteinander aufnehmen könnt; also Sitzkreis oder Konferenzordnung, aber keine Omnibus-Sitzordnung.
2 Durchführung: Auf einen Impuls der Lehrperson hin äußern sich mehrere Schüler nacheinander, wobei sie sich jeweils das Wort erteilen. Dazu sieht sich jeder, sobald er zu Ende geredet hat, in der Klasse um und gibt das Rederecht an einen Mitschüler weiter. Die Redekette sollte von der Lehrperson nur dann unterbrochen werden, wenn massive Störungen des Gesprächs (z. B. Beleidigungen) auftreten.
3 Nachbereitung: Ihr könnt während der Redekette Notizen machen und eure Äußerungen am Schluss der Redekette z. B. in einem Ergebnisprotokoll zusammenfassen.

Mit der Placemate-Methode Gruppenergebnisse zusammenführen

Bei dieser Methode könnt ihr so vorgehen:

1 Vorbereitung:
Für alle Schüler werden Tischsets nach einem festgelegten Muster angefertigt (siehe Abbildungen).
Im Klassenzimmer werden die Tische so gestellt, dass jeweils drei oder vier Schüler an einem Tisch arbeiten können. Anschließend werden die entsprechenden Gruppen gebildet.

2 Ablauf:
Zunächst legt jede Gruppe ihr Tischset in die Mitte des Tisches. Dann gibt die Lehrperson die Aufgabenstellung bekannt. Sie kann z. B. lauten:
- Notiert, was ihr zum Thema wisst.
- Notiert Fragen, die euch im Rahmen des Themas wichtig erscheinen.
- Notiert, was wir im Unterricht zum Thema besprechen sollten.
- Danach wird folgendermaßen verfahren:
- Jeder schreibt in das vor ihm liegende Feld des Papierbogens bzw. Kartons erste Antworten, Fragen oder Anmerkungen. Nach einer zuvor angegebenen Zeitspanne (drei bis fünf Minuten) wird das Tischset im Uhrzeigersinn um 90 Grad gedreht.
- Nun liest jeder die Notizen des Vorgängers und ergänzt diese.
- Nach weiteren Zeitintervallen wird das Tischset so oft weitergedreht, bis jeder jedes Feld ansehen konnte.
- Schließlich diskutieren die Gruppenmitglieder über das Gelesene, einigen sich darauf, welche Gedanken als Gruppenergebnis im Plenum vorgestellt werden sollen, und schreiben dieses Fazit in die Mitte des Tischsets.

3 Tipps zum besseren Gelingen:
Die Tischsets können so groß sein, dass sie die Tischplatte weitgehend abdecken, sie können aber auch etwas kleiner ausfallen. Ein Beispiel für ein Tischset einer Dreier- bzw. Vierergruppe sind abgebildet. Tischsets lassen sich am besten an quadratischen Tischen einsetzen. Falls diese nicht zur Verfügung stehen, sollten auch für solche Tische quadratische Sets verwendet werden, damit diese beim

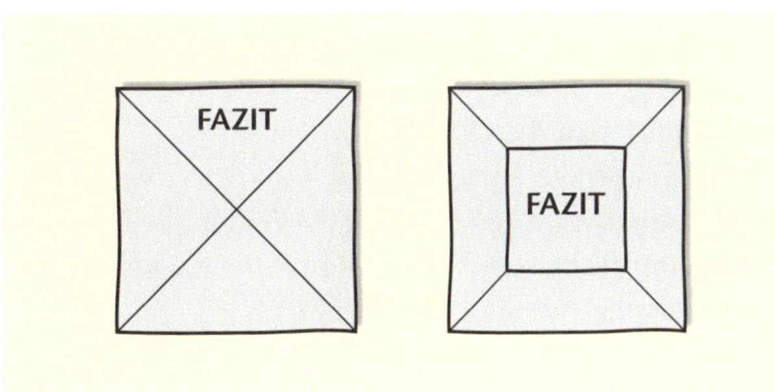

Placemate

Drehen nicht überhängen. Die Beschriftungen können im Sitzen, aber auch im Stehen vorgenommen werden.

Nach dem letzten Arbeitsschritt können die Sets an den Wänden des Klassenzimmers aufgehängt werden, damit sie für die weitere Arbeit verfügbar bleiben.

Im Fishbowl diskutieren

A Vorbereitung

Zu einen strittigen Thema bildet die Klasse eine Pro- und eine Kontra-Gruppe. In der Mitte des Raumes stehen beiden Gruppen jeweils drei Stühle zur Verfügung, von denen zunächst nur jeweils zwei besetzt sind. Wie in einem Aquarium sitzen dort zwei Vertreter der jeweiligen Gruppe, alle anderen gruppieren sich um sie herum.

B Ablauf

Die beiden Vertreter der Pro- und der Kontra-Gruppe beginnen eine Diskussion, die keinen festen Regeln folgen muss. Die Personen im Außenkreis nehmen an der Diskussion zunächst nicht aktiv teil. Möchte sich jemand von ihnen in die Auseinandersetzung einmischen, kann er den leeren Stuhl seiner Gruppe besetzen und mitreden. Die neu hinzugekommene Person hat Redevorrecht, muss aber nach einer vereinbarten Zeit (z. B. zwei Minuten) wieder in den Außenkreis zurück, um den Platz für einen anderen Interessenten freizumachen. Wenn jemand im Außenkreis den Eindruck hat, dass im Innenkreis keine neuen Gesichtspunkte mehr entwickelt werden, kann er den Antrag stellen, die Diskussion zu beenden.

Über diesen Antrag stimmt die Gesamtgruppe ab.

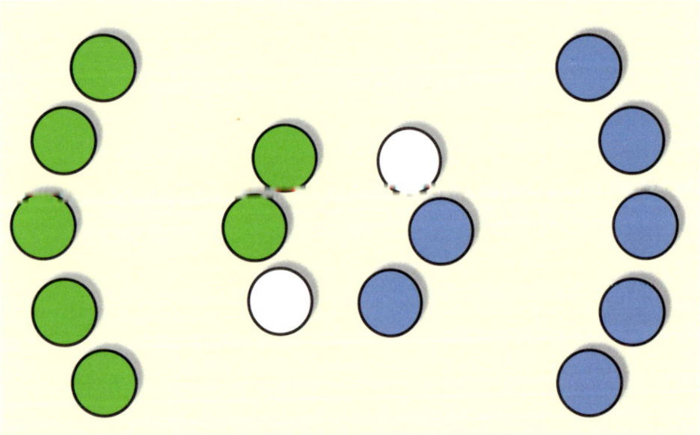

Fishbowl

Kartenabfrage durchführen

Die Kartenabfrage ermöglicht das Sammeln thematischer Aspekte und systematisiert sie für die Weiterarbeit. Die Methode ermöglicht, euer Vorwissen bzw. die eigenen Interessen einzubringen und zu visualisieren.

Kartenabfrage

Vorbereitungen:
Benötigt werden ein Stapel Karteikarten (ersatzweise DIN-A6-Zettel), eine Rolle Kreppband, Flächen zum Anheften der Karten bzw. Zettel (z. B. Tafel, Pinnwand) und Stifte.

Ablauf:

Folgender Ablauf ist für die Schule sinnvoll:

1. Alle Schülerinnen/Schüler notieren knapp, aber möglichst konkret Ideen/Aussagen zu einem vereinbarten Thema auf den Karteikarten oder Zetteln.
2. Jeder geht nach vorne und heftet seine Karteikarten ohne Vorgaben mit Kreppband an die Tafel/Pinnwand.
3. Alle Schülerinnen/Schüler sichten das Material, stellen sich dann um die Tafel/Pinnwand und suchen nach Oberbegriffen, mit denen man einzelne Ideen/Aussagen zusammenfassen könnte.
4. Oberbegriffe, die auf Zustimmung stoßen,weil sich genügend Einzelaussagen darauf beziehen lassen, werden in einer anderen Farbe ebenfalls auf Karteikarten notiert und als „Überschriften“ an die Tafel/Pinnwand geheftet. Auf diese Weise wird eine Gliederung des Gesamtmaterials eingeleitet.
5. Ausgangskarten, die man zuordnen kann, werden durch Zuruf von einzelnen Schülerinnen/Schülern unter die Oberbegriffe geheftet. Karten mit identischen oder sehr ähnlichen Notizen werden aufeinandergeheftet.
6. Alle prüfen noch einmal kritisch die Zuordnungen und schlagen ggf. das „Umhängen“ einzelner Karten vor.
7. Jede Schülerin / Jeder Schüler kann daraufhin noch einmal – angeregt durch das gesichtete Material – Karten ergänzen.

Lexikon

Agenda 21: Handlungsprogramm zu Umwelt- und Entwicklungsvorhaben der UNO, das 1992 in Rio de Janeiro angenommen wurde.

Agglomeration: auch Ballungsraum oder Verdichtungsraum genannt. Regionale Konzentration von Bevölkerung, Besiedlung und Wirtschaft. Abgrenzungskriterien sind z. B. Größe, Bevölkerungsdichte und -anzahl, innere strukturelle Verflechtung sowie Industriedichte.

Alphabetisierungsrate: der Grad der Lese- oder Schreibfähigkeit einer Bevölkerung kann prozentual für ein Land oder auch einzelne Bevölkerungsschichten angegeben werden.

Alternative Energie: Sammelbezeichnung für so genannte „erneuerbare Energien“ wie die Sonnenenergie, Windenergie, geothermische Energie, Gezeitenenergie oder auch Biogasenergie.

Basisinnovation: Erfindungen, die sich auf zahlreiche Wirtschaftsbereiche auswirken; so hat z. B. die Erfindung der Dampfmaschine die Eisen- und Stahlindustrie, die Textil- und Bekleidungsindustrie (Webstuhl), aber auch das Transportwesen nachhaltig geprägt. Aus heutiger Sicht sind die Mikroelektronik (Computer), die Nanotechnologie, die Biotechnologie so genannte „Schlüsseltechnologien“.

Bevölkerungsentwicklung: Zusammenwirken von Geburtenrate, Sterberate und Wanderungen in einem Raum.

Bevölkerungsexplosion: starke Zunahme der Bevölkerung in einem Gebiet, durch eine sehr hohe Geburtenrate und einer niedrigen Sterberate.

Bewässerungsfeldbau: zur Bodennutzung jahreszeitlich oder ganzjährig fehlende Niederschlagsmenge – wird durch Bewässerung aus Brunnen-, Fluss-, Kanal- oder gespeichertem Regenwasser zugeführt.

Bodendegradation: Verringerung der Möglichkeiten zur landwirtschaftlichen Nutzung eines Bodens durch natürliche oder vom Menschen verursachte Einflüsse; Hauptgründe für die nachlassende Bodenfruchtbarkeit ist vor allem die zu intensive Nutzung der Böden und deren Auslaugung.

Biotechnologie: Sammelbezeichnung für verschiedene Bereiche der angewandten Biologie; Biotechnologie wird oft mit Gentechnologie gleichgesetzt. Man versteht darunter Methoden der Schädlingsbekämpfung, aber auch der Rekultivierung von durch den Menschen genutzten Räumen.

Bodenversalzung: Begleiterscheinung des Bewässerungsfeldbaus, die zu Bodenschäden führt und den Feldbau bis zum Aufhören der Nutzbarkeit beeinträchtigen kann; in ariden Gebieten führt die starke Verdunstung zur Anreicherung der im Bewässerungswasser gelösten Salze im Oberboden oder als Kruste an der Bodenoberfläche.

Bruttoinlandsprodukt (BIP): Gesamtwert aller in einem Jahr im Inland produzierten Güter und Dienstleistungen.

Bruttonationaleinkommen (BNE): Maß für die wirtschaftliche Leistung einer Volkswirtschaft in einem Jahr in Geldwerten; es umfasst den Wert der Sachgüter und Dienstleistungen, die über einen Markt abgesetzt werden, also nicht die Leistungen im Privathaushalt. Nicht einbezogen werden Produktionen ausländischer Unternehmen im Inland, wohl aber die Erträge von inländischen Unternehmen im Ausland.

Demographie: interdisziplinär arbeitende Wissenschaft von der Bevölkerung, ihrer Struktur, Verteilung und Veränderung.

Desertifikation: Ausbreitung der Wüste durch Übernutzung oder unangepasste Landutzung.

Dienstleistungssektor: siehe Wirtschaftssektor.

Direktinvestition: Kapitalanlagen, die von Inländern im Ausland oder von Ausländern im Inland mit dem Ziel vorgenommen werden, Einfluss auf die Geschäftstätigkeit eines Unternehmens auszuüben.

Disparität: regionale Unterschiede der Wirtschaftskraft, der Lebensbedingungen, der natürlichen Voraussetzungen.

EG: Sammelbegriff für Europäische Wirtschaftsgemeinschaft (EWG), Europäische Atomgemeinschaft (Euratom) und Europäische Gemeinschaft für Kohle und Stahl (EGKS).

Erdwärme: siehe Geothermie.

erneuerbare Energie: auch als regenerative Energie bezeichnet. Sie wird aus nicht endlichen Quellen wie Sonne oder Wind gewonnen. Dies ist nicht nur umweltfreundlich, sondern auch eine wirtschaftliche Alternative zu umweltschädlichen und teuren konventionellen Energien. Solarenergie, Windenergie, Wasserkraft und Geothermie (Erdwärme) sind Beispiele für erneuerbare Energien, die immer mehr an Bedeutung gewinnen.

fossiler Energieträger: Torf, Braunkohle, Steinkohle, Erdöl, Erdgas.

Fruchtwechsel: periodischer, meist jährlicher Wechsel beim Anbau von ein- oder zweijährigen Kulturpflanzen mit dem Ziel der Erhaltung der Bodenfruchtbarkeit.

Geburtenrate: Zahl der Lebendgeborenen pro 1000 Einwohner in einem bestimmten Gebiet.

Gestein: Natürliche, feste Substanz der Erdkruste, die aus einer bzw. mehreren Mineralarten oder aus organischen Stoffen besteht.

Geothermie (Erdwärme): alternative, erneuerbare Energiequelle. Die im Erdinneren gespeicherte Hitze wird zur Stromgewinnung genutzt.

Getto: Stadtteil, in dem eine weitgehend gleiche Bevölkerungsgruppe (Ausländer, gleiche Religion oder Sprache) abgeschieden von der übrigen Bevölkerung lebt; meist auf Stadtviertel von Minderheiten bezogen.

Gigabit: im Bereich der Datenfernübertragung wird das Bit als Grundeinheit bei der Angabe der Datenübertragungsrate verwendet – ISDN überträgt maximal 64 000 Bit pro Sekunde), Fast Ethernet 100 Mbit/s (100 Millionen Bit pro Sekunde), Gigabit Ethernet übermittelt 1 000 000 000 bit/s.

Global City: Großstadt mit Hauptsitzen von Unternehmen, die von hier aus ihr weltweites wirtschaftliches Handeln steuern und kontrollieren.

Globalisierung: Globalisierung ist der Prozess der zunehmenden weltweiten Verflechtung und Vernetzung von Politik, Kultur, Umwelt, Produktion und Märkten. Der zunehmende technische Fortschritt, insbesondere in der Kommunikationstechnologie, ist als Ursache der Globalisierung zu sehen.

Gravitation: Begriff aus der Physik. Sie bezeichnet die Anziehungskraft von Körpern. Sie bewirkt z. B. die Erdanziehungskraft und dass der Mond seine Umlaufbahn um die Erde behält. Diese Gravitation zwischen Mond und Erde bewirkt auch die Gezeiten der Meere.

Grüne Revolution: allgemein der Anbau von Nutzpflanzen mit dem Ziel einer Steigerung der Nahrungsmittelproduktion; dafür sollen z. B. neue Saatgutsorten, mineralische Düngemittel, Schädlingsbekämpfungsmaßnahmen oder auch die Ausweitung von Bewässerungsanlagen sorgen. Wegen der häufig hohen Investitionen haben Kleinbetriebe von der Grünen Revolution häufig kaum profitiert.

Handelsbeschränkungen: Eingriffe des Staates, um grenzüberschreitende Güterströme (Import und Export) zu beeinflussen.

HDI: Human Development Index, Index der „menschlichen" Entwicklung in den Staaten der Erde; er soll eine Messung des Entwicklungsstandes ermöglichen, die den Bedürfnissen der Menschen entspricht.

Herbizid: Unkraut vernichtendes Mittel

Industrialisierungspolitik: politische Rahmenbedingungen des Industrialisierungsprozesses eines Raumes; die Industrialisierung kann z. B. durch staatliche Hilfen gefördert, aber auch durch gesetzliche Beschränkungen (z. B. im Rahmen des Naturschutzes) gehemmt werden. Die jeweilige Industrialisierungspolitik spielte vor allem bei der wirtschaftlichen Aufbauarbeit in den Entwicklungsländern eine große Rolle.

informeller Sektor: wirtschaftliche Tätigkeiten der Menschen die nicht staatlich registriert und kontrolliert sind (Schat-tenwirtschaft). Er ist die Folge des Beschäftigungsproblems der Entwicklungsländer und ist gekennzeichnet durch arbeitsintensive Produktion, einfache Tätigkeiten, schlechte Bezahlung und niedrige Qualifikationsanforderungen, die außerhalb des formalen Schulsystems erworben werden.

Innovation: Neuerung; kann sich auf die Entwicklung neuer neuer Produkte oder wesentlich verbesserter Produkte (Produktinnovationen), neuer bzw. besserer Produktionsprozesse (Prozessinnovationen) oder die Einführung organisatorischer Neuerungen (organisatorische Innovation – z. B. Just-in-Time-Produktion) beziehen.

Insektizid: Insekten vernichtendes Mittel.

Kaste: Gruppe von Menschen in Indien, die gleiche oder ähnliche Berufe, Lebensformen und Stellung in der Gesellschaft haben. Jeder Hindu wird in eine Kaste hineingeboren. Die Kasten sind nach einer Rangordnung gestaffelt. Das Kastenwesen ist zwar gesetzlich verboten, spielt aber besonders auf dem Land noch eine große Rolle.

Klimaschutzabkommen: im Juni 1992 fand in Rio de Janeiro die Konferenz der Vereinten Nationen über Umwelt und Entwicklung (UNCED) statt. Zu der bis dahin weltgrößten internationalen Konferenz reisten sowohl Abgesandte fast aller Regierungen als auch Vertreter zahlreicher Nichtregierungsorganisationen nach Brasilien. In Rio wurden mehrere multilaterale Umweltabkommen vereinbart, darunter die Klimarahmenkonvention (UNFCCC). Außerdem sollte die Agenda 21 besonders auf regionaler und lokaler Ebene die gesteigerten Bemühungen um mehr Nachhaltigkeit vorantreiben, zu der fortan auch der Klimaschutz gezählt wurde. Weitere bedeutende Nachfolgekonferenzen fanden in Kioto und Kopenhagen statt.

Klimawandel: anthropogen verursachte Klimaänderung, im Gegensatz zu natürlichen Klimaschwankungen.

Mangelernährung: Ernährung mit speziellen Defiziten, z. B. ständige Unterversorgung mit lebensnotwendigem Eiweiß.

Megalopolis: Stadtlandschaft, aus Millionenstädten zusammenwachsende Riesenstadt (Städteband). Als Megalopolis wurde erstmals in den USA das 750 km lange Städteband von Boston über New York, Philadelphia, Baltimore bis Washington, D.C., kurz Boswash, bezeichnet. Weitere sind zwischen San Francisco und San Diego (Sansan) sowie zwischen Chicago, Detroit, Cleveland und Pittsburgh (Chipitts). In Deutschland kann das Ruhrgebiet als Megalopolis genannt werden.

Metropole: Hauptstadt, politischer, wirtschaftlicher und gesellschaftlicher Mittelpunkt eines Landes, der alle anderen Städte hinsichtlich Größe und Bedeutung weit überragt; häufig in Entwicklungsländern.

Migration: Wanderungen von Bevölkerungsgruppen oder einzelnen Personen. Die Migration kann innerhalb eines Landes erfolgen oder grenzüberschreitend sein. Die Migration hat einen längerfristigen oder endgültigen Wohnortwechsel zum Ziel. Die Gründe für Migrationen sind wirtschaftlicher (z. B. Gastarbeiter) oder sozialer Art (z. B.Minderheiten in einem Land). Migrationen können auch erzwungen sein (z. B. Vertriebene).

Mobilität, räumliche: alle Bewegungsvorgänge, die durch Aktivitäten von Menschen im Raum entstehen.

Mobilität, soziale: Wechsel in der Zugehörigkeit von Menschen einer sozialen Gruppe in eine andere.

Monokultur: jährlich wiederkehrender Anbau derselben einjährigen Nutzpflanze auf dem Acker, möglich z. B. bei Roggen und Mais, unmöglich z. B. bei Kartoffeln und Kohl (Gegensatz: Fruchtwechsel).

multinationaler Konzern: Unternehmen, das seinen Hauptsitz in der Regel in einem Industriestaat hat und auch über juristisch eigenständige Niederlassungen oder Zweigwerke in anderen Staaten verfügt.

nachhaltige Entwicklung: siehe Nachhaltigkeit.

nachwachsender Rohstoff: es wird zwischen erneuerbaren (regenerativen, nachwachsenden) und nichterneuerbaren Rohstoffen unterschieden. Im Sinne der Nachhaltigkeit soll in Zukunft die Nutzung von nachwachsenden Rohstoffen gefördert werden.

Nachhaltigkeit: Nachhaltigkeit/nachhaltige Entwicklung (sustainable development) ist ein Leitbild für eine zukunftsfähige, langfristig für alle Menschen tragbare Entwicklung; wirtschaftliche Entwicklung, intakte Umwelt und sozialer Zusammenhalt werden als gleichrangige Ziele verstanden.

Nanotechnologie: Erforschung, Herstellung und Nutzung funktionaler Strukturen im Nanometerbereich (Nano = ein Milliardstel); Nanotechnologie ist vor allem im gesamten IT-Bereich und der Medizin wichtig.

Offshore: Begriff, der den Bereich des Meeres außerhalb der Küstengewässer bezeichnet. Bauwerke im Offshore-Bereich sind Bohrinseln, Windparks und Pipelines.

Ökosystem: ein Ökosystem (Wald, Meer, etc.) ist eine natürliche ökologische Einheit von Lebensgemeinschaften von Pflanzen und Tieren und nichtbiologischen Umweltfaktoren wie z. B. Klima, Wind und Boden. Die Stoffkreisläufe sind im Ökosystem ausgeglichen, sodass sich ein ökologisches Gleichgewicht einstellt.

Ozon: das Sauerstoffmolekül Ozon (O3) ist für Menschen und Tiere giftig. Aber in 20 bis 30 km Höhe ist es als schützende Ozonschicht vorhanden. Sie absorbiert die von der Sonne ausgehende UV-Strahlung, die Hautkrebs auslösen kann und Chlorophyll zerstört.

Ozonloch: Ausdünnung der Ozonschicht in der Atmospäre, die aber über den Polen bereits einer weitgehenden Zerstörung gleichkommt. Hauptverursacher des Ozonabbaus sind FCKW (Fluorchlorkohlenwasserstoffe, die besonders aus Treibgasen stammen) und Methan, die langsam in der Atmosphäre aufsteigen.

Peripherie: wenig entwickelte Gebiete in Randlage mit unzureichenden Angeboten an Arbeitsplätzen, Bildungs- und Ausbildungsmöglichkeiten.

Primärenergieverbrauch: Nutzung der Energie, die aus den in der Natur in ihrer ursprünglichen Form vorhandenen Energieträgern (z. B. Steinkohle, Holz, Erdgas, Öl, Wasser, Sonne, Wind) gewonnen wird; als „Sekundärenergie" wird z. B. die elektrische Energie bezeichnet.

Produktionsfaktor: Mittel, die zur Herstellung von Sachgütern oder zur Bereitstellung von Dienstleistungen notwendig sind; zu ihnen gehören die natürliche Umwelt (auch Bodenschätze), Arbeit, Kapital sowie der technische Fortschritt.

Pull- und Push-Faktoren: Pull-Faktoren sind Merkmale des Zielgebiets, die Migranten bewegen, ihren bisherigen Wohnort zu verlassen; vorrangig sind es Arbeitsmöglichkeiten, Ausbildungschancen usw. Push-Faktoren hingegen kennzeichnen Umstände und Bedingungen in dem Herkunftsgebiet eines Migranten, die ihn zur Wanderung veranlasst haben. Hierzu zählen Arbeitslosigkeit, fehlende berufliche Möglichkeiten, aber auch schlechte Versorgungslage, ungünstige Umweltbedingungen usw.

Recycling: (engl.: Rückführung) Wiederverwertung von Abfallstoffen wie Glas, Metalle, Papier und Kunststoffe; da Rohstoffe zukünftig teurer werden, nimmt die Bedeutung des Recycling auch im Sinne der Nachhaltigkeit zu.

regenerative Energiequelle: Energiequelle in Form von Sonnenlicht und -wärme, Erdwärme, Windenergie, Wasserkraft, Biomasse.

Reserve: in der Rohstoffwirtschaft diejenigen Ressourcen, für die nachgewiesen ist, dass sie sich wirtschaftlich gewinnen lassen.

Ressource: in der Wirtschaft vor allem die Rohstoffe sowie die für die Produktion zur Verfügung stehenden Mittel (z. B. Arbeitskräfte, Raum).

Rohstoff: Rohstoff ist eine natürliche Ressource, so wie er in der Natur vorkommt (Holz, Kohle, Eisenerz, Rohöl). Der Rohstoff wird aus der Natur gewonnen und dient als Ausgangsmaterial für die Bearbeitung und Weiterverarbeitung.

Schwellenland: Begriff, der seit den 1970er-Jahren verwendet wird, in der gleichen Bedeutung auch Newly Industrialized Countries (NIC); damit werden Länder bezeichnet, die in vielen Bereichen noch als Entwicklungsländer gelten, wirtschaftlich aber auf dem Weg zu Industrienationen sind.

Sonderwirtschaftszone: ein Gebiet innerhalb eines Staates mit abweichendem Wirtschafts- und Steuerrecht. Ziel der Einrichtung einer solchen Freihandelszone ist die Steigerung von in- und ausländischen Investitionen. Sonderwirtschaftszonen wurden z. B. in den letzten Jahren in China, Indien, Nordkorea, Uruguay, Russland, Vietnam, Polen, den Vereinigten Arabischen Emiraten und Kasachstan eingerichtet.

Standortfaktor: Voraussetzungen für die Ansiedlung und Entwicklung von Wirtschaftsunternehmen und Verwal-tungen. Günstige Standortfaktoren sind z. B. die Verfügbarkeit von Rohstoffen und Wasser, Verkehrswege, Arbeitskräfte, Lohnniveau, Steuervorteile, die Nähe von Zulieferern und Absatzmärkten. In der Landwirtschaft sind dies Bodenqualität, Klima, Marktlage.

Sterberate: Zahl der Gestorbenen pro 1000 Einwohner eines bestimmten Gebietes.

Stromverbundnetz: siehe Verbundnetz.

Strukturwandel: Veränderungen in der Wirtschaft durch Veränderungen in Angebot und Nachfrage; ein Beispiel dafür ist der Niedergang des deutschen Steinkohlebergbaus vor dem Hintergrund der wachsenden Umstellung auf Erdöl und Erdgas als Energielieferant für Industrie und Wohnungen.

Terms-of-Trade: Verhältnis aus dem Index der Exportpreise und dem Index der Importpreise eines Landes, bezogen auf ein bestimmtes Basisjahr; geben an, wie viele Mengeneinheiten an Importgütern ein Land für eine Mengeneinheit seiner Exportgüter auf dem Weltmarkt kaufen kann.

Tragfähigkeit: auf einen bestimmten Lebensraum bezogenes Potenzial für Lebewesen. Bei der Tragfähigkeit eines Raumes für Menschen muss der Kultur- und Zivilisationsstand sowie der dort zugrunde liegende Lebensstandard berücksichtigt werden. Wurde früher lediglich die Möglichkeit, ausreichend Nahrungsmittel zu produzieren, berücksichtigt, muss heute die ökologische Tragfähigkeit in den Mittelpunkt gerückt werden.

Transitland: unter „Transitverkehr“ versteht man Personen- oder Güterverkehr, der auf dem Wege von einem Land in ein anderes durch ein Drittland (Transitland) führt.

Treibhauseffekt: Spurengase in der Atmosphäre schwächen die Sonneneinstrahlung im sichtbaren Spektralbereich kaum, absorbieren aber die von der Erdoberfläche zurückgestrahlte Wärmestrahlung im Infrarotbereich und geben sie partiell an die Erdoberfläche zurück. Dadurch ergibt sich ein natürlicher Treibhauseffekt der Atmosphäre.

Treibhausgas: Gas in der Atmosphäre, wie Kohlenstoffdioxid, Wasserdampf, Methan, Ozon u. a., die die Wärmerückstrahlung von der Erdoberfläche in das All verhindern. Die natürliche Treibhausgaskonzentration in der Atmosphäre sorgt dafür, dass auf unserem Planeten statt eisiger Weltraumkälte eine durchschnittliche Temperatur von 15 °C herrscht. Der zusätzliche Ausstoß von Treibhausgasen durch menschliche Aktivitäten, heizt das Klima jedoch weiter auf und hat einen Klimawandel zur Folge.

Überweidung: bezeichnet die Überbeanspruchung der Vegetation in Trockengebieten durch zu hohen Viehbesatz.

Durch Verbiss und Vertritt wird die Pflanzendecke stärker beanspruchen, als diese sich regenerieren kann. Durch die Zerstörung der Vegetation kommt es zur Bodenerosion und damit besteht die Gefahr der Desertifikation.

Urbanisierung: Prozess der Veränderung von Siedlungen bzw. der Bevölkerung unter dem Einfluss der von Städten ausgehenden Entwicklungen (z. B. Haustypen, technische Innovationen). Ergebnis dieses Vorgangs ist die Urbanität, die in den Siedlungen raumwirksame städtische Lebensform (bessere, vielseitigere Versorgungs-, Ausbildungs- und Freizeitangebote). Urbanisierung ist nicht identisch mit Verstädterung.

Verbundnetz: Zusammenschluss von Elektrizitäts- und Gasversorgungsunternehmen zum Ausgleich regional vorhandener Unterschiede bezüglich der Nachfrage nach Strom und Gas. Verbundnetze dienen der sicheren Versorgung der Verbraucher.

Verstädterung: Wachstumsprozess städtischer Siedlungen sowie erreichter Zustand der Stadtentwicklung. Folgende Merkmale kennzeichnen die Verstädterung: Anteil der Stadtbevölkerung an der Gesamtbevölkerung (Verstädterungsgrad), die Bevölkerungszunahme der Städte (Verstädterungsrate) und die Zunahme der Zahl großer Städte (Vergroßstädterung).

Wachstumsrate: Ergebnis des Vergleichs von Geburtenrate, Sterberate und Wanderungssaldo in einem Raum.

Wasserhaushalt: in Zahlen wird der Wasserkreislauf für die gesamte Erde oder für Teilgebiete ermittelt. Seine Größen sind Niederschlag, Abfluss und Verdunstung.

Welthandel: Gesamtheit der wirtschaftlichen Beziehungen, die zwischen den Volkswirtschaften der Länder in ihrem gegenseitigen Austausch von Waren, Kapital und Dienstleistungen bestehen.

Welthandelsorganisation (World Trade Organization, WTO): internationale Organisation, die sich mit der Förderung und Überwachung von Welthandels- und Weltwirtschaftsbeziehungen befasst; 1994 gegründet.

Wirtschaftssektor: die Wirtschaft wird in drei Tätigkeitsschwerpunkte untergliedert; der *primäre Sektor* setzt sich aus der Land- und Forstwirtschaft, Fischerei sowie dem Bergbau zusammen; im *sekundären Sektor* werden Rohstoffe be- und verarbeitet (Industrie, Bauwesen); im *tertiären Sektor* werden Dienstleistungen zusammengefasst. Eine Dienstleistung ist ein immaterielles, nicht lagerfähiges Wirtschaftsgut. Es lassen sich haushaltsorientierte und unternehmensorientierte Dienstleistungsbereiche unterscheiden. Beispiele für haushaltsorientierte Dienstleistungen sind: Körperpflege, Gesundheitswesen, Bildungs- und Schulwesen sowie Verwaltung, für unternehmensorientierte Dienstleistungen: Finanzdienste, Transport, Ingenieurbüros usw.

Wirkungsgefüge: Zusammenwirken von Faktoren (Geofaktoren) bei naturgeographischen Erscheinungen; wird auch bei sozialgeographischen Fragestellungen eingesetzt.

Quellenverzeichnis

© AFTINET Australian Fair Trade and Investment Network Ltd.: 125 M3;
agrarmotive Esser, Münster: 67 M4;
Alfred-Wegener-Institut/Hans Oerter: 147 M4;
© Amazon: 103 M3;
York Arend, Berlin: 19 M6;
Australische Botschaft, Berlin: 160 M2;

BUKO Agrar Dossier Welternährung, S. 21, Nr. 14/1995: 38 M3;
BGR Bundesanstalt für Geowissenschaften und Rohstoffe, Hannover: 70 M2;

CARO/Rupert Oberhaeuser: 114 M5;
CCC, www.c5.net: 50 M6 (Rauch), 138 M1 (Hanel), 167 M4 (Mandzel);
© Chappatte in „NZZ am Sonntag", Zürich: 154 M1;
Corbis, Düsseldorf:
8/9 (Fayaz Kabli/Reuters),
60 M1 (Ed Kashi),
63 M5 (Reuters),
122/123 Hintergrund (Justin Guariglia),
126 M1 (Stefane Cardinale/People Avenue),
127 M3 (Justin Guariglia),
140 M2 (Ed Kashi),
140 M3 (Steve Raymer),
153 M3 (Robert Landau);

Das Fotoarchiv/Manfred Vollmer, Essen: 88/89;
Deutsche Bahn AG: 10 M1 (Günter Jazbec);

© EPA: 153 M4;

Peter Fischer, Oelixdorf: 26 M1 Mitte;
Flughafen Leizig-Halle/Uwe Schoßig: 4 links, 102 M2;
© Philipp Föckeler, Karlsruhe: 160M1;
© frau-doctor/zimmerpflanzen.ws: 155 M5;

Greenpeace/Nikolas Fojtu: 164 oben;

© HAMBURG WASSER: 56 M1;
Husumer Schiffswerft: 75 M3 Hintergrund;

Kommission für Glaziologie der Bayerischen Akademie der Wissenschaften, München: 149 M3;

© Leipziger Messe GmbH: 102 M1;
Reinhold Löffler, Dinkelsbühl: 157 M2;
Waldemar Mandzel, Bochum: 34 M1;
Mauritius Images: 47 M5 (Reinhard), 83 M4 (Vidler);
© Georg Mester, Wiesbaden: 119 M4;
© Max-Planck-Institut for Biogeochemistry, Jena: 150 M1;

NASA: 52/53, 58 M2, 60 M2, 60 M3, 144/145;

picture-alliance/africamediaonline: 45 oben links;
picture-alliance/akg-images/Erich Lessing: 146 M1;
picture-alliance/Becker Bredel: 45 oben rechts;
picture-alliance/Bildagentur Huber: 18 M1, 163 M4;
picture-alliance/BSIP/GYSSELS: 32 M1;
picture-alliance/BSIP/LISSAC: 23 M4 unten links;
picture-alliance/dpa: 17 M4 (epa afp D. Martin), 26 M1 rechts (Ursula Düren);
picture-alliance/dpa © dpa: 5 links, 128 M1, 164 unten;
picture-alliance/dpa © dpa-Bildarchiv: 30 M1, 36 M3, 72 M2 Hintergrund;
picture-alliance/dpa © dpa-Fotoreport: 26 M1 links (epa afp Singh), 45 unten rechts, 63 M6, 98 M1, 131 M5, 158 M2 Einklinker;
picture-alliance/dpa © dpa-Report: 23 M4 unten rechts, 24 M1, 24 M2, 24 M3, 28 M1, 35 M4, 45 unten links, 116/117, 118 M1; 133 M3, 133 M4, 135 M4, 140 M1;
picture-alliance/dpa/dpaweb © dpa: 3 links, 16 M1, 36 M1, 78 M3, 134 M1 links;
picture-alliance/dpa/dpaweb © dpa-Report: 98 M2, 135 M5;
picture-alliance/dpa © epa-Bildfunk: 22 M2, 63 M7;
picture-alliance/dpa-Infografik © dpa-Infografik: 35 M5, 64 M1, 67 M5, 73 M6, 100 M1, 120 M1, 123 M3, 132 M2, 154 M2;
picture-alliance/Globus Infografik © Globus Infografik: 17 M5, 38 M2, 54 M2; 121 M4, 122 M2, 129 M4, 135 M3, 139 M3, 158 M1, 166 M1;
picture-alliance/GODONG/Philippe Lissac: 21 M6;
picture-alliance/GODONG/www.relivision.com: 33 M4, 33 M5;
picture-alliance/Golden PixelsLLC: 24 M4 oben links;
picture-alliance/Mark Henley/Impact Photos: 20 M1;
picture-alliance/landov: 3 rechts;
picture-alliance/maxppp: 132 M1;
picture-alliance/Caroline Penn/Impact Photos: 50 M8;
picture-alliance/ZB: 10 M2;
picture-alliance/ZB © dpa: 134 M1 rechts;
picture-alliance/ZB © dpa-Bildarchiv: 105 M4;
picture-alliance/ZB © dpa-Report: Titelfoto vorn und hinten, 108 M1, 159 M5;
picture-alliance/ZB © ZB-Fotoreport: 104 M1;
picture-alliance/ZB © ZB-FUNKREGIO OST: 105 M5;
picture-alliance/Philipp Ziser: 25 M4;
picture-alliance/Zute Lightfoot/Impact Photos: 23 M4 oben rechts;

Pressestelle der Universität Leipzig/Waltraud Grubitzsch: 103 M5;
Profiluftbild Henry Pfeifer, Leipzig: 103 M4;
Regionalverband Ruhr (RVR), Essen: 90 M1, 90 M2, 92 M1, 92 M2 Hintergrund, 94 M1;

Suresh Sawant/Mumbai, Indien: 54 M1;
Bernd Schirok, Zossen: 56 M2;
Johanna Schockemöhle, Vechta: 42 M2;
Schuster/Harding, Oberursel: 41 M5;
Schweizerischer Verein des Gas- und Wasserfaches (SVGW): 86 M6;
Stadt Düsseldorf/Architekturbüro Stegepartner: 92 M2 Grafik;
Hans-Ragnar Steininger, Berlin: 66 M1 Hintergrund;
Stiftung Haus der Geschichte/Jupp Wolter (Künstler), Bonn: 50 M7;

TechnilogieZentrumDortmund, Blossey: 93 M4;

© Vereinigung Deutscher Gewässerschutz e. V., www.vdg-online.de: 57 M5;
Verlagsarchiv: 30 M3;

© Welthungerhilfe: 35 M6;

Sachregister

Landwirtschaft

- Zuckerrüben
- Gemüse
- Spargel
- Hopfen
- Tabak
- Flachs, Lein
- Obst
- Zitrusfrüchte
- Wein
- Blumen
- Oliven
- Korkeichen
- Kokospalmen
- Ölpalmen
- Dattelpalmen
- Kaffee
- Kakao
- Erdnüsse
- Bananen
- Soja
- Reis
- Zuckerrohr
- Tee
- Gewürze
- Baumwolle
- Kautschuk
- Sisal, Manilahanf
- Jute

Viehhaltung

- Rinder
- Schafe

Fischerei

- Fischereihafen
- Fischverarbeitung

Fremdenverkehr

- Fremdenverkehrsort

In den Karten erscheinen die Signaturen in drei Größenstufen je nach Bedeutung der einzelnen Standorte, z. B. für Chemische Industrie.

Bergbau und Steingewinnung

- Steinkohle
- Braunkohle
- Erdöl
- Erdgas
- Fe Eisenerz
- Mn Mangan
- Ni Nickel
- Cr Chrom
- W Wolfram
- Mo Molybdän
- Co Kobalt
- Sb Antimon
- Cu Kupfer
- Zn Zink
- Sn Zinn
- Pb Blei
- U Uran
- Al Bauxit (Aluminium)
- Hg Quecksilber
- Au Gold
- Ag Silber
- Pt Platin
- Steinsalz
- Kalisalze
- P Phosphat
- S Schwefel
- Schwefelkies
- Salpeter
- Asbest
- Diamanten
- Kalk
- Marmor

Pipelines

- Erdöl
- Raffinerieprodukte
- Erdgas

Kraftwerke

- Wasserkraftwerk
- Wärmekraftwerk
- Kernkraftwerk

Industrie

- Eisenverhüttung und Stahlherstellung
- Gießerei, Walzwerk, Stahlbau
- Buntmetallverhüttung
- Aluminiumherstellung
- Metall verarbeitende Industrie
- Maschinenindustrie
- Kraftfahrzeugindustrie
- Waggon- und Lokomotivenbau
- Schiffbau
- Flugzeugbau
- Drahtherstellung, Kabelwerk
- Elektroindustrie
- Elektronikindustrie
- Feinmechanische Industrie
- Optische Industrie
- Uhrenindustrie
- Schmuckwarenindustrie
- Chemische Industrie
- Kunststoffindustrie
- Gummiindustrie
- Erdölraffinerie
- Textilindustrie
- Bekleidungsindustrie
- Lederverarbeitung
- Schuhindustrie
- Lederwarenherstellung
- Holzindustrie
- Möbelindustrie
- Papierindustrie
- Druckerei, Verlag
- Spielwarenindustrie
- Musikinstrumentenbau
- Glasindustrie
- Porzellanindustrie
- Zementindustrie
- Herstellung von Sanitärporzellan
- Baustoffindustrie/Keramikindustrie
- Nahrungsmittelindustrie
- Zuckerindustrie
- Getränkeherstellung
- Brauerei
- Süßwarenindustrie
- Tabak verarbeitende Industrie

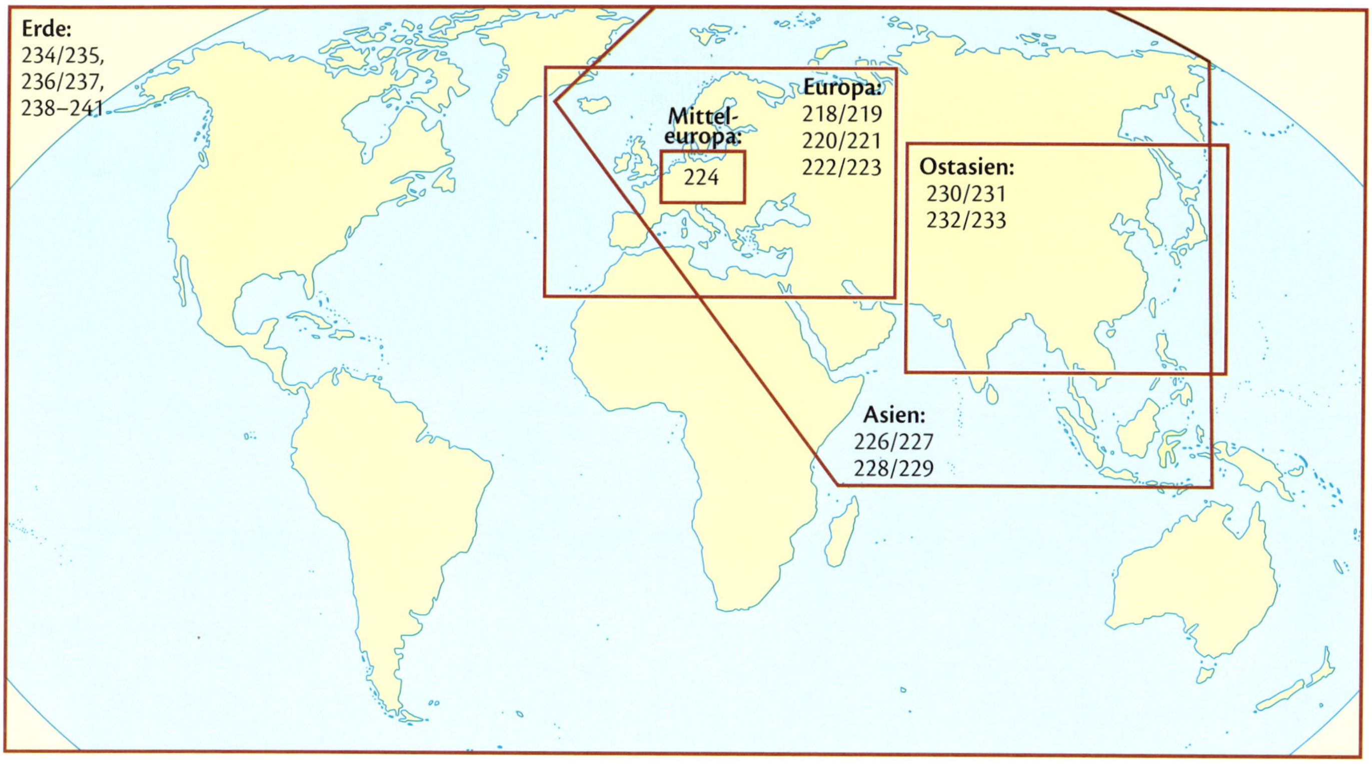
Erde:
234/235,
236/237,
238–241
Mittel-
europa:
224
Europa:
218/219
220/221
222/223
Ostasien:
230/231
232/233
Asien:
226/227
228/229

1 : 16 500 000 — 0 100 200 300 400 500 600 700 800 900 1000 km — 1 cm ≙ 165 km

Nordkap
Barentssee
Kolgujew
Kap Kanin Nos
Halbinsel Kanin
Narjan-Mar
Murmansk
Halbinsel Kola
Kandalakscha
Weißes Meer
Mesen
Archangelsk
Sewerodwinsk
Belomorsk
Oulu
Lappland
FINNLAND
Finnische Seenplatte
Karelien
Onegasee
Ladogasee
Petrosawodsk
Helsinki
Turku
Finnischer Meerbusen
Sankt Petersburg
Tallinn
ESTLAND
Peipussee
Dorpat
Pleskau
Nowgorod
Riga
LETTLAND
Dünaburg
LITAUEN
Kaunas
Vilnius
Minsk
WEISSRUSSLAND
Brest
Pripjet-sümpfe
Wolynien
Lemberg (Lwiw)
Ternopol
Winniza
Schitomir
Kiew
UKRAINE
Tschernigow
Gomel
Witebsk
Smolensk
Brjansk
Kaluga
Moskau (Moskwa)
Tula
Rjasan
Orel
Kursk
Belgorod
Sumy
Charkow
Dnjepropetrowsk
Saporoschje
Kriwoi Rog
Kachowkaer Stausee
Nikolajew
Cherson
Odessa
Chisinau
MOLDAU
Iaşi
Bessarabien
Czernowitz
Karpaten
Klausenburg
RUMÄNIEN
Kronstadt
Bukarest
Walachei
Donau
Konstanza
Warna
Balkan
BULGARIEN
Sofia
Skopje
Rhodopen
Saloniki
GRIECHENLAND
Olymp
Athen
Peloponnes
Ägäisches Meer
Kykladen
Sporaden
Rhodos
Kreta
Istanbul
Bosporus
Marmarameer
Bursa
Izmit
Eskişehir
Balikesir
Izmir
Ephesus
Denizli
Antalya
Konya
Ankara
Zonguldak
Samsun
Pontisches Gebirge
Sivas
Kayseri
Erciyas Dağ
TÜRKEI
Anatolien
Taurus
Mersin
Adana
Gaziantep
Iskenderun
Halab
Urfa
Diyarbakir
Elazig
Erzurum
Trabzon
Van
Ararat
Tigris
Euphrat
SYRIEN
Lattakia
Homs
ZYPERN
Nikosia
LIBANON
Beirut
Damaskus
ISRAEL
Tel Aviv-Jaffa
Jerusalem
Amman
JORDANIEN
Syrische Wüste
Mittelmeer
Port Said
Alexandria
Tanta
Al-Mansura
Gise
Kairo
Sues
Memphis
ÄGYPTEN
Tobruk
Sollum
Al-Beida
Cyrenaika
Schwarzes Meer
Krim
Simferopol
Sewastopol
Jalta
Asowsches Meer
Kertsch
Krasnodar
Noworossiisk
Sotschi
Suchumi
Kutaissi
Batumi
GEORGIEN
Tiflis (Tbilissi)
Kaukasus
Elbrus
Pjatigorsk
Stawropol
Grosny
Wladikawkas
Machatschkala
ARMENIEN
Eriwan
Kumairi
Giandscha
ASERBAIDSCHAN
Baku
Sumgait
Kaspisches Meer
Täbris
Urmia
Ardebil
Rescht
Elbursgebirge
Damawand
Teheran
Kaswin
Hamadan
Kermanschah
Arak
Kum
Isfahan
Zagrosgebirge
IRAN
Große Salzwüste
Semnan
Gorgan
Babol
Schiras
Buschir
Ahwas
Abadan
Disful
Susa
Mosul
Arbil
Kirkuk
Ninive
Mesopotamien
Bagdad
IRAK
Babylon
Nedschef
Ur
Basra
KUWAIT
Kuwait
Persischer Golf
Al-Katif
SAUDI-ARABIEN
Rostow
Don
Taganrog
Mariupol
Donezk
Lugansk
Schachty
Manytschniederung
Zimljansker Stausee
Wolgograd
Wolschski
Achtubinsk
Astrachan
Kaspische Senke
Atyrau
Kulsary
Elista
Saratow
Engels
Balakowo
Wolga
Woronesch
Lipezk
Tambow
Pensa
Sysran
Togliatti
Samara
Simbirsk
Tscheboksary
Kasan
Nischni Nowgorod
Wladimir
Iwanowo
Sergijew Possad
Jaroslawl
Rybinsk
Rybinsker Stausee
Kostroma
Wologda
Twer
Konoscha
Kotlas
Syktywkar
Uchta
Petschora
Timanrücken
Kirow
Ischewsk
Nab. Tschelny
Ufa
Sterlitamak
Jamantau
Perm
Kamastausee
Beresniki
Konschakowski Kamen
Serow
Nischni Tagil
Perwouralsk
Jekaterinburg
Kamensk-Uralski
Slatoust
Tscheljabinsk
Magnitogorsk
Orenburg
Orsk
Kartaly
Uralsk
Aktobe
Ural
RUSSLAND
Narodnaja
Serginy
Surgut
Chanty-Mansiisk
Westsibirisches Tiefland
Wasjuganje
Ob
Tobolsk
Tjumen
Kurgan
Ischim-steppe
Omsk
Irtysch
Petropawlowsk
Kokschetau
Astana
Kustanai
Atbassar
Arkalyk
Turgaisenke
Baikonur
KASACHSTAN
Aralsk
Aralsee
Syr-Darja
Tschelkar
Emba
Fort Schewtschenko
Aktau
Ust-Urt
USBEKISTAN
Nukus
Amu-Darja
Urgentsch
Chiwa
Tiefland von Turan
Kara-Bogas-Bucht
Turkmenbaschi
TURKMENISTAN
Karakum
Balkanabad
Aschgabad
Atrek
Gasan-Kuli
Baraba
Barabinsk

① Staaten in Europa

② Europäische Union 2010

③ EU: Bruttoinlandsprodukt

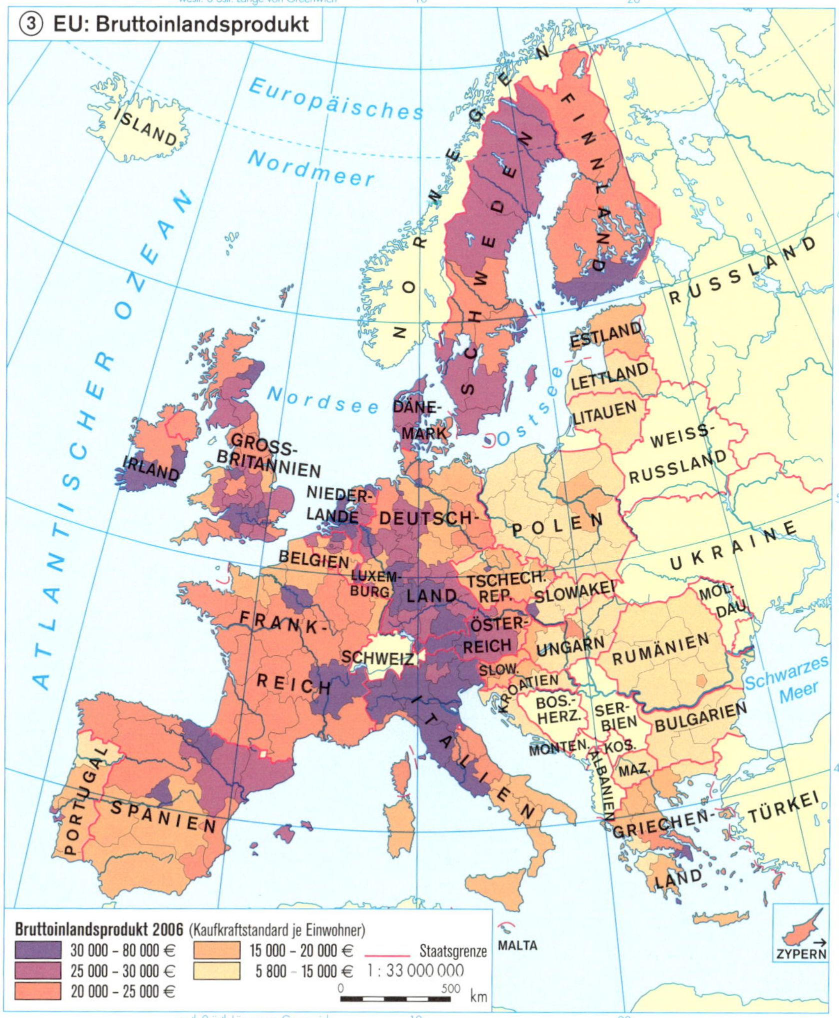

Fels- und Eisregion
Heide, Fjell und Tundra
Nördlicher Nadelwald (z. T. Taiga)
Laub- und Laubmischwald
Ertragreiches Ackerland mit vorwiegend Getreideanbau
Übriges Ackerland
Obst- und Weinbau
Bewässerungskulturen und Oasen
Grünland
Hartlaubgewächse der Subtropen und Macchie
Steppe
Halbwüste und Wüste
Zitrusfrüchte
Tee
Baumwolle
Dattelpalmen
Reis
Hauptfischfanggebiet
Bergbau
Steinkohle
Braunkohle
Erdöl
Erdgas
Fe Eisenerz
Mn Mangan
Ni Nickel
Cr Chrom
Cu Kupfer
Zn Zink
Pb Blei
Al Bauxit
Hg Quecksilber
Pt Platin
Schwefelkies
P Phosphat
Industrie
Eisenverhüttung, Stahlherstellung
Buntmetallverhüttung
Aluminiumherstellung
Metall verarbeitende Industrie
Maschinenindustrie
Kraftfahrzeugindustrie
Schiffbau
Flugzeugbau
Wasserkraftwerk
Wärmekraftwerk
Kernkraftwerk
Fremdenverkehrsort
Elektroindustrie
Chemische Industrie
Gummiindustrie
Erdölraffinerie
Textilindustrie
Bekleidungsindustrie
Holzindustrie
Papierindustrie
Nahrungsmittelindustrie
Erdölpipeline
Erdgaspipeline
Fischereihafen
Staatsgrenze
Europäisches Nordmeer
Nördlicher Polarkreis
ATLANTISCHER OZEAN
Britische Inseln
Nordsee
Mittelmeer
Island
Siglufjördhur
Reykjavík
Vestmannaeyjar
Färöer
Shetland-inseln
Orkney-inseln
Statfjord
Troll
Beryl
Ekofisk
Norne
Heidrun
Draugen
Mosjöen
Ålesund
Trondheim
Sunndalsöra
Årdal
Bergen
Stavanger
Oslo
Sundsvall
Borlänge
Västerås
Göteborg
Linköping
Kopenhagen
Malmö
Aberdeen
Glasgow
Belfast
Dublin
Newcastle
Leeds
Liverpool
Birmingham
Milford Haven
Cardiff
London
Southampton
Rotterdam
Antwerpen
Brüssel
Lille
Le Havre
Brest
Paris
Nantes
Orléans
Nancy
Dijon
Bordeaux
Toulouse
Lyon
Genf
Zürich
Marseille
Nizza
Kiel
Rostock
Hamburg
Bremen
Hannover
Stettin
Berlin
Posen
Leipzig
Dresden
Köln
Frankfurt
Nürnberg
Stuttgart
München
Prag
Linz
Wien
Pressburg
Budapest
Graz
Mailand
Turin
Genua
Venedig
Bologna
Florenz
Rimini
Piombino
Rom
Neapel
Rijeka
Zagreb
Split
Dubrovnik
Korsika
Sardinien
Cagliari
Palermo
Messina
Sizilien
Syrakus
La Coruña
Gijón
Vigo
Bilbao
Porto
Zaragoza
Lissabon
Madrid
Barcelona
Lloret de Mar
Sines
Almadén
Lagos
Sevilla
Valencia
Menorca
Mallorca
Palma
Ibiza
Benidorm
Málaga
Torremolinos
Cartagena
Tanger
Rabat
Casablanca
Safi
Khuribga
Fes
Ujda
Oran
Algier
Skikda
Annaba
Constantine
Tunis
Hammamet
Sfax
Gafsa
Dscherba
Tripolis
Marrakesch
Agadir
Kanarische Inseln
Béchar
Hassi R'mel
Tuggurt
Hassi Messaud
Tinduf
westl. 0 östl. Länge von Greenwich
1 : 16 500 000
0 100 200 300 400 500 600 700 800 900 1000 km
1 cm ≙ 165 km

Barentssee
Weißes Meer
Vadsö
Kirkenes
Nikel
Murmansk
Kirowsk
Kandalakscha
Archangelsk
Oulu
Kuopio
Petrosawodsk
Onegasee
Ladogasee
Helsinki
Tallinn
Sankt Petersburg
Kirischi
Tscherepowez
Narjan-Mar
Inta
Uchta
Syktywkar
Kotlas
Beresowo
Serginy
Polunotschnoje
Serow
Beresniki
Nischni Tagil
Perm
Kirow
Jekaterinburg
Tscheljabinsk
Slatoust
Magnitogorsk
Kurgan
Tjumen
Tobolsk
Omsk
Irtysch
„Drittes Baku"
Surgut
Neftejugansk
Kustanai
Astana
Arkalyk
Baikonur
Jaroslawl
Iwanowo
Nischni Nowgorod
Kasan
Ischewsk
Nab. Tschelny
Ufa
„Zweites Baku"
Salawat
Orenburg
Orsk
Aktobe
Samara
Togliatti
Sysran
Pensa
Balakowo
Saratow
Riga
Twer
Moskau
Rjasan
Tula
Smolensk
Nowopolozk
Wilna
Minsk
Brjansk
Lipezk
Woronesch
Kursk
Gomel
Brest
Mosyr
Tschernobyl
Rowno
Kiew
Charkow
Lugansk
Dnjepropetrowsk
Krementschug
Winniza
Lemberg
Chmelnizki
Kriwoi Rog
Sapor.
Donezk
Rostow
Mariupol
Nikolajew
Chişinău
Odessa
Wolgograd
Don
Wolga
Astrachan
Atyrau
Aralsk
Dschussaly
Syr-Darja
Aralsee
Nukus
Urgentsch
Darwasa
Aktau
Kaspisches Meer
Turkmenbaschi
Balkanabad
Aschgabad
Kertsch
Krasnodar
Maikop
Stawropol
Grosny
Noworossiisk
Sewastopol
Sotschi
Kutaissi
Tiflis
Giandscha
Baku
Batumi
Göktaş
Eriwan
Täbris
Rescht
Teheran
Kum
Isfahan
Jesd
Klausenburg
Kronstadt
Ploieşti
Bukarest
Konstanza
Warna
Burgas
Sofia
Plovdiv
Skopje
Saloniki
Schwarzes Meer
Samsun
Zonguldak
Istanbul
Izmit
Bursa
Ankara
Erzurum
Divriği
Guleman
Elazığ
Ergani
Batman
Kayseri
Konya
Adana
Izmir
Athen
Antalya
Fethiye
Rhodos
Kreta
Nikosia
Zypern
Halab
Mosul
Kirkuk
Kermanschah
Bagdad
Homs
Tripoli
Beirut
Damaskus
Haifa
Tel Aviv-Jaffa
Amman
Disful
Ahwas
Agha Jari
Gach Saran
Schiras
Basra
Abadan
Buschir
Kuwait
Burgan
Nedschef
Euphrat
Persischer Golf
Kangan
Safaniya
Ras-Tanura
Al-Dschauf
Port Said
Sueskanal
Sues
Alexandria
Kairo
Tobruk
Meer

Siedlungsfläche der Städte über 1 000 000 Einwohner
Wald
Heide und Ödland
Fels- und Eisregion
Ertragreiches Ackerland mit vorwiegend Getreideanbau
Übriges Ackerland
Obst- und Weinbau
Grünland
Obst
Wein
Gemüse
Hopfen
Tabak
Erklärung der Bergbau- und Industriesignaturen in der Generallegende
Fremdenverkehrsort
Wasserkraftwerk
Wärmekraftwerk
Kernkraftwerk
Fischereihafen
Erdölpipeline
Erdgaspipeline
Ostsee
Nordsee
Memel
Tilsit
Kaunas
Grodno
Suwałki
Białystok
Brest
Zambrów
Warschau
Lublin
Radom
Kielce
Lodz
Płock
Włocławek
Königsberg
Allenstein
Elbing
Graudenz
Thorn
Bromberg
Danzig
Gdingen
Stolp
Köslin
Bornholm
Rügen
Stralsund
Rostock
Wismar
Schwerin
Lübeck
Kiel
Hamburg
Flensburg
Odense
Fünen
Seeland
Fehmarn
Stettin
Schwedt
Stargard
Landsberg
Posen
Berlin
Frankfurt
Eisenhüttenstadt
Cottbus
Dresden
Leipzig
Halle
Magdeburg
Dessau-Roßlau
Wolfsburg
Braunschweig
Salzgitter
Hannover
Bremen
Bremerhaven
Cuxhaven
Wilhelmshaven
Emden
Helgoland
Sylt
Groningen
Delfzijl
Lingen
Osnabrück
Bielefeld
Paderborn
Münster
Enschede
Dortmund
Düsseldorf
Köln
Bonn
Aachen
Arnheim
Nimwegen
Amsterdam
Utrecht
Hilversum
IJmuiden
Den Helder
Rotterdam
Scheveningen
Vlissingen
Knokke-Heist
Ostende
Gent
Antwerpen
Brüssel
Genk
Lüttich
Tihange
Charleroi
Maubeuge
Chooz
Valenciennes
Lille
Lens
Saint-Quentin
Reims
Revin
Kassel
Göttingen
Eisenach
Erfurt
Jena
Fulda
Siegen
Koblenz
Wiesbaden
Frankfurt
Würzburg
Schweinfurt
Bamberg
Erlangen
Nürnberg
Bayreuth
Weiden
Hof
Plauen
Zwickau
Chemnitz
Selb
Eger
Karlsbad
Pilsen
Kladno
Brüx
Aussig
Prag
Kolín
Pardubice
Königgrätz
Jungbunzlau
Reichenberg
Görlitz
Hirschberg
Waldenburg
Liegnitz
Glogau
Grünberg
Breslau
Oppeln
Kalisch
Konin
Tschenstochau
Gleiwitz
Kattowitz
Krakau
Tarnów
Rzeszów
Przemyśl
Sambor
Stalowa Wola
Ostrowiec Świętokrzyski
Bielsko-Biała
Ostrau
Olmütz
Brünn
Iglau
Budweis
Zlín
Zakopane
Sillein
Neusohl
Neutra
Pressburg
Gabčíkovo
Kaschau
Prešov
Miskolc
Tokaj
Debrecen
Uschgorod
Sathmar
Wien
Baden
Sankt Pölten
Linz
Steyr
Graz
Leoben
Marburg
Villach
Salzburg
Bad Ischl
Berchtesgaden
Passau
Regensburg
Ingolstadt
München
Augsburg
Ulm
Stuttgart
Heilbronn
Karlsruhe
Pforzheim
Mannheim
Ludwigshafen
Kaiserslautern
Pirmasens
Saarbrücken
Trier
Luxemburg
Vianden
Thionville
Metz
Nancy
Straßburg
Freiburg
Basel
Mülhausen
Fessenheim
Belfort
Sochaux
Besançon
Dijon
Chalon-sur-Saône
Le Creusot
Nevers
Troyes
Saint-Dizier
Épinal
Villingen-Schwenningen
Konstanz
Zürich
Sankt Gallen
Luzern
Bern
Biel
La Chaux-de-Fonds
Lausanne
Genf
Evian
Vichy
Kempten
Oberstdorf
Garmisch-Partenkirchen
Seefeld
Innsbruck
Sankt Anton
Davos
Sankt Moritz
Meran
Bozen
Cortina d'Ampezzo
Kitzbühel
Kaprun
Badgastein
Millstatt
Eisenerz
Gmünd
Murdoch
Markham
Indefatigable
Leman
Rijn
Elbe
Oder
Weichsel
Warthe
Netze
Donau
Moldau
Rhein
Main
Mosel
Maas
Marne
Weser
Ems
Bug
San
Havel
Isar
Inn
Mur
Drau
Raab
Neusiedler See
Bodensee
Oberschlesien
4 östl. Länge v. Greenwich

Nördlicher Polarkreis
ATLANTISCHER OZEAN
Nordsee
Ostsee
Schwarzes Meer
Mittelmeer
IS
Reykjavík
Seydhisfjördhur
Färöer
Tórshavn
Sullom Voe
Shetland-inseln
Orkney-inseln
Hebriden
N
Bergen
Ålesund
Trondheim
Bodö
Narvik
Tromsö
Kirkenes
Murmansk
Oslo
Stavanger
Kristiansand
S
Luleå
Mora
Stockholm
Göteborg
Gotland
Öland
Helsingborg
Malmö
FIN
Oulu
Turku
Helsinki
Kotka
Archangelsk
Onega-see
Ladoga-see
Sankt Petersburg
Nowgorod
Wologda
RUS
Moskau
Wolga
Rjasan
Tula
Smolensk
Brjansk
Don
EST
Tallinn
LV
Riga
Windau
LT
Memel
Vilnius
Minsk
BY
Königsberg
Gdingen
Danzig
Weichsel
Bornholm
DK
Frederikshavn
Kopenhagen
Esbjerg
GB
Glasgow
Forth Ports
Edinburgh
Aberdeen
Newcastle
Teesport
Immingham
Liverpool
Manchester
Birmingham
Milford Haven
Bristol
London
Southampton
IRL
Belfast
Dublin
Shannon
Cork
NL
Amsterdam
Rotterdam
W.
Br.
Lü.
Hamburg
Rostock
Stettin
Hann.
Berlin
D
Duisburg
Düsseldorf
Köln
Frankfurt
Leipzig
Dresden
Nürnberg
Stuttgart
München
Antw.
Z.
B.
Dünkirchen
Le Havre
Cherbourg
Jersey
Brest
Quimper
Saint-Nazaire
Paris
Orléans
F
Bordeaux
Lyon
Toulouse
Sète
Marseille
Nizza
L
PL
Posen
Warschau
Breslau
Krakau
Brest
Kiew
Charkow
Dnjepropetrowsk
Donezk
Rostow
UA
Lemberg
CZ
Prag
SK
Wien
A
Basel
Zürich
FL
CH
Budapest
H
MD
Chişinău
Odessa
RO
Kronstadt
Bukarest
Konstanza
Donau
Sewastopol
Noworossiisk
SLO
HR
Triest
Rijeka
BIH
Split
SRB
Belgrad
MNE
MK
Skopje
Tirana
AL
BG
Sofia
Warna
Burgas
Istanbul
Ankara
TR
Izmir
Antalya
Dalaman
Adana
Mersin
Rhodos
Kos
Samos
Lesbos
Saloniki
GR
Korfu
Patras
Athen
Chania
Iraklion
Kreta
Zypern
Larnaka
Paphos
CY
Mailand
Turin
Genua
Savona
La Spezia
Venedig
Ravenna
Rimini
RSM
I
Rom
Neapel
Brindisi
Tarent
Palermo
Sizilien
Catania
Syrakus
Malta
Korsika
Bastia
Sardinien
Olbia
AND
E
La Coruña
Santiago de Compostela
Gijón
Bilbao
Porto
P
Lissabon
Madrid
Zaragoza
Barcelona
Tarragona
Valencia
Balearen
Menorca
Mallorca
Palma
Ibiza
Alicante
Cartagena
Almería
Málaga
Sevilla
Cádiz
Algeciras
Tanger
Melilla
Fès
Casablanca
MA
Oran
Arzew
Algier
Annaba
Constantine
DZ
Tuggurt
Béchar
Tunis
Monastir
TN
Sfax
Gabès
Dscherba
Tripolis
Bengasi
LAR
Zueitina
Ras Lanuf
Marsa al-Brega
Sollum
Alexandria
Port Said
Kairo
ET
Straßen
Autobahn
Fernverkehrsstraße
NL Internationales Autokennzeichen
Eisenbahnstrecken
Hochgeschwindigkeitsstrecke
andere Eisenbahnstrecke
Schiffbarer Fluss
Kanal
Nicht schiffbarer Fluss
Fährverbindung
Seehäfen (Umschlag 2003)
über 40 000 t
unter 40 000 t
Binnenhäfen (Umschlag 2003)
über 40 000 t
unter 40 000 t
Flughäfen
Internationaler Großflughafen
Zielflughafen in Fremdenverkehrsgebieten
Passagiere 2003
über 10 Mio.
unter 10 Mio.
westl. 0 östl. Länge v. Greenwich
1 : 19 250 000
0 250 500 750 1000 km
1 cm ≙ 19,25 km

1 Jahresniederschlag

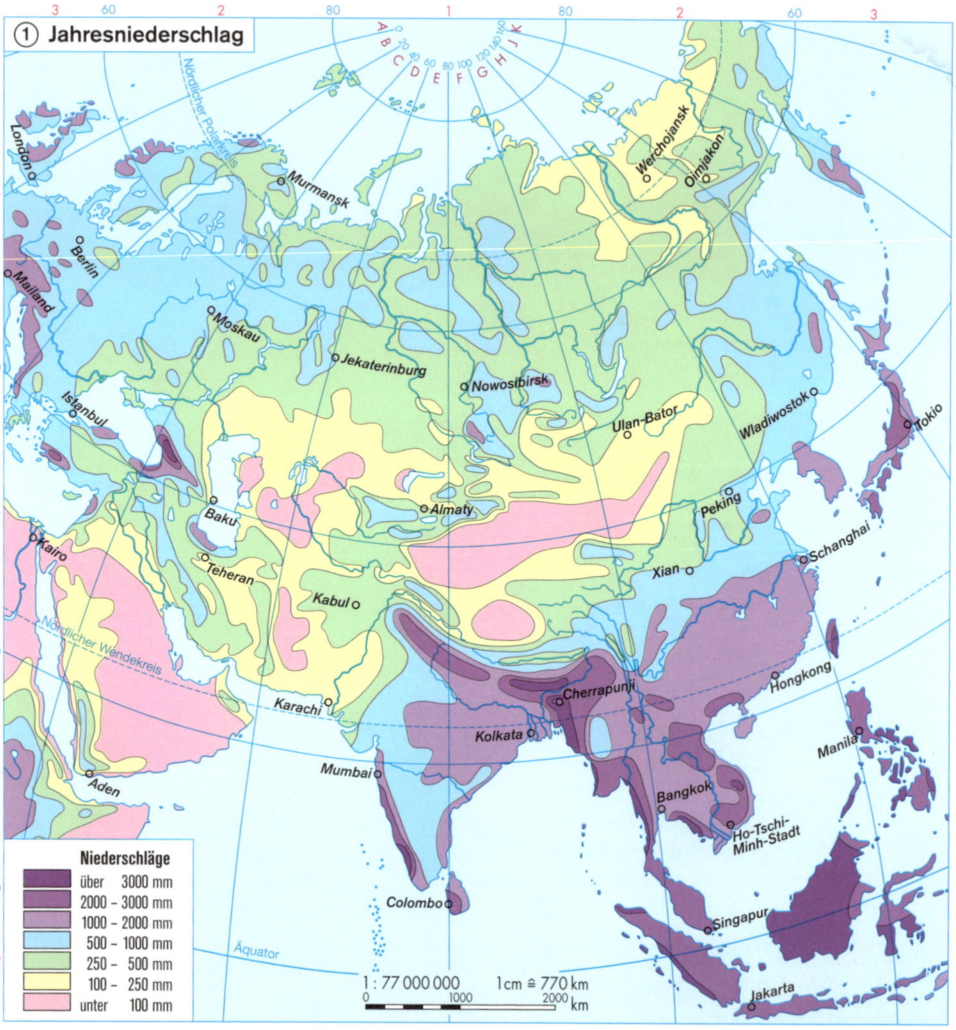

2 Sommermonsun in Südostasien

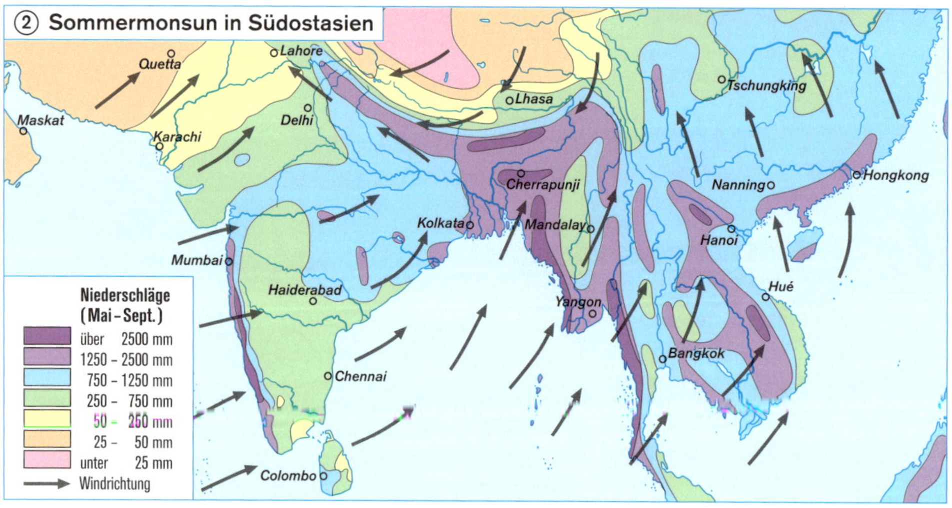

3 Wintermonsun in Südostasien

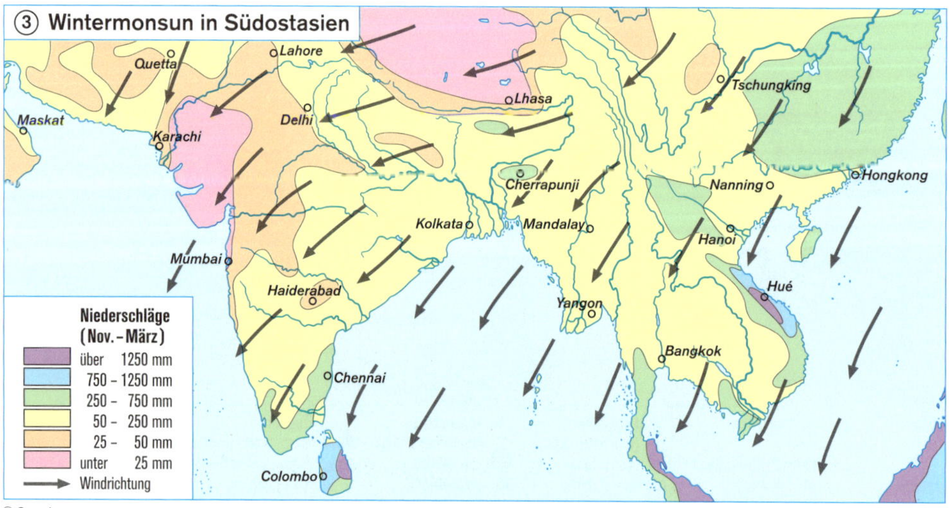

1 : 49 500 000 0 500 1000 1500 km 1cm ≙ 495 km

Grönland (dän.; Selbstverwaltung)
Nordpol
Nordpolarmeer
Eurasienbecken
Lomonossowrücken
Longyearbyen
Spitzbergen (norw.)
Franz-Josef-Land
Sewernaja Semlja
Kap Tscheljuskin
Neusibirische Inseln
Ostsibirische See
Wrangel-insel
Kap Deschnew
Anadyrgebirge
Anadyr
Anadyr-golf
Sankt-Lorenz-Insel (zu USA)
Beringmeer
Aleutengraben
Aleuten (zu USA)
Barentssee
Nowaja Semlja
Karasee
Taimyr
Laptewsee
Tiksi
Nordwik
Chatanga
Dickson
Murmansk
Halbinsel Kola
Archangelsk
Workuta
Jamal
Salechard
Norilsk
Turuchansk
Westsibirisches Tiefland
Untere Tunguska
Werchojansker Gebirge
Werchojansk
Tscherskigebirge
Kolymagebirge
Kolyma
Sredne-Kolymsk
Oimjakon
Magadan
Ochotsk
Ochotskisches Meer
Kamtschatka
Petropawlowsk-Kamtschatski
Kap Lopatka
Kurilen
Kurilen-Kamtschatka-Graben
Sachalin
Juschno-Sachalinsk
Jakutsk
Wiljui
Olekminsk
Aldan
Dschugdschurgebirge
Ajan
Nikolajewsk
Komsomolsk
Chabarowsk
Stanowoigebirge
Bodaibo
Skoworodino
Amur
Blagowe-schtschensk
Sichote-Alin
Wladiwostok
Ussurisk
Kirow
Perm
Serow
Kasan
Samara
Ufa
Jekaterinburg
Tscheljabinsk
Magnitogorsk
Orenburg
Tobolsk
Omsk
Nowosibirsk
Nowokusnezk
Barnaul
Jenisseisk
Krasnojarsk
Abakan
Bratsk
Kirensk
Irkutsk
Baikalsee
Ulan-Ude
Tschita
Jablonowygebirge
Sajangebirge
Kysyl
Tannu-Ola
Altai
Semipalatinsk
Astana
Karaganda
Kasachische Schwelle
KASACHSTAN
Balchaschsee
Almaty
Tarbagataigebirge
Dsungarei
Urumtschi
Hami
Mongolischer Altai
Changaigebirge
MONGOLEI
Ulan-Bator
Gobi
Mandschuli
Großer Chingan
Tsitsikar
Charbin
Kirin
Mandschurei
Tschangtschun
Schenjang
Fuschun
Anschan
NORD-KOREA
Pjöngjang
SÜD-KOREA
Seoul
Tägu
Pusan
Japanisches Meer
Tschöngdschin
Hokkaido
Sapporo
Hakodate
Aomori
Akita
Sendai
Honschu
Niigata
Tokio
Jokohama
Nagoja
Kioto
Kobe
Osaka
Schikoku
Hiroschima
Kitakiuschu
Kumamoto
Kiuschu
JAPAN
Japangraben
Pazifischer Ozean
Dalian
Peking
Tientsin
Tsingtau
Gelbes Meer
Huhehot
Paotou
Taijüan
Tsinan
Tschengtschou
Sütschou
Nanking
Schanghai
Hangtschou
Ostchinesisches Meer
Nanseiinseln
Riukiuinseln
Nördlicher Wendekreis
Wentschou
Taipeh
TAIWAN
Kaohsiung
Futschou
Formosastraße
Luzonstraße
Philippinenbecken
Lantschou
Xian
Wuhan
Nantschang
Itschang
Jangtsekiang
Tschengtu
Tschungking
Tschangscha
Kweijang
Kunming
Liutschou
Kanton
Hongkong
Macau
Swatou
Nanning
Hainan
Haikou
Tonking
Haiphong
Hanoi
Kisylkum
Bischkek
Taschkent
Andischan
KIRG.
TADSCH.
Samarkand
Aschgabad
Duschanbe
Pamir
Tienschan
Pik Pobedy
Tarim
Tarimbecken
Altyntag
Kunlun
Tsaidam
Nanschan
Kukunor
Jümen
Hwangho
CHINA
Tibet
Transhimalaya
Himalaya
Lhasa
Kathmandu
Mount Everest
BHUTAN
Dibrugarh
Myitkyina
Cherrapunji
Brahmaputra
Mekong
Saluen
Hindukusch
Herat
AFGHANISTAN
Kabul
Islamabad
Rawalpindi
Srinagar
Karakorum
Kandahar
Quetta
Hilmend
Lahore
Pandschab
Ludhiana
Multan
PAKISTAN
Sukkur
Indus
Wüste Thar
Delhi
Neu-Delhi
Agra
Lucknow
Varanasi
Kanpur
Allahabad
Patna
Ganges
Jaipur
Haiderabad
Gwadar
Karachi
Ahmedabad
Indur
Rajkot
Kathiawar
Vadodara
Nagpur
Raipur
Surat
INDIEN
Jamshedpur
Kolkata (Kalkutta)
Cattack
BANGLADESCH
Dacca
Chittagong
MYANMAR
Mandalay
Chiengmai
Vientiane
LAOS
VIETNAM
Hué
Qui Nhon
Mumbai (Bombay)
Puna
Godavari
Haiderabad
Dekkan
Westghats
Ostghats
Visakhapatnam
Vijayawada
Hubli
Bangalur
Maisur
Chennai (Madras)
Madurai
Palkstraße
Jaffna
SRI LANKA
Ceylon
Colombo
MALEDIVEN
Lakkadiven (ind.)
Arabisches Meer
Arabisches Becken
Indischer Ozean
Golf von Bengalen
Andamanen (ind.)
Nikobaren (ind.)
Yangon (Rangun)
Golf von Martaban
Moulmein
THAILAND
Bangkok
KAMBODSCHA
Pnom Penh
Ho-Tschi-Minh-Stadt
Golf von Thailand
Kap Ca Mau
Landenge von Kra
Malakka
Georgetown
Malaya
Kuala Lumpur
SINGAPUR
Malakkastraße
Medan
Südchinesisches Meer
MALAYSIA
Bandar Seri Begawan
BRUNEI
Sabah
Kinabalu
Sarawak
Kutsching
Borneo
Pontianak
Banjarmasin
Sundainseln
Sumatra
Padang
Kerinci
Mentawai-Inseln
Sundagraben
Bangka
Palembang
Tanjungkarang
Javasee
Jakarta
Bandung
Semarang
Jogjakarta
Surabaja
Java
Semeru
Bali
Lombok
Sumbawa
Flores
Sumba
Kleine Sundainseln
Timor
OST-TIMOR
Bandasee
INDONESIEN
Celebes
Ujung Pandang
Manado
Celebessee
Molukkensee
Sulusee
Palawan
Zamboanga
Mindanao
Davao
Iloilo
Cebu
Samar
PHILIPPINEN
Luzon
Quezon City
Manila
Sulawesi
Sumpf
Salzsumpf
Korallenriff
Gletscher
Höhenzahl
Tiefenzahl
Pass
Meerestiefen
8000 6000 4000 2000 200 0
Landhöhen
unter 0 0 100 200 500 1000 2000 4000 m
90 östl. Länge von Greenwich
1 : 38 500 000
0 500 1000 1500 2000 km
1cm ≙ 385 km

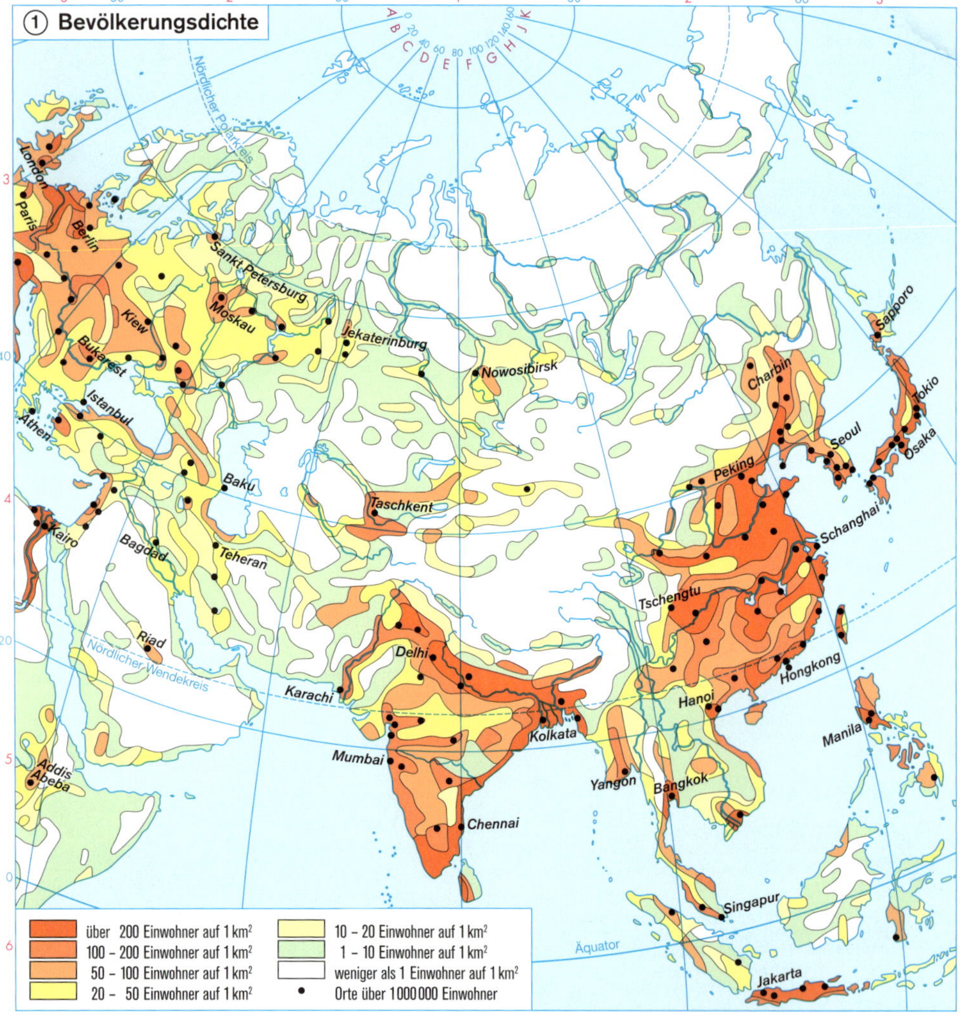

① Bevölkerungsdichte

② Landschaftsgürtel

1 : 77 000 000 0 1000 2000 3000 km 1 cm ≙ 770 km

1 : 38 500 000 0 500 1000 1500 2000 km 1cm ≙ 385 km

© Cornelsen
80 östl. Länge v. Greenwich

1 : 16 500 000 0 100 200 300 400 500 600 700 800 900 1000 km 1 cm ≙ 165 km

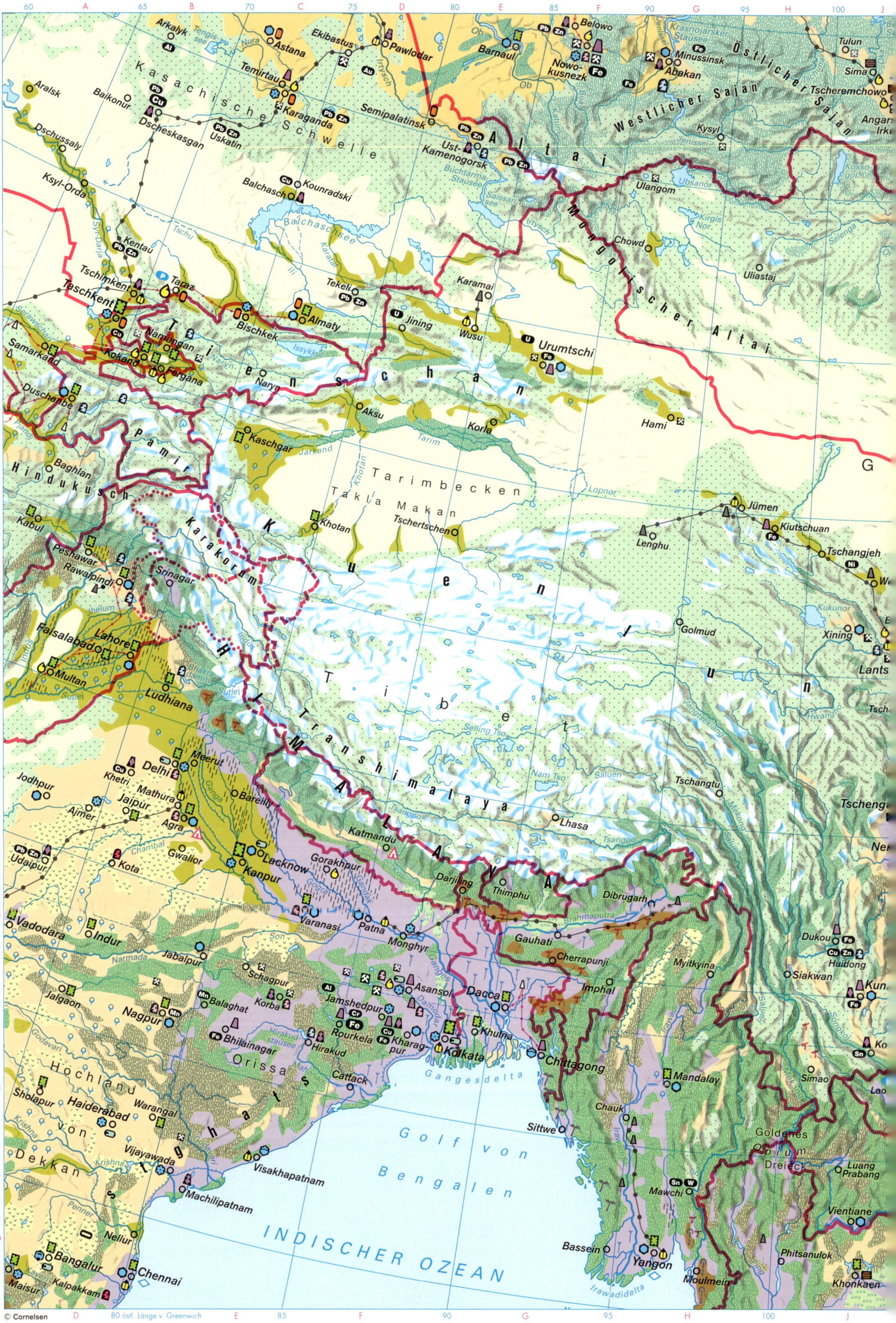
Kasachische Schwelle
Arkalyk
Astana
Ekibastus
Pawlodar
Barnaul
Belowo
Nowo-kusnezk
Minussinsk
Abakan
Tulun
Sima
Tscheremchowo
Östlicher Sajan
Westlicher Sajan
Aralsk
Baikonur
Temirtau
Karaganda
Semipalatinsk
Dscheskasgan
Uskatin
Dschussaly
Ust-Kamenogorsk
Altai
Ksyl-Orda
Balchasch
Kounradski
Balchaschsee
Ulangom
Kentau
Tschimkent
Taschkent
Taraz
Bischkek
Almaty
Tekeli
Karamai
Chowd
Uliastaj
Mongolischer Altai
Samarkand
Namangan
Kokand
Fergana
Naryn
Jining
Wusu
Urumtschi
Tienschan
Duschanbe
Aksu
Korla
Hami
Kaschgar
Pamir
Hindukusch
Baghlan
Tarimbecken
Takla Makan
Lopnor
Kabul
Khotan
Tschertschen
Jümen
Kiutschuan
Lenghu
Tschangjeh
Peshawar
Rawalpindi
Srinagar
Karakorum
Kuenlun
Golmud
Xining
Lants
Faisalabad
Lahore
Multan
Ludhiana
Tibet
Transhimalaya
Himalaya
Meerut
Delhi
Khetri
Mathura
Jodhpur
Jaipur
Ajmer
Agra
Bareilly
Tschangtu
Lhasa
Udaipur
Kota
Gwalior
Lacknow
Kanpur
Katmandu
Gorakhpur
Darjiling
Thimphu
Dibrugarh
Vadodara
Indur
Varanasi
Patna
Monghyr
Gauhati
Cherrapunji
Myitkyina
Dukou
Huidong
Siakwan
Jabalpur
Schagpur
Asansol
Dacca
Imphal
Jalgaon
Nagpur
Balaghat
Korba
Jamshedpur
Rourkela
Kharagpur
Kolkata
Khulna
Chittagong
Bhilainagar
Hirakud
Orissa
Cattack
Gangesdelta
Mandalay
Simao
Hochland von Dekkan
Sholapur
Haiderabad
Warangal
Ghats
Golf von Bengalen
Chauk
Sittwe
Goldenes Dreieck
Luang Prabang
Vijayawada
Visakhapatnam
Machilipatnam
Mawchi
Vientiane
Nellur
Bangalur
Maisur
Kalpakkam
Chennai
INDISCHER OZEAN
Bassein
Yangon
Moulmein
Irawadidelta
Phitsanulok
Khonkaen
80 östl. Länge v. Greenwich

1 : 16 500 000 0 100 200 300 400 500 600 700 800 900 1000 km 1cm ≙ 165 km

① Oberflächengestalt der Erde

Polarmeer
Spitzbergen
Franz-Josef-Land
Sewernaja Semlja
Neusibirische Inseln
Nowaja Semlja
Nordkap
Taimyr
Werchojansker Gebirge
Kolymagebirge
Nördlicher Polarkreis
Sibirien
Narodnaja 1894
Ural
Europa
Moskau
Jekaterinburg
Nowosibirsk
Ob
Jenissei
Lena
Irtysch
Wolga
Altai
Stanowoigebirge
Jablonowy-gebirge
Amur
Ochotskisches Meer
Kamtschatka
Beringmeer
Aleuten
Aleutengraben
7822
Sachalin
Asien
Gobi
Mandschurei
Kaukasus
Schwarzes Meer
Kaspisches Meer
Tiefland von Turan
Tienschan
7439 Pik Pobedy
Peking
Japanisches Meer
Honschu
Tokio
Kurilen-Kamtschatka-Graben
10542
Nordwestpazifisches Becken
Nordostpazifisches Becken
1962
Athen
Teheran
Bagdad
Pamir
Hindukusch
8611
Kuen-lun
Tibet
Himalaya
Delhi
8848 Mount Everest
Brahmaputra
Hwangho
Jangtsekiang
Schanghai
Ostchinesisches Meer
Boningraben
10340
Nördlicher Wendekreis
Kairo
Euphrat
Arabien
Nil
Rotes Meer
Indus
Vorderindien
Kolkata
Hinterindien
Hongkong
Mumbai
Arabisches Meer
Golf von Bengalen
Bangkok
Mekong
Philippinenbecken
Marianen
Marianengraben
11022
Philippinen
Manila
Philippinengraben
10540
Pazifischer Ozean
Zentralpazifisches Becken
Marshallinseln
Mikronesien
Karolinen
Aden
4620
Kap Guardafui
Addis Abeba
Afrika
Arabisches Becken
Chennai
Ceylon
Südchinesisches Meer
Borneo
5520
Sumatra
Singapur
Melanesien
Melanesisches Becken
Äquator
Gilbertinseln
Kongo
Kongobecken
Victoriasee
5895 Kilimandscharo
Somalibecken
Seychellen
Arabisch-Indischer Rücken
Zentralindisches Becken
Daressalam
Indischer Ozean
Sundainseln
Sundagraben
Java
7455
7440
5030
Neuguinea
Salomoninseln
9140
Ellice-inseln
Komoren
Sambesi
Straße von Mosambik
Madagaskar
Maskarenen
Mauritius
6335
Indischer Rücken
Neunziggradrücken
Arafurasee
Korallenbecken
Korallensee
Neue Hebriden
Fidschiinseln
Nordwestaustralisches Becken
Kalahari
Johannesburg
Drakensberge
Madagaskarbecken
6400
Mosambikbecken
Zentralindischer Rücken
Ostindischer Rücken
870
Australien
1515
Neukaledonien
Südlicher Wendekreis
Tongagraben
Westaustralisches Becken
Perth
Südwestindisches Becken
2067
1980
Kap Agulhas
Westlicher Indischer Rücken
Große Australische Bucht
Mount Kosciusko 2230
Murray
Sydney
770
Kermadecinseln
10047
Kermadecgraben
Agulhasbecken
940
Südaustralisches Becken
Tasmanien
Tasmansee
Auckland
Neuseeland
Südkap
Kerguelen
Kerguelenrücken
Indisch-Antarktischer Rücken
4755
969
6972
6089
485
Indisch-Antarktisches Becken
Macquarieinseln
Östlicher Indisch-Antarktischer Rücken
Aucklandinseln
6250
Südpazifisches Becken
Südpolarbecken
2300
Antarktis
Maßstab 1 : 88 000 000
Ständige Eisbedeckung, Gletscher
Landhöhen
unter 0
0
100
200
500
1000
2000
4000 m

Eurasische Platte
Chinesische Platte
Iranische Platte
Arabische Platte
Pazifische Platte
Philippinenplatte
Karolinenplatte
Äquator
Somalische Platte
Indisch-Australische Platte
Antarktische Platte
Maßstab 1:264 000 000

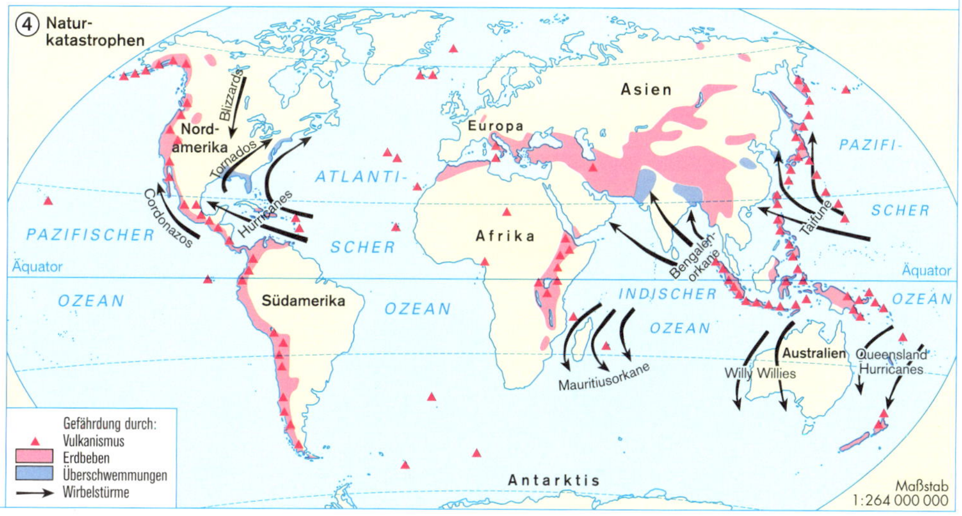

4 Naturkatastrophen
Asien
Europa
Nordamerika
Blizzards
Tornados
Atlantischer Ozean
Pazifischer Ozean
Cordonazos
Hurricanes
Afrika
Taifune
Bengalenorkane
Äquator
Südamerika
Indischer Ozean
Mauritiusorkane
Australien
Willy Willies
Queensland Hurricanes
Gefährdung durch:
Vulkanismus
Erdbeben
Überschwemmungen
Wirbelstürme
Antarktis
Maßstab 1:264 000 000

① Politische Gliederung

② Kolonialmächte und Kolonien 1914

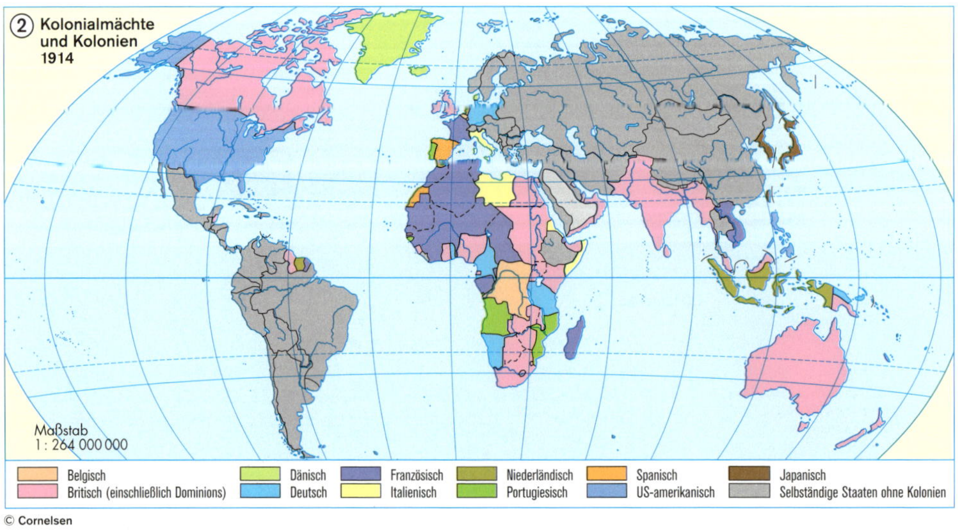

③ Mächtegruppen

RUSSLAND
(Russische Föderation)
Sewernaja Semlja
Franz-Josef-Land (russ.)
Nowaja Semlja
Murmansk
Sankt Petersburg
Moskau
Perm
Jekaterinburg
Nowosibirsk
Irkutsk
Tschita
Samara
Wolgograd
KASACHSTAN
Astana
MONGOLEI
Ulan-Bator
CHINA
Peking
Tibet
Lhasa
Xian
Nanking
Schanghai
Tschungking
Hongkong
Macau
TAIWAN
Taipeh
JAPAN
Tokio
Osaka
NORD-KOREA
SÜD-KOREA
Seoul
Pusan
Wladiwostok
Chabarowsk
Sachalin
Kamtschatka
Kurilen (russ.)
Aleuten (USA)
Sankt-Lorenz-Insel (USA)
Nördlicher Polarkreis
Jenissei
Lena
Ob
Amur
Wolga
Kiew
Charkow
Odessa
Warschau
Istanbul
Ankara
TÜRKEI
ZYPERN
Tiflis
Baku
GE.
ARM.
AS.
Eriwan
TURKMENISTAN
Aschgabad
USBEKISTAN
Taschkent
Bischkek
Almaty
KIRG.
TAD.
Duschanbe
AFGHANISTAN
Kabul
Islamabad
PAKISTAN
Karachi
IRAN
Teheran
IRAK
Bagdad
SYRIEN
LIB.
IS.
JORD.
KUWAIT
BAHRAIN
KATAR
V.A.E.
OMAN
SAUDI-ARABIEN
Riad
Mekka
JEMEN
Sokotra (jem.)
ÄGYPTEN
Kairo
SUDAN
Khartum
Nil
ERITREA
Asmara
DSCHIBUTI
ÄTHIOPIEN
Addis Abeba
SOMALIA
Mogadischu
KENIA
Nairobi
UGANDA
TANSANIA
Dodoma
Daressalam
DEM. REP. KONGO
Kinshasa
Kisangani
Lubumbashi
BU.
SAMBIA
MALAWI
MOSAMBIK
SIMBABWE
Harare
BOTSUANA
Tshwane
Maputo
SWASILAND
LESOTHO
SÜDAFRIKA
MADAGASKAR
Antananarivo
KOMOREN
SEYCHELLEN
Amiranten (zu Seych.)
MAURITIUS
Réunion (frz.)
Rodrigues (maurit.)
INDIEN
Neu-Delhi
Mumbai
Haiderabad
Chennai
Kolkata
Ganges
NEPAL
BH.
B.D.
MYANMAR
Yangon
SRI LANKA
Colombo
Lakkadiven (ind.)
MALEDIVEN
Andamanen (ind.)
Nikobaren (ind.)
THAILAND
Bangkok
LAOS
VIETNAM
Hanoi
KAMB.
Ho-Tschi-Minh-Stadt
MALAYSIA
BRUNEI
SINGAPUR
PHILIPPINEN
Manila
INDONESIEN
Sumatra
Borneo
Celebes
Molukken
Jakarta
Java
OST-TIMOR
West-irian
PAPUA-NEUGUINEA
Port Moresby
SALOMONEN
INDISCHER OZEAN
Tschagosinseln (brit.)
Diego Garcia (brit.)
Kokosinseln (austr.)
Christmasinsel (austr.)
Amsterdam
Sankt Paul (frz.)
Prinz-Eduard-Inseln (südafr.)
Crozetinseln (frz.)
Kerguelen (frz.)
McDonald-Inseln (austr.)
Heardinsel (austr.)
AUSTRALIEN
Perth
Brisbane
Sydney
Canberra
Melbourne
Tasmanien
Südl. Wendekreis
NEUSEELAND
Auckland
Wellington
Chathaminseln (neus.)
Aucklandinseln (neus.)
Campbellinsel (neus.)
Macquarieinseln (austr.)
Norfolkinsel (austr.)
Kermadec-In. (neus.)
Neukaledonien (frz.)
VANUATU
FIDSCHI
TONGA
SAMOA
Samoa
Wallis-In. (frz.)
TUVALU
KIRIBATI
NAURU
Äquator
PAZIFISCHER OZEAN
Nördlicher Wendekreis
Bonininseln (jap.)
Vulkaninseln (jap.)
Nanseiinseln (jap.)
Marianen (USA)
Guam (USA)
Jap (USA-Verw.)
PALAU
MIKRONESIEN
Karolinen (USA-Verw.)
MARSHALLINSELN
Wake-I. (USA)
Midway-In. (USA)
Australischer Anspruch
Frz. Anspruch
Austr. Anspruch
Maßstab 1 : 88 000 000

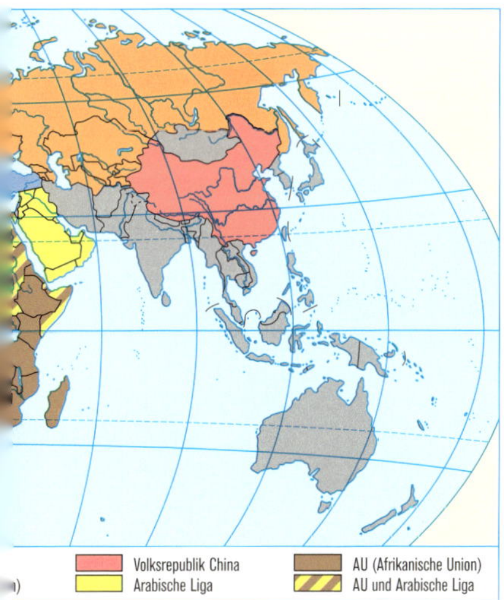

Volksrepublik China
Arabische Liga
AU (Afrikanische Union)
AU und Arabische Liga

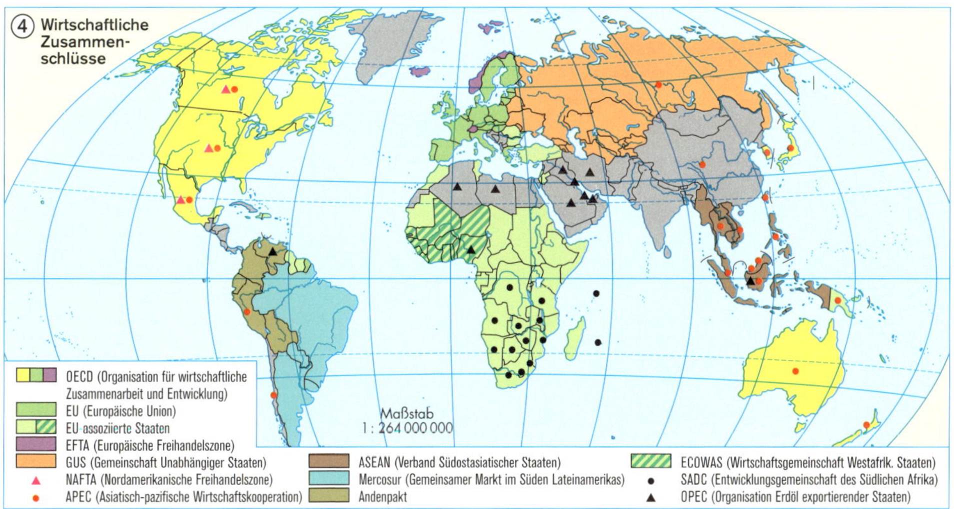

4 Wirtschaftliche Zusammenschlüsse
Maßstab 1 : 264 000 000
OECD (Organisation für wirtschaftliche Zusammenarbeit und Entwicklung)
EU (Europäische Union)
EU assoziierte Staaten
EFTA (Europäische Freihandelszone)
GUS (Gemeinschaft Unabhängiger Staaten)
NAFTA (Nordamerikanische Freihandelszone)
APEC (Asiatisch-pazifische Wirtschaftskooperation)
ASEAN (Verband Südostasiatischer Staaten)
Mercosur (Gemeinsamer Markt im Süden Lateinamerikas)
Andenpakt
ECOWAS (Wirtschaftsgemeinschaft Westafrik. Staaten)
SADC (Entwicklungsgemeinschaft des Südlichen Afrika)
OPEC (Organisation Erdöl exportierender Staaten)

① Bevölkerungsentwicklung

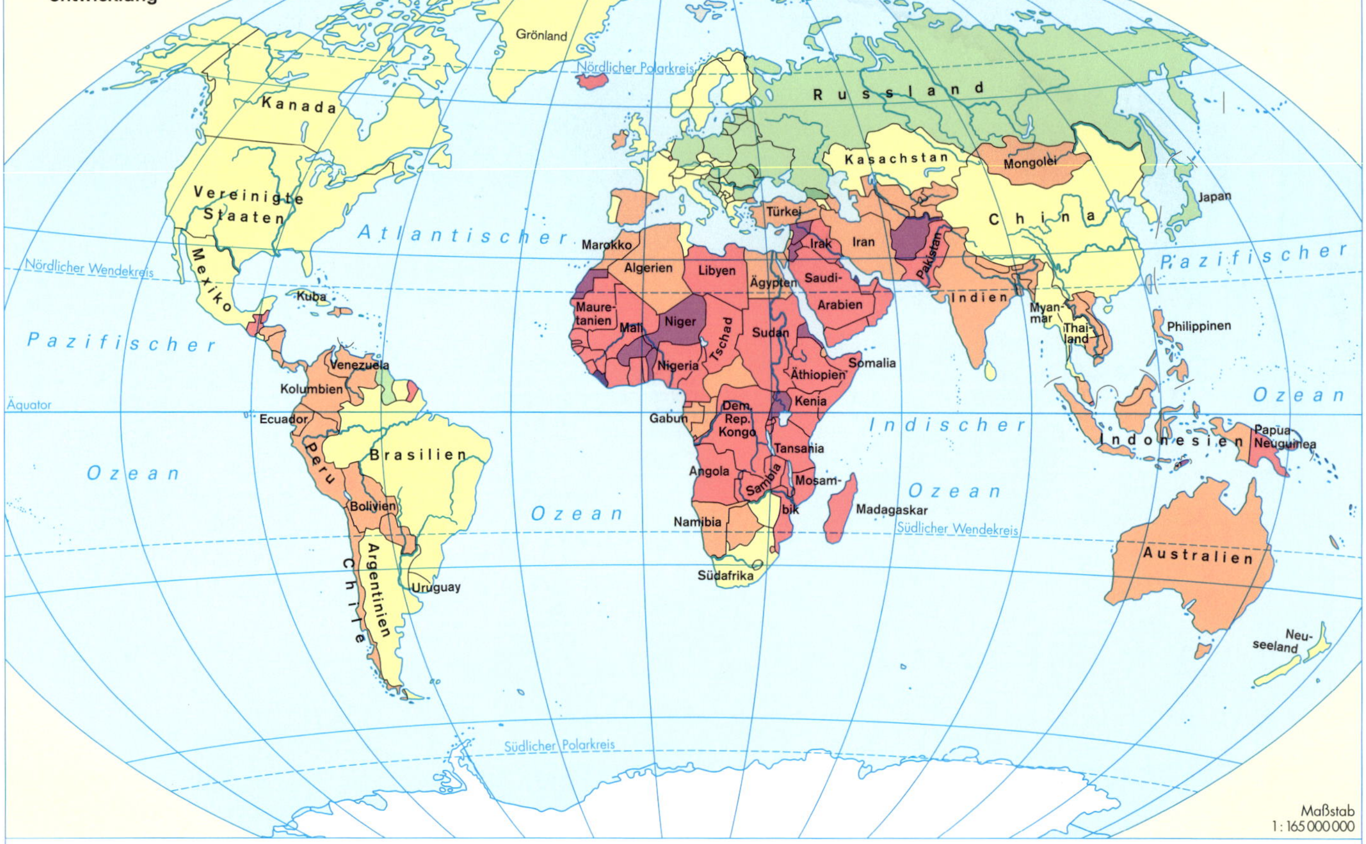

Bevölkerungsveränderung (2005 – 2010)

- unter -1,0 %
- -1,0 – 0,0 %
- 0,0 – 1,0 %
- 1,0 – 2,0 %
- 2,0 – 3,0 %
- 3,0 – 4,0 %
- über 4,0 %
- keine Angaben

② Migrationsrate

Migrationsrate auf 1000 Einwohner (2005 – 2010)

- unter -10,0 %
- -10,0 – -5,0 %
- -5,0 – 0,0 %
- 0,0 – 5,0 %
- 5,0 – 10,0 %
- 10,0 – 15,0 %
- 15,0 – 20,0 %
- über 20,0 %
- keine Angaben

① Human Development Index

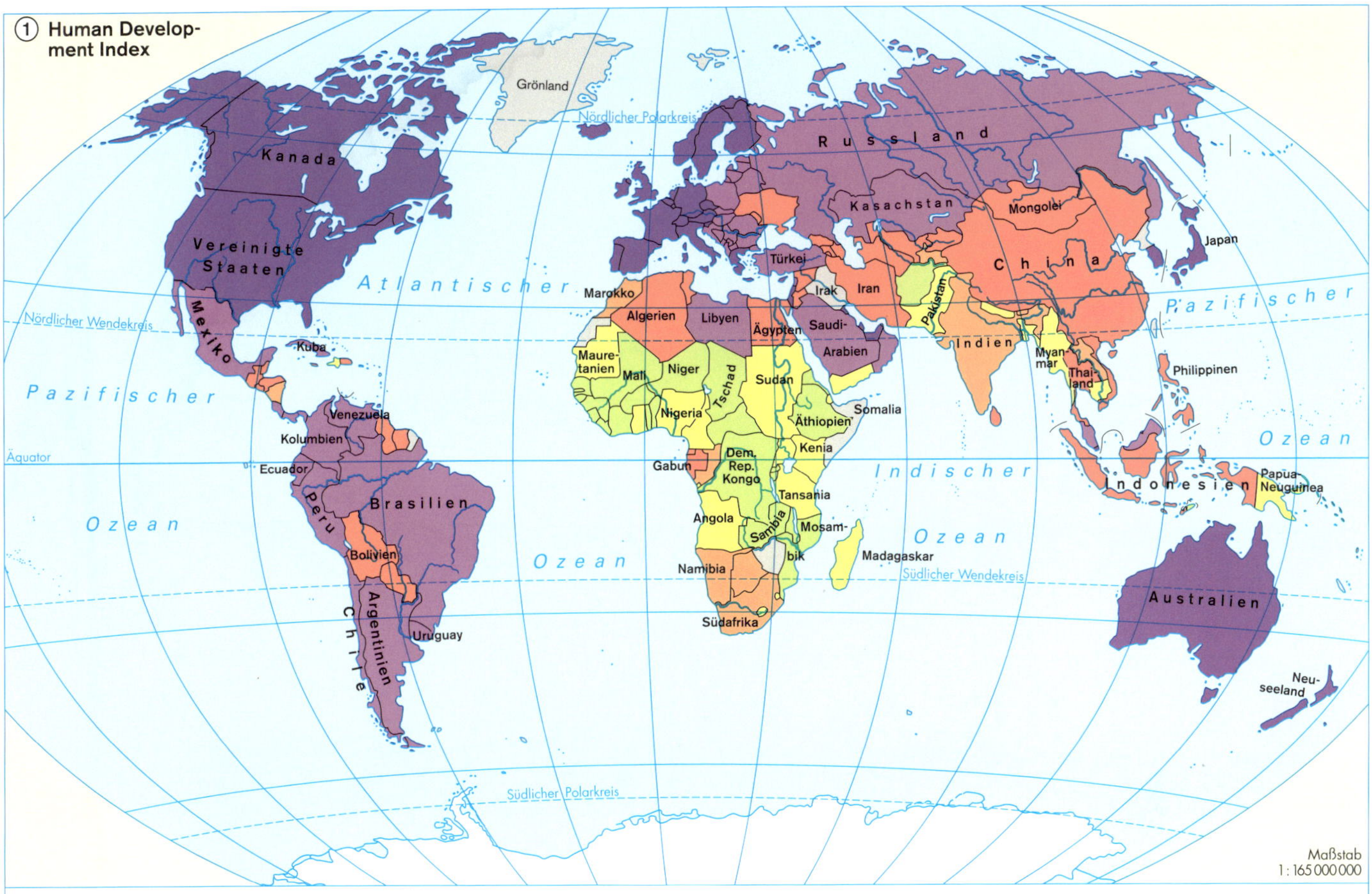

Human Development Index 2007

- 0,34 – 0,50
- 0,50 – 0,60
- 0,60 – 0,70
- 0,70 – 0,80
- 0,80 – 0,90
- 0,90 – 0,97
- keine Angaben

② Bruttonationaleinkommen

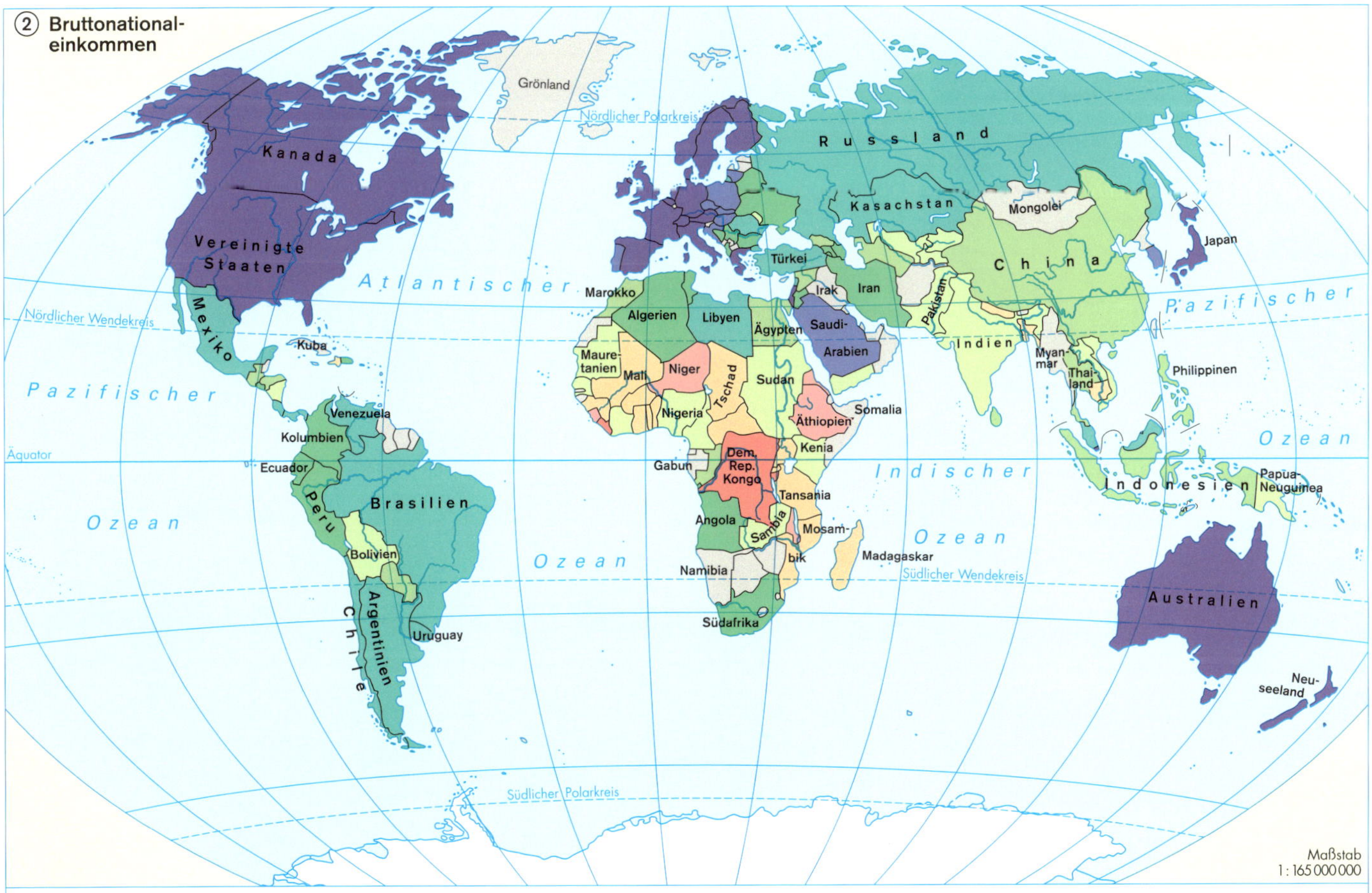

Bruttonationaleinkommen je Einwohner 2008

- unter 125 €
- 125 – 250 €
- 250 – 500 €
- 500 – 1000 €
- 1000 – 2000 €
- 2000 – 4000 €
- 4000 – 8000 €
- 8000 – 16000 €
- über 16000 €
- keine Angaben

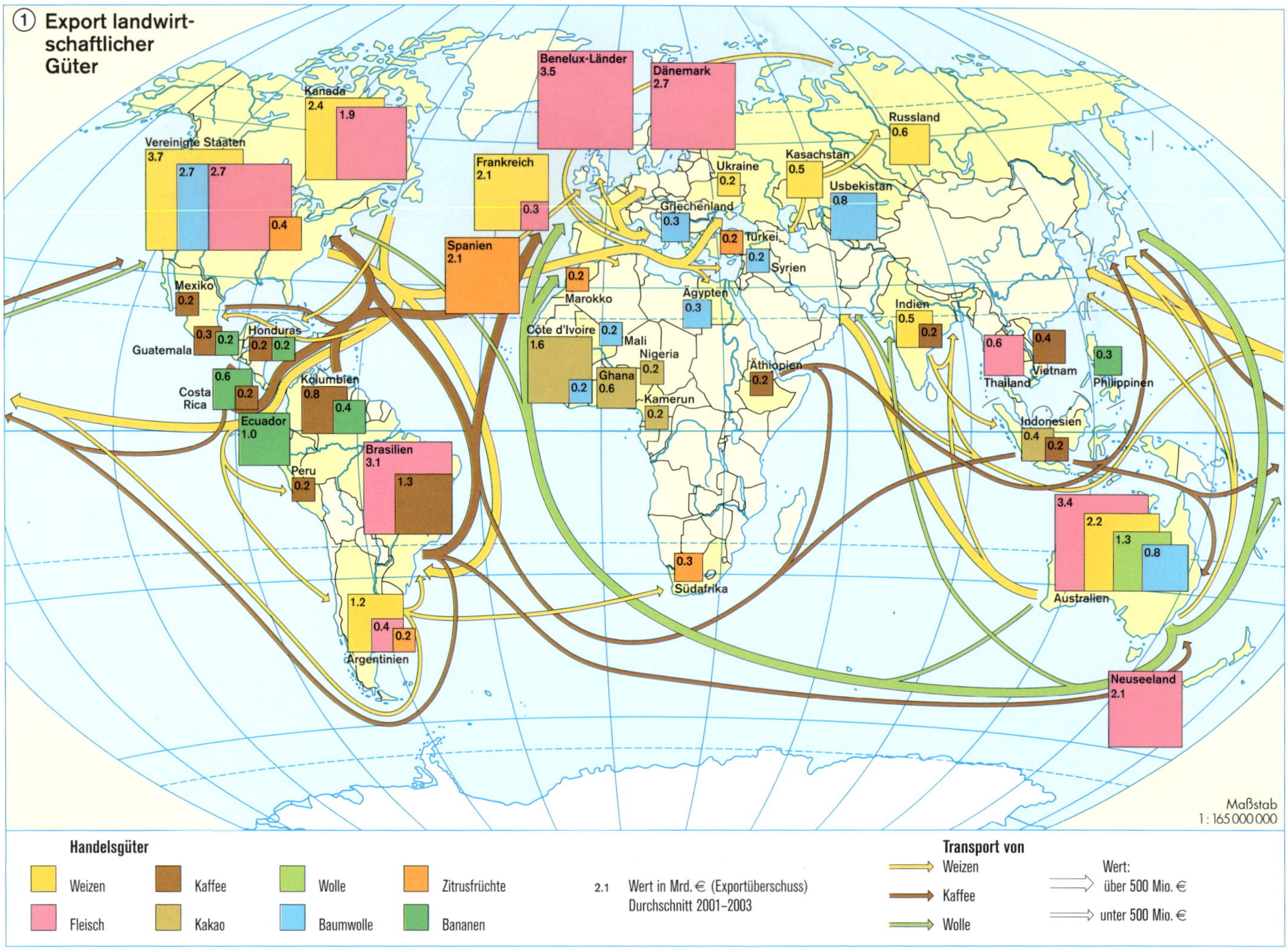
① Export landwirtschaftlicher Güter
Kanada
2.4
1.9
Vereinigte Staaten
3.7
2.7
2.7
0.4
Benelux-Länder
3.5
Dänemark
2.7
Frankreich
2.1
0.3
Spanien
2.1
Russland
0.6
Kasachstan
0.5
Ukraine
0.2
Usbekistan
0.8
Griechenland
0.3
0.2
Türkei
0.2
Syrien
Ägypten
0.3
0.2
Marokko
Mexiko
0.2
0.3
0.2
Guatemala
Honduras
0.2
0.2
Costa Rica
0.6
0.2
Kolumbien
0.8
0.4
Ecuador
1.0
Peru
0.2
Brasilien
3.1
1.3
Côte d'Ivoire
1.6
0.2
Mali
Ghana
0.2
0.6
Nigeria
0.2
Kamerun
0.2
Äthiopien
0.2
Indien
0.5
0.2
0.6
Thailand
0.4
Vietnam
0.3
Philippinen
Indonesien
0.4
0.2
3.4
2.2
1.3
0.8
Australien
0.3
Südafrika
1.2
0.4
0.2
Argentinien
Neuseeland
2.1
Maßstab
1 : 165 000 000
Handelsgüter
Weizen
Kaffee
Wolle
Zitrusfrüchte
Fleisch
Kakao
Baumwolle
Bananen
2.1 Wert in Mrd. € (Exportüberschuss)
Durchschnitt 2001–2003
Transport von
Weizen
Kaffee
Wolle
Wert:
über 500 Mio. €
unter 500 Mio. €

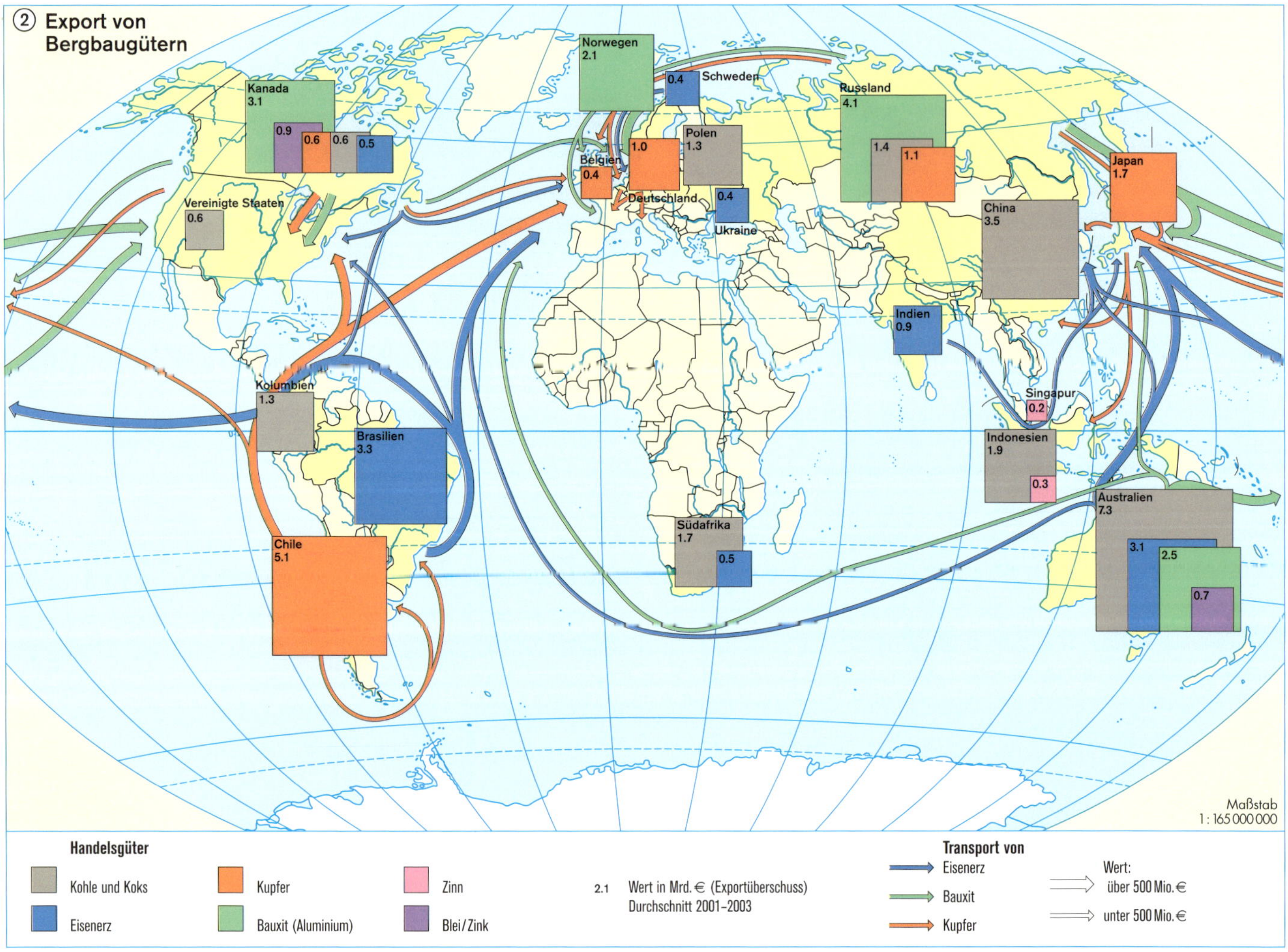
② Export von Bergbaugütern
Norwegen
2.1
0.4
Schweden
Kanada
3.1
0.9
0.6
0.6
0.5
Russland
4.1
1.4
1.1
Polen
1.3
1.0
Belgien
0.4
Deutschland
0.4
Ukraine
Vereinigte Staaten
0.6
Japan
1.7
China
3.5
Indien
0.9
Singapur
0.2
Indonesien
1.9
0.3
Kolumbien
1.3
Brasilien
3.3
Chile
5.1
Südafrika
1.7
0.5
Australien
7.3
3.1
2.5
0.7
Maßstab
1 : 165 000 000
Handelsgüter
Kohle und Koks
Kupfer
Zinn
Eisenerz
Bauxit (Aluminium)
Blei/Zink
2.1 Wert in Mrd. € (Exportüberschuss)
Durchschnitt 2001–2003
Transport von
Eisenerz
Bauxit
Kupfer
Wert:
über 500 Mio. €
unter 500 Mio. €

① Globale Erwärmung

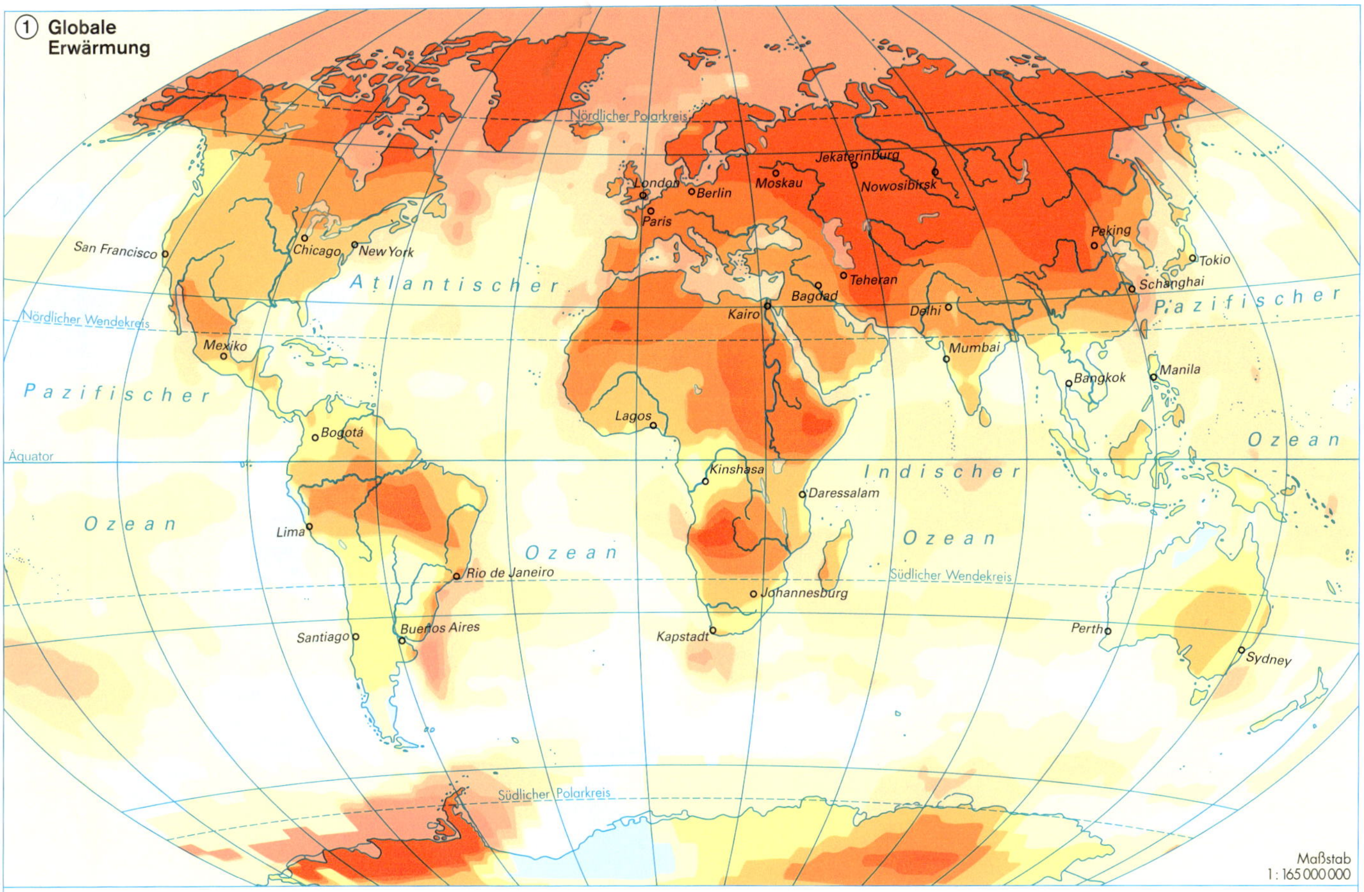

Abweichung der monatlichen Durchschnittstemperaturen Januar–Dezember 2001–2009 (im Vergleich zu 1950–2000)

- unter 0° C
- 0 – 0,2° C
- 0,2–0,4° C
- 0,4–0,6° C
- 0,6–0,8° C
- 0,8–1° C
- über 1° C

② Kohlenstoffdioxid-Emission

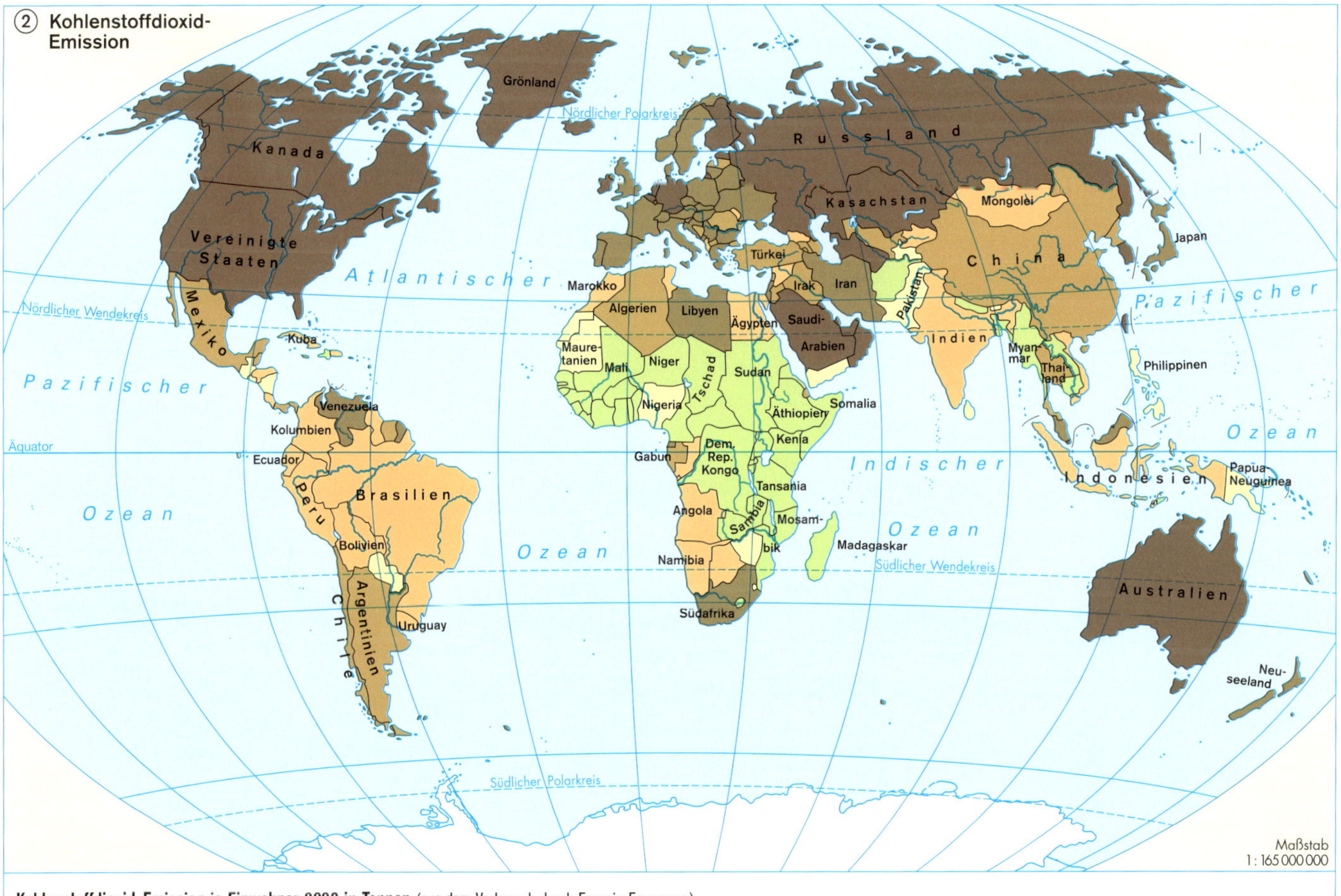

Kohlenstoffdioxid-Emission je Einwohner 2008 in Tonnen (aus dem Verbrauch durch Energie-Erzeugung)

- unter 0,5 t
- 0,5 – 1 t
- 1 – 2,5 t
- 2,5 – 5 t
- 5 – 10 t
- über 10 t

Atlasregister

P

Q

R

S

T

U

V

W

X

Y

Z